21世纪高等院校教材·环境类

现代环境科学概论

周培疆 等 编著

科学出版社
北 京

内 容 简 介

本书以人类对环境的感性认识，人类社会与环境的关系，人类活动对环境的干扰和破坏，人类对环境的理性认识，以及现代环境意识、理念、方法等为主线，以全新的视角，用简洁的语言介绍了现代环境科学的基本理论以及全球环境问题对人类社会的影响；展现了社会科学、自然科学及工程技术在环境科学领域的最新研究动态和成果，并对自然-经济-社会复合生态系统中各组成部分之间的相互关系给予新的诠释。全书共八章，包括绪论、自然环境、社会环境、环境污染与防治、环境价值与经济、环境管理、环境理念与伦理观、生态文明建设与可持续发展。

本书可作为高等院校环境科学及相关专业的教材，也可作为社会各行业从业者加强环境科学教育的参考书。

图书在版编目(CIP)数据

现代环境科学概论/周培疆等编著. —北京：科学出版社，2010

21世纪高等院校教材·环境类

ISBN 978-7-03-027963-7

Ⅰ.①现… Ⅱ.①周… Ⅲ.①环境科学-高等学校-教材 Ⅳ.①X

中国版本图书馆CIP数据核字(2010)第113789号

责任编辑：赵晓霞 王志欣 王国华 / 责任校对：张 琪

责任印制：张 伟 / 封面设计：耕者设计工作室

科学出版社出版

北京东黄城根北街16号

邮政编码：100717

http://www.sciencep.com

北京凌奇印刷有限责任公司印刷

科学出版社发行 各地新华书店经销

*

2010年6月第 一 版 开本：B5(720×1000)

2024年7月第七次印刷 印张：23

字数：449 000

定价：68.00元

(如有印装质量问题，我社负责调换)

前　言

环境与社会发展是当今社会普遍关注的重大全球性问题。在漫长的历史进程中，人类在改造自然和发展社会经济方面取得了辉煌的业绩。与此同时，生态破坏与环境污染对人类的生存和发展已构成现实威胁。随着人们对环境问题认识的深入，环境科学应运而生，并已成为21世纪最活跃的学科之一。

为解决人类社会发展所面临的诸多环境问题，近几十年来，环境科学发展迅速，一些新概念、新思想与新方法不断产生和发展，尤其是自“可持续发展”理论提出后，环境科学在基本理论，人类与环境的关系，人类社会的发展观、资源观、价值观和伦理观等诸方面都发生了重要变化。面对科学技术的迅猛发展、全球重大环境问题的凸显、国民环境意识的提高以及“可持续发展”战略的实施，我国环境科学教育必须加快发展。当前，我国各高等院校都不同程度地开设了环境科学公共选修课及通识课。加强这门课程及教材的建设，具有十分重要的现实意义。

本书以人类对环境的感性认识，人类社会与环境的关系，人类活动对环境的干扰和破坏，人类对环境的理性认识，以及现代环境意识、理念、方法等为主线，结合国内外最新资料，从全新的视角，用简洁的语言介绍了现代环境科学的基本理论以及全球环境问题对人类社会的影响；同时展现了社会科学、自然科学及工程技术在环境科学领域的最新研究动态和成果，以及人口、资源及生态环境与人类社会发展的关系，并对自然-经济-社会复合生态系统中各组成部分之间的相互关系给予新的诠释。全书共八章，包括绪论、自然环境、社会环境、环境污染与防治、环境价值与经济、环境管理、环境理念与伦理观、生态文明建设与可持续发展。

本书各章编写分工如下：第一章由周培疆编写；第二章由肖玲和周培疆编写；第三章、第四章由刘琼玉和周培疆编写；第五章由彭善枝编写；第六章由章玲编写；第七章由高伟丽和周培疆编写；第八章由周培疆、赵肖和赵小虎编写。周培疆负责全书的统稿工作。

环境科学是一门新兴的综合性学科，涉及领域广泛，研究成果丰富，相关资料浩如烟海。在编写过程中，参考了许多国内外同行编写的文献，在此向引用的文献的作者致以诚挚谢意。

由于编者水平有限，书中错误和不当之处在所难免，敬请广大读者不吝指正。

周培疆

2009年9月于武昌珞珈山

前言

目　　录

第一章 绪 论

人与自然的关系是一个重要的课题，也是人类安身立命的重要命题。汉代著名思想家司马迁曾说过，“究天人之际，通古今之变，成一家之言”，这几乎是我国古代所有学问家、思想家的共同心愿。人与自然的关系是一个古老的课题，又是一个新课题。长期以来，人类与自然环境相互作用，导致自然环境严重恶化，也出现了一系列新的环境与社会的复杂关系。21 世纪人类最大的困扰不仅是战争与经济问题，而且还有日趋严重并难以摆脱的环境问题，这是人类发展过程中遇到的新课题。今天，人类逐渐认识到，只有合理地利用自然，才能维持和发展人类所创造的文明。人类需要充分发挥自己的聪明才智，提高自身素养，达成“人与自然共同发展”的思想共识，才能使人类与自然协调和谐，共生共荣。本章概述环境的基本概念，环境问题的产生和发展，以及环境科学的建立、发展及其特点。

第一节 环境的基本概念

一、环境的定义

环境是相当于某项中心事物而言，是作为其对立面而存在的。我们可以从不同角度给出环境的不同定义。

从哲学角度而言，环境是与某一中心或主体相对的客体。当中心或主体不同时，其相应的客体即环境的含义也不同。环境一词的英文 environment 来自法文 envirommer，意为“环绕”或“包围”。

在环境科学中，环境一般包括两个方面：①个体或群体周围的自然状况或物质条件；②影响个体和群体复杂的社会、文化条件。人类生存在自然环境中，也生存在技术化、社会化的人文环境中，这些都是环境的重要组成部分。

在实际工作中，人们往往从工作需要出发定义环境。《中华人民共和国环境保护法》明确指出：“本法所指的环境是指大气、水、土地、矿藏、森林、草原、野生动物、野生植物、水生植物、名胜古迹、风景游览区、温泉、疗养区、自然保护区、生活居住区等。”这是用枚举的方法罗列环境保护对象。而在 ISO 14001 环境管理体系标准中对环境的定义则为：“组织活动的外部存在，包括空气、水、土地、自然资源、植物、动物、人，以及它们之间的相互关系。”其中组织是指具有自身职能和行政管理的公司、集团公司、商场、企业、政府机构和社团，或是其部分或结合体。这里所指的环境是作用于人类这一客体的所有外界事物，即人类的生存环境。

二、环境的组成与分类

环境有自然环境与社会环境(也称人工环境)之分。自然环境是社会环境的基础,而社会环境又是自然环境的发展。自然环境是环绕人们周围的各种自然因素的总和,如大气、水、植物、动物、土壤、岩石矿物、太阳辐射等,这些是人类赖以生存的物质基础。通常将这些因素划分为大气圈、水圈、生物圈、土壤圈、岩石圈等五个自然圈。

自然环境不等于自然界,只是自然界的一个特殊部分,是指直接和间接影响人类社会的自然条件总和。随着生产力的发展和科学技术的进步,越来越多的自然条件与社会发生作用,自然环境的范围逐渐扩大。然而,由于人类是生活在有限的空间中,人类社会赖以生存的自然环境不可能膨胀到整个自然界。自然环境需要人类珍惜的资源包含以下几个方面:

1) 三大生命要素,即空气、水和土壤。

2) 自然资源,包括矿产、森林、淡水、土地、生物物种、化石燃料(石油、煤炭、天然气)等。

3) 两类生态系统,即陆地生态系统(如森林、草原、荒野、灌丛等)和水生生态系统(如湿地、湖泊、河流、海洋等)。

4) 多样景观资源,如山势、水流、本土动植物种类、自然与文化历史遗迹等。

社会环境是在自然环境的基础上,人类通过长期有意识的社会劳动,加工和改造了的自然物质、创造的物质生产体系、积累的物质文化等所形成的环境体系,是与自然环境相对的概念。在劳动过程中,人类学会了更有效地利用环境,改造环境,给自然环境打上了人类社会活动的烙印,并相应地产生了智能圈(noosphere)[或称技术圈(technosphere)]、社会经济圈(socio-economic sphere)等。社会环境不仅包括人类活动形成的环境要素,也包括人工形成的物质、能量和精神产品,以及人类活动中所形成的人与人之间的关系等。

社会环境一方面是人类精神文明和物质文明发展的标志,另一方面又随着人类文明的演进而不断地丰富和发展,所以有时也把社会环境称为文化-社会环境。人们对社会环境所包含的内容有不同的看法。社会环境按所包含的要素性质可分为:

1) 物理社会环境,包括建筑物、道路、工厂等。

2) 生物社会环境,包括驯化、驯养的植物和动物等。

3) 心理社会环境,包括人的行为、风俗习惯、法律和语言等。

按照不同功能又可将社会环境分为聚落环境(包括院落环境、村落环境和城市环境)、工业环境、农业环境、文化环境、医疗休养环境等。

社会环境是人类生产和社会活动的结果,是人类社会文明进步的表现。但并非所有社会环境的构建活动都是科学合理和对人类有利的。土地垦殖导致的水土流失,以及城市化所引发的一系列环境问题就是明显的例证。减少社会环境的不利影响,构建人与自然和谐环境,实现人类社会的可持续发展是现代环境科学的重要任务。

人与环境之间的关系涉及许多不同性质和层次的问题或矛盾,既有宏观和大范围的环境问题,也有微观和小范围的环境问题。所以,环境的分类可以根据所研究的具体内容划分和确定。由于社会发展、科技进步,人类干预自然的能力增强,范围扩大,方式改变,自然环境与社会环境之间的界限并不很明晰,如水库、近海养殖场、城市园林等,这些环境类型既包括了自然因素,又包含了人类活动的因素。

三、环境要素与环境质量

(一)环境要素

环境要素又称环境基质或环境介质,是构成人类环境整体的、各个独立的、性质不同而又相互联系的基本物质成分。环境要素包括自然环境要素和人工环境要素。

自然环境要素通常是指水、大气、生物、阳光、岩石、土壤等;人工环境要素包括综合生产力、技术进步、人工产品和能量、政治体制、社会行为、宗教信仰等。

某一具体的环境单元世界可看做是由物质、能量和信息三部分组成的。其中物质部分即为环境要素或环境介质,而其能量和信息部分则为环境因素。环境要素是环境因素的载体,环境要素与环境因素之间既有区别,又密切相关。前者是载体,后者是客体,如果离开了环境要素,环境因素就成为空中楼阁。环境要素组成环境结构单元,环境结构单元又组成环境整体或环境系统。例如,由水、底质及水生生物组成水体,全部水体则构成水圈;由空气及其他颗粒物组成大气层,整个大气层则构成大气圈;由不同生物体组成生物群落,全部生物群落则构成生物圈等。环境要素是可以感知而又能测度的客观实体,具有以下属性。

1. 物质性

环境要素是不依赖于人们主观感觉而客观存在的实体,一般以气态、液态和固态存在。某些环境要素在一定条件下,其形态可以相互转化。在环境要素中,生物体是三种物态同时存在的集中体现。环境要素的这种物质属性决定了它具有对其他物质的吸引力;并具有反抗外界对其静止状态或运动状态做任何改变的性质,这种性质在物理学上称为惯性,而在环境科学上则称为自净能力。环境自净能力是指环境自身将污染物或污染因素清除出环境,从而达到自然净化的能力。总之,环境要素与宇宙间的其他所有物质一样,具有存在的广延性以及运动的持续性和顺序性。

2. 容量性

环境要素具有一种能维持自身稳常状态的惯性行为。尽管长期以来经历了无数次的自然突变事件(如地震、火山爆发等)和人类活动的干扰,但环境要素的总体结构和组成能够基本上保持相对稳定状态。这种相对稳定状态为天地合一或人地协调提供了必要条件。这说明环境要素对外界的干扰具有一定的缓冲能力,这种缓冲能力称为环境容量。环境科学定义的环境容量是指在人类生存和自然环境不致受损害的前提下,环境可容纳污染物的最大负荷量。与其他具有容量属性的所有物质一样,环境要素的容量也是有限的。当来自外界干扰的强度和频率超过了环境要素容量所能承受的限度时,环境要素的结构、组成乃至功能就会发生难以恢复的改变,也即系统的生态平衡受到了破坏。

3. 最小限制律性

整体环境质量并不是由环境诸要素的平均状态决定的,而是取决于环境要素中与其最优状态差距最大的要素,即环境质量的优劣是由环境要素中处于最劣状态的要素所控制,不能用其中处于优良状态的环境要素去弥补或代替。因此,在改善环境质量时,需将环境各要素的优劣状态进行数值分类,按由差至优的顺序,依次改造每个要素,以使其均衡地达到最佳状态。

4. 等值性

各环境要素无论规模或数量有何不同,对环境质量的限制作用并无质的区别,即任何环境要素对于环境质量的限制,只有当它们处于最低状态时,才具有等值性。因此,各环境要素对于环境质量的制约必然有起主导作用的要素。

5. 整体性

环境质量不等于组成该环境的各要素性质之和,而是在量变(各个环境要素个体效应)基础上的质变。环境各要素相互联系和所产生的集合效应是在其单要素作用基础上的质变。研究环境要素不仅要研究单要素的作用,还要探讨整体环境的作用机理,分析和归纳其整体的综合效应。

6. 演化性

地球环境是逐步地、相继地发生与发展而形成的。各环境要素在地球演化过程中出现有先后之分,但又是互相联系、互相依赖的,某些环境要素的出现同时又孕育着其他环境要素。从环境要素演化历史看,生命演化对环境演化具有巨大作用,生命与环境共同演化。

（二）环境质量

环境质量一般是指在一个具体的环境内，环境总体或环境的某些要素对人群的生存和繁衍以及经济发展的适宜性，是反映人群的具体要求而形成的对环境进行评定的一种概念。

环境质量既指环境的总体质量（综合质量），也指环境要素的质量，如大气环境质量、水环境质量、土壤环境质量、生物环境质量、城市环境质量以及生产环境质量和文化环境质量等，常用来表示环境污染的程度。每个环境要素可以用多个环境质量参数定性或定量描述。环境质量参数通常用环境要素中某些物质含量来表征，如大气环境质量用大气中的二氧化硫（SO_2）、一氧化碳（CO）、二氧化氮（NO_2）、臭氧（O_3）、铅（Pb）等的含量表征。环境质量是相对的和变化的，在不同地方和不同时期，人群对环境适宜性的要求应有所不同。

四、环境的功能与特性

正确理解和认识环境的内涵，掌握环境的功能及其基本特性，才能够合理地利用环境和自觉地保护环境。

（一）环境的功能

1. 环境的服务功能

根据环境概念的界定，各种环境要素都是人类生存与发展所需要的资源。因此，环境的功能首先是为人类生存提供所需要的资源。例如，岩石圈为人类提供矿产资源，同时地表土壤又为人类所需食物的生产提供农作物生长所需要的营养条件；生物圈不仅提供食物、药材和大量的工业原料，同时生物多样性又为保护人类生存环境的质量提供各种服务；水和洁净空气是人类生存的必需资源。

自然资源和自然生态环境的具体表现形式是各类生态系统，也是生命的支持系统，如森林、草地、海洋、河流、湖泊等，其对人类的贡献不仅是提供大量的食物、药材、各类生产和生活资料，而且还为人类提供服务，如调节气候、净化环境、减缓灾害，同时为人们提供休闲娱乐场所等，生态系统的这些服务功能是人类自身所不能替代的。

2. 环境的调节功能

在自然环境的各要素中，无论是生物圈、水圈，还是大气圈或岩石圈，都是变化着的动态系统和开放系统，各系统间都存在着物质和能量的变化及交换，都有外部物质的输入和内部物质的输出，环境的这种动态变化构成了环境的整体性。在一定的时空尺度内，环境的输入和输出是相等的，是一个动态的平衡过程，称为环境平衡或生态平衡。当外部的输入大于输出时,在一定强度下,系统可通过自我调节能力使环境的正常功能不被破坏,这就是环境系统调节功能的作用,或称为环境的自净作用。

3. 环境的文化功能

人类社会的进步是物质文明和精神文明的统一,也是人与自然和谐的统一。人类的文化、艺术素质是对自然环境生态美的感受和反应。从时间序列看,自然美比人类存在得更早,它是自然界长期协同进化的结果。秀丽的名山大川、众多的物种及其和谐而奥妙的内在联系,使人类领悟到了自然界中充满着美的艺术和无限的科学规律。所以,自古以来对自然美的创造和欣赏一直是人类生活的重要内容,是自然使人类在整体和人格上得到发展与升华,而各地独特的自然环境塑造了各民族的特定性格、习俗和民族文化。优美的自然环境又是艺术家艺术创作和美学倾向的源泉。蕴含着科学和艺术的真谛,给人类无穷无尽的文化艺术和科学奉献,这就是环境的整体文化功能的最基本和最本质的概括。

(二)环境的基本特性

人类环境的基本功能是其基本特性的反映,环境的特性可以从不同的角度来认识和表述。环境的主要特性可以概括为以下四个方面。

1. 环境的整体性

环境是一个系统,环境的整体性又称环境的系统性,各环境要素或环境各组成部分之间,因有其相互确定的数量与空间位置,并以特定的相互作用而构成具有特定结构和功能的系统。环境的整体性很明显地体现在环境系统的结构和功能上。环境系统的结构,因各环境要素或各组成部分之间通过物质、能量流动网络以及彼此关联的变化规律,在不同时刻呈现出不同状态。环境系统的功能并不是各组成要素功能的简单加和,而是由各要素通过一定的联系方式所形成的结构以及所呈现出的状态决定的。例如,水、气、土、生物和阳光是构成环境的五个主要部分,作为独立的环境要素,它们对人类社会的生存发展各有其独特的功能,这些功能不会因时空的不同而不同。但是,由这五个部分所构成的某个具体环境,则会因这五个部分间的结构方式、组织程度、物质能量流的途径与规模的不同而有不同的功能特性,如森林环境与沙漠环境、城市环境与乡村环境等,各自都会表现出不同的功能特性。

整体性是环境的最基本特性,正是由于环境具有整体性,才会表现出其他特性,这是因为人类或生物的生存是受多种因素综合作用的结果。另外,两种或两种以上的环境因素同时产生作用,其结果不一定等于各因素单独作用之和,因为各因素之间可能存在相加或拮抗的效果。各环境要素间存在着紧密的相互联系、相互制约的关系。局部地区和区域的污染可带来全球的危害,如河流上游的污染威胁着下游居民的安全、瑞典的酸雨中有邻国大气污染的贡献、北极熊及南极的企鹅体内也有滴滴涕(DDT,一种农药)的蓄积等。

2. 环境的差异性

环境的差异性是指环境特性的区域差异。具体来说,就是环境因地理位置的不同或空间范围的差异而具有不同的特性。由于纬度的差异,地球接收的太阳辐射能不同,热量从赤道向两极递减,形成了不同的气候带。即使是同一纬度,因地形高度不同,也会出现垂直地带性差异,一般说来,地形每升高 100m,气温下降 0.5～0.6℃。经度也有地带性,这是由地球系统内在因素造成的,如滨海环境与内陆环境、局地环境与区域环境等明显地表现出环境特性的差异。环境的差异性不仅体现了环境在地理位置上的差异,还反映了区域社会、经济、文化、历史等的多样性。例如,受海、陆分布格局和大气环流特点的影响,我国形成了自东南沿海的湿润地区向西北内陆的半湿润地区、半干旱和干旱地区的有规律的变化。不同区域自然环境的这种多样性和差异性具有重要的生态学意义。环境的差异性是自然资源多样性和区域社会、经济、文化、历史等多样性的基础与保证。因此,保护生态环境的多样性,不仅保护了自然环境的整体性,同时也为自然资源的永续利用和区域社会的可持续发展提供了基本的物质保证。

3. 环境的稳定性和变动性

(1) 环境的稳定性

在一定的时间尺度或条件下,环境有相对稳定的特性。环境稳定性的实质就是环境系统对超出一定强度的干扰具有自我调节功能的特性。环境的结构与状态在自然和人类社会行为的作用下发生变化不超过一定限度时,环境可以借助于自身的调节功能使这些变化逐渐消失,以保持环境在结构或功能上基本无变化或变化后仍可以恢复到变化前的状态。

(2) 环境的变动性

在自然和人类社会行为的共同作用下,环境的结构和状态始终处于不断变化中。从大尺度看,当今的地球环境与原始地球环境有很大差别;从小尺度看,人类生活的区域环境的变化更显而易见。环境的变动性是自然的和人为的或两者共同作用的结果。事实上,人类社会的发展史就是人类与自然界不断相互作用的历史,也是环境的结构和状态不断变化的历史。

环境的变动性与稳定性是相辅相成的,变动是绝对的,稳定则是相对的。环境承受干扰的“限度”是决定环境能否稳定的条件,而这种“限度”由环境的结构和状态决定。一般来说，环境组成越复杂，环境承受干扰的“限度”越大，环境的稳定性就越强。环境变动和稳定的特性表明，人类的社会行为可以影响环境的变化，而这种变化是有限度的，必须在环境所能承受的范围内。人类必须自觉调控自己的行为，与环境变化规律相适应、相协调，即保持在环境所能承受的范围内，使环境资源得以永续利用，并向着更加有利于人类社会生存发展的方向变化。否则，违背环境变化规律，超出环境承受限度，必然损害环境，最终影响人类社会的可持续发展。

4. 环境的价值性

哲学中的价值概念是指客体的存在、作用及其变化对于一定主体的需要及其发展的某种适合、接近或一致。在人类和环境的关系中，人类是主体，环境是客体，环境能够提供满足人类生存、发展和享受所需要的物质性商品和舒适性服务，所以环境对人类来说是有价值的资源。因此，环境应具有资源性，或者说，环境就是资源。人类的生存与发展、社会的进步一刻都离不开环境。环境首先提供了人类生存所必需的物质和能量，离开了这些物质和能量，人类社会就不可能生存，更不可能发展。环境对于人类以及人类社会的发展极具重要性，从此意义上看，环境应具有不可估量的价值。

环境价值是动态的概念，由于人类的需要大体上是按生存需要、发展需要和享受需要顺序逐步发展的，所以，环境的价值也会越来越大。随着经济社会发展水平和人民生活水平的不断提高，人们对环境及其舒适性服务的需要，或者说对它的认识、重视程度和为其进行支付的意愿会不断增加。此外，环境的价值首先取决于它对人类的有用性，其价值的大小则取决于它的稀缺性和开发利用条件。因此，不同时间、不同地区、不同质量都会对环境价值的大小有所影响。环境是在一定的前提条件下，为人类的生存和发展提供必要的物质、能量基础以及精神满足的。环境向人类提供了空气、生物、淡水、土地等资源，这是环境价值的物质性体现。另外，环境提供的美好景观、广阔空间虽然不能直接进入生产过程，却是另外一类可以满足人类精神需求以及延长生产过程的资源。因此，环境的价值性则源于其资源性。

环境价值可以分为使用价值、选择价值和存在价值三类。其中，使用价值可以进一步分为直接使用价值和间接使用价值，前者是环境为人类提供食物、药物和原料的功能。选择价值又称潜在价值，即环境为后代人提供选择机会的价值。存在价值则是环境独立于人类需要的生存权利。具体体现在以下几个方面。

(1) 对于人类的健康价值

人类对破坏环境所必须付出的代价首先是在健康方面的损失。工业化以及传统的生产和生活方式所产生的各种污染物质通过直接暴露与间接影响周围环境造成人类的健康问题。

(2) 对于自然经济系统的价值

环境退化会降低许多由人类直接使用的自然资源的生产力。例如,水污染使渔业受到损害;土壤退化使农作物减产;森林破坏则会造成一系列难以估量的经济损失和生态灾难。

(3) 环境的存在价值

环境的存在价值是指保存基因和物种的完整性,而不去随意干预或改变它,或者说保存环境的纯自然状态是非常必要的、有益的,其意义和价值不能低估。此外,环境还应具有其独立于人类需要的生存权利。

(4) 环境的选择价值

环境的选择价值是指环境保护所避免的未来收益的损失。换句话说,就是生物多样性的未来价值或潜在价值。在现在的科技水平和认识水平下,人类不可能完全知道某个物种有何种科学价值和使用价值。正是因为这种不确定性的存在,才有必要为未来保留更多的选择机会,其意义和作用不可估量。环境的选择价值又称潜在价值,即环境为后代人提供选择机会的价值。

环境价值的科学计量是计算环境污染、资源耗竭和生态破坏造成的损失,分析防治环境污染、资源耗竭和生态破坏措施的费用与效益,进行环境资产或自然资产的价值评估,实施建设项目环境影响评价的环境经济分析,以及实行环境核算并将其纳入国民经济核算体系的前提条件和基础工作。这是一项国内外环境经济学界极为关注,且尚未完全解决的、开拓性的、创新性的课题。环境的价值性是客观存在的,对满足人类生存、发展和享受的需要极具重要性。正如人类的需要是不断发展的一样,人们对环境价值的认识、重视和为之支付的意愿也是不断发展的,两者具有一定的对应关系。

第二节 环境问题

一、环境问题的基本概念

人类社会发展到今天,创造了前所未有的文明,同时也带来了一系列的环境问题。人口的激增、工业与经济的发展,特别是发展中国家急切改变本国贫穷落后状况的愿望与行动,使得在工业发达国家环境治理取得一定进展的同时,发展中国家的生态破坏加剧和环境污染凸显,这反过来又强烈制约和影响着全球经济发展,甚至明显地危及人类的生存和繁衍,使当今世界环境问题具有明显的时代特征。

(一) 环境问题的定义与分类

概括地讲,环境问题是由自然因素或人为因素引起生态平衡破坏,在全球环境或区域环境中出现的直接或间接影响人类生存和发展的各种现象称为环境问题。环境问题是目前人类面临的几个全球性的主要问题之一。

环境问题的定义有广义和狭义之分。广义的环境问题是指因自然变化或人类活动而引起的环境破坏和环境质量变化,以及由此引发的对人类生存和发展不利的影响。依据其产生的原因,环境问题可分为原生环境问题和次生环境问题两类。由自然力引起的环境问题称为原生环境问题,也称第一环境问题,如火山喷发、地震、洪涝、干旱、滑坡等引起的环境问题。由人类的生产和生活活动引起的生态系统破坏和环境污染,反过来又危及人类自身的生存和发展的现象称为次生环境问题,也称第二环境问题。狭义的环境问题则仅指由于人为的原因所导致的环境破坏和环境质量变化,也即广义环境问题中的次生环境问题。

一般认为,在环境问题的历史演变过程中,自然环境及其要素自身所发生的某种改变固然在一定程度上也可能导致环境状况的恶化,但环境的大多数变化主要是人为因素引起的。目前人们真正所关注和研究的是现代环境问题,即伴随着人类的工业化进程中出现的严重的、广泛的、影响深远的以至于危及人类生存的环境问题。

次生环境问题包括生态破坏、环境污染和资源浪费等方面。其中,生态破坏是指人类活动直接作用于自然生态系统,造成生态系统的生产能力显著下降和结构显著改变而引起的环境问题,如过度放牧引起草原退化、滥采滥捕使珍稀物种灭绝和生态系统生产力下降、植被破坏引起水土流失等。

环境污染是指人类活动的副产品和废弃物进入物理环境后,对生态系统产生的一系列扰乱和侵害,甚至引起环境质量恶化,反过来又影响人类自身的生活质量。环境污染不仅包括物质造成的直接污染,如工业和生活“三废”,也包括由物质的物理性质和运动性质引起的污染,如热污染、噪声污染、电磁污染和放射性污染等。由环境污染还衍生出许多环境效应,如二氧化硫造成的大气污染,除了使大气环境质量下降外,还会造成酸沉降或酸雨而导致生态系统遭到破坏。应当注意的是,原生环境问题和次生环境问题难以截然分开,其间存在着某种程度的因果关系和相互作用。

(二) 环境问题的特点

在世界人口数量不多、生产规模不大、涉及的广度和深度有限的条件下,人类活动对环境的影响并不十分突出,即使产生了环境问题,也是局部性的。随着人口数量的增多、生产力的不断发展,人类利用和改造环境的能力大大增强;环境对人类的反作用也日趋严重。产业革命后,特别是第二次产业革命以来,环境问题一直加速发展。现代环境问题已经成为全人类所面临的最严峻的挑战之一,具有以下显著特点:

1）环境问题是当前全人类面临的共同性问题。

2）环境问题已从局部扩展至区域甚至全球，从地表延伸至高空及地下，呈立体态。

3）环境问题的表现形式更为多样化。

4）环境问题具有明显的地域性。

5）环境问题严重损害人类的健康与福利，并威胁人类的生存与发展。

二、环境问题的产生和发展

一般而言，环境问题的阴影一直徘徊在人类的文明和发展过程中，和人类的历史一样古老。从原始文明到农业文明，环境问题就开始以不同的方式出现，将人类改造自然的成就给予某种程度的抵消，甚至给予毁灭性的打击。环境问题随着人类开发利用环境资源能力的不断提高而具有不同的特点，随着人类社会和经济的发展而发展。随着人类生产力的提高，人口数量也迅速增长，人口的增长又反过来要求生产力的进一步提高，如此循环作用，直至现代环境问题发展到十分尖锐的程度。纵观环境问题的历史发展大致可以分为以下三个阶段。

（一）生态环境早期破坏阶段

生态环境早期破坏阶段是从人类出现开始到产业革命为止。与后两个阶段相比，此阶段是一个漫长的历史时期。在此阶段，人类经历了从以采集狩猎为生的游牧生活到以耕种和养殖为生的定居生活的转变。随着种植、养殖和渔业的发展，人类社会开始第一次劳动大分工。人类从完全依赖大自然的恩赐转变到自觉利用土地、生物、陆地水体和海洋等自然资源。人类的生活资料有了较以前稳定得多的来源，人类的种群开始迅速扩大。此时，人类社会需要更多的资源来扩大物质生产规模，便开始出现烧荒、垦荒、兴修水利工程等改造自然的活动，引起了严重的水土流失、土壤盐渍化或沼泽化等问题。但此时的人类尚未意识到这样做的长远后果，一些地区因而产生了严重的环境问题，主要表现是生态退化。较突出的例子是古代经济发达的美索不达米亚，由于不合理的开垦和灌溉，后来变成了不毛之地；我国的黄河流域，曾经森林广布、土地肥沃，是中华文明的发源地，而西汉和东汉时期的两次大规模开垦，虽然促进了当时的农业发展，但由于森林骤减、水源得不到涵养，造成水旱灾害频繁、水土流失严重、沟壑纵横、土地日益贫瘠，给后代造成了不可弥补的损失。但总的说来，这一阶段的人类活动对环境的影响还是局部的，并未达到影响整个生物圈的程度。

（二）近代城市环境问题阶段

近代城市环境问题阶段是从工业革命开始到 20 世纪 80 年代发现南极上空臭

氧洞为止。工业革命(从农业占优势的经济向工业占优势的经济的迅速过渡称为工业革命)是世界史的一个新时期的起点,此后的环境问题也开始出现新的特点并日益复杂化和全球化。18 世纪后期,欧洲的一系列发明和技术革新大大提高了人类社会生产力,人类开始插上技术的翅膀,以空前的规模和速度开采、消耗能源与其他自然资源。新技术使英国、美国等地在不到一个世纪的时间里先后进入工业化社会,并迅速向全世界蔓延,在世界范围内形成了发达国家和发展中国家的差别。工业化社会的特点是高度的城市化,这一阶段的环境问题与工业和城市同步发展。先是由于人口和工业密集,燃煤量和燃油量剧增,发达国家的城市饱受空气污染之苦。后来,这些国家的城市周围又出现日益严重的水污染和垃圾污染,工业“三废”、汽车尾气更加剧了污染公害的程度。在 20 世纪 60～70 年代,发达国家花大力气对这些城市环境问题进行治理,并把污染严重的工业转移至发展中国家,较好地解决了国内的环境污染问题。随着发达国家环境状况的改善,发展中国家却开始步发达国家的后尘,重走工业化和城市化的老路,城市环境问题有过之而无不及,同时伴随着严重的生态破坏。

(三) 现代全球环境问题阶段

20 世纪 60 年代以来,人类社会进入现代工业化阶段,科学技术和工业的发展速度大大超过了以往任何历史时期,人类的活动范围已上至太空,下至海底,正以排山倒海之势,开发利用自然资源,大规模地改变着环境的组成和结构,造成的环境污染和生态破坏规模也空前宏大、影响深远。环境污染问题已扩展到区域和全球范围,这是现代环境问题的一个突出特点。环境问题已成为全球性问题,成为人类社会发展面临的严峻挑战,受到了全世界的普遍关注。自 1984 年英国科学家发现,后经美国科学家在 1985 年证实南极上空出现“臭氧洞”开始,环境问题已发展到现代环境问题阶段。此阶段环境问题的特征是在区域和全球范围内出现了不利于人类生存与发展的征兆,这些征兆集中体现在酸雨蔓延、臭氧层破坏、全球变暖、生物多样性减少、森林锐减、土地荒漠化、资源短缺、水污染、大气污染、危险废物越境转移等十大全球性环境问题上。与此同时,发展中国家的城市环境问题和生态破坏以及一些国家的贫困化越演越烈,水资源短缺在全球范围内普遍发生,其他资源(包括能源)相继出现即将耗竭的信号。这一切表明,地球生物圈这一生命支持系统对人类社会的支撑已接近其极限,人类赖以生存的地球已不堪重负。这也说明了环境问题的复杂性和长远性,意味着人类生存所面临的环境问题要比人们原有认识的范围更广、性质更为严重、治理和控制难度更大。

三、全球环境问题

全球环境问题是指对全球产生直接影响的、具普遍性、随后又发展为对全球造成危害的环境问题,也就是引起全球范围内生态环境退化的问题。当今,全球环境问题已作用于地球系统,成为全球变化的推动力。人类正遭受着严重环境问题的威胁和危害,这种威胁和危害关系到人类健康、生存和发展,并导致全球变化,从而危及地球命运和人类前途。

(一) 人口问题

统计资料表明,全球人口正呈现加速增长趋势。1800 年世界人口达 10 亿,1930 年达 20 亿,1960 年达 30 亿,1974 年达 40 亿,1987 年达 50 亿,1999 年达 60 亿,2005 年突破 65 亿,2008 年达 66.67 亿,预计将在 2012～2013 年突破 70 亿,到 21 世纪中叶,世界人口将达 90 亿～100 亿。科学测算结果表明,地球最多能养活 100 亿～150 亿地球居民。如果不及时有效控制人口增长,人类可持续发展的理想将很难实现。

据联合国《2300 年全球人口预测》报告,我国人口预计在 2030 年达到峰值,届时人口总数将超过 14.5 亿。1978 年 2 月,我国政府将计划生育政策列入《中华人民共和国宪法》。从 1974 年至 1995 年的 21 年间,我国人口在巨大惯性下增加了 3 亿,每增加 1 亿人口的时间延长至 7 年。从 1970 年至今,我国少增加了 3 亿人口。自 1999 年以来,我国人口出生率稳定在 15‰以下,且在不断下降。按照国际通用标准,我国已属于低出生率国家,我国人口出生率和增长率的逐步下降受到全球重视。我国计划生育成就巨大,已将亚洲 30 亿人口日推迟了 3 年,将世界 50 亿人口日推迟了 2 年,我国人口政策已产生深远的国际影响。

人口数量迅速增长必然引起自然资源消耗量增加和环境压力加剧。当前,人口增长过快已成为全球环境问题的源头问题,严重危及经济、社会、生态环境的可持续发展。人口的快速增长对经济和社会发展构成了巨大压力,特别是 95%的人口增长主要发生在发展中国家,这将加剧南北对立,影响全球稳定。

(二) 气候变化

由于人口增加和人类生产活动的规模越来越大,向大气释放的二氧化碳(CO_2)、甲烷(CH_4)、一氧化二氮(N_2O)、氯氟碳化合物(CFC)、四氯化碳(CCl_4)、一氧化碳(CO)等温室气体不断增加,导致大气组成发生变化,大气质量受到影响,气候变暖趋势明显。气候变暖将会对全球产生各种不同的影响,较高的温度可使极地冰川融化,海平面将升高,一些海岸地区将被淹没。全球变暖也可能影响到降水和大气环流变化,使气候反常,易造成旱涝灾害,这些都可能导致生态系统发生变化和破坏,全球气候变化将对人类生活产生一系列重大影响。

1997 年 12 月 1～11 日,《联合国气候变化框架公约》第 3 次缔约方大会在日本京都举行,来自全球的 160 个缔约国通过了《联合国气候变化框架公约京都议定书》(以下简称《京都协议书》),规定在 2008～2012 年,38 个主要发达国家的 CO_2 等 6 种温室气体排放量在 1990 年的基础上平均削减 5.2%,其中美国削减 7%、欧洲削减 8%、日本和加拿大分别削减 6%、其他国家削减额度较小。包括我国在内的发展中国家,特别是我国,虽排放总量较大(为世界第二温室气体排放国),但人均排放量较低,不仅远低于发达国家水平,且低于世界平均水平。因此在第一轮履约期内不承担减排任务。《联合国气候变化框架公约》第 15 次缔约方会议暨《京都议定书》第 5 次缔约方会议于 2009 年 12 月 7～18 日在丹麦首都哥本哈根召开。来自全世界 192 个国家的谈判代表召开峰会,商讨《京都议定书》一期承诺到期后的后续方案,即 2012～2020 年的全球减排协议。会议达成不具法律约束力的《哥本哈根协议》。《哥本哈根协议》维护了《联合国气候变化框架公约》及《京都议定书》确立的"共同但有区别的责任"原则,就发达国家实行强制减排和发展中国家采取自主减缓行动作出了安排,并就全球长期目标、资金和技术支持、透明度等焦点问题达成广泛共识。

(三) 臭氧层破坏

在离地球表面 10～50km 的大气平流层中集中了地球上 90%的臭氧气体,在离地面 25km 处臭氧浓度最大,形成了厚度约为 3mm 的臭氧集中层,称为臭氧层。臭氧层能吸收太阳的紫外线,保护地球上的生命免遭过量紫外线的伤害,并将能量储存在上层大气,起到调节气候的作用。但臭氧层是一个很脆弱的大气层,若进入的破坏臭氧层的气体物质(ODS)与臭氧发生化学作用,臭氧层就会遭到破坏。1984 年,英国科学家 Farman 等总结他们在南极哈雷湾观测站自 1975 年以来的观测结果,发现从 1975 年以来,那里每年早春(南极 10 月份)总臭氧浓度的减少超过 30%,如此惊人的臭氧减少引起了全世界极大震动。臭氧层破坏问题也从此开始受到科学界及世界各国政府、企业和社会各界的广泛重视。进一步观测表明,过去 10～15 年,每年从北半球的春天开始到整个夏季,南极上空的平流层臭氧都会发生急剧的大规模耗损,极地上空臭氧层的中心地带,近 95%的臭氧被破坏。从地面向上观测,高空的臭氧层极其稀薄,与周围相比就像是形成了一个"洞",直径有上千千米,"臭氧洞"因此而得名。进一步的研究和观测还发现臭氧层损耗不只发生在南极,在北极上空和其他中纬度地区也出现了不同程度的臭氧层损耗现象,与南极的臭氧层破坏相比,北极的臭氧损耗程度相对较轻,且持续时间相对较短。与同纬度东部地区相比,在我国青藏高原上空也出现了一个臭氧低值中心。臭氧层被破坏将使地面受到紫外线辐射的强度增加,危害地球上的生命。研究表明,紫外线辐射能破坏生物蛋白质和脱氧核糖核酸,造成细胞死亡;使人类皮肤癌发病率增高;伤害眼睛,导致白内障而使眼睛失明;抑制植物(如大豆、瓜类、蔬菜等)的生长,并能穿透 10m 深的水层,杀死浮游生物和微生物,从而危及水中生物的食物链，影响生态平衡和水体的自净能力；同时加速建筑物涂层、包装材料及塑料制品等的老化，并加速全球气候变化。1985 年，国际社会在联合国环境规划署的号召和组织下进行了有关保护臭氧层的国际公约谈判，通过并签署了《保护臭氧层维也纳公约》。1987 年通过了《关于消耗臭氧层物质的蒙特利尔议定书》，确定了主要消耗臭氧层物质淘汰时间表，使全球保护臭氧层行动迈出实质性步伐。1990 年、1992 年和 1997 年分别通过了议定书的《伦敦修正案》、《哥本哈根修正案》和《蒙特利尔修正案》，对议定书内容进行了实质性补充。保护地球臭氧层根本措施是世界各国和地区停止使用与生产消耗臭氧层物质，大力开展其替代物质和相关技术的研究。

（四）大气污染及效应

按照国际标准化组织（ISO）的定义，大气污染通常是指由于人类活动和自然过程引起某种物质进入大气中呈现出足够的浓度，达到了足够的时间并因此危害了人体舒适、健康和福利或危害了环境的现象。造成大气污染的原因是人类活动和自然过程。人类活动包括人类的生活活动和生产活动两个方面，而生产活动又是造成大气污染的主要原因；自然过程则包括火山活动、山林火灾、海啸、土壤和岩石风化以及大气圈空气运动等内容。这些原因导致一些非自然大气组分（如硫氧化物、氮氧化物等）进入大气，或使一些组分的含量超过自然大气中该组分的含量，如碳氧化物、颗粒物等。大气污染主要有以下两种类型。

1. 煤烟型污染

燃煤是煤烟型污染的主要污染源。煤是重要的固体燃料，它是一种复杂的物质聚集体，其可燃成分主要是由碳、氢及少量氧、氮和硫等构成的有机聚合物。煤中也含有多种不可燃的无机成分（统称灰分），其含量因煤的种类和产地不同而有很大差异。

2. 机动车尾气型污染

随着汽车数量的增加，汽车排放在人为排放 CO、NO_x 和碳氢化合物中所占的份额越来越高。据估算，美国交通源排放的 CO、NO_x 和碳氢化合物已分别占全国排放总量的 62.6%、38.2%和 34.3%。近年来，我国主要城市的汽车排放污染物所占份额也达到类似水平。机动车排放的碳氢化合物达 100 多种，包括杂环和多环芳烃。机动车燃料中并不含有甲烷、乙烷、乙炔、丙炔、甲醛及其他醛类化合物，它们都属不完全燃烧产物。有些有机物的致突变性较强，多以间接致突变性为主。柴油车尾气中颗粒物浓度是汽油车尾气中颗粒物的 20～100 倍。其中 60%～80%颗粒物的粒径小于 2μm，90%的颗粒物粒径小于 5μm。这些颗粒物成分复杂，有诱导细胞增殖作用，使细胞长期处于活化状态，发生恶性转化，具有较强的潜在致癌性。严重大气污染将导致区域性与全球性的环境和生态效应以及社会公害，如酸沉降和光化学烟雾等。

(1) 酸沉降

酸沉降是指大气中的酸通过降水(如雨、雾、雪)等迁移到地表(称湿沉降)，或在含酸气团气流的作用下直接迁移到地表(称干沉降)。酸沉降的研究开始于酸雨的研究。酸雨是指大气降水中酸碱度(pH)低于5.6的雨、雪或其他形式的降水。酸雨已成为当今世界上最严重的区域性环境问题之一。现在“酸雨”一词已用来泛指酸性物质以湿沉降(雨、雾、雪)或干沉降(酸性颗粒物)的形式从大气转移到地面上，这是大气污染的一种表现形式。

酸雨中绝大部分是硫酸和硝酸，主要来源于人类广泛使用化石燃料向大气排放的大量 SO_2 和 NO_x。全球目前有三大酸雨区，欧洲是世界上一大酸雨区，美国和加拿大东部也是一大酸雨区，亚洲的酸雨主要集中在东亚，其中我国南方是酸雨最严重的地区，成为世界上又一大酸雨区，我国华南酸雨区是全球唯一尚未治理的区域。由于欧洲地区土壤缓冲酸性物质的能力弱，酸雨使欧洲30%的林区因酸雨的影响而退化。在北欧，由于土壤自然酸度高，水体和土壤酸化都特别严重，有些湖泊的酸化导致鱼类灭绝。美国国家地表水调查数据显示，酸雨造成了75%的湖泊和大约一半的河流酸化。加拿大政府估计，加拿大43%的土地(主要在东部)对酸雨高度敏感，有14 000个湖泊是酸性的。2009年12月14日，《生物多样性公约》秘书处公布的一项研究显示，人类活动大量排放 CO_2，导致海洋快速酸化。预计到2050年，海洋酸度将提高150%，这是过去2000万年以来海洋酸度平均变化速度的100倍，这将给海洋生态系统造成不可逆转的损害。酸雨对人类环境的影响是多方面的：酸雨降落到河流、湖泊中使水体酸化，破坏水生生态系统平衡，妨碍水中鱼、虾的成长，以致鱼、虾减少或绝迹；酸雨降落到土壤中导致土壤酸化，破坏土壤的营养，使土壤贫瘠化，危害植物的生长，造成作物减产，也危害森林的生长，从而导致陆地生态系统的退化。此外，酸雨还腐蚀建筑材料，有关资料说明，近十几年来，酸雨地区的一些古迹特别是石刻、石雕或铜塑像的损坏超过以往百年以上，甚至千年以上。

(2) 光化学烟雾

光化学烟雾是在一定条件下(如强日光、低风速和低湿度等) NO_x 和碳氢化合物发生化学变化形成反应物和产物，即 O_3(占反应产物的85%以上)、过氧乙酰硝酸酯(占反应产物的10%)、高活性自由基(OH、RO_2、O_2、RCO等)、醛类(甲醛、乙醛、丙烯醛)、酮类和有机酸类等二次污染物形成的高氧化性的混合气团。光化学烟雾于1940年在美国的洛杉矶地区首先被发现。而后，日本、英国、德国、澳大利亚和我国先后出现过光化学烟雾污染。北京市早在1986年夏季就出现了光化学烟雾生成的迹象，近十几年来已日趋严重。光化学烟雾污染是典型的二次污染，是由源排放的一次性污染物在大气中经过化学变化而形成，污染区域可达下风向几百到上千千米，是一种区域性的污染问题。一般出现在相对湿度较低的夏季晴天，最易发生在中午或下午，夜间则消失。光化学烟雾造成危害的主要原因是由于对流层的 O_3 和其他氧化剂直接与人体和动植物相接触，其极高的氧化性能刺激人体黏膜系统，人体短期暴露其中能引起咳嗽、喉部干燥、胸痛、黏液分泌增加、疲乏、恶心等症状；长期暴露其中，则会明显损伤肺功能，影响呼吸道结构。另外，对流层的高浓度 O_3 还会对植物系统造成损害。此外，光化学烟雾对材料(主要是高分子材料，如橡胶、塑料和涂料等)也会产生破坏作用，且严重影响大气能见度，造成城市大气质量恶化。

（五）淡水资源危机

淡水资源一般是指河湖中的水、高山冰雪以及能被开发的地下水和高山冰雪融水在内的陆地淡水资源。人类居住的地球表面，约 71%被海洋覆盖，淡水仅有 2.5%左右，而在所有淡水中，有 87%是人类难以利用的储存于两极的冰川、高山冰川和永冻地带的冰雪。因此，人类真正能利用的淡水是江河湖泊及地下水中的部分，约占淡水总量的 1%，而这少得可怜的 1%淡水里还有一些已被污染。有人比喻说，在地球这个"大水缸"里可以用的水只有一"汤匙"。地球上淡水资源的时空分布极不均衡。世界上最大的 15 条河流拥有全球河流径流量的 1/3，仅亚马孙河的径流就占全球径流总量的 15%。淡水资源的人均分配也极不均匀。某些国家因人烟稀少，水资源相对较为丰富。冰岛人均占有水资源最多，每人达 68 万 m^3；我国与加拿大的年降水量和每公顷水量大致相等，但我国人口为加拿大的 40 倍，人均淡水资源仅为加拿大的 2.1%。

我国水资源总量约为 28 124 亿 m^3，占世界第 4 位；但人均水资源量仅为 2300 m^3，相当于世界人均占有量的 1/4，居世界倒数第 2 位，且分布很不均衡。据统计，全国有 400 多个城市缺水，占城市总数的 60%以上；受影响的城镇人口占全国总人口的 29%，日缺水量达 600 万 t 以上，其中严重缺水的城市有 108 个。水资源短缺，不仅影响工业生产和城镇居民生活，也对农牧业造成影响。据统计，每年因缺水而不得不缩小灌溉面积和有效的灌溉次数，造成粮食减产 300 多亿千克。现在，我国北方和西北地区的农村尚有 5000 多万人口和 3000 多万头牲畜饮水得不到保障。由于缺水，不得不进一步大量抽取地下水，结果使北京、上海、天津、西安、常州、宁波等 20 多个城市出现地面沉降。

世界上许多地区面临着严重的水资源危机。根据国际经验，每人每年 1000m^3 可重复使用的淡水资源是一个基本指标，低于这个指标的国家可能会遭受阻碍发展和损害健康的长期性水荒。目前，全世界约有 20 个国家已低于这一指标，主要位于西亚和非洲，总人口数已过亿。另外，由生活废水、工业废水、农业污水、固体废物渗漏、大气污染物等引起的水体污染使全球可供淡水的资源量大大减少。据世界银行的报告估计，由于水污染和缺少供水设施，全世界有10亿多人口无法得到安全的饮用水。造成淡水资源危机的原因很多，但主要是由人类不科学使用水资源的不良行为造成的。全人类必须树立起淡水危机的紧迫感，注重节约用水，合理用水，保护水资源不受破坏和污染。

（六）土地荒漠化与土壤污染

土地是人类赖以生存的基础。但由于有限的土地资源与人口不断增长的矛盾，人们力图从土地中获得更多的食物和原料。一旦人类活动引起土壤养分收支不平衡，甚至耗竭，就会导致土地退化。不利的自然因素也是土地退化的潜在因子，土地退化是自然因素和人类活动共同作用和影响下，土地生态平衡受到破坏，导致土壤和环境质量恶化，调节再生能力衰退，可塑性变差，承载力变弱。土地退化通常表现为土地数量减少和质量降低。土地荒漠化、土地盐碱化、土壤污染等都是土地退化的不同表现形式。

土地荒漠化是当今世界最严重的环境与社会经济问题。1991年联合国环境规划署对全球荒漠化状况的评估结果认为：全球荒漠化面积已近36亿hm^2，约占全球陆地面积的1/4，已影响到全世界1/6的人口（约9亿人）、100多个国家和地区。且荒漠化扩展速度使全球每年有600万hm^2的土地变为荒漠，其中320万hm^2是牧场、250万hm^2是旱地、12.5万hm^2是水浇地，另外还有2100万hm^2土地因退化而不能生长谷物。经济损失每年达423亿美元。全球共有干旱、半干旱土地50亿hm^2，其中33亿hm^2遭到荒漠化威胁。致使每年有600万hm^2的农田、900万hm^2的牧区失去生产力。人类文明的摇篮底格里斯河、幼发拉底河流域，由沃土变成荒漠。我国的黄河流域水土流失也十分严重。亚洲是世界上受荒漠化影响的人口分布最集中的地区，遭受荒漠化影响最严重的国家依次是中国、阿富汗、蒙古、巴基斯坦和印度。目前，地球上沙漠及荒漠化土地面积共0.456 08亿km^2，占地球上土地面积的35%，威胁到全球16%的人口和100多个国家和地区。荒漠化正威胁着可利用的土地，已成为严重的全球性环境问题之一。

我国人均土地面积仅为0.771hm^2，为世界人均水平的1/3；人均耕地面积仅为0.106hm^2，为世界人均水平的43%。不仅如此，我国耕地的总体质量不好，全国大于陡坡的耕地有近600万hm^2，有水源保证和灌溉设施的耕地仅为40%，中低产田占总耕地面积的79%，更有许多耕地面临严重的水土流失、沙漠化、盐碱化、水蚀、风蚀和海蚀。目前，我国水土流失面积达365万km^2。其中水蚀面积为165万km^2，风蚀面积为191万km^2，水蚀、风蚀交错区水土流失面积为26万km^2。水土流失不仅使我国失去了大片宝贵的土地，还使河床升高，湖泊、水库淤积，洪涝灾害频繁，使人民生命财产安全受到严峻威胁。初步估计，我国荒漠化总面积为 76.6 km^2，占国土面积的 7.97%，其中由流水侵蚀所形成的荒漠土地约为 36.7 万 km^2。我国是世界上受土地沙漠化危害最严重的国家之一，每年沙漠化造成的直接经济损失超过 540 亿元。目前，北方干旱和半干旱地区的沙漠化土地在不断扩大。防治沙漠化研究表明，草原过度农垦和过度放牧是沙漠蔓延的主要原因。我国现有盐碱化和次生盐碱化土地 5.1 亿亩①，盐碱化土地已经延伸至 17 个省（自治区、直辖市），其中仅在新疆、宁夏、甘肃和山西 4 省（自治区）就有盐碱地 2 亿亩。土壤盐碱化对环境破坏很大，直接导致植被减少，大片土地裸露，最终成为沙尘暴发生源区。调查分析表明，土壤盐碱化是我国沙尘暴频繁发生的主要原因，盐碱化还是我国草原地区的一大“心腹之患”，已经和将要造成草原大面积退化。

土壤污染是全球三大环境要素（大气、水体和土壤）污染问题之一，是全世界普遍关注和研究的主要环境问题。土壤污染对环境和人类造成的影响与危害在于其可导致土壤的组成、结构、功能发生变化，进而影响植物的正常生长发育，造成有害物质在植物体内累积，并可通过食物链进入人体，以致危害人体健康。土壤污染的最大特点是一旦土壤受到污染，特别是受到重金属或有机农药的污染后，其污染物很难消除。我国土壤污染正呈加剧趋势。据不完全统计，目前我国受污染的耕地约为 1.5 亿亩，污水灌溉污染耕地 3250 万亩，固体废物堆存占地和毁田 200 万亩，合计约占耕地总面积的 1/10 以上，其中多数集中在经济较发达的地区。土壤污染具有隐蔽性、潜伏性、不可逆性等特点。目前，土壤污染对我国国民健康和经济社会的巨大危害已经显现。据权威估算，我国每年因重金属污染的粮食达 1200 万 t，造成的直接经济损失超过 200 亿元。目前我国以占全球约 7% 的耕地养活着约 22% 的人口，耕地资源十分紧缺，而土壤一旦遭到破坏，修复将十分困难。

（七）生物多样性与森林锐减

生物多样性是指地球上生存的所有生物的纷繁多样性，其遗传、变异及生境、生态系统的复杂性。生物多样性包括基因库多样性、物种多样性和生态系统多样性。有人认为还应包括其功能多样性，即生态系统内生物的不同作用。其中物种多样性是生物多样性的核心。

基因库多样性是指存在于生物体内、物种内及物种之间的基因多样性。物种都有其遗传组成决定着物种的特点，如对环境的适应性、可利用性等，任何一个特定的个体和物种都保持着大量的遗传类型，都可以看做是单独的基因库。遗传多样性对人类生产和经济繁荣有着重要现实意义。

物种多样性是指动物、植物和微生物种类的丰富性，是人类生存与发展的基

① 亩为非法定单位，1 亩≈666.67 m^2，下同。

础。复杂的地理条件为不同生物的生存和发展提供了各种环境，形成了多种多样的陆地生态系统，如森林、草原、荒漠、湿地、农地以及不同的海洋生态系统。在这些生态系统中，生物与其生存的环境之间进行着物质循环和能量流动等生态过程，保护这些生态系统，对于所有生物的生存、进化和可持续发展至关重要。

生物多样性是维护自然生态平衡与人类生存与发展必不可少的生态基础。绿色植物、昆虫、节肢动物和微生物构成了地球上的生命系统，并维持生命生存的条件，同时它们也是人类生存和发展的重要资源库，为人类提供大量食物、原材料和药材，还可以为人们旅游、娱乐提供资源。目前，地球正经历着第六次大规模物种灭绝。据科学家估计，地球上约有 1400 万种物种。长期以来，由于人类对野生生物的过度捕杀，以及对生态环境的污染和破坏，地球上越来越多的物种已经或正在遭遇灭顶之灾。研究表明，自恐龙灭绝以来，现在地球上生物多样性减少的速度比历史上任何时候都快，鸟类和哺乳动物的灭绝速度或许是它们在未受干扰的自然界中灭绝速度的 100～1000 倍。在 1600～1950 年，已知的鸟类和哺乳动物的灭绝速度增加了 4 倍。自 1600 年以来大约有 113 种鸟类和 83 种哺乳动物已经消失。在 1850～1950 年，鸟类和哺乳动物的灭绝速度平均每年增加一种。总体来看，66％的陆生脊椎动物已成为濒危种和渐危种。海洋和淡水生态系统中的生物多样性也在不断丧失和严重退化，其中受到最严重冲击的是处于相对封闭环境中的淡水生态系统。

我国是世界上生物多样性最丰富的国家之一，高等植物和野生动物物种均占世界的 10％左右，其中约有 200 个特有属。然而，环境污染和生态破坏导致了动植物生境的破坏，物种数量急剧减少，有的物种已经灭绝。据统计，我国高等植物大约有 4600 种处于濒危或受威胁状态，占高等植物的 15％以上，近 50 年来约有 200 种高等植物灭绝，平均 1 年灭绝 4 种；野生动物中约有 400 种处于濒危或受威胁状态。

生物多样性的减少将威胁到人类的食物供应，木材、医药和能源的来源，娱乐与旅游资源，且干扰了生态系统的基本作用，如调整水流量、水土保持、消纳污染物、净化水质以及营养物的循环等。

由于推测的难度，全世界的森林面积尚无准确数值。但据推算，地球上的森林面积为 30 亿～60 亿 hm^2，占陆地面积的 20％～40％，其中约一半是热带林(包括热带雨林和热带季雨林)，另一半以亚寒带针叶林为主。从森林植物的干重测定值来看，热带林是亚寒带针叶林的 2 倍，热带林占陆地总生物量的很大部分。但在工业化过程中，欧洲、北美等地的温带森林有 1/3 被砍伐。30 多年来，发达国家对全球热带林进行了大规模开发。欧洲国家进入非洲、美国进入中南美洲、日本进入东南亚，大量砍伐热带林。森林大面积被毁引起了多种环境后果，主要为降雨分布变化、CO_2 排放量增加、气候异常、水土流失、洪涝频发、生物多样性减少等。现在全世界每年有1200万hm^2的森林消失，且多数集中在发展中国家。我国由于人多地少，毁林开荒非常严重，森林覆盖率仅为13%，居世界第120位。

森林是地球之肺，湿地是地球之肾，土地沙化是地球的癌症，生物多样性是地球的免疫系统，在维护地球生态平衡中起着决定性作用。随着森林锐减、土地沙化、湿地减少、水土流失、干旱缺水、物种灭绝、气候变暖等生态危机的日益突出，地球将失去供养人类生存的能力，生态危机有可能成为人类面临的最大威胁。

（八）矿产资源危机

矿产资源泛指由地质作用形成于地壳中，以固态、液态和气态形式存在，具有重要经济价值的自然资源。包括石油、天然气、煤炭等能源资源，铁、锰、铬等黑色金属矿产，铜、铅、锌、钴、镍等有色金属矿产，金、银、铂、钯等贵金属矿产，铀、镭、钍等放射性金属矿产，铊、铟、镧、铈等稀有金属矿产，菱镁矿、滑石等冶金辅助矿，钾盐、硫、磷等化工矿产，高岭石、膨润土、蒙脱石等非金属材料矿石，各种石料、石灰岩、石膏、石棉等建筑材料矿产，红宝石、蓝宝石、翡翠、玛瑙等宝玉石矿产及地下水(热)资源等。矿产资源为人类提供了95%以上的能源、80%以上的工业原料、70%以上的农业生产资料，是人类社会赖以生存和发展的重要物质基础。但由于矿产资源地质属性和不可再生性，其在世界各国和地区分布不均衡，且其开发利用寿命有限。

2006年全球石油剩余探明储量为1805亿t，沙特石油储量和俄罗斯石油产量分别居首。就探明储量分布而言，世界前10位的国家和地区有6个在中东，中东探明储量占世界总量的62%，俄罗斯和哈萨克斯坦分别占世界的6%和3.3%，非洲的利比亚和尼日利亚分别占3.3%和3%。美国占2.5%，委内瑞拉占6.5%，墨西哥和巴西等国储量也很可观。我国石油探明储量仅占世界的1.4%。2004年底，全球天然气探明储量为180亿m^3，其中中东和欧亚地区分别占40.6%和35.7%，俄罗斯、伊朗、沙特天然气探明储量分别占26.7%、15.3%、14.4%。世界石油储采比至少可维持50年以上(中东为90多年)，随着勘探和开采技术不断进步，石油储采比还将继续提高。

全球煤炭资源空间分布较为普遍。2000年底，全球剩余探明可采储量为9842亿t。其中，亚太地区、前苏联地区和北美洲储量相近，分别占世界总储量的29.7%、26.1%和23.4%。西欧地区分布1220亿t，占世界总量的12.4%；非洲和南美洲较少，中东地区几乎没有煤炭。

铁矿床遍及世界各地，空间上主要分布在东欧和前苏联地区、亚太和南美地区。2000年底全球剩余探明铁矿储量(含铁量)为723.5亿t，其中东欧和前苏联地区及亚太地区，分别占世界铁矿储量的45.6%和31.2%。南美、北美和西欧分别占世界的8%、5.8%和6.5%，中东地区和非洲地区匮乏。铝土矿矿床及其储量分布更不均衡。南美、非洲和亚太地区是铝土矿的集中分布区。在全球246.9亿t的铝土矿储量中，上述三个地区分别占36%、34%和25.5%，已占世界总量的95.5%，其他地区铝土矿资源量较少。全球铜矿床分布较普遍，但主要集中在南美和北美的东环太平洋成矿带上。在全球剩余的3.39亿t铜储量中，南美占37.5%，北美占23.3%，亚太和东欧及前苏联地区分别占15.6%和11.5%。其他地区资源储量有限。世界主要产金国有南非、俄罗斯、加拿大、美国、澳大利亚、中国、巴西、巴布亚新几内亚、印度尼西亚等国家。矿产资源不但空间分布和数量分布极不均衡，且其品质和开发的技术经济条件差别也很大。这种不均衡性和差别性构成了地区间资源利用战略的取向与资源贸易的基础。

截至2004年，我国已发现矿产173种，探明有储量的矿产有155种，其中能源矿产8种，金属矿产54种，非金属矿产90种，水气矿产3种，矿床、矿点20多万处，经详细工作的近2万余处，是全球矿产资源种类比较齐全的国家之一。已探明矿产资源总量较大，约占世界的12%，仅次于美国和前苏联，居世界第3位。但我国主要矿产储量占世界的比例并不高，如铁矿石不足9%、锰矿石约18%、铬矿仅有0.1%、铜矿不足5%、铝土矿不足2%、钾盐矿小于1%、煤炭占世界总量16%、石油占1.8%、天然气占0.7%。人均占有量也很低，如石油资源的人均占有量只有世界人均的11%，天然气不足5%，化石资源（包括石油、煤炭、天然气）仅有世界人均占有量的58%，为世界第53位，居世界中档水平。在资源分布上，具有不均匀性和区带性。74%的煤集中于山西、陕西、内蒙古、新疆4省（自治区），而经济发达、用煤量大的东南地区较为紧缺，形成北煤南调、西煤东运的局面。70%的磷矿集中于云南、贵州、四川、湖北4省，北方大量用磷需南磷北调。从矿产资源的可利用性来看，我国铁矿平均品位为33.5%，较世界平均品位低10%以上；锰矿平均品位为22%，而世界平均品位为48%；铝土矿以一水硬铝石为主，三水铝石和一水软铝石较少；铜矿品位大于1%的储量为35%，平均品位仅为0.87%；磷矿平均品位仅为16.95%，且富矿少，胶磷矿多，选矿难度大。在矿床规模上，中小型矿床所占比例较大，不利于规模开发。

自20世纪中叶始，世界能源的消耗速度急剧增加，近几十年来几乎增长了一倍。世界能源总消耗量1960年为58亿t标准煤，1980年为109亿t标准煤，1995年，在西方经济不景气的情况下，全世界能源消耗总量也有116亿t标准煤。自1971年以来，全球能源消耗增长了70%。在今后的十几年里，全球能源的需求可能将以每年2%的速度递增。能源矿产除用作动力之外，还是重要的化工原料。目前，全球能源矿产的产值已占全部矿产总产值的90.8%。人类的生产和生活离不开矿物燃料和金属矿藏，它们在地壳中的含量是有限的，开采多少，其储量就减少多少，开采的速度越快，减少的速度也越快。某些使用过的废旧金属可以回收并重复利用，但能重复利用的程度是有限的，根本不能取代新开采的需要；矿物燃料则用一点就少一点，无法重复利用。对于一些已探明矿产资源的供应前景，美国矿务局于1979年做过预测，其结果如图1-1所示。在消费量恒定的条件下，这些资源的预期寿命为20～300年不等；而在指数增长的条件下，预期寿命只有10～80年。

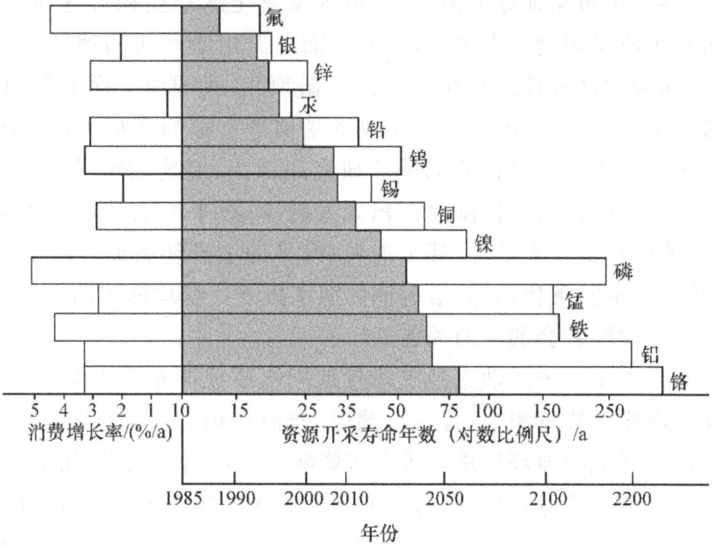

图1-1 世界14种重要矿物的预期寿命

该图右侧为预测寿命；空白条框表示消费水平不增长（固定在1975年消费水平）条件下的预期寿命，灰色框部分表示按指数增长的预期寿命；左侧白条框表示各种矿物消费的年增长率

当前，经济全球化趋势加快是当今世界经济发展的主要特征。经济全球化所带来的益处是能够实现资源在世界范围内的优化配置，但同时也使国际社会对资源的争夺更加激烈。进入21世纪，全球石油价格大幅攀升，铁、钨、铜、铝、铅、锌、镍、金等重要矿产品价格一路走高，使资源问题成为举世关注的焦点，并使之演变为与国际金融秩序和国际政治秩序相互交织、相互影响的全球性环境问题。

（九）海平面上升与海洋污染

海平面上升是由全球气候变暖、极地冰川融化、上层海水变热膨胀等原因引起的全球性海平面上升现象。研究表明，近百年来全球海平面已上升了10～20cm，且未来还将加速上升，到21世纪末，海平面将比现在上升50cm，甚至更多。世界某一地区的实际海平面变化，还受到当地陆地垂直运动——缓慢的地壳升降和局部地面沉降的影响，全球海平面上升加上当地陆地升降值之和，即为该地区相对海平面变化。海平面上升对沿海地区社会经济、自然环境及生态系统等有重大影响。

海平面上升可淹没一些低洼沿海地区，加强了海洋动力因素向海滩推进，侵蚀海岸，从而变“桑田”为“沧海”；海平面的上升使风暴潮强度加剧，频次增多，危及沿海地区人民生命财产，且使土地盐碱化。由于世界人口、工业、经济等主要集中在沿海地区，据推测，海平面上升 1m，全世界受灾人口将达 10 亿，其中 3 亿～4 亿人将无家可归，一些岛国将从地球上消失，全世界受灾土地总面积可达 500 万 km^2，世界上 1/3 可耕地将受影响。在中国，受海平面上升影响严重的地区主要是渤海湾地区、长江三角洲地区和珠江三角洲地区。据预测，我国海平面上升 100cm，长江三角洲海拔 2m 以下的 1500 km^2 低洼地将受到严重影响或被淹没。海平面上升还将使滨海湿地和沼泽受到严重影响。研究还认为，湿地能承受 20cm/hm^2 的海平面上升，如果上升过快，将使湿地面积大大减少；海平面上升还将使珊瑚面临危险，珊瑚礁岛屿面积会大大减小，甚至消失；海平面上升还将通过盐水侵入地下水资源，进一步使土地盐碱化，导致沿海地区淡水匮乏。全球冰雪圈的变化与全球海平面上升已引起国际社会的普遍关注。

海洋污染是由于人类活动直接或间接地把物质或能量排入海洋环境，造成或可能造成损害海洋生物资源、危害人类健康、妨碍捕鱼和其他各种合法活动、损害海水使用价值和降低海洋环境质量等有害影响。一些自然因素(如水土流失、海底火山爆发以及自然灾害等)引起的海洋损害则不属于海洋污染范畴。据估计，全世界有 9.5 亿人把鱼作为蛋白质的主要来源。但近几十年来，人类对海洋生物资源的过度利用和对海洋日趋严重的污染，使全球范围内的海洋生产力和海洋环境质量出现明显退化。1993 年，在全世界捕捞的 1.01 亿 t 鱼中，有 77.7%来自海洋。联合国粮食及农业组织估计，2/3 以上的海洋鱼类已被最大限度或过度捕捞，特别是有数据资料的 25%的鱼类，由于过度捕捞，已经灭绝或濒临灭绝，另有 44%的鱼类的捕捞已达到生物极限。另外，人类活动产生的大部分废物和污染物最终都进入了海洋，全球每年有数十亿吨的淤泥、污水、工业垃圾和化工废物等被直接排入海洋；河流每年也将近百亿吨淤泥、废水和废物带入沿海水域，引起沿海生境改变，使动物栖息地和繁殖地遭到破坏。海洋污染的主要来源和比例为：城市污水和农业径流排放约占 44%，空气污染约占 33%，船舶污染约占 12%，倾倒垃圾约占 10%，海上油、气生产约占 1%。目前我国海洋环境基本上处于良好状态，但在某些沿岸海湾、河口及局部海域，如大连湾、辽河口、锦州湾、渤海湾、莱州湾和胶州湾等，环境污染较为严重；某些海洋水产资源衰竭，渔获量减少，少数珍贵海产品受到损害，一些海洋水产资源质量受到影响；部分滩涂荒废，滨海环境遭到损害。就海区而言，渤海沿岸污染较为严重，东海和黄海次之，南海污染较轻。海洋污染物依其来源、性质和毒性，可分为以下几类：

1) 石油及其产品。

2) 金属及酸、碱。包括铬、锰、铁、铜、锌、银、镉、锑、汞、铅等金属，磷、砷等非金属,以及酸、碱等。此类污染物直接危害海洋生物的生存和影响其利用价值。

3) 农药主要由径流带入海洋,并对海洋生物造成危害。

4) 放射性物质主要来自核爆炸、核工业或核舰艇的排污。

5) 有机废液和生活污水由径流带入海洋,极严重的可形成赤潮。

6) 热污染和固体废物。主要包括工业冷却水和工程残土、垃圾及疏浚泥等。前者入海后将提高局部海区水温,使溶解氧含量降低,影响生物新陈代谢,甚至使生物群落发生改变;后者将破坏海滨和海洋生物栖息环境。

海洋污染的特点是污染源多、持续性强、扩散范围广、难以控制。海洋污染造成的海水浑浊严重影响海洋植物(浮游植物和海藻)的光合作用,从而影响海域的生产力,对鱼类也有危害。重金属和有毒有机化合物等有毒物质在海域中累积,并通过海洋生物的富集作用,对海洋动物和以此为食的其他动物造成毒害,并通过食物链对人体健康造成危害。石油污染在海洋表面形成面积广大的油膜,阻止空气中的氧气向海水中溶解,同时石油的分解也消耗水中溶解氧,造成海水缺氧,对海洋生物产生危害,并祸及海鸟和人类。由好氧有机物污染引起的赤潮(海水富营养化的结果)造成海水缺氧,导致海洋生物死亡。海洋污染还会破坏海滨旅游资源。海洋污染已引起国际社会的重视。

(十) 固体废物污染与危险废物越境转移

固体废物主要产生于人类生产和消费活动中。按其来源,固体废物大致可分为生活垃圾、一般工业固体废物和危险废物三种。此外,还有农业固体废物、建筑废料及弃土等。固体废物如不加以妥善收集、利用和处理处置,将会污染大气、水体和土壤,并危害人体健康。固体废物污染一直是国际社会普遍关注的热点问题之一。

生活垃圾是指在人们日常生活中产生的废物,包括食物残渣、餐厨垃圾、纸屑、灰土、包装物、废品等。

一般工业固体废物包括粉煤灰、冶炼废渣、炉渣、尾矿、工业水处理污泥、煤矸石及工业粉尘。

危险废物是指易燃、易爆、腐蚀性、传染性、放射性等有毒有害废物。除固态废物外,半固态、液态危险废物在环境管理中通常也划入危险废物一类进行管理。

未加管理任意堆放的固体废物受雨水浸淋后,进入水体或渗入土壤而造成污染。固体废物堆放不当还会造成泥石流、塌方、滑坡事故等。目前,我国每年产生的工业废物和生活垃圾已超过 10 亿多吨,且呈逐年上升趋势。北京、上海等特大城市的生活垃圾每人每天超过 1kg,接近发达国家水平。历年垃圾堆存量达 60 亿 t,全国 600 多座城市中,有 200 余座城市处于垃圾包围之中,由此造成的污染和二次污染事故时有发生。

固体废物具有两重性，即在一定时间、地点，某些物品对用户不再有用或暂不需要而被丢弃成为废物，但对另一些用户或者在某种特定条件下，废物可能成为有用的甚至是必要的原料。固体废物污染防治正是利用这一特点，力求使固体废物减量化、资源化、无害化。对那些不可避免地产生和无法利用的固体废物需要进行处理处置。固体废物还有来源广、种类多、数量大、成分复杂的特点。因此防治工作的重点是按废物的不同特性分类收集、运输和储存，然后进行合理利用和处理处置。据预测，未来10年间，全球在能源、环境、农业、医药等领域将出现十大新兴技术，其中有关固体废物处理的新兴技术被排在第二位，固体废物处理产业将成为21世纪新的经济增长点。“十一五”期间，我国固体废物研究与技术开发重点为：①废旧家电与电子产品、汽车、城市生活垃圾、餐厨垃圾、工业固体废物、有毒有害固体废物资源化关键技术研发；②重点城市或区域废物综合示范重要集成技术研究；③生活垃圾废物流系统关键技术与装备机械研发；④生物处理技术研究；⑤可持续生活垃圾填埋处理技术研发；⑥大型成套焚烧设备的国产化技术研究；⑦危险废物环境风险评估技术研究；⑧农业废弃物处理处置技术研究；⑨旧垃圾场污染控制及生态恢复技术研究等。

随着工业发展，工业生产过程排放的危险废物日益增多。据估计，全世界每年危险废物产生量为3.3亿t。由于危险废物带来的严重污染和潜在的严重影响，在工业发达国家，危险废物被称为“政治废物”，公众对危险废物问题十分敏感，反对在自己居住地区设立危险废物处置场，加上危险废物处置费用高昂，一些公司极力试图向工业不发达国家和地区转移危险废物。据绿色和平组织的调查报告，发达国家正在以每年5000万t的规模向发展中国家转运危险废物，自1986年至1992年，发达国家已向发展中国家和东欧国家转移总量为1.63亿t的危险废物。危险废物的越境转移对发展中国家乃至全球环境都具有不可忽视的危害。由于废物输入国基本上都缺乏处理处置危险废物的技术手段和经济能力，危险废物的输入必然会导致对当地生态环境和人群健康的损害；危险废物向不发达地区的扩散实际上是逃避本国规定的处置责任，使危险废物没有得到应有的处理处置而扩散到环境之中，长期积累的结果必然会对全球环境产生危害。危险废物越境转移的危害还在于这些废物是在国际贸易名义掩盖下进行的，进口者为了捞取经济利益，根本不顾其对环境和人体健康可能产生的影响，所以使进口的危险废物得不到应有的处理处置。危险废物的越境转移已成为严重的全球环境问题之一，如不采取措施加以控制，势必对全球环境造成严重危害。

1989年3月，在联合国环境规划署（UNEP）的主持下，在瑞士的巴塞尔通过了《控制危险废物越境转移及其处置的巴塞尔公约》（以下简称《巴塞尔公约》）。参加巴塞尔外交大会的共有117个国家和34个国际组织，我国政府也派出环境代表团参加了此次会议，并在会议上发言，支持《巴塞尔公约》草案，并在大会最后文件上签字。1990年，中国政府正式签署了《巴塞尔公约》。《巴塞尔公约》于1992年5月生效。《巴塞尔公约》规定，缔约国应不许可将危险废物或其他废物从其领土出口到非缔约国，也不允许从非缔约国进口到其领土；《巴塞尔公约》认为危险废物或其他废物的非法运输为犯罪行为；各缔约国协议不许可将危险废物或其他废物出口到南纬60°以南的地区处置；《巴塞尔公约》规定的应加以控制的危险废物有医药废物，木材防腐化学品，废焦油，爆炸废物，含铍、砷、镉、汞、碲、铊、铅的化合物，含氰、酚、醚的化合物，多氯苯及二噁英同系物，多氯苯并呋喃同系物，有机溶剂及有机卤化物等。对危险废物在缔约国之间的转移，《巴塞尔公约》规定出口国应将危险废物或其他废物任何拟议的越境转移书面通知有关国家的主管当局，进口国应以书面答复是否同意转移。

（十一）持久性有毒化学物质污染

全世界已知的化学物质已有约1100万种，每年还有约1000种新的化学物质进入市场。化学物质是许多大规模工业生产所必需的原料，但这些化学物质在制造、储存、运输、使用和废弃过程中危害环境和生态系统。现在，全世界每年产生的有毒有害化学废物达3亿～4亿t。化学污染物从工业和农业活动中排放，并已广泛进入空气、土地、河流和海洋。有研究认为，多氯联苯是导致波罗的海海豹出生率下降60%～80%的罪魁祸首。这些毒素也引起人体健康方面的严重问题。生活在北极地区的因纽特人的母乳里含有高浓度的多氯联苯，而鲸、海豹等海生动物正是因纽特人主要的蛋白质来源，污染毒素聚集在动物脂肪里很难通过躯体排除体外。化学污染物通过食物链对海洋生态系统和陆地生态系统产生强烈干扰，已成为全世界关注的全球重大环境问题之一。

环境中有毒化学物质数量众多。在环境管理中，不可能对全部化学污染物进行控制，只能根据社会经济技术条件和环境管理的需要，有步骤地控制最具代表性的、具较大排放量的、对人体健康和生态平衡危害大的或潜在危险性较大的有毒化学物质。美国职业卫生研究所于1973年登记的有毒化学物质已达25 043种，主要化学毒物可分为重金属（如Hg、Pb、Cd、Cr等）、有机物（如有机氯农药、多环芳烃、多氯联苯、氯代苯、亚硝胺类、有机汞、有机锡等）。1975年，欧盟根据物质的毒性、持久性和生物积累性列出了有害有毒物质的“黑名单”，“黑名单”中不包括那些生物学上无害的物质和易转化为生物学上无害物的物质。1980年，联邦德国公布了120种水中有害物质名单，其中毒性最强的有16种，即丙酮氰醇、丙烯腈、砷酸氢二钠、苯、四乙基铅、镉化合物、氰化物、DDT、3-氯-1，2-环氧丙烷、乙酰亚胺、水合肼、林丹、硫醇、乙基对硫磷、汞化合物、银化合物等。

筛选有毒物质的原则包括：①污染物在环境中具有一定的残留水平，稳定，不易分解；②易在生物体中富集和在人体中积累；③具有较大的毒性；④容易致癌、致畸、致突变，能造成普遍的、长期的和严重的中毒事件；⑤对生态环境和人体健康造成严重的威胁等。在考虑污染物毒性效应时，不仅要考虑其急性毒性，还要考虑其慢性毒性，以及其他特殊毒性效应，同时还要考虑毒性产生的环境效应（environmental effect）和生物效应（biological effect），并考虑其降解性（degradation）和积累性（accumulation）。难降解的、残留期长的污染物在环境中更易扩散，与人接触的可能性与其在环境中存在的时间成正比关系，更易通过食物链进入生物或人体内。持久性有机污染物（persistent organic pollutants，POPs）是对众多具有持久性有机化学污染物的专用名词。POPs 具有长期残留性、生物蓄积性、半挥发性和高毒性，能在大气和水环境中或通过迁徙物种长距离迁移，并能沉积回到地球表面，对人类健康和环境产生严重危害。POPs 污染是近年来较突出的环境问题，在全球大陆、沙漠、海洋和南北极地区等都有 POPs 物质存在。1996 年 6 月，化学品安全政府间论坛（IFCS）确认，有充分证据需要采取国家行动减少 12 种 POPs 对人类健康和环境的风险，12 种 POPs 为杀虫剂（艾氏剂、狄氏剂、异狄氏剂、DDT、七氯、氯丹、灭蚁灵、毒杀芬、六氯苯）、工业化学品（多氯联苯）、非故意产生的工业副产品（二噁英和苯并呋喃）等。1997 年 2 月，UNEP 理事会通过了 19/13C 号决议，采纳了IFCS 的研究结论及推荐意见。1998 年 6 月 24 日，美国、加拿大和欧洲国家等共 32 个国在丹麦奥尔胡斯正式签署了《关于长距离越境空气污染物公约》下的《关于持久性有机污染物议定书》，规定禁止或削减 16 种（类）POPs 物质的排放，并禁止和逐步淘汰某些含 POPs 产品的生产，除 UNEP 提出的上述 12 种 POPs 物质外，还包括六溴联苯、林丹/六六六、多环芳烃、五氯酚等。2001 年 5 月 23 日，127 个国家的代表通过了《关于持久性有机污染物的斯德哥尔摩公约》（简称《斯德哥尔摩公约》），并开放供各国签署。目前，已有 151 个国家签署、59 个国家批准。该公约于 2004 年 5 月 17 日正式生效，全球削减和淘汰 POPs 物质进入实质性全面开展阶段。首批列入该公约受控名单的 POPs 物质有 12 种，即 DDT、六氯苯、氯丹、灭蚁灵、艾氏剂、狄氏剂、异狄氏剂、毒杀芬、七氯、多氯联苯、二噁英和呋喃。POPs 物质名单是开放的，随着科学技术的发展和人们对 POPs 物质认识的不断加深，将会有更多的有机污染物被确定为 POPs 物质而加以控制和消除。该公约规定，缔约方须在公约生效之日起的两年内制订国家实施方案并尽快组织实施。2001 年 5 月 23 日，中国政府签署了该公约；2004 年 6 月 25 日，第十届全国人民代表大会常务委员会第十次会议批准该公约；2007 年 4 月 14 日国务院批准《中国履行〈关于持久性有机污染物（POPs）的斯德哥尔摩公约〉国家实施计划》，并于 2007 年 7 月 3 日正式启动。我国将分阶段、分区域、分行业削减、淘汰和控制二噁英等列入该公约受控清单的 12 种 POPs 物质；采取必要的法律和行政措施，禁止和消除 POPs 物质的有意生产和使用，并严格管制其进出口；促进包括最佳可行技术和最佳环境实践的应用，以持续减少并最终消除非故意副产物的 POPs 物质；查明并以安全、有效和对环境无害化方式处置POPs物质库存及其废弃物。

持久性有毒物质(persistent toxic substances,PTS)与臭氧层破坏和温室效应并称为21世纪影响人类生存与健康的三大全球性环境问题。无论是《斯德哥尔摩公约》中确定的12类POPs物质,还是美国EPA确定的12类PBT(persistent bioaccumulative & toxic chemicals)物质,以及环境内分泌干扰物EED(environmental endocrine disruptor)的研究都与持久性有毒物质有关。UNEP制订的持久性有毒物质,目前包括27种有毒污染物:艾氏剂(aldrin)、氯丹(chlordane)、滴滴涕(DDT)、狄氏剂(dieldrin)、异狄氏剂(endrin)、七氯(heptachlor)、六氯代苯(hexachlorobenzene)、灭蚁灵(mirex)、毒杀芬(toxaphene)、多氯联苯(PCBs)、二噁英(dioxin)、多氯代苯并呋喃(furan)、十氯酮(chlordecone)、六溴代二苯(hexabromobiphenyl)、六六六(HCH)、多环芳烃(PAHs)、多溴代二苯醚(PBDE)、氯化石蜡(chlorinated paraffin)、硫丹(endosulphan)、阿特拉津(atrazine)、五氯酚(pentachlorophenol)、有机汞(organic mercury compound)、有机锡(organic tin compound)、有机铅(organic lead compound)、酞酸酯(phthalate)、辛基酚(octylphenol)、壬基酚(nonylphenol)。由于PTS在全球普遍存在,且具有生物累积性、难以降解、可远距离传输、致癌、致突变性和内分泌干扰等特性,这些持久性有毒污染物所引起的全球性环境污染问题已引起国际环境保护组织、各国政府和民众的高度关注。

第三节 环境科学

一、环境科学的定义

在人类和自然环境长期发展过程中,随着社会生产力的发展,生产方式的演变和工艺技术的提高,人类面临的环境问题越来越严重,人类与环境之间的矛盾越来越显著,人们对自然现象和规律的认识日益深化,环境科学正是在此发展过程中,在人们亟待解决环境问题的社会需要下迅速发展起来的。它从零星而不系统的环境保护和研究工作汇集成一门独立的、内容丰富的、领域广泛的新兴学科,是一门介于自然科学、社会科学和技术科学之间的边缘学科,也是在现代社会经济和科学发展过程中形成的一门综合性学科。环境科学成为一门科学还是近几十年的事情,环境科学形成的历史虽较短,但随着环境保护实际工作的迅速扩展和环境科学理论的进一步深入,其概念和内涵正日益丰富与完善。

环境科学是研究人类生存的环境质量及其保护与改善的科学,是以"人类与环境"这对矛盾为对象,研究其对立统一关系的发生与发展、调节与控制以及利用与改造的一门新兴的综合性科学。环境科学研究的环境是以人类为主体的外部世界,即人类赖以生存和发展的物质条件的综合体,包括自然环境和社会环境。环境科学可定义为一门研究人类社会发展活动与环境(结构和状态)演化规律之间相互作用关系,寻求人类社会与环境协同演化、持续发展的途径与方法的科学。环境科学涉及的学科面广,具有自然科学、社会科学、技术科学交叉渗透的广泛基础,几乎涵盖现代科学的各个领域。同时,其研究范围涉及人类经济活动和社会行为的各个领域,并涉及管理、经济、科技、文化教育及军事等人类社会的各个方面。

二、环境科学的研究对象、目的和任务

环境科学研究对象是人类与环境间的关系,其目的是通过调整人类的社会行为,保护、发展和建设环境,从而使环境永远为人类社会持续、协调、稳定发展提供良好的支持和保证。"人类与环境"这对矛盾在更广泛的范围内,以其特殊性将环境科学与其他科学区分开来,又以富于其中的普遍性而把环境科学与相邻学科联系起来,使环境科学成为一门独立而非孤立的科学。

20世纪50～60年代,环境科学研究领域侧重于自然科学和工程技术方面,20世纪后半叶已扩大到社会学、经济学、法学等社会科学方面。对环境问题的系统研究需要运用地学、生物学、化学、物理学、医学、工程学、数学以及社会学、经济学、法学等多学科和跨学科知识。所以,环境科学是一门综合性很强的科学,它在宏观上研究人类与环境之间的相互作用、相互促进、相互制约的对立统一关系,揭示社会经济发展和环境保护协调发展的基本规律;在微观上研究环境中的物质,尤其是人类活动排放的污染物分子、原子等微小粒子在环境及有机体内迁移、转化和蓄积的过程及其运动规律,并探索其对生命的影响及作用机理等。环境科学的主要任务包括以下内容。

(1) 探索全球范围内的规律

环境总是不断演化的,环境变异也会随时随地产生。为了使人类在改造自然中使环境向有利于人类的方向发展,避免向不利于人类的方向发展,就必须了解环境变化过程,包括环境的基本特性、环境结构的形式和演化机理等。

(2) 揭示人类活动与自然生态之间的关系

环境为人类提供生存条件,包括提供发展经济的物质资源。人类通过生产和消费活动,不断影响环境质量。人类生产和消费系统中物质和能量的迁移及转化过程异常复杂。但必须使物质和能量的输入与输出之间保持相对平衡,其中包括两项内容:① 排入环境的废物不能超过环境自净能力,以免造成环境污染,损害环境质量;② 从环境中的获取不能超过其再生增殖能力,以保障其被永续利用。因此,社会经济发展规划中必须列入环境保护内容,有关社会经济发展的决策必须考虑生态学的要求,以实现人类和环境的协调发展。

(3) 探索环境变化对人类生存的影响

环境变化是由物理的、化学的、生物的和社会的因素及其相互作用所引起的。

因此,必须研究污染物在环境中的物理的、化学的变化过程,在生态系统中迁移转化的机理,以及进入人体后发生的各种作用。同时,必须研究环境退化与物质循环之间的关系。这些研究可为保护人类生存环境与制定各项控制污染物的排放量提供科学依据。

(4) 研究区域环境污染综合防治技术和管理措施

工业发达国家防治污染经历了几个阶段:①20 世纪 50 年代主要是治理污染源;②60 年代转向区域性污染的综合治理;③70 年代以来侧重预防,强调区域规划和合理布局。引起环境问题的因素很多,需要综合运用多种工程技术措施和管理手段,从区域环境的整体出发,调节并控制人类和环境间的相互关系,并利用系统分析和系统工程的方法寻求解决环境问题的最优方案。

三、环境科学的研究内容和特点

人生活于周围环境之中,人类的一切活动无不受周围环境的影响。因此,环境问题涉及各行各业,关系到每个人的生活、工作和健康。这也决定了环境科学的内容是丰富多彩的,涉及自然科学、社会科学、工程技术的诸多领域。环境科学研究的主要内容包括以下四个方面:

1) 人类社会经济行为所引起的环境污染和生态破坏。

2) 环境系统在人类活动影响下的变化规律。

3) 环境(结构与状态)恶化的程度及其与人类社会经济活动的关系。

4) 寻求人类社会、经济与环境协调持续发展的途径和方法,以实现人类社会与自然界的和谐共存及发展。

从环境科学的研究对象和内容来看,环境科学应具有两个明显的特点。

(1) 整体性

人类与环境是一个整体,由自然环境和社会环境综合而成,环境中的各种因素相互依存、相互影响。因此,环境遭到污染和破坏,并不是个别因素,而是多种因素发生变化且相互影响的综合结果。所以,对环境整体进行研究是环境科学的主要特点。

20 世纪 50 年代,环境污染问题出现以后,人们一般认为是个技术问题,以为分别采取对大气、水体污染的治理措施就可以解决环境污染问题,但却收效甚微。目前,从世界各国来看,环境问题的整体研究,除了综合分析环境各要素及其运动变化和相互联系外,还应侧重于人类活动与环境的相互作用规律,深入开展人口、资源、环境与发展之间的整体性研究。

(2) 综合性

环境是一个有机整体,涉及面广泛,几乎关系到每个自然因素和众多社会因素。因此,要解决环境问题,必须组织多学科的综合研究。环境科学研究领域已从

20 世纪 60 年代侧重于自然科学和工程技术，跨越到了社会学、经济学、法学等社会科学领域。环境问题的研究基本上可分为两大类：① 研究社会经济活动排放的污染物进入环境的危害及其对人体健康的影响，这就需要各有关部门协同采取措施才能控制污染；② 研究社会经济对环境资源的开发引起的水土流失、土壤沙化、森林减少、野生动植物灭绝等一系列自然破坏和生态失调现象，这也是一项综合性很强的工作，既与自然科学、工程技术科学有关，又与社会学、经济学等社会科学密切相关。可见，环境科学是以解决环境问题为开端，以研究环境建设，寻求社会、经济与环境协调发展途径为中心，并以实现人类社会与自然界的和谐共存与发展为目标的一门多学科及跨学科的综合性科学。

四、环境科学的形成与发展

综观世界人口、资源、能源与环境问题，来自于社会经济和发展带来的矛盾已越来越突出，这种矛盾发展的趋势已成为全人类面临的主要危机。环境污染所造成的损失使人类不得不重新审视自身的行为模式及其对环境的影响结果，并开始重新认识环境、研究环境、评价环境，环境科学就此应运而生。随着人类社会生产能力的提高、社会组织程度的增强、文明的进步，人类社会与其赖以生存的环境逐渐分离，并反过来对环境施加作用，使自然环境发生变化。因此，环境科学是在环境问题日益严重中产生和发展起来的一门综合性学科，其形成和发展大体可分为三个阶段。

（一）相关学科探索阶段

古代人类在生产和与自然的斗争中，逐渐积累了防治污染、保护自然的技术和知识，当时主要是经验积累，并未使其系统化和理论化。人类最早关心的是与自己的生存活动有密切关系的周围环境及其变化。居家的时候要看看后山陡崖会不会发生山崩地塌；狩猎的时候要考虑会不会遇到洪水猛兽；种地的时候要想想会不会有狂风暴雨的袭击。早在公元前约 5000 年，我国古代劳动人民在烧制陶瓷的柴窑中，已知根据热烟上升的道理而用烟囱排烟。约在公元前 2000 多年，古人就开始用陶土管修建地下排水管道了。早在 3000 多年以前，我们的祖先就将自己生存活动经常遇到的问题，归结为八个方面，即天（曰乾）、地（曰坤）、雷（曰震）、风（曰巽）、水（曰坎）、火（曰离）、山（曰艮）、泽（曰兑），并根据不断观测和体验积累发现这八个方面是不断发展变化的，于是又将该显著特征概述为“易”。“易”者多变化也，将人周围的方方面面，常变多变概括为《周易》。在 2000 多年前，我国古代人民就已认识到人与环境之间的辩证统一关系。在著名医学著作《黄帝内经》中曾提出“人与天地相参，与日月相应”的观点，认为自然界是人类生命的源泉，人与自然界有着密不可分的联系。在此基础上，后人进一步提出“顺四时而知寒暑，服天气而通神明，节阴阳而调刚柔”。

在很久以前,人们就已认识到水源清洁与否、水质好坏与人体健康关系十分密切。早在4000多年,前我国劳动人民就已开凿水井而饮用井水,2000多年前已有定期淘井和清洁井水的措施。《管子》里明确记载“当春三月,……抒井易水,所以去滋毒也”。《后汉书·礼仪志》载有“夏至日浚井改水,……可以去温病”。《吕氏春秋》中对水质成分与健康的关系更有深刻的阐述:“轻水所,多秃与瘿人;重水所,多尰与躄人;甘水所,多好与美人;辛水所,多疽与痤人;苦水所,多尪与伛人。”祖国医学上的瘿病主要是指甲状腺肿,现代医学已证明,饮水和食物中缺碘可引起单纯性甲状腺肿。所谓尰,即脚肿的疾患,躄是腿瘸,在长期饮用含有某种过量化学物质或不正常的水后,引发身体畸形及骨骼和关节病变,这种病情与当今的大骨节病十分相似。明代李时珍对水源的选择与水质的关系已做过非常精辟的论述:“凡井水有远从地脉来者为上,有近处江湖来者次之,其城市近沟渠杂入者,成碱,用须煎滚,停一时,候碱澄乃用之,否则气味俱恶,不堪入药,食,茶,酒也。”我国古代人民对城市规划布局、住宅与健康的关系也有较深刻的认识。在河南安阳的商代遗址除发现有富丽堂皇的宫殿和规模宏大的城郭外,在奴隶主和平民住宅附近已有地下排水管,说明当时已注意到排除积水和污水。周代都城采用“左祖右社,前朝后市”的布局,已有按功能分区的概念。《左传》载有“土薄水浅,其恶易觏,……土厚水深,居之不疫”。西晋《博物志》指出“居无近绝溪,群冢,狐蛊之所,近此则死气阴匿之处也”。公元2世纪嵇康认为“居必爽垲,所以远气毒之患”。可见,当时修建住宅已考虑到住宅基地的选择。上述事例表明,我国古代人民对环境的重要性已有较深刻的认识,并积累了一定的经验。

自19世纪中叶以后,随着世界社会经济的发展,环境问题已开始受到社会重视,地学、生物学、物理学、医学和一些工程技术等学科的学者分别从本学科的角度开始对环境问题进行探索和研究,德国植物学家弗拉斯在1847年出版的《各个时代的气候和植物界》一书中,从全球观点出发论述人类活动对地理环境的影响,特别是对森林、水、土壤和野生动植物的影响,并呼吁开展其保护运动。英国生物学家达尔文在1859年出版的《物种的起源》一书中,以无可辩驳的材料论证了生物进化学说,深刻地指出生物的进化与环境的变化有很大关系,生物只有适应环境才能生存,从而建立了“适者生存”理论。1869年,德国生物学家海克尔提出了物种变异是适应和遗传两个因素相互作用的结果,从而创立了生态学概念。

在工程技术方面,人们在1850年开始用化学消毒法杀灭饮水中的病菌,防止以水为媒介的传染病流行;1897年,英国就建立了污水处理厂。在硝烟除尘方面,在20世纪初就开始采用布袋除尘器和旋风除尘器。基础科学和应用科学的发展为解决环境问题提供了基本原理和方法。

（二）环境科学出现阶段

近代环境科学是自20世纪50年代环境问题成为全球性重大问题后开始的。50～60年代，全球性环境污染与破坏引起人类极大震动和全面反省。1962年，美国海洋生物学家蕾切尔·卡逊出版了《寂静的春天》一书，通俗地说明了杀虫剂污染造成严重的生态危害，这是人类全面反省的信号，也是近代环境科学开始产生并发展的标志。当时，许多科学家，包括生物学家、化学家、物理学家、地理学家、医学家、工程学家和社会学家等对环境问题共同进行调查与研究，通过这些研究，逐渐出现了一些新的分支学科，如环境生物学、环境化学、环境地学、环境物理学、环境医学、环境工程学、环境经济学、环境法学、环境管理学等，在这些分支学科的基础上孕育产生了环境科学。最早提出"环境科学"这一名词的是美国学者，当时指的是研究宇宙飞船中的人工环境问题。1968年，国际科学联合会理事会设立了环境问题科学委员会。70年代出现了以"环境科学"为书名的综合性专著。1972年，英国经济学家沃德和美国微生物学家杜博斯受联合国人类环境会议秘书长的委托，主编出版了《只有一个地球》一书，主编者试图不仅从整个地球的前途出发，而且也从社会、经济和政治的角度来探讨环境问题，要求人类明智地管理地球。这被认为是环境科学最早的一部著作。但这个时期有关环境问题的著作，大部分还是研究污染或公害问题。70年代末，人们逐渐认识到环境问题还应该包括自然保护和生态平衡，以及维持人类生存发展的自然资源。随着人们对环境和环境问题的深入研究和探讨，以及对环境利用和控制技术的发展，环境科学迅速发展起来。许多学者认为，环境科学的出现是20世纪60年代以来自然科学迅猛发展的一个重要标志，表现在以下两个方面。

1. 推动了自然科学和社会科学各个学科的发展

自然科学研究自然现象及其变化规律。各种自然现象的变化，除了自然界本身的因素之外，人类活动对自然界的影响越来越大，自然界对人类的反作用也日益显露。环境问题的出现，使自然科学的许多学科把人类活动产生的影响作为一个重要研究内容，从而给这些学科开拓出新的研究领域，推动了相关学科的发展，同时也促进了学科之间的相互渗透。

2. 推动了科学整体化研究

环境是一个完整的有机整体。过去，自然科学的不同学科都是从本学科的角度探讨自然环境中各种现象。但环境中的各种变化不是孤立的，而是多种因素的综合变化，如臭氧层的破坏、大气中二氧化碳含量增高及其影响、土壤中含氮量不足等，这些问题表面上看来原因各异，但却都是互相联系的。因为全球性的碳、氧、氮、硫等物质的生物化学循环之间有许多联系。人类的活动，如人口增长、资源开发、经济结构等，都会对环境发生影响。因此，在研究和解决环境问题时，必须全面考虑，实行跨部门、跨学科的合作。环境科学就是在科学整体化过程中，充分运用各种学科知识，对人类活动所引起的环境变化以及环境变化对人类的影响和控制途径等进行系统的综合研究。

（三）环境科学发展阶段

将地球作为一个有生命的整体进行研究，是近年来环境科学发展的重要飞越。这种新的思考、观察和研究角度，帮助人们从“头疼医头，脚痛治脚”的局部治污思维方式升华到对环境问题系统整体的考虑，尤其是帮助人们认识到，要利用自然环境自身的恢复力、顺从自然界的循环规则来真正解决环境污染和资源破坏问题。有人预言，这一重要的认识飞越将帮助人类在 21 世纪走出困境，开始一次全新的工业革命，让人与地球生命系统的和谐关系成为 21 世纪的主宰。综观 20 世纪，人类对环境问题思考的逐步深化体现在对环境问题所采取的具体行动上。环境科学理论的发展和环境保护的实践大体经历了限制、治理、防治结合和科学规划四个阶段。

1. 限制阶段

限制阶段恰值污染的高峰期，“公害事件”叠起，而人们对这些危害的原因、机理还不完全清楚，只能强化限制措施，制定法律，限制污染物的排放，但这种措施并未奏效。

2. 治理阶段

治理阶段主要是针对工业“三废”的排放，采取了各种净化技术。与此同时，在政策上实行了征收排污费、“谁污染，谁治理”等措施。在法律上，颁布环境保护法，制定环境标准等。这些努力对局部污染控制和环境质量改善具有积极作用，也收到了一定效果，但这种限于排放口末端的被动治理不仅耗资大，甚至还会产生二次污染。

以上两个阶段体现在学科发展上，就是环境科学的多学科分化。

3. 防治结合阶段

进入防治结合阶段，是人类对过去治理环境问题的经验、教训反思的结果，使人类认识到环境污染的危害是深刻的、严重的，许多学者很敏锐地指出了这一点。尤其是 20 世纪 70 年代联合国“人类环境会议”的召开，人们对环境问题的认识发生了两个方面的转变：一是认识到环境问题不仅仅是污染问题，生态破坏要比环境污染更为严重、影响更为深刻;二是解决环境问题必须协调人类与环境、发展与环境的关系,将人口、资源、环境和发展紧密联系起来,作为统一整体来考虑才是正确途径。在治理措施上,重视了综合防治,积极开发废物资源化技术,实行建设项目环境影响评价制度和污染总量控制制度,并注重区域治理,进一步完善环境保护法律体系。

4. 科学规划阶段

科学规划阶段始于20世纪80年代末,其国际背景是发达国家出现了能源危机和经济萧条,表明环境系统的功能对人类社会发展的制约作用是不可违背的规律。国际经济合作与发展组织在对就业、环境和协调发展三者关系研究后证实,环境政策能够对就业、经济增长起积极作用。因此,环境问题的重点转入了制定经济增长、合理开发和利用自然资源与环境保护相协调发展的政策。具体体现在重视环境规划和管理、要求经济效益与环境效益的统一,并由此发展到20世纪90年代"可持续发展观"的提出、认可和实施。

"可持续发展观"的基本内涵和思想对于环境科学以及与之相关学科均产生了深刻影响,使环境科学在认识理论、研究内容、学科任务等方面有了许多新的发展,使学科的整体水平提高到了新的层次。主要表现在以下几个方面。

(1) 学科任务内涵更加明确

"可持续发展观"使环境科学对当代环境问题认识的立足点和出发点有了新的定位,强调必须树立正确、公平的发展观。事实上,当今人类社会所面临的各类重大环境问题,不仅是科学技术问题,而且还是社会问题和政治问题,更是一个伦理道德问题。全球性环境问题说到底是世界各国能否"协调发展"的问题,是世界各国间的及人类代际的平等问题。对于许多发展中国家来说,发展不足的贫困及由此造成的粗放型开发带来的问题,需要以"可持续发展"观为指导来实现经济、社会与环境的协调发展;而对于少数发达国家来说,是能否以"可持续发展"观为指导,减少对资源的大量消耗和对发展中国家的资源掠夺,承担义务来帮助发展中国家解决贫困化的加剧,以实现发展的良性循环,并实现全球公平、合理、协调的发展。

(2) 人与环境的伦理关系得以端正

正确的环境伦理观是实现"可持续发展"的基础。通过立法和执法加强对环境污染的控制,加强对环境的管理是解决环境问题的手段之一,但法律是以道德为基础的,是需要道德来补充的。全球环境问题的产生根源与人类不正确的价值观和道德观有关。现代环境科学的环境伦理观,既不主张"人类中心主义",也不主张"生物中心主义",其主要思想是人类热爱自然、尊重生命,生物也有其生存权;开发利用自然要与保护自然相结合。主张道德范畴首先应是"代际公平",人类不仅负有保护和改善当代人生存环境的责任,而且还必须对将来世世代代人的生存环境负有不可推卸的庄严责任。环境问题的解决是全人类的责任,保护生态环境是每一个人的生态义务,当代人类不能只享受自然环境提供的各种服务,而且还有义务加强对生态环境的管理和建设;生态权利是资源利益分配上的体现,应正确处理当代人之间的关系,根据人类在地球上生存和发展平等原则,援助生态环境脆弱地区的人们;还应正确处理当代人与后代人的利益关系,尊重后代人的生存权利;更应正确处理人与自然之间的利益关系,自然界的权利体现为生物物种和生态系统的持续生存权利。这些思想和观念的更新,促进了环境科学体系的进一步完善,正确的环境伦理观教育应成为环境科学的重要内容。同时也促使许多新分支学科得以发展,环境伦理学、工业生态学、绿色化学、社会生态学和生态工程学等也都成为十分受重视的新兴分支学科。

(3) 研究手段和方法更加先进

由于现代科学技术的进步,尤其是现代信息科学技术和卫星遥感技术的应用,环境科学研究的空间、广度和深度不断扩大与深入,进而使人类对环境问题有了更为深刻、更加全面的认识,在解决环境问题的对策上思路更为开阔。1960 年,第一颗气象卫星发射成功后,人们很快将其应用于湿地制图、自然灾害监测等环境科学的研究中。1972 年,第一颗地球资源卫星发射,更是遥感技术应用发展过程的里程碑。此后,环境科学家利用卫星传回的大量资料,有组织、有计划地进行多方面研究,如对全球尺度土壤和植被的监测,生物多样性、自然资源管理及动态监测以及全球气候变化研究等。

(4) 学科研究内容更加丰富

综观环境科学的研究和实践,主要在以下三个方面做了大量工作:

1) 防治环境污染和生态破坏,在工程技术生态建设措施方面积极开展研究。

2) 开展战略性和超前性的工作,对环境影响进行评价以及开展生态规划和环境承载力研究等。

3) 加大环境保护宣传和教育力度,加强管理,开展警示性和相关法律等方面的教育。

尽管环境科学不断出现新的分支,学科间的交叉、融合更加紧密,但环境科学仍在上述三个主要方面开展工作。环境污染和生态破坏的防治仍是学科的重要任务,但研究的具体内容却发生了很大变化。就环境污染和生态破坏的研究而言,在空间尺度上,关注的重点已由单一点源转向区域性、跨国界甚至全球范围;在研究内容上,更加关注环境(或生态)安全问题,注重作用时间长、潜在危害性大、影响范围广的污染物。生态破坏的研究也由危害性分析评价发展为对生态过程变化的机理及受损生态系统恢复的研究。环境工程学则根据清洁生产的要求,把对污染的末端控制改变为对工业污染的全过程控制与综合防治上;环境影响评价也有了重要进展,战略环境影响评价、生命周期评价、环境风险评价以及累积影响评价和环境影响后续评价等新的评价方法和内容在近几年来得到迅速发展;环境管理信息系统的广泛应用,是环境管理领域的重大成就,在促进环境保护、强化环境管理、推进环境科学发展等方面都具有重要意义。环境教育不仅在学校设立了学科专业,成为各级各类教育的重要内容,而且全民环境教育也得到健康发展,并从过去的"为了人类自身生存"的教育提升为更加理性化、科学化,从心理、伦理、法理和管理到注重自觉保护、主动建设和积极恢复等更多方面。提倡树立正确的社会发展观,提高各民族的环境保护意识,推进可持续发展战略的实施,已成为现代环境科学的重要任务。

环境科学的这些新发展,集中体现在它的资源观、价值观和伦理观三个基本理论上。其资源观是整个环境都是资源,即环境中可以直接进入人类社会生产活动的要素是资源,而不能直接进入人类社会生产活动的要素也是资源,因为它们都能在不同程度上满足人类社会生存发展的需要。其价值观有两层含义:一是环境具有价值,人类通过劳动可以提高其价值,也可以降低其价值,因为客体的价值是该客体对主体需要的满足关系;二是发展活动所创造的经济价值必须与其所造成的社会价值和环境价值相统一。其伦理观则是提倡人与自然的和谐相处、协调发展、协同演化,也就是说人类应尊重"自然"的生存发展权,人类对自然的"索取"应与对自然的"给予"保持一种动态平衡。

目前,人类已逐渐认识到现代全球环境问题的严重性和紧迫性,采取了一定的措施对生态环境加以保护和治理,在减缓生态环境恶化的速度和降低全球环境问题恶化的程度等方面作出了贡献,取得了一定的成就。在解决环境问题的长期探索中,人们逐渐认识到:

1) 全球环境问题的解决是一项长期的、严峻的任务,需要全世界每一个国家、每一地区乃至每一个人的参与。

2) 单纯依靠污染控制技术解决不了日趋复杂和广泛的环境问题,要按照生态可持续性和经济可持续性的要求,改革传统的单纯追求经济增长的战略和政策,对传统的经济增长模式,包括生产和消费模式做出重大变革。控制人口,改变现有技术和生产结构,减少资源消耗。

3) 及时观察全球环境变化的动态,因地制宜地采取有效的措施。

4) 各个国家、地区和部门要紧密配合,团结一致,有计划、有步骤地对已有的生态环境破坏进行治理,并积极地保护现存的一切资源和保持良好的生态环境,才有可能实现人类自身的可持续发展。

五、环境科学的分支学科

环境科学经过几十年的发展,其概念与内涵日益丰富和完善。现阶段环境科学主要是研究环境结构和状态的运动变化规律及其与人类社会活动之间的关系,研究人类社会与环境之间协同演化、持续发展的规律和具体途径的科学。环境科学的形成与发展过程与传统的自然科学、社会科学、工程技术科学等相邻学科有着十分密切的联系。环境科学是一门综合性的新兴学科，已逐步形成各种学科交叉渗透的、庞大的学科体系。环境系统本身就是一个多层次相互交错的网络结构系统，每个子系统都可能自成一个环境科学分支，不同学者从不同角度可提出各种不同的分科方法和多种学科。目前，环境科学正处于蓬勃发展的阶段，对环境科学的分科体系尚未形成一致的看法。环境科学主要是运用自然科学和社会科学的有关学科的理论、技术和方法研究环境问题。在与有关学科相互渗透、交叉中形成了许多分支学科。属于自然科学方面的有环境地学、环境生态学、环境生物学、环境化学、环境物理学、环境医学、环境工程学；属于社会科学方面的有环境管理学、环境经济学、环境法学、环境伦理学、环境社会学、环境心理学、环境美学、环境史学等。

环境地学：以人-地系统为对象，研究其发生和发展、组成和结构、调节和控制、改造和利用。其主要研究内容有地理环境和地质环境等的组成、结构、性质和演化，环境质量调查、评价和预测，以及环境质量变化对人类的影响等。环境地学的学科体系尚未完全定型，目前较成熟的分支学科有环境地质学、环境地理学、环境地球化学、环境海洋学、环境土壤学、污染气象学等。

环境生态学：主要研究人为干扰下，生态系统内的变化机理、规律和对人类的作用效应，寻找受损生态系统恢复、重建和保护对策，并运用生态学理论，阐明人与环境之间的相互作用及解决环境问题的生态途径。

环境物理学：主要研究物理环境和人类之间的相互作用。环境物理学就其自身的学科体系而言，尚未完全定型。目前，主要是研究声、光、热、加速度、振动、电磁场和射线对人类的影响及其评价，以及消除这些影响的技术途径和控制措施。

环境化学：主要是运用化学的理论和方法，鉴定和测量化学污染物在环境中的含量，研究其在环境中的存在形态和迁移、转化和归宿的规律，并探讨污染物的回收利用和分解成为无害的简单化合物的机理。

环境生物学：主要研究生物与受人类干预的环境之间的相互作用的机理和规律。

环境医学：主要研究环境与人群健康的关系，特别是研究环境污染对人群健康的有害影响及其预防措施。探索环境污染物在人体内的动态和作用机理，查明环境致病因素和致病条件，阐明与环境有关的疾病的发生、发展和控制规律；研究环境污染物的致癌、致畸、致突变作用及其对健康损害的早期反应和潜在的远期效应，为制定环境卫生标准，进行环境质量的医学监测、评价和预测提供科学依据。其主要内容包括环境流行病学、环境毒理学、环境医学监测、公害病及其预防、环境卫生标准等。

环境工程学：主要研究运用工程技术和有关学科的原理和方法，保护和合理利用自然资源，防治环境污染，以改善环境质量。主要内容包括大气污染防治工程、水污染防治工程、固体废物的处理和利用，以及噪声控制等。环境工程学还研究环境污染综合防治的方法和措施，以及利用系统工程方法，从区域的整体上寻求解决环境问题的最佳方案。此外，环境工程学还研究控制污染的技术经济问题，开展技术发展的环境影响评价工作等。

环境管理学：主要研究采用行政的、法律的、经济的、教育的和科学技术的各种手段调整社会经济发展与环境保护之间的关系，处理国民经济各部门、各社会集体和个人有关环境问题的相互关系，通过全面规划和合理利用自然资源，达到保护环境和促进经济发展的目的。

环境经济学：研究经济发展和环境保护之间相互关系，是经济学和环境科学交叉学科。探索合理调节人类经济活动和环境之间的物质交换的基本规律，使经济活动能取得最佳的经济效益和环境效益。运用经济学和环境科学的原理及方法，分析经济发展和环境保护的矛盾，以及经济再生产、人口再生产和自然再生产三者之间的关系，选择经济、合理的物质交换方式，使最小的劳动消耗为人类创造清洁、舒适、幽雅的生活和工作环境。

环境法学：主要研究关于保护自然资源和防治环境污染的立法体系、法律制度和法律措施。主要研究环境法的产生、发展、本质、特征和环境立法、执法、司法、守法以及环境法与其他相近法律之间的相互关系。

环境伦理学：从伦理和哲学角度研究人与环境的关系，是人类对待环境的思维和行为的准绳。

环境社会学：主要运用社会学的理论和方法研究环境与社会进步之间的关系，进而寻求环境与社会进步和协调发展的途径，促进人类社会的健康发展。主要研究环境对人类的身心健康、生活方式、行为习惯和道德习俗的影响；各种社会组织（环境保护团体、工业界、政府）对环境问题的反应；环境与城市建设、工业布局和发展规划的关系；环境与社会管理、人口控制、生态平衡的关系；造成环境污染的原因、条件及环境污染对社会的危害；环境政策等。

环境心理学：主要研究环境与人的行为之间的相互关系。着重从心理学和行为的角度，探讨人与环境的最优化，即研究从心理学角度保持符合人们心愿的环境。

环境美学：主要研究审美、环境意识、环境道德以及技术美的设计，从而达到美感和审美享受的要求。其研究的主要对象是人类生存环境的审美要求，环境美感对于人的生理和心理作用，进而探讨这种作用对于人们身体健康和工作效率的影响。其研究涉及声学、色彩学、化学、生理学、心理学、生态学、造林与园艺、建筑学及城乡规划（包括材料力学、动力学、风水学）等许多学科。

环境史学：主要研究自然在人类生活中的地位和作用的历史，以及人类社会与自然之间各种关系的历史。即以环境科学为理论指导研究历史上人与环境的互动关系。

总之,环境是一个有机整体,环境问题是极其复杂的、涉及面相当广泛的、综合性很强的科学问题。因此,在环境科学发展过程中,环境科学的各个分支学科虽然各有特点,但又互相渗透、互相依存,它们是环境科学不可分割的组成部分。

六、环境科学的研究方法

环境是一个复杂系统。由于环境系统的复杂性,到目前为止,环境科学研究尚未建立自身的理论体系和方法学体系,基本上还是借用相关学科的理论和研究方法。如环境化学主要是用化学研究的原理和方法;环境生物学主要是用生物学研究的原理和方法;环境地学主要用地学研究的原理和方法。虽在实际工作中互有交叉,但尚未形成环境科学自身的、独立完整的理论体系和方法学体系。一般来讲,环境科学常用的宏观研究方法有以下几类。

1. 生态学方法

生态学方法中较常用的是生态模拟。生态学研究是在野外调查与实验获得有关数据和资料的基础上,通过建立模型对实际问题进行概括,为研究工作提供了有用的手段,可以进行许多不同的模拟实验。

2. 系统论方法

系统论可以在对一个系统的信息并未彻底弄清楚的情况下研究该系统,并预测该系统在某些参数变化时所进行的变化规律。用数学的概念与方法,概括事物结构的整体,舍弃其特定的性质与用途,深入研究其结构和因果关系上的共性,得到具有普遍意义的结果。其核心问题是可预测性、可观察性、可控制性、稳定性和最佳方案设计等。

3. 模型法

用模型法模拟实际环境状态,是研究环境科学的方法之一。通过建立模型能够把复杂的环境系统中各因素之间数量关系和动态机理较为清晰地表现出来,使人们能把握环境问题的主要方面和内在规律。模拟试验是现代环境科学研究的一种强有力的手段,实际试验需要较长时间和较多试验经费,特别是在污染生态学的研究中,许多实际试验会带来严重的后果,如污染的发生、流行病的传播、虫害的爆发等,因此进行实际试验是不可能的,也是不允许的。1972 年,罗马俱乐部根据几十年来人类活动引起的全球性影响,其中包括工农业发展、人口增长、营养分配、环境污染、资源利用等,应用大量状态变量参数,建立了“世界模型”,并用电子计算机进行模拟,用系统分析方法预测人类未来的环境状况。他们以动态观点,综合分析世界范围内人口、工农业生产、资源和环境污染之间的复杂关系,并用数学模型表达,并在计算机上进行模拟实验,模拟了1900～2100年的发展过程。其研究表明,人口、工农业生产、资源和环境污染之间存在着复杂信息反馈与相互消长关系。

20世纪系统科学的发展和取得的最新成果为环境系统的复杂性研究提供了理论依据。环境系统是一个典型的开放系统,具有耗散结构。这就使得利用系统科学中的耗散结构理论和协同学原理以及非线性动力学方法研究环境系统的复杂性成为可能,对于环境系统复杂性的系统科学研究有可能在环境科学理论体系和方法学体系的形成方面有所突破。

七、环境科学的未来

进入21世纪以来,随着人类在控制环境污染方面所取得的新进展,环境科学这一新兴学科也日趋成熟,并开始形成自己的基础理论和研究方法。它将从分门别类研究环境和环境问题逐步发展到从整体上进行综合研究。环境科学的方法论也正在发展中,如在环境质量评价中,正逐步建立起一种将环境历史研究与现状研究相结合、将微观研究与宏观研究相结合、将静态研究与动态研究相结合的研究方法,同时运用数理统计理论、数学模型和规范的评价程序,形成一套能全面、准确评估环境质量的方法体系。

环境科学现有的各分支学科正处于蓬勃发展时期。这些分支学科在深入探讨环境科学的基础理论及解决环境问题的途径和方法的过程中不断发展与完善,同时还将涌现出更多新的分支学科。这些新的分支学科的不断涌现将使环境科学成为枝繁叶茂的庞大学科体系。

思 考 题

1. 什么是环境？如何定义？
2. 如何对环境进行分类？
3. 什么是环境要素？如何理解环境质量的含义？
4. 环境具有哪些功能和特性？
5. 什么是环境问题？如何分类？
6. 环境问题是如何产生的？
7. 什么是全球环境问题？
8. 什么是环境科学？它有哪些特点？
9. 现代环境科学的发展有何特点？
10. 环境科学的研究方法有何特点？

主要参考文献

包茂宏.2002.美国环境史研究的新进展.中国学术,4:217.

丁桑岚. 2001. 环境评价概论. 北京:化学工业出版社.
关伯仁,郭怀成,陆根法,等. 1997. 环境科学基础教程. 北京:中国环境科学出版社.
郭怀成,陆根法. 2003. 环境科学基础教程. 2版. 北京:中国环境科学出版社.
梅雪芹. 2004. 环境史学与环境问题. 北京:人民出版社.
钱易,唐孝炎. 2000. 环境保护与可持续发展. 北京:高等教育出版社.
盛连喜. 2002. 现代环境科学导论. 北京:化学工业出版社.
延军平,黄春长,陈瑛. 1999. 跨世纪全球环境问题及行为对策. 北京:科学出版社.
叶常明. 1997. 多介质环境污染研究. 北京:科学出版社.
朱诚,谢志仁,申洪源,等. 2003. 全球变化科学导论. 南京:南京大学出版社.
Stewart M A. 1998. Environmental history: profile of a developing field. The History Teacher, 31 (3): 351.

第二章　自 然 环 境

第一节　地 球 环 境

一、地球的形成

在茫茫宇宙中，地球是一个微不足道的星体，但它又是迄今为止发现存在智能生物的唯一星体。地球的形成和演化在空间与时间上有一个过程。根据“星云假说”的解释，距今大约 60 亿年以前，地球的星体轮廓尚未形成，当时，它还是一团没有凝聚在一起的星云状气尘物质，主要是气体物质，并混杂着大量的宇宙尘埃。在距今 45 亿～20 亿年前的这段时期，地球星体和原始的地理环境逐渐形成与发展。当星云物质逐渐凝聚成地球星体的时候，由于地球体积较小，气体物质不断地向宇宙空间散逸，而凝聚起来的主要是宇宙尘埃。当时，凝聚物的温度较低，地球的组成物质主要呈固体状态，并无分层结构，形成最原始的层次不明显的岩石圈。后来，随着放射性元素转化所产生的热能不断积累，地球内部的温度逐渐升高，使内部物质的可塑性增强，从而为其重力分异创造了有利条件。在重力作用下，较重的物质（如铁、镍等）逐渐下沉而向地球内部集中，较轻的物质（如硅酸盐类）逐渐上升而集中于地表。结果，物质的对流作用伴随着大规模的化学分异，原始的岩石圈开始逐渐趋向于复杂化，并分化出不同的圈层，即地壳、地幔和地核。地核处于地球中心部，半径大约为 3500 km，密度非常大。地幔紧包在地核外面，厚度大约为 2900km。因其夹于地壳和地核之间，也称中间层。地壳是地球最外面的一层，厚度各处不一，平均为 33km。

在地球内部不断增温的过程中，产生了大量的水蒸气，随着地球物质分异过程的持续进行，多种原始火山气体（如 CH_4、CO_2、NH_3、H_2S 等）上升到地表。由于地球已经具有巨大的质量，以其自身强大的引力把释放出来的气体物质吸留在周围，因而形成了原始的大气圈。原始大气圈的化学成分中没有氧，也没有臭氧层，这种大气称为还原大气。

最初地球上的水，绝大部分是以岩石中的结晶水形式存在于地球内部。随着地球内部温度的升高和大量的水蒸气向地球外部原始大气层中输送，这些水汽遇冷凝结而形成大气降水，于是在地球表面逐渐出现了河流、湖泊和海洋等水体，形成了原始的水圈。

地球形成后的 10 亿～15 亿年，岩石圈、大气圈、水圈已经演化成型，地球表面开始聚集太阳能。在地热能、太阳能的共同作用下，简单的无机物和甲烷等化合成氨基酸、核苷酸等有机物，并逐步演化为蛋白质等，从而为生命的产生创造了条件。

约在40亿年前，地球形成的初期，当时大气中还没有分子氧和臭氧，辐射到地球表面的紫外线十分强烈，在原始地球环境中形成的有机物进入海洋后，因为水层挡住了紫外线和宇宙射线，有机分子免遭破坏而得以保存下来，所以海洋便成为原始生命物质的保护伞和储存库。加上海水具有流动性、恒温性、不恒压性以及巨大的气-液界面和固-液界面等特点，有利于物质的积累、浓缩、迁移和充分利用太阳能，并有利于它们发生物理的、化学的和生物的变化。于是经过漫长的量变和质变，最早的生命就在海洋中出现了。

大约距今35亿年前，原始海洋中的氨基酸和蛋白质形成最简单的、无氧呼吸的原始生物(细菌)。它们靠吸收水环境中的有机物进行无氧呼吸(发酵)而获得能量。这种原始细菌逐步演化出有叶绿素的原核生物——蓝藻等，它们能进行光合作用，吸收简单的矿物质营养和CO_2，放出O_2，从此大气圈中出现O_2。在大约16亿年前，原来以CO_2、CO和CH_4为主要组分的还原大气演化成为以N、O为主的氧化大气，一个含氧的大气圈形成了。约在4亿年前，O_3在高空的积累形成臭氧层。臭氧层对太阳的强烈紫外辐射起着屏蔽和过滤作用，为高等海洋生物进化和生命登陆创造了条件。

在原始海洋中，随着藻菌生态系统的进化，在10亿～15亿年前，出现了单细胞真核植物。约在6亿年前海洋中出现动物，在4亿年前出现陆生蕨类，水生生态逐渐演化到陆生生态，使陆地上生物发展起来，形成了水陆的动物、植物、藻菌类的生态系统，开始形成了生物圈。哺乳动物出现在2亿年前，人类作为一个物种是在大约300万年前从古猿系统分化出来的。

生物的发生和发展改变岩石的组成，生物的出现将大量的CO_2转移到岩石圈中，改变了岩石圈的组成，生物与岩石风化物相互作用，在地表上形成了土壤。

二、地球的圈层结构

地球自内向外呈圈带状结构(图2-1)。在地球固体表面以内分为地壳、地幔和地核，在地球固体表面以外笼罩着大气圈。在地球的表面附近，大气圈、水圈、土壤圈和生物圈相互交织。在相互渗透的地表各圈层之间进行着复杂的物质、能量交换和循环。

(一) 大气圈

1. 大气圈的结构

大气也称空气，大气与空气两词在自然科学的意义上没有差别，但在环境科学中，有时分别使用。一般，对于室内或某个地方的气体习惯称空气。在大气物理、大气气象和自然地理的研究中，以大区域或全球性气流为研究对象时常用大气

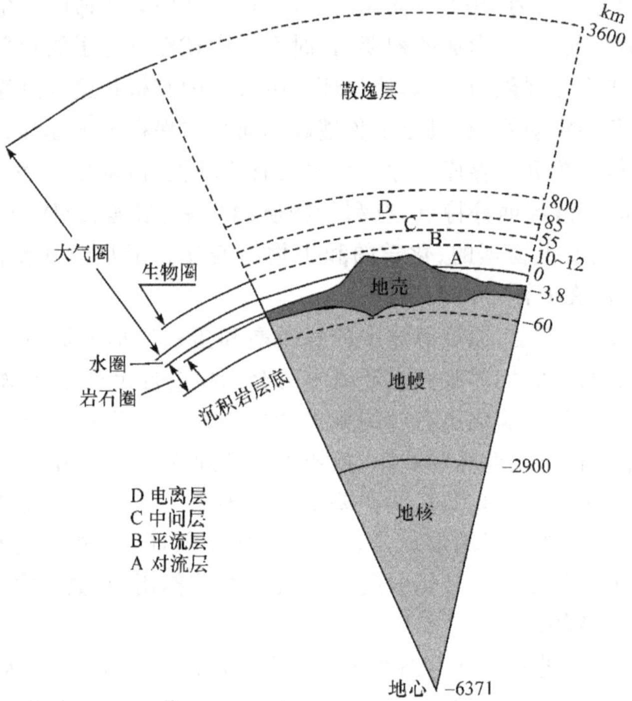

图 2－1　地球圈层示意图

一词。

大气圈是指包围在地球外部的空气层，是由混合气体和悬浮物组成的复杂的流体系统。大气圈的厚度为 2000～3000km。大气的成分、温度、相对密度等物理性质在垂直方向上有显著的变化。按大气的成分可将大气分为均质层和非均质层。均质层是指地表至 90km 左右高度的大气层，其相对密度随着高度的增加而减小。除水汽的含量变化较大外，其他组分的比例大体稳定均一。这种均质性是大气低层风和湍流运动的结果。非均质层位于均质层之上，根据其气体的成分又可分为四个层次：氮层（距地表 90～200km）、原子氧层（距地表 200～1000km）、氦层（距地表 1000～3200km）、氢层（距地表 3200～9600km）。四层之间都有过渡带，无明显的分界面。按温度垂直变化的特点，可将大气圈分为对流层、平流层、中间层、暖层（电离层）和散逸层（外大气层）。这种分层方法是目前世界上最普遍采用的大气圈分层方法。

（1）对流层

对流层是大气圈的最低层，其平均厚度在赤道附近为 17～18km，中纬度地区为 10～12km，两极地区为 8～9km。与大气层的总厚度相比，对流层非常薄，不及整个大气厚度的 1％，但集中了整个大气圈中空气的 90.9％和几乎全部的水汽。

因此,对流层是大气圈中与一切生物关系最为密切的一个层次,它对人类的生产、生活的影响也最大。

对流层中大气温度随高度增加而降低。因为太阳光通过这一层时不能使温度升高,而是地面的太阳光反射从下面加热对流层空气,越近地面,空气受热越多,反之则越少,因此,高度越高,气温越低。

对流层中水汽和尘埃含量很高,空气对流运动显著。不同高度空气温度不同导致对流层空气的垂直对流运动。地面有海陆之分,昼夜之别、纬度高低之差,及不同的地面温度都有差别,因此形成水平方向的对流。对流运动导致一系列天气现象(雨、雪等)的形成。

(2) 平流层

从对流层顶至50km左右为平流层。在平流层的下部,气温基本不随高度而变化。到25km以上时,臭氧吸收了大量的紫外线而使大气温度随高度增加急剧上升。这种上热下冷的温度结构抑制了大气的垂直对流运动,大气以水平运动为主,平流层由此得名。平流层内水汽和尘埃含量很小,没有对流层出现的那些天气现象。

平流层中臭氧浓集的气层称为臭氧层,该层位于10～50km的高空。臭氧层的存在对中层大气的热状况起着重要的影响,它能吸收绝大部分太阳紫外辐射,使平流层加热并阻挡强紫外辐射到达地面,对生物起了重要的保护作用。

(3) 中间层

从平流层顶至85km高空是中间层。该层臭氧稀少,氯、氧等气体所能直接吸收的波长更短的太阳辐射大部分已被上层大气吸收,因而这层大气的气温随高度增加而迅速下降,到中间层顶达到最低值,此层是大气圈中最冷的一层。由于空气温度下热上冷,该层中有大气的垂直对流运动。虽然水汽浓度极低,但由于对流运动,在某些条件下该层能出现夜光云。在约60km高度,大气分子开始电离,因此,60～85km高度是均质层向非均质层的过渡层。

(4) 暖层

从中间层顶到800km高空属于暖层。该层的气温随高度增加而急剧升高,故称其为暖层或热成层。在宇宙射线和太阳紫外线的作用下,大气中的分子大都发生电离,使大气处于高度电离状态,故又称电离层。电离层能反射电磁波,对地球上的无线电通信具有重要意义。

(5) 逸散层

暖层顶之上,即800km高度以上的大气层,称为逸散层,也称外大气层。它是大气圈与星际空间的过渡地带,气温随高度的增加而升高。由于地球引力微弱,空气十分稀薄,大气质点之间鲜有碰撞,一些高速运动的质点可以摆脱地球的引力和其他分子的阻力而散逸到宇宙空间中去。

2. 大气的组成

大气主要是由多种气体组成的混合物，此外还含有一些悬浮的固体杂质和液体微粒。组成大气的气体成分可分为稳定组分和不稳定组分。前者包括 N_2、O_2、Ar、Ne、He、Kr、Xe 等，这些气体的比例在 30km 以下的低层是稳定的；大气的不稳定组分包括 CO_2、CH_4、SO_2、O_3、水汽等，这些气体在大气中的含量变化较大，随时间、空间及人类的活动而异。

(1) 干洁空气

大气中除水汽、液体和固体杂质外的整个混合气体，称为干洁空气。在干洁空气各成分中，N_2 和 O_2 占大气总体积的 99.04%，加上 Ar，三者共占 99.97%，其他气体只占约 0.03%。

大气中的氧是一切生命所必需的，动物和植物都要在氧化作用中得到热能以维持生命，且大量氧的存在也是燃烧的必要条件。大气中的氮能够冲淡氧气，使氧不致太浓，氧化作用不过于激烈，同时氮气也是制造肥料的原料。

(2) 水汽

大气中的水汽主要来自海洋、江河、湖沼以及其他潮湿物体表面的蒸发和植物的蒸腾。大气中的水汽含量变化较大，随时间和空间而异，按其所占容积，其变化范围在 0%～4%。一般情况下，空气中水汽含量随高度的增加而减少。水汽在天气变化中作用很大，如果没有水汽存在，大气中就不会有水汽凝结，云、雾、雨、雪等自然现象也将绝迹不见。此外，水汽及其凝结物在反射太阳辐射、吸收和放射辐射能、保持大气热量等方面也起着巨大的作用。

(3) 固体杂质

悬浮于大气中的固体杂质包括烟粒、尘埃、盐粒等。烟粒主要来自人类生产、生活方面的燃烧；尘埃主要来源于地表松散微粒被风吹扬而进入大气层，另外还有火山爆发后产生的火山灰、流星燃烧的灰烬；盐粒主要是海洋波浪溅入大气的水滴经蒸发后形成的。这些固体杂质可以影响视程，污染空气，其中有些可以充当水汽凝结的核心，促进云雨的形成；同时还能吸收一部分太阳辐射和阻挡地面散热，所以对地面和空气的温度也有一定的影响。

(4) 大气污染物

人类活动所产生的某些有害颗粒物和废气进入大气层，又给大气中增添了许多种外来组分。这些物质称为大气污染物，可分为两类：一类是有害气体，如 SO_2、CO、NO_2、H_2S、HF 等；另一类是灰尘烟雾，如煤烟、煤尘、水泥、金属粉尘等。

(二) 水圈

水是地球上分布最广泛和最重要的物质，是参与生命的形成和地表物质能量转化的重要因素。水循环不仅调节了气候，且净化了大气。水参与地球自然地理环境的形成和发展，在许多过程中起着重要的作用。

1. 水圈与水环境

按在自然地理环境中所处的范围和活动过程的不同，水可以分为大气水、海水、陆地水（包括河水、湖水、沼泽水、冰雪水、土壤水、地下水）以及存在于生物体内的生物水。这些水以气态、液态和固态三种形式存在于空中、地表与地下，不停运动和相互联系着，构成水圈。我们通常所说的水圈一般是指地球上被冰雪、液态水和水汽所占据而构成的壳层。水圈的上限可视为对流层底，下限为深层地下水所及的深度。

地球上水的总储量约为 14 亿 km^3，其中海洋占 97.3%，覆盖了地球表面积的 71%。淡水仅占地球总水量的 2.7%，而其中约 77%是以极地冰帽、高山积雪和冰川形式存在的，只有不到 23%的淡水存在于地下、湖泊、土壤、河流、大气等之中。地球上的水循环是形成水圈的动力。在地球上只有在水循环的作用下，各个特征不同的水体才能联系起来形成水圈。水圈的水与大气圈、生物圈、岩石圈、土壤圈之间有密切的关系，并形成各种方式的水交换。

水体是指自然界中水的积聚体，其中包括水、水中的悬浮物、溶解物质、底质和水生生物等。水环境一词出现在 1970 年，《环境科学大辞典》将其定义为“地球上分布的各种水体以及与其密切相连的诸环境要素，如河床、海岸、植被、土壤等”。水环境污染是世界上重要的环境问题之一。

2. 水循环

地球上各种形态的水不是彼此孤立的，而是在太阳辐射和地心引力的作用下，不断地运动循环、往复交替，连成一个统一的整体。

地球上广大的水面、土壤表层及植物茎叶中的水分不断蒸发和蒸腾，化为水汽，上升至空中并被气流输送至各地，在适当条件下凝结以降水的形式落到地面。到达地面的水重新进行蒸发、凝结、降落和流动，这种往复循环过程称为水循环。水之所以能够循环，其内因取决于水的物理性质，即水的三相之间的变化；外因则主要是太阳辐射和重力作用。太阳辐射的热力作用，一方面，为水的转化提供了热量条件；另一方面，由于太阳辐射的分布不均匀性以及海陆受热的不同而造成空气的流动，为水汽的移动创造了条件。降落到地面的水，在重力作用下，沿着大陆斜面以地表与地下径流的形式最后又回归海洋。

由于地表性质的差异和自然地理各因素的复杂影响，水循环的规模和路线极为复杂。水循环使自然环境中的物质能量进行不断的交换，同时也是天气与气候变化和地貌形成的重要因素。水循环将地球上各种水体连接起来构成水圈，使得各种水体能够长期存在，且渗入到大气圈、岩石圈和生物圈中，将它们联系起来形成互相制约的有机整体。水循环的存在使水能周而复始地被重复利用，成为可再生性资源。

(三) 土壤圈

土壤是指地球陆地表面具有一定肥力且能生长植物的疏松表层，其上面或里面有生物栖息。土壤在地球表面形成一个断续分布的圈层，覆盖在岩石圈之上，是岩石圈最外面一层疏松的部分。土壤圈处于岩石圈、生物圈、水圈和大气圈之间的接触、过渡地带，其厚度由几厘米至几十米不等，在地球表面某些地方(如沙漠、裸露的岩石)甚至没有土壤。土壤圈是有机界和无机界相互联系、相互作用的产物，是自然环境中物质循环和能量转化的重要环节与活跃的场所。土壤是人类赖以生存和生产的物质基础与条件。

土壤是由生物与岩石风化物相互作用形成的。岩石就是多种矿物的集合体，风化作用就是地球表面巨大的坚硬岩石，在自然力的作用下逐渐破碎变成大小不等的颗粒物的过程，在生物的参与下，这种宏观过程不可避免地改变了颗粒物的组成和性质，最终形成了土壤。

土壤是由矿物质、有机质和活的生物有机体以及水分、空气等固、液、气三相按不同的配置与比例组合而成的。这些物质彼此相互联系，相互制约构成一个整体。按质量计，矿物质占固相部分的90%～95%，有机质占1%～10%。土壤是一个以矿物质为主的物质体系。

土壤的最大特征是具有肥力。肥力是指土壤供给植物生长发育所必需的水分和营养元素的能力。土壤肥力的大小取决于水、肥、气、热的协调状况及土壤能否提供植物生长发育的条件，这些条件与土壤物质组成、能量运动状况、自然条件以及人工措施等有关。人类对土壤的利用极大地影响了土壤的性能。合理使用土壤，土壤的肥力不会因利用而耗损，反而会不断得到改良。对土壤的不当利用会造成土壤荒漠化、水土流失、土壤盐渍化及水涝等。

(四) 生物圈

生物圈是指地球上有生命活动的领域及其居住环境的整体，即地球上所有的生物，包括人类及其生存环境的总体。组成生物圈的生物可分成四大类：原核生物(如细菌和蓝藻)、真菌、植物和动物。它在地面以上达到大约23km的高度，在地面以下延伸至12km的深处，包括平流层的下层、整个对流层以及沉积岩圈和水圈。但绝大多数生物通常生存于地球陆地之上和海洋表面之下各约100m的范围内。

生物圈是一个复杂的、全球性的开放系统，是一个生命物质与非生命物质的自我调节系统，其形成是生物界与水圈、大气圈及岩石圈长期相互作用的结果。生物圈主要由生命物质、生物生成性物质和生物惰性物质组成。生命物质又称活质，是生物有机体的总和；生物生成性物质是由生命物质经有机作用而形成的生成物，如土壤腐殖质等；生物惰性物质是指气体、水和矿物质等。

生物圈中最显著的特征之一是生物体的多样性。通俗地讲，生物多样性就是一个区域内生命形态的丰富程度，它包括遗传（基因）多样性、物种多样性和生态系统多样性三个层次。遗传多样性是指某个种内个体的变异性，由特定种、变种或种内遗传的变异来计量。地球上几乎每一种生物都拥有独特的遗传组合。遗传多样性是生物多样性的基础。物种多样性是指地球上生命有机体的多样性。某些物种活体数量的过分增加，也可能导致其他物种活体数量的减少，甚至减少物种的多样性。生态系统多样性是指物种存在的生态复合系统的多样化和健康状态，即指生物圈内的生境、生物群落和生态过程的多样化。生物多样性是生命在形成和发展过程中与多种环境要素相作用的结果，是生态系统进化的结果，完整地描述了生命系统中从微观到宏观的不同方面。

（五）岩石圈

在地球形成的初期，宇宙尘埃凝聚形成最原始的层次不明显的岩石圈。在地球漫长的演化过程中，原始的岩石圈逐渐分化出不同的圈层，并在地球内部形成了三个同心排列的圈层：地壳、地幔和地核。地核处于地球中心部，地幔紧紧包在地核外面，地壳是地球最外面的一层。人们一般把岩石圈与地壳等同，岩石圈是指地球最外层的岩石及其风化壳的总体。在地球系统各圈层中，岩石圈是人类生存环境中最下面的一个圈层，支持着其上面各圈层的作用，并且与上面各圈层相互作用，进行物质与能量的交换。

岩石圈是矿物原料与化石燃料的储藏所。虽然人类对岩石圈的干预很少超过10km，但矿物原料与化石燃料的开采、水的抽取与灌注等人类活动已给岩石圈带来一定影响。

第二节　生态系统

一、生态系统的概念及组成

（一）生态系统的概念

生态系统是指特定地段中的全部生物与物理环境相互作用的任何统一体。在生态系统内，由能量的流动导致形成一定的营养结构、生物多样性和物质循环。换句话说，生态系统就是一个相互进行物质和能量交换的生物与非生物部分构成的相对稳定的系统，它是生物与环境之间构成的一个功能整体，是生物圈能量和物质循环的一个功能单位。小的生态系统组成大的生态系统，简单的生态系统构成复杂的生态系统。小至一个花丛，大到森林、海洋，都是一个生态系统。形形色色、丰富多彩的生态系统合成生物圈。生物圈本身就是一个无比巨大而又精密的生态系统，是地球上所有生物（包括人类在内）和它们生存环境的总体。

（二）生态系统的组成

地球上任何一个生态系统都是由生物成分和非生物成分两大部分组成的。生物成分包括生产者（能进行光合作用的各种绿色植物、蓝绿藻和某些细菌等）、消费者（指以其他生物为食的各种动物）和分解者（指分解动植物残体、粪便和各种有机物的细菌、真菌、原生动物、蚯蚓与秃鹫等食腐动物）。非生物成分是指生态系统中的无机物、有机化合物和气候因素。无机物包括水、氮、氧、二氧化碳、泥沙及各种无机盐；有机化合物包括蛋白质、糖类、脂类和土壤腐殖质等；气候因素包括湿度、温度、风和降水等，来自宇宙的太阳辐射也可归入此类。非生物成分也称为无机环境。

二、生态系统的类型及特性

（一）生态系统的类型

地球上的生态系统多种多样，可从不同的角度对其进行分类。根据地理条件的不同，生态系统可分为两大类：水生生态系统和陆地生态系统。两者还可以进一步细分为更多的生态系统。例如，水生生态系统可分为海洋生态系统和淡水生态系统，淡水生态系统又可以分为流水生态系统和静水生态系统等；同样，陆地生态系统也可以分为森林、草原、荒漠、高山、冻原等生态系统；森林生态系统还可细分为热带、亚热带、温带和寒温带等森林生态系统。在典型的水生生态系统和陆地生态系统之间存在着过渡的类型——湿地生态系统。

按人为干预程度不同，可将生态系统分为自然生态系统（如原始森林）、半自然生态系统（如放牧的草原）和人工生态系统（如城市生态系统等）。

（二）生态系统的特性

任何生态系统都具有以下共同特性。

1. 具有能量流动、物质循环和信息传递三大功能

在生态系统中，能量是单向流动的，不可逆转。从绿色植物接受太阳光能开始到以各种形式的热能消耗、散失为止，不能再被利用形成循环。但物质的流动是循环式的，维持生命活动所需的各种物质经过一系列的传递，最后被重新释放到环境中，并被生物再次利用。信息传递包括物理信息、化学信息、营养信息和行为信息，

构成一个复杂的信息网。

2. 生态系统是动态系统

任何生态系统都有其发生和发展的过程，经历着由简单到复杂、从幼年到成熟的过程。

3. 具有自我调节能力

生态系统作为一个有机的整体，通过自身的运动而不断调整其内在的组成和结构，表现出一种自我调节的能力。生态系统受到外力的胁迫或破坏，在一定范围内可以自行调节和恢复。系统内物种数目越多、结构越复杂，则自我调节能力越强。只有当外界条件变化太大或系统内部结构发生严重破损时，生态系统的这种自我调节功能才会下降或丧失。

三、生态系统的结构与功能

（一）生态系统的结构

1. 空间和时间结构

生态系统有鲜明的空间结构，在空间上有明显的垂直和水平分布。自然生态系统一般都有分层现象：草地生态系统的上层绿草稀疏，且喜阳光；下层绿草稠密，较耐阴；而最下层有些草匍匐在地面。动物在空间的分布同样有明显的分层现象：最上层的是能飞行的鸟类和昆虫；下层是兔子和田鼠等的活动场所；再下面是蚂蚁等在土层上活动；土层以下还有蚯蚓和蝼蛄等。

生态系统的结构和外貌也会随时间不同而变化，反映出生态系统在时间上的动态变化。一般可以从三个时间量度上来考量：以生态系统进化为主要内容的长时间量度；以群落演替为主要内容的中等时间量度；以昼夜、季节和年份等短时间量度的周期性变化。

2. 营养结构

生态系统各组成部分之间建立起来的营养关系就是生态系统的营养结构，营养结构是生态系统中物质循环和能量流动的基础。营养结构的模式可用图 2－2 表示，主要通过食物链、食物网、营养级和生态金字塔等理论来解释。

各种生物之间存在取食和被取食的关系，这就是食物链。“大鱼吃小鱼，小鱼吃虾米”就是食物链的生动写照。在生态系统中，一种生物不可能固定在一条食物链上，往往同时属于数条食物链。食物链很少是单条、孤立出现的，它们往往交叉形成复杂的网络式结构，即食物网。生态系统中的能量流动是通过各种有机体和

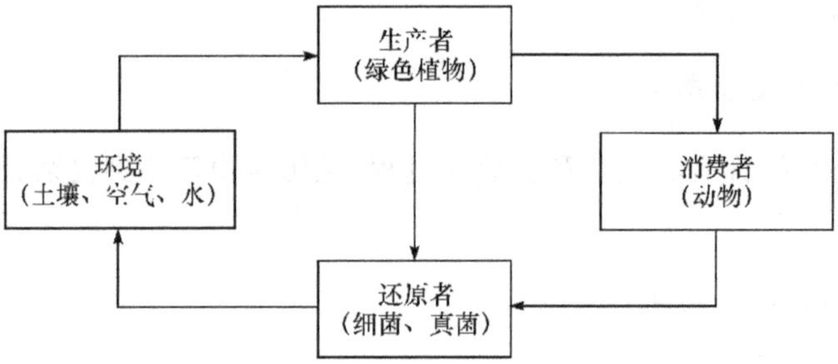

图 2-2　营养结构的模式

食物链进行逐级转化与传递的。食物链中的每一个环节都是一个营养级。由于从低位营养级到高位营养级在数量上逐级递减，呈阶梯递减状态，就像一个金字塔，在生态学上称其为金字塔形营养级。

(二) 生态系统的功能

生态系统具有三大功能：能量流动、物质循环和信息传递。

1. 能量流动

地球是一个开放的系统，存在着能量的输入和输出。地球上能量输入的根本来源是太阳能，植物就是通过光合作用固定和储存太阳能，化石燃料则是过去地质年代固定和储存的太阳能。光合作用是植物固定太阳能的唯一有效途径。

生态系统中的能量流动都是按照热力学第一定律和第二定律进行的。根据热力学第一定律，能量可以从一种形式转化为另一种形式，在转化过程中，能量既不会消失，也不会增加，这就是能量守恒定律。根据热力学第二定律，能量的流动总是从集中到分散、从能量高的向能量低的方向传递。生态系统中能量的流动是单一方向的，能量以光能的状态进入生态系统后，再以热的形式不断地逸散于环境中。

2. 物质循环

物质循环(物质流)是指生态系统中构成生命体及一些非生命体的必要物质的传递和转化的动态过程。物质循环与能量流动不同，能量流是单向的，而物质流则构成一个循环的通道。物质循环的动力来自于能量。

有机体中几乎可以找到地壳中存在的全部 90 多种天然元素。但生物学研究表明，生命必需的营养元素只有大约 24 种，其中碳、氧、氮、氢占生物有机体组成的 99%以上。营养元素在生物圈内运转，从非生物环境到生物体内，再返回到非生物环境中，形成循环。营养元素的循环包括生态系统内的生物小循环(个别生态系统)和地球化学(全球生态系统)的大循环,通常称为生物地球化学循环。

生物圈中碳、氮、磷的循环在生命活动中起着重要作用。

(1) 碳循环

碳是构成生物体的基本元素,约占生物总质量的25%。生态系统中碳循环的基本形式是CO_2。大气中的CO_2通过生产者的光合作用生成糖类,其中一部分作为能量为植物本身所消耗。植物呼吸作用或发酵过程中产生的CO_2通过叶面和根部释放回到大气圈,然后再被植物利用。糖类的另一部分被动物消耗,食物氧化产生的CO_2通过动物的呼吸作用回到大气圈。动物死亡后,经微生物分解产生CO_2也回到大气中,再被植物利用(图2-3)。

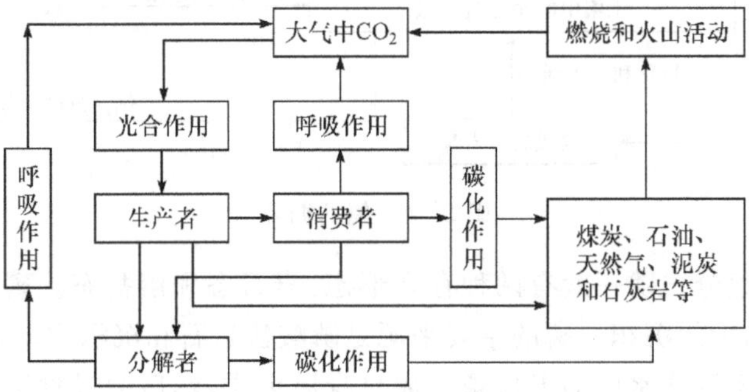

图2-3 碳循环

生物残体埋藏在地层中,经漫长的地质作用形成煤、石油和天然气等化石燃料,再通过燃烧和火山活动放出大量CO_2进入生态系统的碳循环。CO_2以碳酸盐的方式沉积,风化和火山活动及石灰岩的分解将部分CO_2归还大气。

(2) 氮循环

氮是形成蛋白质、氨基酸和核酸的必需元素。大气中含量丰富的氮绝大部分不能被生物直接利用。大气氮进入生物有机体的主要途径有四种:① 生物固氮(豆科植物、细菌、藻类等);② 工业固氮(合成氮);③ 岩浆固氮(火山活动);④ 大气固氮(闪电、宇宙射线作用)。其中第一种能使大气氮直接进入生物有机体,其他则以氮肥的形式或随雨水间接进入生物有机体(图2-4)。

被固定的氮被绿色植物吸收转化成氨基酸、蛋白质等,成为植物有机质的重要组成部分。一部分氮在植物死亡后直接回归土壤,经微生物分解直接被植物利用;另一部分作为食物进入动物体内,作为动物的排泄物或尸体经微生物分解归还土壤或大气。

火成岩的风化和火山活动使岩石矿物中少量的氨回到生物循环中。

(3) 磷循环

磷是有机体不可缺少的重要元素。磷是DNA的组成元素,是动物骨骼、牙齿

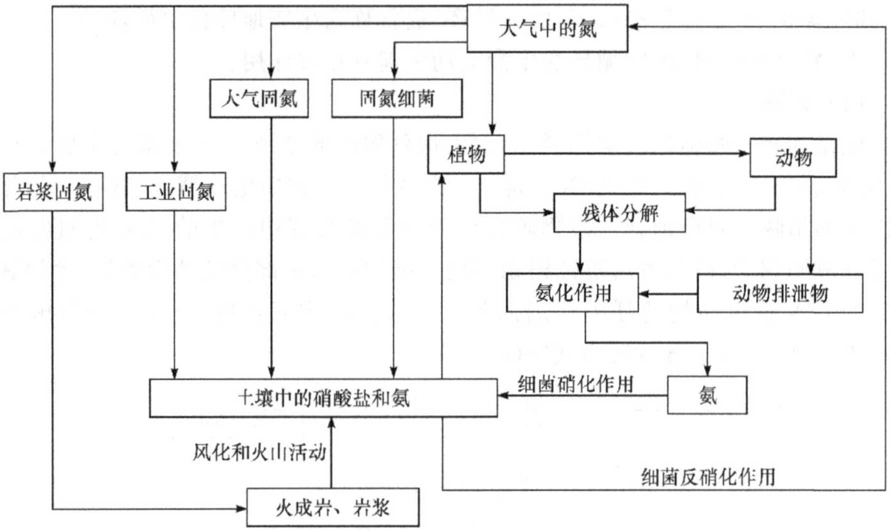

图 2-4　氮的循环

和贝壳的重要组分。磷一般有两种存在形态:岩石态和溶盐态。磷循环始于岩石的风化,终于水中的沉积。磷的主要来源是磷酸盐岩石和沉积物、鸟粪层和动物化石。植物吸收土壤或水中的无机磷合成自身原生质,然后通过食物链在生态系统中循环,并借助于排泄物和动植物残体再分解成无机离子形式,重新回到环境中。回到环境中的磷部分被植物利用,部分进入海洋,最终在海底成为含磷沉积岩。一直到地质变迁,海底变为陆地,通过磷酸盐风化重又进入循环。磷在生物圈中只有很少部分进行生物地球化学循环,而大部分是单方向流动的,因此,磷循环是不完全的循环(图 2-5)。

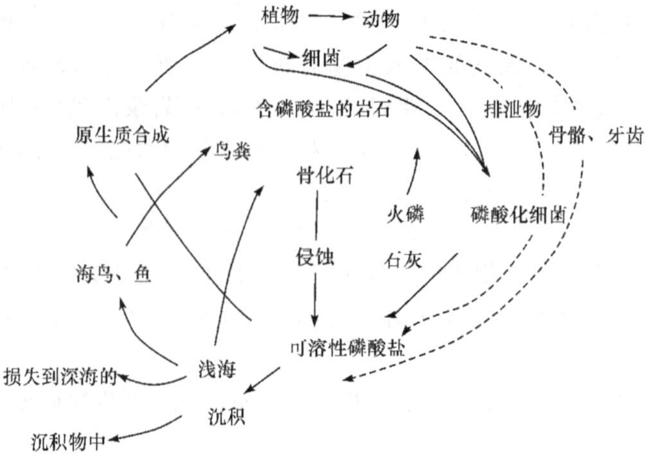

图 2-5　磷循环

3. 信息传递

信息传递是生态系统的重要功能之一。生态系统中的信息形式主要有四种：

(1) 物理信息

物理信息由声、光和颜色等构成。例如，动物的叫声可以传递惊慌、警告、安全和求偶等信息；某些光和颜色可以为昆虫与鱼类提供食物信息。

(2) 化学信息

化学信息是由生物代谢作用产物(尤其是分泌物)组成的化学物质。同种动物间释放的化学物质能传递求偶、行踪和划定范围等信息。

(3) 营养信息

营养信息由食物和养分构成。通过营养交换的形式，可以将信息从一个种群传递到另一个种群。食物网和食物链就是一个营养信息系统。

(4) 行为信息

无论是同一种群还是不同种群，它们的个体之间都存在行为信息的表现。不同的行为动作传递不同的信息。例如，某些动物以飞行姿势和舞蹈动作传递觅食与求偶的信息，以鸣叫和动作传递警戒信息等。

四、生态系统的演化与平衡

(一) 生态系统的演化

生态系统是一个动态系统，其结构和功能随着时间的推移而不断地改变。生态系统的动态包含着进化和演替两个方面。各种不同类型的生态系统是长期发展、进化形成的。

生态系统演替是指系统在短的时间尺度上的变化，它发生在一个短期内，从其建立初期的不稳定状态，通过系统内部自调控而逐步达到一个相对稳定的状态。

生态系统的进化是指系统在长的时间尺度上的变化，是在地球环境逐步发展、完善中形成的。地质、气候等外部环境变迁的作用是外部影响因素；生物群落新物种的形成和出现所引起的内部变化的作用是内部的力量。在自然条件下，生态系统发育进化的总趋势是复杂性和有序性的增加，生物多样性增加和功能完善化，使系统的自我调节、自我维持和发展的能力增强，以提高系统的稳定性及抵御外界干扰的能力。

(二) 生态平衡

任何一个正常、成熟的生态系统，其结构与功能，包括其物种组成，以及物质与能量的输出、输入等方面，都处于相对稳定状态。在一定时期内，系统内生产者、消费者和分解者之间保持着一种动态平衡，系统内的能量流动和物质平衡在较长时期内保持稳定,并对外界环境条件的变化表现出一定的弹性,这种状态就是生态平衡,又称自然平衡。

生态平衡是靠一系列反馈机制维持的。物种循环与能量流动中的任何变化,都是对系统发出的信号,并会导致系统向进化或退化的方向变化。但变化的结果又反过来影响信号本身,使信号减弱,最终使原有平衡得以保持。例如,某一森林生态系统中食叶昆虫(如松毛虫)数量增多(信号),林木因此受害。这种信号传递给食虫鸟类(如灰喜鹊),促使其大量繁殖,捕食食叶昆虫,使虫害得到控制,于是森林生态系统的生态平衡逐渐得到恢复。

生态系统结构越复杂,物种越多,食物链与食物网的结构也越复杂多样,能量流动与物种循环就可以通过多渠道进行,有些渠道之间可以起相互补偿的作用。一旦某个渠道受阻,其他渠道有可能代替其功能,起着自动调节作用。当然,这种调节作用是有限度的,超过这个限度就会引起生态失调,乃至生态系统的破坏。

影响生态系统平衡的因素分为自然因素与人为因素。自然因素主要是指自然界发生的异常变化或自然界本来就存在的对人类和生物有害的因素,如地震、火山爆发、海啸、雷电火灾等,这些因素可使生态系统在短时间内遭到破坏甚至毁灭。人为因素是指由于人类活动造成生态系统的破坏。在人类生活和生产过程中,有意或无意地使生态系统中消失或引进某一生物物种都可能对整个生态系统造成影响。例如,1859 年,澳大利亚为了肉用并生产皮毛和娱乐而引进野兔。由于澳大利亚原来没有野兔,草场肥沃,且无天敌适当限制,致使野兔大量繁殖。在短时间内,野兔繁殖数量相当惊人,很快野兔与牛羊争夺牧场,使以牛羊为主的澳大利亚畜牧业受到很大影响,田野光秃,土壤无植物保护,受雨水侵蚀,造成生态系统的破坏。

第三节　自然资源

一、自然资源的基本概念及分类

(一) 自然资源的概念

人类认识和利用自然资源的历史久远。自然资源是社会物质财富的源泉,是社会生产过程中不可缺少的物质要素,是人类生存的自然基础。1970 年,联合国出版的有关文献中提出:“人在其自然环境中发现的各种成分,如矿物、植物、动物、地形、水、空气、土壤和化石等,只要能以任何方式为人类提供效益的,都属于自然资源。”1972 年 UNEP 进一步提出:“所谓资源,特别是自然资源,是指在一定时间条件下,能够产生经济价值、提高当前和未来福利的自然环境因素的总称。”由此可见,自然资源有以下几个含义值得注意:

1）自然资源与自然环境，二者既有区别又有联系。自然资源是指自然环境中一切能为人类利用的自然环境要素，而自然环境是一个庞大的系统，其中许多要素在一定的社会经济技术条件下能为人类利用即可称为自然资源；现在难以利用，预计将来能利用可称为资源或潜在资源；对于现在不能，将来也不能利用的仍属环境要素，不能成为资源。

2）自然资源是一个动态概念，其内涵随着社会经济技术的发展而不断扩大和加深。对于某种物质，当前来说可能是一种废弃物质，但在未来就十分可能是一种具有新功能的新资源。例如，现在许多称为污染物的"三废"，实际上都可能是可利用的资源。资源的价值不仅取决于资源本身的自然属性，而且还取决于社会技术水平和管理水平，要真正使自然资源成为社会的财富，必须不断提高社会生产技术和管理水平。因而科学技术是资源的重要组成部分。

3）自然资源实质是一个包含自然、社会经济的综合概念。自然资源表达着人与自然的关系，而人与自然的关系随着人类社会的发展而发展。在此过程中，如果处理得当，人与自然是协调的，反之就会失去平衡造成灾难。例如，土地资源的过度利用和利用不当，已经造成了严重的土地退化，使一些土地永久地失去农牧业的生产力；淡水的不足以及淡水的分布与人口的分布的不一致，造成了人均淡水资源数量上的巨大差别，从而危及人类的生存；生物资源中部分物种的消失，正在威胁着整个生物的生态系统等。

（二）自然资源的分类

自然资源是一个非常广泛的概念，包含许多形态和性质很不相同的物质。可以从各种角度、根据多种目的来分类：

1）按自然环境要素分类，可分为水资源、土地资源、矿产资源、生物资源、气候资源等。

2）按资源再生能力分类，可分为再生性资源和非再生性资源。再生性的自然资源供给稳定、数量丰富，几乎不受人类活动的影响，在太阳光的作用下，可以不断再生，一般不因利用而枯竭。如太阳能、风能、潮汐能、大气和气候等。非再生性的自然资源是在地球演化过程中的不同时期形成的，数量有限，其中有的将会枯竭，如化石燃料；而有些则在不合理利用时才会枯竭，若能适当利用就可不断更新，如生物资源。因此又可根据其是否能够自我更新分为可更新与非更新自然资源两类。可更新自然资源主要包括土地资源、地区性水资源和生物资源等。这类资源可借助于自然循环和生物自身的生长繁殖而不断更新。如果对这些资源进行合理利用，便能够做到取之不尽、用之不竭。但如果使用不当，破坏其更新循环过程，会造成资源枯竭。非更新自然资源基本上没有更新的能力，其中有些可借助于再循环而被回收而得到重新利用，包括金属矿物和多数非金属矿物，如铁矿、磷等。另外一些非更新资源是一次消耗性的，既不能再循环，也不能被回收，主要包括煤、石油等石化燃料。

二、水资源

（一）水资源的概念

广义的水资源包括地球上所有形式的水体，如海洋、湖泊、河流、冰川、沼泽、地下水、土壤水和大气水等。它们不仅存在于地球表面和地壳中，同时也遍布于陆地和海洋的一切生物体中。狭义的水资源概念，联合国教科文组织和世界气象组织的定义为“水资源为可利用或有可能利用的水源，具有足够的数量和可用的质量，并能在某一地点为满足某种用途而可被利用”；我国则定义为“在当前经济技术条件下可为人类利用的那一部分水，如浅层地下水、湖泊水、土壤水、大气水、及河川水等淡水”。

通过循环，水资源得到不断更新。在较长时间内，全球范围的蒸发与降水基本保持平衡，但在一定的时间、空间范围内，其数量极为有限，并不像人们想象的可以取之不尽、用之不竭。除生物水外，大气水和河流水的循环更替期最短，更新利用率高，是最活跃和最重要的，也是与人类和生物生长发育最密切的水资源。

（二）水资源的重要作用

1. 调节气候

水是大气的重要成分。虽然大气中仅含全球水量的百万分之一，然而，大气和水之间的循环相互作用，确定了地球水循环运动，形成支持生物的气候。大气中的水帮助调节全球能量平衡，水循环运动起着不同地区间的能量传输的作用。

2. 塑造地球表面形态

流动的水开创和推动土地地貌的形成，重排地表景观以及形成三角洲等。水是形成土壤的关键因素，也在岩石的物理分化中起着重要的作用。

3. 物质运输功能

水可以输送多种多样材料和营养物质。输送形式主要有两种：溶解的矿物质和整体物质。大气中的各种颗粒物质可以沉降到水体，然后由水输送。水可以将环境污染物输送、扩散到更远、更广泛的区域。

4. 物质基础

水是人类和一切生物赖以生存和生产的最基本的物质基础。当今世界，水资源不足和污染构成的水资源危机成为各个国家在政策、经济和技术上所面临的复杂问题和社会经济发展的主要制约因素，水资源问题已引起全球关注。

（三）水资源概况

1. 世界大陆水资源概况

(1) 分布概况

某地区水资源的丰缺取决于多种因素。地理位置、地形、温度和太阳辐射以及地面植被和人类活动都会对水资源的运动与分配产生明显的影响。

降水是水资源最主要的来源，纬度是其最主要的影响因素。另外，一个地区降水的多少也受到大气环流的影响，一般来说，距离海洋越近，大气湿度越大，降水量越多，水资源也越丰沛；越深入大陆内地，受海洋和季风影响越小，气候越干燥，降水量越少，水资源数量也越少。在同一地区，海拔越高，气温越低，大气湿度越大，降水量也越大。高原与高大的山脉对大气环流、水汽的运移有阻隔作用，会对一个地区降水等气候条件产生明显的影响。地面坡度是影响水循环及水分渗入数量的重要因素，在其他条件相同情况下，坡度越陡，越容易产生地表径流，导致渗入土壤中的水量越少，降水大量流走，地面水分蒸发量减少，空气湿度更小，降水量也随之减少。土壤和植被也是影响一个地区水分入渗、蒸发、径流、降水等各个循环环节的重要因素。土壤疏松透水有利于土壤水分入渗；植被生长旺盛，覆盖度高，能够抑制径流产生，加速水分循环。

世界各国通常采用多年平均径流量表示水资源量，因为河流的年径流量最能反映水资源的数量和特征，它不仅包含降水时产生的地表水，且包含地下水的补给。世界大陆水资源在地区上分布极不均衡，如表 2－1 所示。

表 2－1 世界大陆水资源

地 区	面积/万 km^2	年降水量/mm	年径流量/mm	径流系数
亚洲	4347.5	741	332	0.45
非洲	3012.0	740	151	0.20
北美洲	2420.0	756	339	0.45
南美洲	1780.0	1596	661	0.41
南极洲	1398.0	165	165	1.00
欧洲	1050.0	790	306	0.39
澳大利亚	761.5	456	39	0.09
大洋洲(诸岛)	133.5	2704	1566	0.58
全球陆地	14902.5	798	314	0.39

资料来源：陈英旭．环境学．北京：中国环境科学出版社．2001。

(2) 世界水资源的利用

人类对水资源的开发利用,主要用于农业、工业及生活。水资源的消耗量与工农业生产的发展有很大关系。中华人民共和国国家统计局2007年国际统计数据(表2-2)表明,在发达国家,随着科学技术的发展,工业用水占总用水量的比例与农业用水占总水量的比例相当,高于生活用水。而不发达国家农业用水占总水量的比例远高于工业用水和生活用水。随着世界人口的高速增长以及工农业生产的发展,水资源的消耗量越来越大。据统计,近40年来,全世界农业用水量增加了2倍、工业用水量增加了7倍,而生活用水量增加得更多。

表2-2 水资源的利用

地区	2005年人均淡水资源总量/m^3	1987～2002年度淡水抽取量占水资源总量的比例/%	1987～2002年淡水抽取量的利用领域的比例/%		
			用于农业	用于工业	生活用水
高收入国家	9640	10.2	42	42	16
中等收入国家	8677	6.3	71	19	10
低收入国家	3149	18.9	89	5	6
总计	6794	9.1	70	20	10

资料来源:中华人民共和国国家统计局2007年国际统计数据。

2. 我国水资源及其利用概况

(1) 我国水资源概况

我国是水资源大国,但人均水量较少。据统计,我国水资源总量居世界第六位,但人均水资源量约为世界人均量的1/4。我国江河湖泊众多,河流流域总面积为9 559 370km^2,流域面积在50 000km^2以上的河流有21条;湖泊总面积为75 610km^2,湖水储量约为7510亿m^3,但其中淡水储量只有2150亿m^3。

我国水资源地区分布不匀,水土资源组合不平衡。我国水资源在空间分布上很不均匀,与耕地、人口的地区分布不相适应。我国南方水资源量占全国总量的81%,人口数占全国的54%,耕地面积只占35.9%;而北方水资源量只占全国总量的14.4%,耕地面积却占全国的58.3%。特别是黄河、淮河、海河流域,人口占全国的30%,耕地占全国的37%,而水资源量只占全国总量的5%,人均拥有的水资源量仅为全国人均的1/5左右。

我国水量年内及年际变化大,水旱灾频繁。我国位于东亚季风区,降水季节过于集中,集中度在50%以上,在季节分配上很不均匀,全年降水主要集中在下半年。降水年际变化大,且降水越少的地区和季节,其降水量年际变化也越大。

(2) 我国水资源利用现状

自1997年到2006年近10年间,全国总用水量总体呈缓慢上升趋势,其中生活和工业用水呈持续增加态势,而农业用水则受气候影响上下波动,总体呈下降趋势。生活和工业用水占总用水量的比例逐渐增加,农业用水占总用水量的比例则明显减小。

随着人口的增长以及工农业生产、科学技术的发展,水资源的消耗量越来越大,废水总量增加,同时工业废水处理率及工业废水排放达标率也不断提高。自1999年到2006年,全国废水总量从401亿t增加到536亿t,其中工业废水排放量从197亿t增加到240亿t,但工业废水处理率从87%增加到95%,工业废水排放达标率从67%增加到91%。然而生活污水的处理率和达标排放率则要低得多。

据2006年中国水资源公报,对约14万km河流水质进行评价,Ⅰ类水河长占3.5%,Ⅱ类水河长占27.3%,Ⅲ类水河长占27.5%,Ⅳ类水河长占13.4%,Ⅴ类水河长占6.5%,劣Ⅴ类水河长占21.8%。对43个湖泊的水质进行评价,水质符合和优于Ⅲ类水的面积占49.7%,Ⅳ类和Ⅴ类水的面积共占15.3%,劣Ⅴ类水的面积占35.0%。严重的水污染,不但严重危害人群健康,影响经济发展,而且也是我国目前水资源紧缺的主要原因之一。

由于对水资源的极端重要性及我国水资源的形式缺乏深入的科学认识,长期以来,我国普遍存在着水利设施不完备、水资源利用率不高、节水措施少、浪费严重、水费不合理、保护不够及管理滞后等问题,客观上加剧了水资源的紧缺。水资源问题已成为制约我国社会进步和经济发展的最主要问题之一。

三、土地资源

(一) 土地资源的概念

土地即地球陆地的表面部分,是人类生活和生产的主要空间场所,是由气候、地貌岩石、土壤、植被和水文等自然要素共同作用下形成的自然综合体。1976年,联合国粮食与农业组织出版的《土地评价纲要》对土地有如下定义:"一片土地是指地球表面的一个特定地区,其特性包含此地面以上和以下垂直的生物圈的一切比较稳定或周期性循环的要素,包括大气、土壤、地质、水文、动植物群的属性、过去和现在人类活动的结果,因为这些要素及其相互作用对人类现在和将来利用土地都会产生影响。"

根据不同的属性,土地有多种分类方法。按照地形特征可分为山地、高原、平原、盆地、丘陵等;按照土壤质地可分为黏土地、砂土地等;依照土地的经济用途通常分为耕地、林地、水域(河流、湖泊、水库、池塘等)、未利用土地(目前尚未利用的荒地、沼泽、沙漠、戈壁等)、建设用地、工矿用地及交通用地等。耕地是指用于种植粮食、蔬菜、经济作物等作物并被经常耕作的土地,是农业的基础。

土地资源是指在一定技术条件和一定时间内可以为人类利用的土地。人类在利用土地资源的过程中也包括了改造，因此，土地资源既包含了资源的自然属性，也有人类利用和改造的经济属性，是自然-经济的综合体。土地资源是人类社会最基本的生产资料与劳动对象。

（二）土地资源概况

1. 世界土地资源概况

在全球 51 000 万 km^2 总面积中，大陆和岛屿占 14 950 万 km^2，占 29.2%，其中还包括南极大陆和其他大陆上高山冰川所覆盖的土地。因此，全球无冰雪覆盖的陆地面积仅为 13 300 万 km^2。各大洲中亚洲面积最大，其次是非洲。世界土地资源各大洲概况如表 2－3 所示。

表 2－3　世界各大洲土地面积

地　区	亚洲	非洲	欧洲	北美洲	南美洲	大洋洲	总计
土地面积/万 km^2	3174.8	3031.2	2298.8	2239.1	1783.2	853.6	13 381.6

资料来源：陈英旭. 环境学. 北京：中国环境科学出版社. 2001。

考虑土地的质量，即土地的地理分布、土层厚薄、肥力高低、水源远近、地势高低、坡度大小等对农业生产有着不同程度影响的因素，则陆地面积中约有 20%处于极地和高寒地区，20%处于干旱区，20%为陡坡区，还有 10%的土地岩石裸露，缺少土壤与植被。因此，约 70%的陆地面积在土地利用上存在着不同程度的限制因素，只有 30%是人类的“适居地”。

由于人类的活动，目前世界上土地资源的破坏极为严重，土地资源退化，全球有约 12 亿 km^2 原有植被覆盖的土地发生了中等强度以上的土壤退化。土壤退化的主要原因有水蚀、风蚀和化学损蚀三种。水蚀是最常见的土壤退化原因，遍及世界各地。水蚀使土壤失去肥力最高的表土层，因而使土壤贫瘠化，生产能力降低。毁林开荒等造成植被破坏，植被破坏使水分蒸发、有机质减少。植被破坏是造成水蚀的主要原因。风蚀广泛发生在干旱和半干旱区。过度放牧、农业耕作、砍伐森林或采樵使植被覆盖率减少，风蚀随之发生。风蚀将大量沙土搬运至异地堆积，常造成道路阻塞、河流湮灭和农业用地因侵蚀而不能耕作等。化学损蚀指土壤受到酸化、盐渍化及工农业化学物质的污染，导致土壤肥力下降和土壤成分及性质产生不良变化。例如，使用持续性时间长的农药或其他有毒的有机污染物、将工业有毒废物向土壤排放等。这些毒物会大量杀伤土壤中的微生物，或直接毒化土壤，使其不能被耕种。土壤退化的结果是水土流失严重，土地荒漠化。据估计，现在全世界每年因土壤侵蚀而丧失耕地为 600 万～700 万 km^2，其速度为过去 300 多年来的 2 倍多。目前地球上有 20%的陆地正在受到荒漠化的威胁。

2. 我国土地资源及其利用概况

(1) 我国土地资源特点

我国土地面积为 960 万 km^2，南北跨 49 个纬度，东西跨 62 个经度，高差相距 4000 多米，从平均海拔 50m 以下的东部平原逐级上升到西部海拔 4000m 以上的青藏高原。我国国土面积中，湿润区约占 32.2%，半湿润区约占 17.8%，半干旱区约占 19.5%，干旱区约占 30%。由于地理、地形和水热条件组合的差异，形成了极其多样的土地类型(表 2－4)。

表 2－4　我国土地资源的构成概况(2006 年)

项　目	面　积	占总面积比例/%
总面积	960 万 km^2	100.00
按地形分		
山地	320 万 km^2	33.33
高原	250 万 km^2	26.04
盆地	180 万 km^2	18.75
平原	115 万 km^2	11.98
丘陵	95 万 km^2	9.90
按海拔分		
500m 以下	241.7 万 km^2	25.18
500～1000m	162.5 万 km^2	16.93
1000～2000m	239.9 万 km^2	24.99
2000～3000m	67.6 万 km^2	7.04
3000m 以上	248.3 万 km^2	25.86
按经济用途分		
耕地	13 004 万 hm^2	13.54
森林	17 491 万 hm^2	18.22
内陆水域面积	1747 万 hm^2	1.82
草地	40 000 万 hm^2	41.67
其他	23 758 万 hm^2	24.75

资料来源：2007 年中国统计年鉴。

我国土地总面积居世界第三位，土地资源绝对数量较多，但由于人口众多，人均数量较少，人均土地面积只有世界平均值的 1/3。

我国土地的水、肥、热等因素组合使得土地生产力区域间差异显著，土地资源分布不平衡且质量较差。东北地区平原面积大，土壤肥沃，水土资源较丰富，但大部分地区热量略显不足，仅一年一熟；华北地区地形平坦，气候温暖，可一年两熟，但水资源不足，自然灾害较多；黄土高原热量条件好，土层较深厚，但水资源不足，植被稀少，水土流失极为严重；南方热带、亚热带地区气候条件较好，水源充沛，可一年两熟或三熟，但山地多，平地少，耕地不足；西北内陆区光照和热量较丰富，但干旱少雨，土地生产力较低，沙漠、戈壁、盐碱地面积大；青藏高原区日照丰富，但热量不足，土地生产力低且不易利用。在我国，高产、稳产农田仅占耕地总面积的30%。宜农宜林地只占国土面积的3.7%，其中质量较好的约占8.9%、中等的约占22.5%，而近70%是质量差的三等地。

(2) 我国土地资源利用现状

由于自然的、历史的和现代的诸多原因，我国当前的土地资源形势极为严重：既存在着由于水土流失、土地沙漠化、次生盐渍化等生态问题和土地污染等环境问题所导致的土地质量退化、生产力下降问题，也存在耕地大量减少、破坏性开发、重用轻养等管理不善的问题。这些都严重影响了我国经济的发展。为了加强耕地保护，国家出台了一系列文件，通过严格执行规划和计划，落实耕地保护各项措施。2007年，我国土地利用调查显示，全国有耕地12 173.52万hm^2(18.26亿亩)、园地1181.31万hm^2(1.77亿亩)、林地23 611.74万hm^2(35.42亿亩)、牧草地26 186.46万hm^2(39.28亿亩)、其他农用地2549.11万hm^2(3.82亿亩)、居民点及独立工矿用地2664.72万hm^2(4.00亿亩)、交通运输用地244.43万hm^2(0.37亿亩)、水利设施用地362.86万hm^2(0.54亿亩)，其余为未利用地(图2-6)。

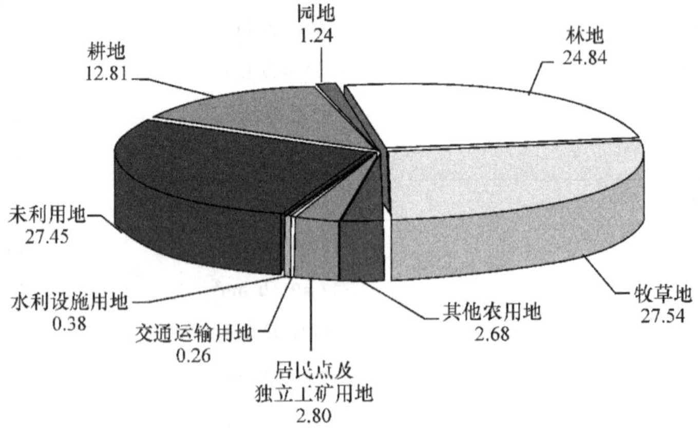

图2-6　2007年全国土地利用状况(单位：%)(2007年中国国土资源公报)

四、矿产资源

(一) 矿产资源概念及其分类

1. 矿产资源的概念

矿产资源是指在地质作用过程中形成并存于地壳内(地表或地下)的有用的矿物或物质集合体,其质和量适合于工业要求,并在一定的社会经济和技术条件下能够被开采与利用的自然资源。矿产资源既是人们生活资料的重要来源,又是极其重要的社会生产资料。据统计,当今世界95%以上的能源、80%以上的工业原料、70%以上的农业生产资料、30%以上的工农业用水均取自矿产资源。

矿产资源是一个地质、技术、经济的三维动态概念。矿产资源是在漫长的地质年代里形成的,因此矿产资源是不可再生的、有限的。由于地球内部岩浆运动和地表风化过程等内外因素的影响,一些元素相对集中,形成各类矿床,使其利用在技术和经济上成为可能,因此矿床的分布有明显的地域性特点。例如,北美有丰富的钼矿,亚洲几乎没有,但亚洲有世界上最丰富的锡、钨和锰,工业金刚石则集中在刚果(金)。随着科学技术、经济社会发展以及地质认识水平的提高,原来认为不是矿产的,现在可作为矿产予以利用,现在是矿产的,将来也可能失去其价值。

2. 矿产资源的分类

矿产资源依其组成成分可分为金属矿产和非金属矿产。

(1) 金属矿产

金属矿产指含有金属元素的可供工业提取金属有用组分或直接利用的岩石与矿物。其中包括黑色金属 9 种、有色金属 13 种、贵金属 8 种、放射性金属 3 种、稀有稀土和稀散金属 33 种。

(2) 非金属矿产

非金属矿产指工业上不作为提取金属元素利用的有用矿产资源。除少数非金属矿产是用来提取某种非金属元素,如磷、硫等外,大多数非金属矿产是利用其矿物或矿物集合体(包括岩石)的某些物理、化学性质和工艺特性等,如云母的绝缘性,石棉的耐火、耐酸、绝缘、绝热性等。

(二) 矿产资源概况

1. 世界矿产资源概况

任何一种矿产资源在地球中的储量都是固定的,但对资源的调查和勘探需要一个过程。一方面随着勘探工作不断向深度、广度发展,新的产地、新的矿种、新的储量不断出现;另一方面随着选冶技术和工艺水平的不断提高,原材料的节约潜力不断得到发挥。因此，从未来 20 年世界矿产资源的保证程度来看，大多数矿产资源并不存在问题，从全球范围看，世界矿产资源的前景还是比较乐观的。但矿物资源毕竟是有限的、不可再生的，而人类的需求、人类利用矿产资源的种类与数量随着文明的进步与日俱增，这一矛盾最终会导致资源的耗竭。因此，寻找和开发新的矿床、节约矿物原材料仍然是一项艰巨的任务，必须合理开发利用矿产资源。

2. 我国矿产资源及其利用概况

(1) 我国矿产资源的特点

我国矿产资源丰富、种类齐全。截至 2007 年初，全国已发现 171 种矿产，其中已查明资源储量的矿产有 159 种，已探明矿产资源储量约占世界总量的 12%，仅次于美国和俄罗斯，居世界第三位。凡是在世界上已发现的有色金属矿在我国均有分布，有 20 多种矿产资源的探明储量居世界前列，其中钨、稀土、钛等 12 种矿产居世界第一位，如稀土的储量占世界的 80%左右，锑矿的储量占世界的 40%，钛矿的储量是世界上其他国家储量的总和，而钨矿的储量则为世界其他国家储量总和的 4 倍。

我国矿产资源总量大，但人均资源少，仅为世界平均值的 58%，在世界各国中排在第 53 位。除煤、锌、钨、钼等少数矿种，多数矿种人均资源少，尤其是优质能源和国民经济急需的一些矿产资源人均资源很少，如石油和天然气人均探明储量分别只有世界平均水平的 7%和 8%，铝土矿、铜矿和铁矿分别只有 11%、17%和 35%。

我国矿产资源质量悬殊，贫矿多、富矿少。例如，铁矿平均品位为 33%，含铁量大于 55%(质量分数)的富铁矿仅占全国铁矿石储量的 2%；铜矿平均品位只有 0.87%，不及世界主要生产国矿石品位的 1/3。我国复杂矿多，单一矿少，有 80 多种矿产以共伴生的形式存在，1/3 的铁矿和 1/4 的铜矿是多组分矿。

我国矿产资源总量大，但地理分布不均衡。内陆地区矿产多，沿海地区矿产少。煤炭主要分布在山西、陕西、新疆和内蒙古，铜矿主要分布在江西、云南、甘肃及西藏。已探明储量大部分集中在中部和西部地带。

(2) 我国矿产资源开发利用现状

随着矿产资源大规模勘探和开发，矿产资源综合利用取得了一定成绩，但矿产资源综合利用率仍然很低。我国矿产资源的综合回收率平均不超过 50%，总体上综合利用率约为 20%。我国共伴生组分综合回收率在 40%～70%的国有矿山企业不足 40%。有色金属矿产资源综合回收率为 35%，黑色金属矿产资源的综合回收率仅为 30%，比发达国家约低 20%。我国对矿产废弃物的回收利用和无害化处理才刚刚起步，全国现有 2000 多座金属矿山尾矿库，存尾矿约 60 亿 t，每年新增排放固体废弃物约 3 亿 t，而平均利用率只有 8.3%。目前我国综合利用较好的国有矿山仅占30%左右,部分进行综合利用的国有矿山为25%左右,完全没有进行综合利用的占45%,全国20多万个集体、个体矿山基本上未开展综合利用,乱采滥挖,缺乏合理的开发规划,管理不善,生产技术与设备落后,资源总回收率低、综合利用差,造成矿产资源的严重浪费和破坏,并对环境造成严重污染。

五、生物资源

(一) 生物资源概念及分类

1. 生物资源概念

生物多样性是指地球上所有生物——动物、植物、微生物以及由它们所组成的综合体,表现的是地球上千千万万种生物和它们生存的环境。生物资源是指对人类具有一定现实和潜在的价值的生物多样性组分,包括生物的遗传资源、物种资源以及生态系统的服务功能资源等。生物资源是自然资源的有机组成部分,是地球上生物多样性的物质体现。生长在自然界中的动植物等直接或间接为人类提供木材、乳品、肉类、果品、油料、毛皮、药材等各种生活消费品和工业原料。生物也是生态系统的核心,是保持生态系统正常功能、维护人类健康舒适的生态环境的关键部分。生物也是重要的旅游资源,其所提供的观赏、疗养的价值日益为人类所重视。因此生物资源不仅具有经济效益,而且具有十分重要的生态效益和社会效益。

2. 生物资源的分类

从自然属性出发,生物资源可分为动物、植物和微生物三大类,每一大类又可分出多级、多种类别,最终到种与品种。

从社会经济属性出发,生物资源可分为野生生物资源、家养与人工栽培生物资源两大类。植物资源中可划分为食用、药用、工业用、保护和改造环境用和种植资源用等。动物资源按照主要用途分类,大致可以分为珍贵特产动物、食用动物、药用动物、工业用动物、实验动物、观赏动物和具有其他作用的动物等。微生物资源有细菌、放线菌、酵母菌、螺旋体、立克次体、衣原体与病毒等,它们在农业中是生产细菌肥料、微生物农药、发酵饲料的资源,在医药工业中是生产抗菌素与疫苗的资源,还是酿造工业与食品工业中不可缺少的资源。

生物资源又可根据生物群落的生态外貌特征分为森林生物资源、草地生物资源、农田生物资源、湿地生物资源和海洋生物资源等。

(二) 生物资源的特征

生物资源区别于其他自然资源的基本特征是:

1) 生物资源具有可更新性。由于生物可新陈代谢和繁殖遗传,可自然更新和人为繁殖扩大，因此生物资源具有更新能力，生物资源的蕴藏量是一个变数。生物资源具有可更新性，但其更新是有一定条件和限度的。由于生物资源的生态适应性和生态脆弱性，在适宜的生态条件下，生物资源可通过个体增长、繁殖和变异维持和增加其资源量。如果生态环境被破坏，人类对生物资源的开发利用强度超出了生物资源的再生能力，必然导致生物多样性丧失和生物资源的枯竭。

2）生物资源的关联性。任何生物物种在自然界都不是单独存在的，而是相互关联的。个体与种群、种群与群落、个体之间、种群之间存在着相互依存、相互制约的关系。生物资源与其他自然资源相互依存、相互制约，构成完整的生态系统。生态系统中任何一个物种或组成成分的变化都会引起与之相关联的其他生物资源的变化。例如，森林砍伐、植被破坏会造成水土流失、土壤肥力下降，土壤肥力下降反过来导致植被的进一步衰退，使其他生物群落也发生变化。

3）生物资源的周期性。生物资源的周期性是指生命现象特有的，在时间序列上呈现的有规律的重复变化，这在一定程度上是由生物活动的周期性决定的。生物资源的大多数内在功能，特别是生物量积累、干物质成分、种群密度等都呈现一定的日变化、年变化及年际变化。例如，绿色植物白天因光合作用积累干物质，夜晚以呼吸作用为主消耗干物质；落叶树春天发芽，秋季落叶；美洲兔平均 9.6 年出现一个数量的高峰等。

4）生物资源的地域性。由于自然条件的复杂性、生物迁移的历史因素和人类活动的影响，生物资源的种类、数量和质量以及生物类型等均表现出明显的地域性特征。有的物种分布在全球，有的物种仅局限在一定地区。同一种生物资源在不同地区的数量和质量也有差异。

（三）生物资源的概况

1. 世界生物资源概况

世界上已经过鉴定、记录的生物物种大约为 170 万种，其中植物种数约为 40 万种，包括昆虫在内的其他种数约为 130 万种。这些生物的 6%生活在寒带或极地地区，59%生活在温带，在热带生活的约占 35%。如果将尚未了解的物种也估计在内，全球物种估计为 500 万～1000 万种。热带雨林物种最丰富，无脊椎动物数量是已描述物种的最大部分。

目前，由于人类的活动，全球生物多样性锐减。由于森林砍伐、环境污染、气候变化、生物栖息地被破坏以及人类过度猎捕，一些生物物种数量减少甚至灭绝，全世界的物种在以每天几十种的速度消失。据预测，现存生物物种的 1/4 处于濒临灭绝的境地。如果不加强保护，在 2050 年时高达 1/3 的全球物种将灭绝，另外的 1/3 也许将在 21 世纪末走向绝路，这是地球资源的巨大损失。因为生物物种灭绝就意味着永远从自然界消失，永不再生，而消失的物种还会通过生物链引起其他物种的消失，这一现象已引起人类的极大关注。

2. 我国生物资源概况

我国国土辽阔，自然条件复杂，生物种类丰富，且古老物种较多。植物按种的数目仅次于马来西亚和巴西，居世界第三位。仅木本植物就达 30 000 多种，其中乔木 2800 多种，而木质优良、经济价值较高的近千种。我国几乎具有北半球的全部植被类型。我国东部湿润区分布着各类森林。最北部寒温带为落叶针叶林，向南是温带落叶阔叶林区；亚热带林区在我国面积最大，局部地区还残存着世界上其他地方早已绝迹的小片"活化石"林——水杉、银杉、银杏等；南部有热带的半常绿季雨林、雨林和红树林，并引种了一些热带植物，如橡胶、油棕、剑麻等。除水杉、银杉、银杏外，还有水松、杉木、金钱松、台湾杉、福建柏、杜仲等树种为我国所特有。

我国也是世界上拥有野生动物种类最多的国家之一，仅陆栖脊椎动物就有 2000 多种，占世界陆栖脊椎动物的 9.8%，其中鸟类所占比例最高，兽类其次。现已发现鸟类有 1189 种，兽类 500 种，两栖类 210 种，爬行类 320 种。产于我国的陆地脊椎动物中，有不少种类为我国所特有，或主要分布于我国。以鸡形目为例就有 19 种，如竹鸡、角雉、蓝鹇、白冠长尾雉等。兽类特有种有称为"活化石"的大熊猫，在动物学研究上具有特殊意义的麋鹿俗称四不像，目前野生的已经绝迹，还有羚牛、毛冠鹿、梅花鹿等。我国的资源动物也极丰富，仅毛皮兽就有 70 多种，占全国兽类的 17%以上。

（四）生物质资源及其利用

1. 生物质与生物质产品

生物质指任何可再生的或可循环的有机物质（不包括多年生长的用材林），其中包括专用的能源作物与能源林木，粮食作物和饲料作物的残留物，树木和木材废弃物及残留物，各种水生植物、草及其残留物，纤维和动物废弃物，城市垃圾和其他废弃材料等。按美国能源部的定义，生物质一般不包括为人类提供食品的农作物、家养动物以及常规木材生产。生物能指用于生产能量（电，液体、固体和气体燃料，热）的生物质。生物质产品或生物基工业产品指用生物质生产的燃料、化学品、建筑材料、电力或热能，包括用生物产品或可再生的农业（动、植物与海洋生物）和林产材料生产的各种能、商业或工业产品（不包括食品或饲料）等。

2. 生物质资源

生物质资源是植物光合作用所固定的碳素物质及其转化产物的总称，是地球表面植被系统可以连续生产的一种产量巨大的可再生资源。地球表面植被系统光合作用所产生的生物质资源，年产量可达 1400 亿～1800 亿 t，所储存的能量相当于当今世界主要燃料消耗的10倍，而其中作为能源开发利用的部分尚不到1%。传统农业是人类自主开发利用生物质资源、解决衣食住行物质供应问题的开端。随着现代科学技术的进步，生物质资源作为一种生产潜力巨大的可再生资源，其开发利用范围正在从传统农业向其他领域全面扩展。预计在21世纪中叶，生物质资源将会替代50%以上的化石资源，在维持社会经济可持续发展等方面将发挥其重要的作用。

我国幅员辽阔，生物质资源极其丰富，生产与开发潜力巨大。我国现有森林、草原和耕地面积约为41.4亿hm^2，生物质资源生产潜力可达650亿t/a，折合33亿t标准煤，相当于每年化石资源消耗总量的3倍以上。随着我国现代化进程的推进，能源与资源短缺必将日益加剧。大力加强生物质产业的开发与培育，对于缓解能源短缺、改善环境、扩大乡镇产业规模和促进循环经济的发展具有重要意义。

3. 生物质产业

生物质产业是指通过工业化把能源植物和农业废弃物等生物质原料，利用化学或生物技术转化为高附加值的生物质能源、生物材料、石油产品替代品及副产品等环境友好产品的全过程。现代的生物质产业概念是指利用可再生的有机物质，包括农作物、树木等植物及其残体，畜禽粪便，有机废弃物，通过工业加工转化，进行生物基产品、生物燃料和生物能源生产的一种新兴产业。其中，以生物质为源头几乎可以生产出所有的基础有机化工原料，且很多产品已经显现出很好的经济性。目前，由生物质资源进行生物炼制，可以生产出几大产品体系：C_1体系主要包括甲烷、甲醇等；C_2体系主要包括乙醇、乙酸、乙烯等；C_3体系主要包括乳酸、丙二醇等；C_4体系主要包括丁二酸、富马酸、丁二醇等；C_5体系主要包括衣康酸、木糖醇等；C_6体系主要包括柠檬酸、山梨醇等。其中一些化学品的生产已在大规模应用，农用化学品、精细化学品、大宗化学品、药物及高分子材料等领域的工业化应用也呈现快速增长的趋势。

生物质产业是一种基于生物质资源多层次开发利用的新型循环经济产业体系，也是传统农业的外延和扩张。生物质产业化既包括生物质原料生产—加工与转化—产品与应用一体化的产业链和技术体系，也包括政策、法规、市场与流通等保障体系。

六、能源

（一）能源的概念与分类

1. 能源的概念

能源是指可能为人类利用以获取有用能量的各种来源。凡是能够提供某种形式能量的物质或物质的运动,都可以称为能源。能源是一种物质,一种可以提供能量的物质。例如,煤、石油、天然气、生物质等通过燃烧提供热能;铀通过核裂变产生核能。有些物质只有在运动中才能提供能量,这些物质的运动也称为能源,如空气和水只有在流动中才能提供能量(动能)——风能和水能。能源和能量是不同的概念。能量是指物体做功的能力。能量的形式很多,如热能、光能、电能、机械能、化学能、重力位能等。能源物质中储存着各种形式的能量,并为人类所利用(表 2-5)。

表 2-5 能量储存形式和天然能源

能量形式	与之有关的能源
重力位能	水力,潮汐
化学能	煤,石油,天然气,柴薪(生物质能),燃料电池
原子核能	铀、钍、钚等核裂变燃料,氘等核聚变燃料
热能	地热,高温岩体
动能	风力,波浪
辐射能	太阳能

资料来源:封志明.资源科学导论.北京:科学出版社.2004。

2. 能源的分类

人们从不同角度对能源进行了多种分类,如一次能源和二次能源、常规能源和新能源、可再生能源和不可再生能源等。能源分类及其相互关系如表 2-6 所示。

表 2-6 能源分类及其相互关系

<table>
<tr><th colspan="2" rowspan="2">能源分类</th><th colspan="2">常规能源</th><th colspan="2">新能源</th></tr>
<tr><th>可再生能源</th><th>非再生能源</th><th>可再生能源</th><th>非再生能源</th></tr>
<tr><td rowspan="3">一次能源</td><td>来自太阳的能量</td><td>水能</td><td>煤、石油、天然气</td><td>太阳能、风能、生物质能、海洋能</td><td>核聚变燃料</td></tr>
<tr><td>来自地球内部的能源</td><td></td><td></td><td>地热能</td><td>核裂变燃料</td></tr>
<tr><td>月球,太阳等天体对地球的引力产生的能源</td><td></td><td></td><td>潮汐能</td><td></td></tr>
<tr><td colspan="2">二次能源</td><td colspan="4">电力、焦炭、煤气、蒸汽、沼气、热水、汽油、柴油等石油制品,余能、余热、氢能等</td></tr>
</table>

资料来源:封志明.资源科学导论.北京:科学出版社.2004。

一次能源是指从自然界直接取得而不改变其基本形态的能源;二次能源是指经过加工转换成另一种形态的能源,如煤是一次能源,煤燃烧发电得到电力,电力为二次能源。

常规能源是指当前被广泛利用的一次能源；新能源又称非常规能源，是指目前尚未被广泛利用，而正在积极研究以便于推广利用的一次能源，如太阳能、地热能、风能、海洋能、生物质能和核能等。

可再生能源是能够不断得到补充的一次能源，不可再生能源是经过地质年代才能形成而短期内无法再生的一次能源。

（二）能源的利用概况

1. 世界能源利用概况

纵观人类社会发展史，人类经历了柴草能源时期（以柴草为主要能源）、煤炭能源时期（以煤炭为主要能源）和石油天然气能源时期（以石油天然气为主要能源），目前人们能利用的能源仍以煤炭、石油、天然气等不可再生能源为主，这些能源是目前全球经济发展的基础能源。

世界各国能源消耗量差异很大。占世界 1/4 的工业国家消耗了世界能源的 3/4，发展中国家能源消耗相对较低。在世界一次能源消费结构中，发达国家能源使用状况也与发展中国家能源使用状况不同，发达国家煤炭、石油、天然气这三者的总和约占 86%，而发展中国家只有 56%；发展中国家生物质能使用约占 38%，而发达国家只有约 3%（图 2－7）。

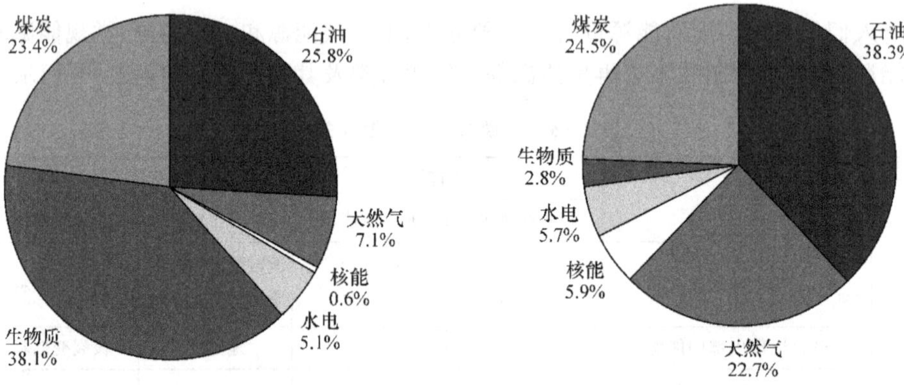

(a) 发展中国家一次能源使用状况　　(b) 发达国家一次能源使用状况

图 2－7　世界一次能源使用状况（袁振宏等，2005）

世界对能源消耗的增长速度是很大的。由于人口增长和人类文明的发展，世界能源消耗不仅呈指数增长，且增长率越来越大。19 世纪中期，世界能源消耗年增长率为 2%；20 世纪初年增长率为 3.5%；而 60 年代的平均年增长率为 5.6%；从 2000 年至 2005 年，世界能源消耗量增加了约 20 亿 t 标准煤，平均年增长率约为 17%。国际能源机构在《2007 年世界能源展望》报告中指出，如果不采取措施限制能源消耗，未来 20 年，世界能源消耗量将剧增 55%，这有可能使能源价格持续攀升，并给全球环境造成严重后果。

近年来，随着能源消费剧增，煤炭、石油、天然气等非再生能源资源消耗迅速，生态环境不断恶化，可再生能源开发利用受到世界各国重视，水能、太阳能、风能、生物质能、海洋能、地热能等新能源开发利用的技术水平不断提高，生产规模逐渐扩大。从目前可再生能源的资源状况和技术发展水平看，今后发展较快的可再生能源除水能外，主要是生物质能、风能和太阳能。生物质能将成为应用最广泛的可再生能源技术。2007 年初，欧盟提出可再生能源的发展目标：到 2020 年，可再生能源的消费要占到全部能源消费的 20%。

2. 我国能源利用概况

我国能源资源丰富，蕴藏量居世界前列。已探明的煤炭可采储量居世界第 3 位，石油可采储量居世界第 11 位，天然气可采储量居世界第 19 位，水能居世界第 1 位。由于人口众多，我国能源资源虽然丰富，但人均拥有量较低。人均煤炭、石油和天然气可采储量分别只相当于世界平均水平的 50%、11%和 4%。我国能源分布不均，煤炭资源的 64%集中在华北地区，水电资源的 70%集中在西南地区。

我国是能源消费大国，能源消费总量仅低于美国居世界第二位，但人均耗能水平较低。2007 年 12 月 26 日，国务院新闻办公室发布的《中国的能源状况与政策》白皮书指出，我国拥有较丰富的化石能源资源和可再生能源资源，但人均能源资源拥有量较低。其中，煤炭和水力资源拥有量相当于世界平均水平的 50%，石油、天然气人均资源量仅为世界水平的 1/15 左右。耕地资源不足世界平均水平的 30%，制约了生物质能源的开发。我国能源生产与消费以煤炭为主，煤炭在我国目前的一次能源中占 60%以上，与世界能源相比，我国煤炭的比重较世界平均水平高 1 倍以上(表 2－7)。

表 2－7　各能源消耗比例(截至 2003 年)(单位：%)

类别	石油	天然气	煤炭	核电	水电	新能源	非商品能源	总和
世界	33.9	19.6	22.7	6.1	3.9	2	11.8	100
中国	17.5	1.8	60.6	0.3	3.1	2.3	14.4	100

资料来源：柏镇，杨科科，李艳华. 我国能源结构现状与加快利用核能发电的探讨. 科技资讯，2007，20：21，22。

与工业国家相比，我国工业部门消耗能源比重很高，而交通运输和商业民用能源消费比重较低。我国的能耗比例关系反映了我国工业生产中的工艺设备落后，能源管理水平低。

2007 年我国《可再生能源中长期发展规划》中明确提出，要加快可再生能源技术发展，逐步建立可再生能源产业体系。我国提出的可再生能源发展目标为：到2020年，可再生能源的消费要占到全部能源消费的15%。

思　考　题

1. 简述地球形成初期各圈层是如何产生的，并说明生物的出现对地球环境的影响。
2. 简述大气圈的分层结构的特点，说明臭氧层对地球生物有何重要作用。
3. 用自己的话描述水循环的过程，并阐述其对地球环境有何重要意义。
4. 土壤的是如何形成的？它的组成和基本特征是什么？
5. 生物圈存在的基本条件和显著特征是什么？
6. 阐述你对自然资源的理解。
7. 水资源的主要作用是什么？
8. 试述矿产资源的分类及其特点。
9. 什么是生物质、生物质资源和生物质产业？
10. 试述能源的定义和分类。

主要参考文献

柏镇，杨科科，李艳华. 2007. 我国能源利用现状与加快利用核能发电的讨论. 科技资讯，20：21，22.
蔡晓明. 2000. 生态系统生态学. 北京：科学出版社.
陈立民，吴人坚，戴星翼. 2003. 环境学原理. 北京：科学出版社.
陈英旭. 2001. 环境学. 北京：中国环境科学出版社.
陈永文. 2002. 自然资源学. 上海：华东师范大学出版社.
封志明. 2004. 资源科学导论. 北京：科学出版社.
关伯仁. 2000. 环境科学基础教程. 北京：中国环境科学出版社.
郭怀成，陆根法. 2003. 环境科学基础教程. 北京：中国环境科学出版社.
贾振邦，黄润华. 2004. 环境学基础教程. 北京：高等教育出版社.
钱易，唐孝炎. 2000. 环境保护与可持续发展. 北京：高等教育出版社.
孙振钧. 2004. 中国生物质产业及发展取向. 农业工程学报，20(5)：1-5.
伊武军. 2001. 资源、环境与可持续发展. 北京：海洋出版社.
袁振宏，吴创之，马隆龙. 2005. 生物质能利用原理与技术. 北京：化学工业出版社.
赵建成，吴跃峰. 2002. 生物资源学. 北京：科学出版社.
中华人民共和国国家统计局. 2007. 中国统计年鉴 2007. 北京：中国统计出版社.

第三章 社会环境

第一节 人类社会的文明进程

人类文明是指人类创造的物质财富和精神财富的总和。自从地球上有了人类,就开始了人类文明的创建。纵观人类文明的发展史,大致可分为史前文明、农业文明、工业文明和生态文明四个发展阶段。回顾人类文明的历程,沧桑巨变,进步与消亡相伴,成功与失败并存,辉煌与困境同在。

一、史前文明(前发展阶段)

在170万年至1万年前的原始社会,人类处于靠采集和狩猎为生的野蛮时代,以采集和猎取天然动植物为生,融于天然食物链中。原始人的精神生产能力与其物质生产能力同样低下,他们没有文字,也没有文字记载的历史,其主要的精神活动是原始宗教活动。原始宗教产生于原始社会末期,其表现形式为万物有灵论、巫术、图腾崇拜等,并在此基础上产生了对自然界的崇拜。原始人在自然界之外构想了一个超自然世界,认为自然界的秩序来自超自然力量的支配和安排,许多自然事物和现象,如日月星辰、风雨雷电、凶禽猛兽等,都为超自然神灵的体现。

在此阶段,人口较少,人类活动范围也较小,人类基本上像其他动物一样完全受制于自然规律,人类认识和改造自然的能力非常有限。人类对大自然是敬畏与崇拜的,人与自然的关系基本上是人类受控于自然、依附于自然,认为"自然是神",人类对自然的影响力还很低,此阶段的环境问题是微不足道的、局部的、暂时的。

二、农业文明(低发展阶段)

公元前8000年至公元前3500年的农业革命,使人类改造大自然的能力有了很大提高,人类社会进入了"刀耕火种"的农业文明时代。农业文明实现了人类文明史上的第一次飞跃,由旧石器时代向新石器时代,再向青铜器时代和铁器时代进化。在此阶段,产生了青铜器、铁器、陶器、文字、造纸、印刷术等科技成果,人类主要的生产活动是农耕与畜牧,他们通过创造适当的条件,使自己所需要的物种得到生长和繁衍,不再依赖于自然界提供的现成食物。而此时期人类对自然界的破坏也随之加剧了,毁林开荒和过度放牧使森林、草原资源遭到破坏,造成了水土流失、沙漠化等一系列生态环境问题。就农业文明对环境的影响而言,人类此时期的文明可称为"黄色文明"。

在农业文明时代，人与自然虽然有摩擦和对立，也出现了自然对人类的局部、较浅层次的“报复”，但总的来说，发展缓慢的农业社会对自然的损害是局部的，限于当时的技术能力，缺乏对自然实行根本性的变革和改造，对自然的局部开发没有像后来的工业社会那样造成巨大的生态破坏。

三、工业文明(高发展阶段)

18世纪蒸汽机的发明，标志着人类社会步入工业文明时代，这是人类文明的第二次重大转折。由农业社会过渡到工业社会，生产力得到空前发展，人类改造自然的能力大大提高，促进了社会的进步。随着工业文明的兴起，开始了真正的大规模的人作用于自然的时代，征服自然的逐步胜利和对自然认识的深化，使人类在加快对自然索取的同时，产生了主宰自然、奴役自然、支配自然的“人类中心主义”观点，人类逐渐成为了自然的主人。“人定胜天”、“征服自然、改造自然”等成为人类向大自然宣战的响亮口号。

工业文明为人类创造了灿烂的物质文明的同时，人与自然的矛盾日益尖锐，导致资源枯竭、环境污染，震撼世界的公害事件频频发生。从蒸汽机到化工产品，从电动机到原子核反应堆，每一次科学技术革命都建立了人类征服自然的新丰碑。但是，曾经陶醉于征服自然的辉煌胜利的人们也开始看到，疯狂改造、掠夺自然在给人类带来优越的物质条件的同时，也给自然造成了空前严重的伤害，因而使人类自身的发展也面临着深刻的危机。当人们为了满足自己不断增长的欲望而对自然进行掠夺性开发和破坏性利用时，自然界则以自身的法则向人类实施了严厉的“报复”。资源短缺、环境污染、生态恶化等环境问题已经不再是一个地区、一个民族、一个国家的问题，而是全人类共同面临的严峻问题。

传统的工业文明是一种以牺牲环境为代价、经济利益至上的文明，就工业文明对环境的影响而言，人类此时期的文明可称为“黑色文明”。如今，全球环境问题和生态危机表明了工业文明的局限性，迫切要求人类进行新文明的创造。1992年世界“环境与发展大会”提出了实施“可持续发展”战略，即在发展经济的同时注意防治环境污染，走经济、社会和环境协调发展的道路。这是人类认识的一大飞跃，意味着人类开始重新审视自己的行为，摒弃以牺牲环境为代价的“黄色文明”和“黑色文明”，开始建立一个人与大自然和谐相处的“绿色文明”，这是人与自然的关系发展的重要转折点。

四、生态文明(可持续发展阶段)

过去200多年来，人类崇拜的工业文明已经不能担任拯救地球的使命了。世界工业化的发展使征服自然的文明达到了极致，一系列全球性生态危机说明地球再也没有能力支持工业文明的继续发展，这就需要开创一个新的文明形态来延续人类的生存,即生态文明。

生态文明是指人类遵循人-自然-社会和谐发展这一客观规律而取得的物质与精神的成果总和,是指以人与自然、人与人、人与社会和谐共生,良性循环,全面发展,持续繁荣为基本宗旨的文化伦理形态。生态文明是相对于农业文明、工业文明而言的一种新型的文明形态,它是一种物质生产与精神生产都高度发展,自然生态和人文生态和谐统一的更高层次的文明。生态文明要求人类摆脱工业文明中为增长而增长的经济发展模式,实现由单纯追求经济目标向追求经济生态双重目标的转变,进而实现社会、经济与自然的协调、可持续发展以及人的全面发展。如果说农业文明是"黄色文明"、工业文明是"黑色文明",那么生态文明就是"绿色文明"。生态文明是对以牺牲环境为代价获取经济发展的工业文明进行反思的结果,是传统工业文明发展观向现代生态文明发展观的深刻变革,它呼唤生态经济、呼唤生态伦理、呼唤人与自然的协调和谐发展,是人类文明发展的必由之路。

中国共产党十七大报告提出建设生态文明,要使"生态文明观念在全社会牢固树立"。这是对我国人口剧增、资源短缺、环境恶化的严峻形势进行反省后的明智选择,也是实现经济社会可持续发展的必由之路。生态文明建设是一个长期的渐进过程,需要全社会通力协作和持续推进。

第二节 人口与环境

一、人口与人口过程

20世纪以来,尤其是第二次世界大战后,随着社会向工业化发展,人们的生活质量不断改善,医疗卫生条件也大大改善,从而对各种灾害和疾病的防御能力不断提高,人口死亡率逐渐降低,导致世界人口迅速增长。人口的膨胀给地球环境带来了前所未有的压力,导致环境问题与全球性生态危机的加剧,最终将危及人类自己及整个地球的命运。人口问题已成为当前世界普遍关注的问题之一,也是当前人类可持续发展亟待解决的首要问题之一。

人口(population)是指生活在特定社会、特定地域、具有一定数量和质量,并在自然环境和社会环境中与各种自然因素和社会因素组成复杂关系的人的总称。简而言之,人口是指某一地区的全体居民。

人口过程是指人口在时空上的发展和演变过程,包括人的生育过程、死亡过程和迁移过程。人们通过出生和迁入进入某个社会,通过死亡和迁出离开某个社会,这些过程是重要的社会过程。人口过程是在特定的社会经济、文化和政治条件下进行的,受到各种社会力量的影响和制约。因此,人口过程反映了人口与社会、人口与环境的相互关系。

反映人口过程的自然变动指标有人口出生率、人口死亡率和自然增长率。人口自然增长率与出生率、死亡率的关系是:人口自然增长率=人口出生率-人口死亡率。此外,人口增长模型、人口加倍时间等指标也能反映人口过程和人口增长规律。

二、世界人口发展状况

1987 年 7 月 11 日,世界第 50 亿公民在南斯拉夫诞生,为纪念地球人口突破 50 亿这个特殊的日子,联合国人口基金(United Nations Population Fund,UNFPA)将每年的 7 月 11 日定为“世界人口日”,以唤起人们对人口问题的关注。1999 年 10 月 12 日,在萨拉热窝的一家医院诞生了地球村第 60 亿位居民,联合国将 1999 年 10 月 12 日定为世界“60 亿人口日”。2006 年 2 月 26 日,世界人口突破 65 亿。2008 年 5 月 10 日 11 时 34 分,世界总人口达 6 666 666 666 人。目前,世界人口已超过 67 亿,且仍在继续增加。

(一) 世界人口状况

人类出现已有几百万年,在 1900 年前世界人口增长率一直很低,而自 1900 年以后人口增长率迅速加快,特别是第二次世界大战后,人口增长率跃上巅峰,世界人口规模不断膨胀,人口翻番的时间不断缩短。史前时期人口翻番需要好几百万年,古代需要几千年,当代只需要几十年。不断加快的世界人口增长率还可以从世界人口每增 10 亿人所需的时间不断缩短中得到进一步说明。人类经过 300 多万年的发展,至 1804 年世界总人口达 10 亿人,1927 达 20 亿人,人口在增加第二个 10 亿人用了 123 年;增加第三个 10 亿人用了 33 年;增加第四个 10 亿人只用了 14 年;增加第五个 10 亿人和第六个 10 亿人分别用了 13 年和 12 年;估计再增加 10 亿人只需 14 年(表 3-1)。

表 3-1 世界人口每增加 10 亿所用时间

年 份	世界人口/亿人	每增加 10 亿人所用时间/a
1804	10	300 多万年
1927	20	123
1960	30	33
1974	40	14
1987	50	13
1999	60	12
	预计未来增加 10 亿人所需时间	
2013	70	14

(二) 世界人口增长特点

1. 人口总量经历高速增长后进入增速趋缓时期

20 世纪 40 年代末至 70 年代初，世界人口的增长速度接近 20‰，随后发达国家人口增长速度放缓，包括中国在内的广大发展中国家积极推行计划生育，自 20 世纪 80 年代以来世界人口增长率开始趋于下降，1995～2000 年世界平均人口增长率为 13‰，2000～2005 年进一步下降为 12‰。

2. 随经济发展程度不同而有所不同

目前，发展中国家的人口增长率远大于发达国家，有些发达地区的人口增长开始进入负增长。2000～2005 年发达地区平均人口增长率为－2‰，欠发达地区为 15‰，亚洲为 13‰，非洲为 22‰，欧洲为 1‰，拉丁美洲和加勒比地区为 14‰，中美洲为 17‰，大洋洲为 12‰，中国仅为 7‰。

目前，世界人口分布极不均衡。世界人口的 3/4 左右集中在发展中国家，而未来新增的人口也将主要集中在发展中国家，其中亚洲是世界人口最集中的地区，占世界人口的一半以上。因此，世界人口问题也可以说主要是发展中国家的人口问题。

3. 人口年龄结构持续老龄化

人口老龄化是指一个地区(或国家)老年人口增长的趋势。人口老龄化的指标是老年人口系数，其含义是一个地区 60 岁以上(含 60 岁)或 65 岁以上(含 65 岁)人口数量在该地区人口总数中所占的比例。老年人口系数越大，说明人口老龄化的程度就越高。根据联合国的规定，65 岁以上的人口超过 7%的国家或地区就称为人口老年型国家或老年型社会，65 岁以上的人口占 4%～7%为成年型社会，4%以下为年轻型社会。

随着人口出生率下降、生育年龄加大和人口寿命的延长，世界人口正在迅速老龄化。联合国经济和社会事务部发表的《2007 年世界经济和社会调查》报告指出，全球大多数国家正迅速老龄化，目前，发达国家老年人的比例已高达 21%，发展中国家只有 8%，但按数量来说，63%的老年人生活在发展中国家。不同国家老龄化的速度不同，在未来几十年，发展中国家的老龄化速度将超过发达国家和经济转型国家；到 2050 年，79%的老年人将生活在发展中国家。

4. 城市人口急剧膨胀

当今世界城市化进程的最显著特点是范围广，发展中国家的城市化进程在加快,城市人口急剧膨胀。目前,世界城市化水平已超过 50%,发达国家一般都在 80%以上。2007 年 6 月,联合国人口基金发布的《2007 世界人口状况报告》指出,世界出现了前所未有的城市化现象,特别是在发展中国家和地区,2030 年发展中国家的城市人口将占全世界城市人口的 80%。

(三) 世界人口预测

根据联合国人口司 2007 年 3 月发布的《世界人口展望:2006 修订》报告,目前全球人口总数为 67 亿人,未来 43 年,世界人口将增加 25 亿人,即到 2050 年,全球人口将达 92 亿人。值得注意的是,新增人口将主要集中在发展中国家,到 2050 年,发展中国家的人口将从 2007 年的 54 亿人增加到 79 亿人;相比之下,发达国家的人口将不会显著增长,可能会维持在 12 亿人左右。这份人口报告还预测,到 21 世纪中期,全球有 46 个国家的人口可能还会出现下降,这些国家包括德国、意大利、日本、韩国等。

三、中国人口发展状况

(一) 中国人口状况

我国是世界上人口最多的国家,人口数量接近于世界人口总数的五分之一。1651 年,全国人口只有 5300 万人,经过 30 多年的发展,突破 1 亿人;1762 年,突破 2 亿人;1834 年,突破 4 亿人;1947 年,我国人口总数为 4.6 亿人。新中国成立后,我国迎来了人口增长高峰,1970 年,人口增至 8.30 亿人。1973 年"计划生育"政策实施后,人口急剧上升势头得到遏制,1982 年人口总数为 10.16 亿人,1990 年为 11.43 亿人,2000 年为 12.66 亿人。2005 年 1 月 6 日,我国迎来了"13 亿人口日"。至 2007 年末,全国总人口为 13.2129 亿人,比 2006 年末增加 681 万人,人口自然增长率为 5.17‰。至 2008 年末,全国总人口为 13.2802 亿人。新中国成立后人口变化情况及每增加 1 亿人口所用时间分别如表 3-2、表 3-3 所示。

表 3-2 新中国成立后人口变化情况

年 份	人口总数/亿人	自然增长率/‰
1953(全国第一次人口普查)	5.88	23.00
1964(全国第二次人口普查)	7.05	27.64
1970	8.30	25.83
1973	8.92	20.79
1982(全国第三次人口普查)	10.16	15.68
1990(全国第四次人口普查)	11.43	14.39

续表

年 份	人口总数/亿人	自然增长率/‰
2000(全国第五次人口普查)	12.67	7.58
2005年11月1日	13.0628	5.89
2006年底	13.1448	5.28
2007年底	13.2129	5.17
2008年底	13.2802	5.08
	人口控制目标	
2010	13.6亿以内	
2020	14.5亿左右	

表3-3 新中国成立后中国人口每增加1亿人所用时间

年 份	1954	1964	1969	1974	1981	1988	1995	2005
人口数量/亿人	6	7	8	9	10	11	12	13
增加1亿人所用时间(年)	—	10	5	5	7	7	7	10

(二) 中国人口发展特点

新中国成立以来,我国人口发展规律具有以下基本特点。

(1) 人口总量增长迅速

自1973年计划生育政策实施以来,经过30多年的控制,我国近几年的人口自然增长率稳定在一个较低水平,但因人口基数大,每年净增人口数量仍很庞大,人口压力在短期内难以得到明显扭转。中国人口数量将在较长时期内继续增长,预计未来十几年,中国人口仍将以年均800万~1000万人的速度增长,据联合国《2300年全球人口预测》报告,中国人口预计在2030年达到峰值,届时人口总数将超过14.5亿人。

(2) 人口老龄化速度快

目前,中国是世界上老年人口最多的国家,中国的人口老龄化关系到全球人口老龄化的进程,备受世界关注。进入21世纪,我国人口老龄化速度加快。2005年,我国65岁以上老年人口比重已达7.7%以上,60岁以上老年人口比重达11.0%以上;2007年,65岁以上和60岁以上老年人口比重分别达到8.1%和11.6%,老年人口分别为1.06亿和1.53亿。到2020年,预计65岁以上和60岁以上老年人口比重将分别达11.2%和16.1%。21世纪中叶,预计65岁以上老年人口将占总人口的25%。老年人口规模日益增大,对经济社会发展将产生重大影响;受人口流动迁移影响,农村老龄问题更为严重。未来几十年,中国将面临人口老龄化和人口总量过多的双重压力。

(3) 出生人口性别比偏高

出生人口性别比用每百名出生女婴对应的出生男婴数表示。联合国设定的男女出生人口性别比正常值为103～107。受传统思想的影响,我国出生人口性别比居高不下。20世纪80年代以来,我国人口出生性别比表现为逐渐升高趋势。据人口普查资料统计,1982年第三次人口普查时,我国出生人口性别比为108.5,1990年第四次人口普查时为111.3,2000年第五次人口普查时为116.9。到2005年,上升为118.58。2007年高达120.22,严重偏离正常范围。到2020年,预计20～45岁男性比女性多3000万人左右。出生人口性别比过高、持续时间过长,隐藏着巨大的社会风险,将严重影响社会的稳定与和谐。

(4) 人口城市化加快

改革开放以来,我国加快了人口城市化发展步伐。特别是20世纪90年代以来,人口城市化步伐明显加快,人口城市化水平已从1990年的26.23%提高到2000年的36.09%,平均每年提高近一个百分点。2005年,居住在城镇的人口为56 157万人,占全国总人口的42.99%。2006年全国城镇人口占全国总人口比重为43.9%,较2005年提高近1%。2007年,城镇人口达5.9亿人,城镇化水平为44.9%;目前,每年仍有千万以上农村人口迁入城镇工作和生活。近年来,由于积极推进人口城镇化和产业结构升级,实施城市带动农村、工业反哺农业的发展战略,人口城镇化率以每年超过1个百分点的速度增长。

(5) 区域间人口发展差异明显

人口分布总体上东南多、西北少;农村、中西部和贫困地区面临生育水平较高、人口自然增长率较高、文盲率高、孕产妇死亡率较高、平均受教育年限较短等问题,以及留守老人、儿童的照料和教育问题突出;城镇与农村人口社会保障水平不平衡;城乡间、地区间收入差距拉大的趋势没有明显改善。由此引发的各种深层次社会矛盾严重影响我国社会主义和谐社会建设。

(6) 人口科学文化素质总体不高

我国人口科学文化素质的总体水平还不高,人均受教育的程度与先进国家相比较仍有较大差距。主要表现为:一是人口粗文盲率(15岁及15岁以上不识字或识字很少的人口占总人口的比重)高于发达国家(2%以下)的水平;二是大学粗入学率低于发达国家;三是平均受教育年限不仅低于发达国家人均受教育水平,且低于世界平均水平(11年),并且城乡人口受教育程度存在明显差异。2004年,6岁及以上人口平均受教育年限为8.01年,其中城镇人均受教育年限为9.43年,乡村为7年;人口粗文盲率为8.33%,其中城镇文盲率为4.91%,乡村为10.71%。

（三）我国的人口发展目标与人口问题对策

(1) 人口发展目标

“十一五”时期人口发展目标为人口总量控制在13.6亿人以内；人口素质明显提高；群众享有基本的医疗保健服务，出生缺陷发生率逐步降低，婴儿死亡率降到14.9‰以下，孕产妇死亡率降到0.4‰；全面普及九年义务教育，国民平均受教育年限提高至9年左右；就业持续增长；社会保障体系较完善；贫困发生率继续下降；出生人口性别比升高势头得到有效遏制；城镇化率达到47%左右；有效缓解城乡间、区域间差距扩大的势头；人居环境有所改善。

2020年人口发展目标为人口总量控制在14.5亿人左右；人口素质大幅度提高；群众普遍享有较好的医疗保健服务，出生缺陷发生率、婴儿死亡率、孕产妇死亡率持续下降；基本普及高中阶段教育，国民平均受教育年限达11年左右；就业比较充分；基本建立覆盖城乡居民的社会保障体系；贫困人口继续减少；出生人口性别比趋于正常；城乡间、区域间差距扩大趋势得到扭转；人居环境质量明显提高。

(2) 人口发展战略

在实施可持续发展战略中，我国人口发展战略是“控制人口数量，提高人口素质，开发人力资源”。

(3) 我国人口问题对策

我国人口众多，贫困人口比例大；人均资源占有量较少；环境容量狭小，环境负荷大；人口庞大造成教育、就业紧张，社会不安定因素增加。人口问题始终是制约我国全面协调可持续发展的重大问题，是影响经济社会发展的关键因素。多年来，我国围绕“控制人口数量，提高人口素质”这个总方针采取了一系列措施。控制人口数量是解决我国人口问题的前提。1972年，国家确定了“计划生育”这项基本国策，经过30多年的实施，人口的自然增长率持续下降，使全国少生了4亿多人，提前实现了人口再生产类型的历史性转变，有效地缓解了人口对资源、环境的压力，有力地促进了经济发展和社会进步。

在控制人口数量增长的前提下，提高人口素质是解决我国人口问题的关键。只有全面提高了人口素质，才能在利用自然、改造自然中，遵循客观发展规律，在自然规律及经济规律指导下，合理地利用资源，保护环境，保证生态环境的良性发展，才能使可持续发展战略真正落到实处，人们才能自觉地树立正确的人口观、资源观和环境观，才能够更加自觉地实行计划生育，控制人口增长。

四、人口增长对环境的影响

目前，人们还不能确切地回答地球到底能养活多少人，但有一点很明确，那就是地球承载人口的能力是有限度的。如果人口无限地增长下去，众多人口将导致自然资源耗竭和生态环境破坏。当前，许多发展中国家生态环境破坏程度远比发达国家大，其中主要原因之一是人口压力过大。

人口增长对环境的压力主要表现在两个方面：一是表现为对自然资源的过度开发利用，造成自然生态系统的破坏；二是人口增长造成环境的污染。

(1) 人口增长对土地资源的压力

由于人口增长，工业、城市、交通占地不断增加，耕地面积不断减少，与此同时，人们对粮食的需求量也日益增加。人口增长使得人口与耕地矛盾尖锐化。这种矛盾具体表现在：①人口增加，人均耕地日趋减少；② 建筑及工业占用土地使耕地不断减少；③ 为保证粮食供应，施用大量化肥和农药，或开垦荒地以扩大耕地面积等，但这些措施都可能以破坏环境为代价，造成土地退化、沙漠化、盐碱化等。

(2) 人口增长对森林资源的影响

森林生态系统是陆地生态系统的中心，在涵养水源、保持水土、调节气候、繁衍物种、动物栖息等方面起着不可替代的作用；它还为人类提供丰富的林木资源，支持着以林产品为基础的庞大的工业部门。森林的生态价值较其经济价值更大，人们把森林比作“大自然的总调度室”、“地球之肺”。

人口的过度增长势必加剧毁林造田、毁林盖房等活动，加上人口增长推动经济建设的需要，诱发了过量采伐，致使越来越多的森林资源受到破坏。由此带来一系列严重后果，如生态系统恶化、环境质量下降、水土流失、土地沙化、洪涝自然灾害加剧以及全球温室效应加剧等；而水土流失可能引起土壤荒漠化，加剧水土流失，造成生态环境恶性循环。

(3) 人口增长对能源的影响

人口增长使能源供应紧张，加速对煤、石油、天然气等化石燃料的开采利用，缩短化石燃料耗竭时间。近年来，随人口增长和消费水平提高，能源消耗量迅猛增加，在能源可能于短时期内趋于枯竭的同时，还会使环境污染问题加重，如燃烧过程释放出大量 CO_2，造成温室效应，使全球气候变暖加剧等。国际能源机构在 2007 年 11 月 7 日公布的《2007 年世界能源展望》报告中指出，如不采取措施限制能源消耗，未来 20 多年内世界能源消耗量将剧增 55%，这将给环境带来严重后果。

(4) 人口增长对野生生物资源的影响

随着人口激增和经济发展，人类大规模地进行毁林开荒、焚草种地、围湖造田、滥伐森林、向荒野和滩涂进军等活动，兴建大批水利工程、交通设施和开发区，一方面侵占和破坏了野生生物栖息地，许多珍贵物种生存环境缩小；另一方面人口增加对生物资源需求量增加，过度开发利用，导致生物多样性丧失。

(5) 人口增长对气候的影响

人口增长和工农业发展使排入大气的 CO_2、NO_x、CH_4 等温室气体增加，温室效应加剧;同时,森林、草原等绿地减少,也会加剧温室效应。

(6) 人口增长对城市环境的影响

随着人口激增,城市人口密度加大,城市生产和生活中排放大量废水、废气、废渣、噪声等造成环境污染日趋加重;同时,由于城市绿地面积缩小使城市环境自净能力下降,进一步加重了对环境的压力,引发了一系列城市环境问题,如“城市热岛”、“城市荒漠”等。

五、地球人口环境容量

人口环境容量,或称为地球环境对人口的承载能力,是指一定的生态环境条件下地球对人口的最大抚养能力或负荷能力。国际人口生态学界将世界人口容量定义为:在不损害生物圈或不耗尽可合理利用的不可更新资源条件下,世界资源在长期稳定状态下所能供养人口数量大小。该定义强调了人口数量是以不破坏生态环境平衡与稳定,并保证环境资源永续利用为前提。

从生态学角度分析,地球上的植物总产量可养活 7534 亿人。但由于以植物为食的不仅有人类,其他各种动物也都是直接或间接地以植物为食;还有许多植物和动物是不能供人类食用的;此外,人不是全部将食物作为直接的食物。在食物链中,能量每经过一个营养级就要剧烈减少。因而,据估计,人类只能获得植物总产量的 1%,即只能养活约 75 亿人。美国人口学家科恩(Joel E. Cohen)于 1996 年出版了专著《地球能养活多少人》,书中对人类近 400 年来对地球承载力的研究进行了总结。对地球承载力的研究,不同学者的观点和结论存在极大差异,从最低的不足 10 亿人到最高的超过 1 万亿人不等,多数学者认为地球只能养活 100 亿人左右。

许多学者对中国人口环境容量问题做过研究,马寅初早在 1957 年就提出中国最适宜的人口数量为 7 亿～8 亿人;1981 年宋健等得出中国适度人口应不超过 7 亿人,并把 7 亿人作为中国人口发展的最终目标和最佳方案。曲格平与李金昌在 1992 年合著的《中国人口与环境》一书中指出“中国最适人口数量为 7 亿人,最大(极限)人口数量为 16 亿人左右,超过这个数量,就会发生全面崩溃”。我国人口问题科学家在第三次全国人口科学讨论会上提出,经估计的中国资源所能承载的合理人口数为 7 亿～10 亿人。

第三节 城市环境

城市是人类社会发展到一定历史阶段的产物。随着经济技术的高速发展,城市数量猛增,城市规模日益壮大,不仅出现上千万人口的大都市,而且还向城市群、城市带以及国际性大都市发展。世界范围内的快速城市化,引起了一系列城市生态环境问题，如人口膨胀、资源短缺、能源匮乏、交通堵塞、建筑密度过高、居住质量低劣、环境恶化等。

一、城市的形成与发展

（一）城市的形成

城市是人类社会发展到一定阶段、生产力发展到一定水平的产物。城市是“人口密集、工商业发达的地方”，它是一个多功能的综合体，是人类政治、经济和精神生活的中心。城市的出现是人类文明的一大进步，城市的发展对促进人类文明发展起着重要意义。人类历史上最早的城市出现在公元前3000年左右，即从原始社会向奴隶社会过渡时期，是人类社会的第二次劳动大分工的产物。

城市的主要特征为：①是非农业人口集中区域；②是一定区域的政治、经济或文化中心；③是由多种建筑物组成的物质设施综合体。

（二）城市的发展

18世纪工业革命以来，工业化进程促进了生产力水平提高，加快了城市发展。建立在工业化基础上的经济发展是城市发展的根本动力。当今世界各国的经济发展与城市化进程是同步进行的。

18世纪工业革命以前的城市，由于生产力水平较低，能提供给城市的农产品数量有限。在此阶段，城市数量少，城市规模总体较小，城市人口在总人口中的比重也较小。当时的城市主要集中在灌溉农业发达的地区，如两河流域、古巴比伦、尼罗河沿岸及我国黄河流域等地区；当时的城市职能主要是行政、宗教、商业或军事中心。随着资产阶级产业革命成功、蒸汽机的发明、燃料能源的发展，城市的经济功能发挥出越来越大的作用，社会生产力提高到前所未有的水平，大批农民涌入城市，使城市人口和规模以前所未有的速度增长，城市功能不断扩展。第二次世界大战以后，世界城市发展到了新的高度，并呈现出新的特征：一是城市人口比重不断提高；二是大城市不断涌现，不仅出现了百万人口以上的大城市，人口超过千万的超级大城市也出现了，如东京、墨西哥城等。有些城市互相连接，成为规模巨大的城市群或城市带。历史上城市发展的几个阶段及其特点如表3-4所示。

表3-4 城市发展的几个阶段及其特点

阶 段	时 间	特 点
第一阶段	18世纪产业革命以前	农业是社会经济的基础，城市数量少，规模较小，功能较单一
第二阶段	产业革命以后	大机器工业逐步取代手工业，城市数量增加，规模扩大，功能扩展
第三阶段	第二次世界大战以后	出现百万以上人口的特大城市和大城市带，还有科学城、大学城和旅游城市等专业化城市

二、城市化及其进程

（一）城市化

城市化(urbanization)一般是指农业人口转化为非农业人口、农村地区转化为城市地区、农业活动转化为非农业活动的过程。简单地说，就是城市人口不断增加和城市用地不断扩大，从而使城市数目不断增加、城市人口比重不断提高。城市化的主要标志为：① 城市人口增加；② 城市用地规模扩大；③ 城市人口在总人口中的比重上升。在城市化的三个主要标志中，城市人口占总人口中的比重通常被用来衡量一个国家或地区城市化水平的高低，而城市的人口和用地规模则反映城市的发展是否合理。

（二）世界城市化的进程

世界城市化的进程大致可分为三个阶段，不同发展阶段具有不同特征。

1）初级阶段：工农业生产水平较低，城市化发展缓慢，城市化水平较低，一般认为该阶段的城市化水平低于30%。

2）加速阶段：工业基础已较为雄厚，农业劳动生产力大幅提高，工业快速发展能够为大批农业剩余劳动力提供就业机会，城市化进入快速发展阶段，该阶段的城市化水平从30%增长到60%～70%，增长迅速，此阶段容易出现交通拥挤、住房紧张、环境恶化等城市问题。世界城市化发展规律表明，当城市化水平达到30%、人均GDP达到800美元时，城市化进入加速发展阶段。

3）后期阶段(稳定阶段)：城市化水平高于70%，农业人口比重已不大，农业生产必须维持社会所需规模，城市化进程将出现停滞或略有下降趋势，局部地区出现“逆城市化现象”；该阶段城市化进程的主要特征是提升品质而不是追求速度。

目前，世界的城市化水平已超过50%，有些发达国家高达80%以上，城市化已成为当今世界发展的必然趋势。

（三）中国城市化的发展历程

自新中国成立以来，我国城市化发展历程经历了三个时期：

1）1949～1957年，是我国城市化正常发展时期。城市化水平从1949年的10.6%上升到1957年的15.4%。

2）1958～1978年，是我国城市化大起大落时期。城市化水平从1957年的15.4%猛增到1959年的19.8%，而后又回落到1961年的18.0%，其后长期徘徊在17.0%左右。

3）改革开放以来，是我国城市化稳步增长时期。城市化水平从1978年的

18%上升到1990年的26%，年均增长0.7%；然后上升到2000年的36%、2005年的42.99%、2006年的43.9%。2007年的44.9%。进入21世纪以来，我国城市化水平平均每年上升1%以上。

三、城市化进程中产生的生态环境问题

随着城市化的发展，城市人口急剧膨胀，产生了一系列严重的生态环境问题。这些问题不仅影响居民的生存质量，也严重地限制着社会经济的进一步发展。

（一）自然生态环境遭到破坏

城市化的发展不可避免地在一定程度上影响了自然生态环境。一方面，城市化确实使人类为自身创造了方便、舒适的生活条件，满足了人类的生存、享受和发展上的需要；另一方面，城市化造成了自然生态环境的减少和破坏并将引起一系列城市环境问题。另外，人类在享受着现代文明的同时，却抑制了绿色植物、动物和其他生物的生存和发展。人类将自己圈在了自身创造的人工化的城市里与自然生态环境长期隔离，加之城市规模大，人口集中，其结果是许多“文明”病相继发生，如中年肥胖病、心血管病、高血压病、呼吸系统疾病、癌症等。

（二）城市环境污染严重

工业生产排放的大量污染物以及城市交通、生活所产生的废气、废水、废渣等超过了城市环境自净能力，导致水体污染严重、空气质量下降、噪声污染和垃圾围城的困境；建筑稠密、缺乏绿地和新鲜空气，则加剧了城市生态环境的恶化，造成了现代城市日益突出的四大环境公害问题（废气、废水、固体废弃物和噪声污染）。此外，光污染、视觉污染、电磁波污染、热污染等现代都市新公害也日益困扰人们的生活，导致城市生存环境质量恶化。

（三）城市“五岛效应”

人类活动对气候的影响在城市中表现得最为显著。设在城区和其周围郊区的气象站同时间观测资料表明，城市气候与郊区相比，有“热岛”、“干岛”、“湿岛”、“混浊岛”和“雨岛”等“五岛”效应，其中以“热岛效应”和“混浊岛效应”最为严重。

（1）“城市热岛”

“城市热岛”效应是指城市气温高于郊区的现象，其强度以城市平均气温与郊区平均气温之差来表示。一般大城市年平均气温较郊区高0.5～1℃；冬季平均最低气温高1～2℃，城市中心区气温通常比郊区高2～3℃，最大可相差5℃。当城市上空大气的风速很弱或静风时，大气层中的热气流都聚集在逆温层之下，像保温层一样包围在城市上空，使城市气温高于四周，形成热岛。热岛效应使污染物不易

向更大范围扩散,并把城区边缘工业区的污染物汇集到中心区,在城市上空形成污染物幕罩,使城区大气质量恶化。形成热岛效应的主要原因为:① 城市密集的生产和生活活动散发巨额热量;② 自然地表被水泥、沥青、硅石等人工表面所代替,吸热导热好,保水性差,散热慢;③ 建筑物稠密,风速小,热量不易扩散;④ 大气污染物(如温室气体、尘埃等)在城市上空形成幕罩,使热量不易扩散。

(2)"城市干岛"和"城市湿岛"

"城市干岛"效应是指城市水汽压的平均值低于同时期周围郊区平均水汽压的现象。"城市湿岛"效应是指城区平均水汽压高于同时期的郊区平均水汽压的现象。"干岛"和"湿岛"现象的形成,与下垫面因素和天气条件密切相关。在白天太阳照射下,城区下垫面通过蒸散过程而进入低层空气中的水汽量小于郊区,特别是在盛夏季节,郊区农作物生长茂密,城、郊之间自然蒸散量的差值更大,导致城区近地面的水汽压小于郊区,形成"城市干岛"。夜晚风速减小,郊区气温下降快,饱和水汽压减低,大量水汽在地表凝结成露水,存留于低层空气中的水汽量少,水汽压迅速降低;而城区因热岛效应气温较高,水汽凝结少。城区近地面的水汽压反而高于郊区,出现"城市湿岛"。日出后因郊区气温升高,露水蒸发,很快又转变成"城市干岛",在城市干岛和湿岛出现时必伴有"城市热岛"。

(3) 城市雨岛

城市对降水的影响问题,国际上存在着不少争论。美国曾在其中部平原密苏里州的圣路易斯城及其附近郊区设置了稠密的雨量观测网,运用先进技术进行持续5年的观测研究,证实了城市及其下风方向的降水量明显高于郊区,出现"城市雨岛"效应。"城市雨岛"效应会使城市降雨的次数较城市化前增加10%~20%。另外,暴雨和冰雹的次数也会大幅增加。

(4) 城市浑浊岛

"城市浑浊岛"指由于城市工业生产、交通运输和居民炉灶等排放出的烟尘污染物较郊区多,造成城区低云量多于附近郊区,使得城市的散射辐射较郊区强,直接辐射较郊区弱,大气浑浊度显著大于郊区的现象。

城市的"五岛"效应是人类在城市化进程中对城市气候所产生的影响,可通过一定的人为措施有意识地改善城市气候条件,如加强城市绿化、调整能源结构、合理规划城市建设、控制大气污染等。

(四) 城市基础设施建设滞后

随着城市人口增多,人均占地面积和人均道路面积不断缩小,城市基础设施建设滞后,人类的生产、生活活动的需求超过了市政设施的承受能力,交通阻塞、交通事故频繁发生,城市交通问题困扰城市发展已日趋明显;此外,建筑稠密、住房拥挤使城市居民的生活环境质量恶化。

(五) 城市供水紧张

随着城市经济的不断增长和人口的增加,城市用水需求量日益加大,造成城市供水紧张,不少城市目前水资源开采量已超过可供水量;而城市的发展加重了水体污染,降低了水的使用价值,进一步威胁城市的用水安全,使水资源更为短缺。水资源缺乏已成为全世界城市的普遍问题,大多数城市已成为"水荒之城"。水资源不足所产生的"水量危机"和由于水污染导致的"水质危机"而构成的"水危机"已成为推进工业化与城市化的最严重的限制因子之一。地表水供应不足而大量抽取地下水,导致城市地下水位逐年下降,出现大面积漏斗区,引起地面下沉。

四、城市生态系统

(一) 城市生态系统的概念

城市生态系统是城市居民与其周围环境相互作用而形成的一种特殊的人工生态系统,是人们创造的自然-经济-社会复合系统。它是人类在改造和适应自然环境的基础上建立起来的特殊的人工生态系统,严格地讲,城市生态系统并不是一个完整的、自我稳定的生态系统。城市生态系统由自然生态系统、经济生态系统和社会生态系统三大子系统组成。自然系统包括城市居民赖以生存的基本物质环境,如阳光、空气、淡水、土地、动物、植物、微生物、城市地貌、水温、气候等;经济系统包括生产、分配、流通和消费的各个环节;社会系统涉及城市居民社会、经济及文化活动的各个方面,主要表现为人与人之间、个人与集体之间以及集体与集体之间的各种关系。这三大系统之间通过高度密集的物质流、能量流和信息流相互联系,其中人类的管理和决策起着决定性的调控作用。

(二) 城市生态系统的特点

城市生态系统是在自然生态系统基础上建立起来的人工生态系统,具有不同于自然生态系统的突出特点。

(1) 城市生态系统是人类起主导作用的生态系统

人是城市生态系统的主体,系统内人口密度高,其他生物种类和数量很少。在城市生态系统中,主要生产者实际上已从绿色植物转化为从事经济生产的人类,而消费者也是人类,人类已成为生产者与消费者两者为一体的特殊生物物种了。城市中的一切设施都是人制造的,人类活动对城市生态系统的发展起着重要的支配作用,从某种意义上说,人类主宰着城市生态系统的发展。而自然生态系统则是以绿色植物为中心。自然生态系统中作为生产者的绿色植物,在城市生态系统中不仅数量少,其作用也发生了变化。城市中的绿色植物,其主要功能已不是向城市居民提供食物,而是起到美化景观、消除污染、调节气候和净化空气等作用。由于系统内的植食产量不能满足当地消费者的粮食需要，必须从城市生态系统以外输入，即城市生态系统的维护完全依赖于城市以外的其他系统，因而是不稳定的系统。

(2) 城市生态系统是物质和能量流通量大、运转快、高度开放的生态系统

城市生态系统中人口密集，城市居民所需要的绝大部分食物要从其他生态系统人为地输入；城市中的工业、建筑业、交通等需要的大量物质和能量也必须从城市生态系统以外输入，且迅速地转化成各种产品。城市居民的生产和生活产生大量的废物，绝大部分不能靠城市中自然系统的净化能力自然净化和分解，如果不及时进行人工处理，就会造成环境污染。由此可见，城市生态系统不论在能量上还是在物质上，都是一个高度开放的生态系统，必须从外部输入能量，同时也有大量废物输出。这种高度的开放性又导致其对其他生态系统具有高度的依赖性，同时对其他生态系统产生强烈干扰。自然生态系统则不具有这种依赖性，它们在物质上可以自给自足，维持相对稳定。

(3) 城市生态系统的营养结构简单，自我调节能力弱

城市生态系统的营养结构简单，生产者少，消费者主要是人，分解者的活动受到抑制，系统的自动调节能力弱，对环境污染物的自净能力不如自然生态系统，易出现大气污染、水污染、固体废物污染和噪声污染等环境污染问题。

五、保护和改善城市生态环境的措施

在城市化迅速发展的同时，应该重视城市生态环境建设，改善城市功能，美化城市环境，不断改善人类生存和居住条件，并运用法律、经济、技术和教育等手段，保护城市生态环境，促进城市生态系统的良性循环。

(1) 加强城市生态环境规划

缺乏科学规划和合理布局是城市生态环境问题日趋严重的原因之一。合理的城市规划，特别是城市工业的合理布局，对保护城市生态环境具有关键性的作用。因此，应把城市生态环境规划纳入到城市总体规划中，城市规划与设计要把生态学和工程学结合起来，对工业布局、住宅设计、道路设计、郊区风景区和公园绿地等全面考虑，合理安排，以促进环境与社会、经济的协调发展。城市规划时应考虑无污染的小工业可布置在城区，有轻度污染的工业应布置在城市边缘或近郊区，有严重污染的工业应布置在远离城市的郊区，并处于主导风向的下方或流经城市的河流的下游；高层建筑则位于市中心，有利于充分采光和污染物的扩散。

(2) 加强城市生态环境管理

要采取各种法律手段和经济手段，严格控制和治理城市环境公害，优化产业结构，采取污染预防措施，严格控制新的污染源；调整能源结构，开发清洁能源，改革工艺设备，实现清洁生产，逐步使城市污染物的排放总量达到“零排放”，从源头上

解决城市环境问题，改善城市生态环境质量。

(3) 加强基础设施建设

加强城市基础设施建设，优化城市生态系统结构，完善城市功能，使城市的基础设施建设与经济建设、人民生活需要相适应。大力改善城市居民的住房和交通状况，创造一个良好的城市生活环境条件，促进城市的可持续发展。

(4) 合理调控城市人口数量

随着城市化进程加快，城市人口激增，人口发展规模与城市建设规模不相适应，给经济、社会、资源、环境造成了很大压力。城市人口容量主要受到城市基础设施承载量的限制。因此，一方面，应加强城市基础建设和环境保护设施建设，提高城市的人口容量；另一方面，应制定合理的人口发展战略和人口调控政策，以促进人口规模和城市人口容量的协调。

从世界范围看，为解决城市人口和工业过分集中的问题，可在大城市周围建设卫星城或新城。例如，伦敦、巴黎、布宜诺斯艾利斯等大城市周围都有几个卫星城，北京市也在城区的四周建立了一批卫星城镇(大兴、昌平、通州等)，将城市人口和工业、资金与技术移向卫星城，以减少市区的压力。

(5) 扩大城市绿地

城市绿地具有改善生态环境的功能。城市绿地除了给人美的享受外，还具有吸收有害气体、造氧、净化空气、减弱噪声、杀菌、调节小气候和涵养水源等功能。

(6) 开展环境教育

通过各种宣传和教育手段提高居民的环境意识，使人们了解城市生态环境问题的复杂性和严重性，激发人们对城市生态环境保护的责任感；在城市居民中提倡绿色消费，推行环境友好的生活习惯和生活方式，为改善城市环境作贡献。

六、生态城市及其建设

伴随着工业化，人类的生存空间正在发生严重的恶化，城镇凸显，乡村消失。人们发现，城市居民们还没有来得及体验由乡村文明进入城市文明带来的喜悦，就开始感受到城市化后的阵阵“伤痛”：水电紧张、地价飞涨、交通阻塞、噪声、废水、废气、垃圾。进入21世纪，面对世界日益严重的城市化问题，生态城市建设成为世界城市发展的必然选择。

(一) 生态城市的内涵

“生态城市”(ecopolis或ecocity)是在20世纪70年代联合国教科文组织发起的“人与生物圈”(MAB)计划研究过程中提出的一个概念，这种崭新的城市发展模式一经提出就受到全球的广泛关注。国内外学者对“生态城市”做了大量研究，但目前仍没有公认统一的定义。目前，国内最权威并进入百科全书和许多教科书的定义是：按生态学原理建立起来的一类社会、经济、自然协调发展，物质、能量、信息高效利用，生态良性循环的人类聚居地。不同学科都从各自的角度提出未来城市发展的模式，如"绿色城市"、"健康城市"、"园林城市"、"山水城市"、"环保模范城市"、"文明城市"、"生态城市"、"花园城市"、"卫生城市"等。这些概念之间有一定联系，但又有一定的差别。目前，国内外许多城市把生态城市作为城市发展的目标，如国外的法兰克福市、罗马市、莫斯科市、华盛顿市、悉尼市等，又如国内的大连、厦门、杭州、苏州、威海等。随着社会经济和科技的发展，生态城市的内涵将不断得到充实和完善。与传统城市相比，生态城市具有和谐性、高效性、可持续性、整体性、区域性等特点。

（二）生态城市建设的内容与手段

2002 年 8 月，"第五届国际生态城市大会"在深圳召开，会议通过了《生态城市建设的深圳宣言》(简称《深圳宣言》)，提出了 21 世纪城市发展的目标、生态城市的建设原则、评价与管理思想方法，这一宣言将对世界城市建设与发展以及人居环境的改善起到积极的指导作用。《深圳宣言》认为，生态城市是指生态健康、可持续发展的城市；生态城市应运用生态工程技术进行设计、规划和管理，建设一类高效的生态产业，使人们的需求和愿望得到满足，创建和谐的生态文化和功能整合的生态景观，实现自然、农业和人居环境的有机结合。《深圳宣言》阐述了建设生态城市的五个层面以及推动城市生态建设的九个行动。

(1) 生态城市建设的内容

《深圳宣言》提出，建设生态城市应包括生态安全、生态卫生、生态产业代谢、生态景观整合、生态意识培养等五个层面。生态安全主要是指一种保障体系，包括向所有居民提供洁净的空气、安全可靠的水、食物、住房和就业机会，以及市政服务设施和减灾防灾措施；生态卫生则需要通过高效率低成本的生态工程手段，对粪便、污水和垃圾进行处理和再生利用；生态产业代谢主要是指资源上的再生和利用，包括促进产业的生态转型，强化资源的再利用、产品的生命周期设计、可更新能源的开发及生态高效的运输，在保护资源和环境的同时，满足居民的生活需求；生态景观整合是指通过对开放空间(如公园、广场)、人工环境和街道桥梁等连接点和水路、城市轮廓线等自然要素的整合，在节约能源、资源，减少交通事故和空气污染的前提下，为所有居民提供便利的城市交通。同时，努力防止水环境恶化，减少"城市热岛"效应和对全球环境恶化的影响；生态意识培养也是非常重要的，需要帮助人们认识其在与自然关系中所处的位置和应负的环境责任，使人们尊重地方历史文化，改变传统的消费方式，增强自我调节的能力，以维持城市生态系统的高质量运行。

(2) 生态城市建设的手段

《深圳宣言》提出，为推动城市生态建设必须采取的行动包括通过合理的生态手段，为城市人口，特别是贫困人口提供安全的人居环境、安全的水源和有保障的土地使用权，以改善居民生活质量和保障人体健康；为扭转城市土地“摊大饼”式蔓延的趋势，要通过区域城乡生态规划等各种有效措施使耕地流失最小化；城市规划应以人为本，而不是以车为本，应将城市建成以安全步行和非机动交通为主的，具有高效、便捷和低成本的公共交通体系的生态城市；在城市设计中大力倡导节能、使用可更新能源、提高资源利用效率和物质的循环再生；为生态城市建设提供强有力的经济激励手段；制定切实可行的教育和再培训计划；在各级政府中设置生态城市建设和管理的专门机构；倡导和推进国际、城市间和社区间的合作，促进在发展中国家以及发达国家开展生态城市建设的实践和示范活动等。

第四节　经济与环境

一、人类活动的环境影响方程

任何经济活动都会给环境造成不同程度的影响。美国生态学家保罗·埃里奇(Paul R. Ehrlich)等最早提出了环境与发展的关系式，即著名的环境影响方程(IPAT 方程式)：

$$I = PAT$$

式中：I(impact)表示人类发展对资源环境的影响；P(population)表示人口总量；A(affluence)表示人均资源消耗程度或消费水平(可用人均 GDP 表示)；T(technology)表示提供消费品的各种技术对环境的破坏程度(可用单位 GDP 的环境影响表示)。

由 IPAT 方程式可知，人类发展对资源和环境等自然资本的影响主要受到人口增长、消费增长和技术能力的制约，可根据其状况和变化具体判断人类发展对环境的总体影响。其中第一项变量为人口数量，人口问题主要是社会问题，而不是技术问题，虽然各个国家和各种文化对人口问题的政策不尽相同，但世界人口增长趋势明显。第二项变量为消费水平(生活水平)，尽管各国的发展程度不同，但生活水平都在逐渐改善。第三项变量为单位 GDP 的环境影响，该项基本上是一个技术问题，但同时又受到经济发展水平和社会因素的影响。在 IPAT 方程式中，只要人口、消费、技术三个因子中的任何一个下降，且其他因子不上升抵消下降因子影响，就可使社会对环境的影响下降。

二、环境库兹涅茨曲线

美国著名经济学家、1971 年诺贝尔经济学奖得主西蒙·史密斯·库兹涅茨

(Simon Smith Kuznets)在 1955 年提出了收入分配状况随经济发展过程而变化的曲线——倒 U 形曲线(inverted U curve),又称为"库兹涅茨曲线"(Kuznets curve, KC 曲线)。倒 U 形曲线表明,人均收入的差异具有随着经济增长表现出先逐渐加大后逐渐缩小的规律。在经济发展过程开始的时候,尤其是在国民人均收入从最低上升到中等水平时,收入分配状况先趋于恶化,继而随着经济发展,逐步改善,最后达到比较公平的收入分配状况,呈倒 U 形。1991 年,美国经济学家 Grossman 和 Kreuger 将用于描述收入不均等程度与发展阶段关系的库兹涅茨曲线应用于环境问题,提出了用于描述经济增长与环境质量之间关系的环境库兹涅茨曲线(environmental Kuznets curve,EKC 曲线)。

EKC 曲线假设:当一个国家经济发展水平较低的时候,环境污染的程度较轻,但随着人均收入增加,环境污染由低趋高,环境恶化程度随经济增长而加剧;当经济发展达一定水平后,即到达某个临界点或称"拐点"后,随着人均收入的进一步增加,环境污染又由高趋低,其环境污染程度逐渐减缓,环境质量逐渐得到改善。也就是说,经济增长与环境质量之间的关系就像反映经济增长与收入分配之间关系的库兹涅茨曲线那样,也呈现倒 U 形曲线(图 3－1)。EKC 曲线的含义是指一个国家或一个地区的发展轨迹中,尤其是随着工业化进程中,环境质量退化和经济发展存在着如图 3－1 所示的倒 U 形曲线。通过对图 3－1 曲线进行分析可知,曲线的各部分反映了不同的工业发展阶段和不同的经济发展模式:

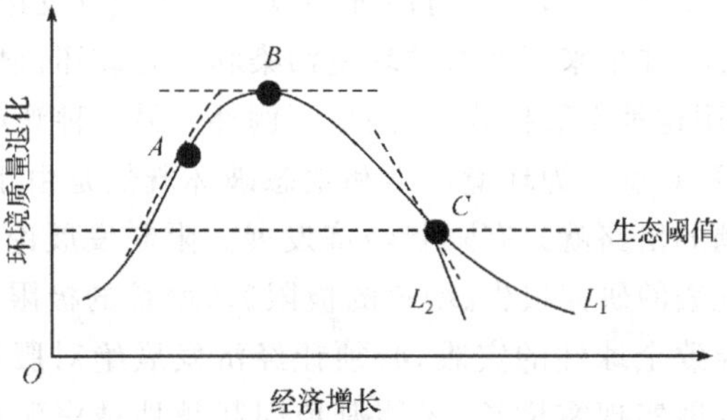

图 3－1 经济增长与环境质量的库兹涅茨曲线

1) A 点的斜率为 1,A 点左边任意一点的斜率均大于 1,说明环境污染的速率高于经济增长的速率,经济发展完全依赖于对自然资源的疯狂开采和对自然环境的污染破坏,即为线形经济——"耗竭式"发展——传统发展模式。

2) 图中的 AB 段曲线上的斜率均大于 0、小于 1。表明当人们意识到资源环境问题的严重性之后,为了避免环境恶化的趋势,开始重视环境污染的治理,但环境质量还继续退化,但其退化速率已经开始小于经济增长的速率,此阶段的环境问题尚未得到根本改变,即为"末端治理"模式——不可持续的发展模式。

3) B 点(曲线的拐点)的斜率为 0,BC 段曲线上的任意一点斜率都为负值,说明环境质量退化的速率小于经济增长的速率，即在经济发展的同时，环境质量逐步得到了改善。曲线上 C 点的斜率为 -1，该点的环境质量等于“生态阈值”（生态环境承载力）。曲线经过 C 点后，环境污染下降到环境自净能力的范围以内，之后有两种不同的走向：L_1 充分利用了环境的自我修复能力，经济增长对环境的影响逐步减小，实现了经济与资源环境的协调发展，即为循环经济——清洁生产——可持续发展模式。

EKC 曲线能较好地解释发达国家过去的发展历程。发达国家经历了“先污染，后治理”的发展道路，在发展早期也经历了环境恶化的阶段，随着经济发展到一定阶段后，环境质量得到逐步改善，随后开始步入可持续发展的阶段。

总体上看，我国目前仍处于 EKC 曲线的左半边，仍在以牺牲环境换取经济的发展，是不可持续的发展。环境趋于改善的拐点不会自动出现，我们不能躺在“环境库兹涅茨曲线”上等拐点，而应加快转变经济发展方式、采取更为严格的环保政策、发展循环经济、走可持续发展道路，使我国 EKC 曲线能够更加平缓地穿过拐点，到达曲线的右半部分，实现环境与经济的协调发展。

三、环境保护与经济发展的辩证关系

经济发展和环境保护是传统的社会发展模式中的一对深层次矛盾。关于环境保护与经济发展的关系，国际上曾出现过两种截然不同的观点：一种观点主张“先污染，后治理”，即先发展经济，然后再治理环境。一些经济发达国家过去走的就是这种经济优先的道路，并带来了严重的环境污染和生态破坏；很多发展中国家目前实际上还在继续采用这种发展模式，我国也不例外。另一种观点则强调环境保护，抑制经济发展。这种观点认为环境污染和生态破坏既然是由于经济、社会发展造成的，解决环境问题的出路就只有限制经济发展。限制发展论的著名代表是罗马俱乐部于 1972 年发表的研究报告《增长的极限》，《增长的极限》认为，一旦这种增长达到极限，就将导致全球性的灾难，必须让经济发展绝对服从于环境保护的需要，使人口和经济发展实现零增长，才能避免因超越地球资源极限而导致世界崩溃。并提出了“必须把经济增长限制到零”，即“零增长论”。上述两种观点显然都不妥当。“先污染，后治理”论，实际是只重视经济发展，而不顾环境保护，以牺牲环境为代价谋求经济的发展。而“零增长论”则忽视了人类社会的能动性。虽然两种观点完全相反，但本质上都是对环境利益与经济利益关系认识的失误，把经济发展与环境保护看成是互不相容的对立关系。

环境与经济的关系是既相互依赖又相互制约的辩证关系，主要表现为：

1）经济发展离不开环境资源的支持，但环境资源是有限的。环境作为经济发展的物质条件和基础，一方面可以直接支持和促进经济发展；另一方面也会在一定的时期制约经济发展方向、规模和速度。

2）在经济与环境的关系中，经济是矛盾的主要方面，起着主导作用。传统的发展模式是造成环境破坏的根源。只有转变经济增长方式，即提高资源的利用效率和转化效率，推行清洁生产，为环境保护提供技术支持，才能促进经济与环境协调发展。

可见，经济发展离不开环境与资源的支持，而环境保护又需要经济发展提供技术和资金，经济发展是解决环境问题的根本保障。因此，经济发展与环境保护相互联系、不可分割。正确的发展道路不是要停止经济发展，而是要确保经济增长建立在生态环境持续良好的基础上，实现可持续发展。目前，世界上越来越多的国家认识到传统发展模式的局限性，开始实施可持续发展战略。

四、工业发展模式

工业化以来，工业发展前后经历了三种模式。

（一）传统模式

工业生产的传统模式，即不顾环境的工业生产，自工业化初期至20世纪中叶，甚至现在我国一些乡镇企业仍在沿袭这种模式。所谓不顾环境的工业生产，即除了剧毒和能引起急性中毒的废料外，绝大部分工业废料均不加处理地直接排入环境，由环境充当“无偿清洁夫”的角色。传统模式是通过把资源持续不断变成废物来实现经济数量型增长的，以破坏生态环境为代价的“高投入、高消耗、高污染、高消费”的耗竭型发展模式。传统发展模式导致资源、能源消耗量不断增大，污染日益加剧，“环境公害”事件频发，不仅严重危及人类健康和生存，也制约着经济的健康发展。

（二）“末端治理”模式

20世纪60年代以来，为了减轻耗竭型经济发展给环境带来的压力，工业化国家纷纷制定了一系列的污染物控制和排放法规，规定各种污染物在环境中的最高允许浓度以及工业企业废物的最高允许排放标准；并通过各种方式和手段对生产过程末端的废物进行处理，这就是“末端治理”模式，也称为“污染控制”模式。“末端治理”模式可以减少工业污染物向环境的排放量，这一模式对于遏制工业污染的迅速扩展发挥了重要的作用，但在实践过程中也暴露出了不少缺点：①该模式很少涉及生产工艺的变更，不能从根本上消除污染；②很多情况下，末端治理设施投资较大，运行费用高，既额外消耗了资源，又难以获得经济回报，常成为企业的沉重负担；③末端处理过程本身要消耗资源、能源，并且也会产生二次污染，使污染在空间和时间上发生转移；④工业污染控制措施大多停留在企业生产过程的层次上，较少进入宏观决策层次，未能将环境因素作为政策制定、资源配置、产业结构、区域开发和生产力布局的依据和制约因素。因此，这种“末端治理”模式不符合可持续发展战略，不能从根本上解决环境问题。

(三) 清洁生产模式

对于传统发展模式和“末端治理”模式的分析批判，加快了解决环境污染问题新策略的诞生。20 世纪 70 年代，许多关于污染预防的概念(如“污染预防”、“废物最小化”、“减废技术”、“源削减”、“零排放技术”到“零废物生产”和“环境友好技术”等)相继问世，这些概念都可以认为是清洁生产概念提出的前身。

1989 年，UNEP 在总结工业污染防治概念和实践的基础上提出了清洁生产的名称，并正式推出了清洁生产的定义：“清洁生产是指对工艺和产品不断运用综合性的预防战略，以减少其对人体和环境的风险。”清洁生产着眼于污染预防，全面地考虑整个产品生命周期过程对环境的影响，最大限度地减少原料和能源的消耗，降低生产和服务的成本，提高资源和能源的利用效率，使其对环境的污染和危害降到最低。清洁生产是可持续发展战略引导下的一场新的工业革命，是 21 世纪工业生产发展的主要方向，推行清洁生产模式可使工业生产逐渐走上可持续发展的轨道。

第五节 社会与环境

从“人类-环境”系统的角度分析，环境与发展的关系就是人类的经济活动和社会行为与环境的关系。其中人类社会行为与环境的关系又包括政治与环境、国际关系与环境、法律与环境、军事与环境、贸易与环境、文化与环境、道德与环境等诸多方面的关系。

一、政治与环境

政治与环境的相互作用，首先表现为社会制度的作用。统治集团实行的经济发展战略和政策，以及所规定的经济目标和社会目标、社会结构和功能等对环境产生巨大作用。环境对政治不起决定作用，只起辅助性的反作用。但环境运动深入发展，环境保护甚至成为一个政治问题，如在许多国家建立了绿党——环境党。在西方许多发达国家，绿党作为一支重要的政治力量正在兴起。绿党是在强大的“环境保护运动”和“反核和平运动”中产生的，它以保护环境、维护生态平衡和反对核武器为纲领登上了政治舞台。绿党是当前欧美社会的一种社会思潮，他们以绿色为旗帜，以生态平衡为纲领，提出“生态社会主义”，建立“具有人道的和生态学的生活方式和生产方式”的“介于东西方之间”的经济制度。作为一种社会势力，绿党的兴起将会对西方国家政局产生影响。他们以保护和改善环境为纲领，寻求经济持久健全发展的道路，因而具有积极意义。

二、国际关系与环境

当今世界,环境问题已经成为与和平与发展问题并列的全球重大问题之一。随着经济全球化的推进及环境问题的全球化、复杂化、严重化,给国际政治关系提出了新的课题,国际政治、环境和外交相互影响、相互作用而表现的一种新的国际关系形式,称为环境政治和环境外交。

环境外交(environmental diplomacy)是指以主权国家为主体,通过正式代表国家的机构和人员的官方行为,运用谈判、交涉、缔约等外交方式,处理和调整环境领域国际关系的各种活动的总称。环境外交的主要内容包括寻求加强国际环境合作的方式、制定国际环境法规、履行国际环境公约和协定、处理国际环境纠纷和围绕资源而发生的领土与领海争端等。环境外交的另一层含义是指利用环境保护问题实现特定的政治目的或其他战略意图。环境外交是当今国际关系舞台上一个全新领域,其基础是国际环境关系,而国际环境关系又是国际关系的重要组成部分,是一国推行其环境外交政策、维护其环境权益、促进其经济和环境发展的重要手段;从维护全球基本生态环境这个基本目的出发处理国家间的环境纠纷,制定有关环境问题的国际公约,谋求环境问题的国际合作,最终建立全球环境新秩序为其主要任务。积极的环境外交可以改善一个国家的国际形象,扩大其在世界政治舞台上的影响。

(一) 现代环境外交的发展

涉及环境、资源问题的国与国之间的外交活动,可以追溯到几个世纪以前。早期的这类外交活动主要涉及国与国之间有关河流、湖泊、海洋、土地和生物资源的争端,并由此产生了一些早期的国际资源条约。早在 1804 年,法国与日耳曼帝国曾围绕莱茵河开展外交活动,并以条约形式创立了莱茵河委员会。当时人们并没有将这些与环境、资源有关的外交活动称为环境外交。现代环境外交活动与全球环境问题演变、国际环境保护活动、国际环境保护组织和国际环境法的发展有着十分密切的关系。现代环境外交经历了自发阶段、蓬勃发展阶段,目前开始进入稳定发展阶段,并不断呈现出新的时代特点。

1. 自发阶段(20 世纪初至 60 年代)

20 世纪初期,出现了一些围绕边界环境问题、动植物保护问题等方面所进行的双边或多边外交活动。第二次世界大战后,为了发展经济与争夺海洋资源和生物资源,各国有关环境外交活动逐步增多。20 世纪 50～60 年代涌现了第一次国际环境保护浪潮,新的环境国际组织纷纷成立,围绕环境问题的国际会议也开始增多,促使一些国家采取外交方式应付环境污染和资源危机问题,推动了一些国家环境外交活动的开展。从总体上看，这个时期的环境外交活动基本上处于自发阶段，发展过程较为缓慢，还谈不上对环境外交活动的有计划指导，更没有形成环境外交的理论和知识体系。环境外交的重点是与传统外交问题有关的一些区域性、应急性环境问题；环境外交中的保护对象较狭窄，主要是从本国利益出发或单纯为了维护本国利益而开展一些外交活动；参加环境外交的国家主要是西方工业发达国家，广大发展中国家还很少采取环境外交行为，也未重视环境外交工作。

2. 蓬勃发展阶段(1972～1992 年)

1972 年联合国人类环境会议召开至 1992 年联合国环境与发展大会召开的 20 年是环境外交蓬勃发展的时期。1972 年 6 月，在瑞典首都斯德哥尔摩召开的联合国人类环境会议，有 113 个国家和地区参加，此次会议首次将环境问题列入世界政治议程，是第一次全球规模的环境外交活动。会议审查并通过了《人类环境宣言》、《人类环境行动计划》和关于环境工作的四项决议。会议前后，富有特色的环境首脑外交、会议外交、条约外交、专家外交、民间外交相继迅速发展。1982 年 12 月 10 日，《联合国海洋法公约》在牙买加的蒙特哥湾召开了第三次联合国海洋法会议，这是又一次盛况空前的环境外交会议。会议期间，各国就公海生物资源保护、防止海洋污染、保护国际海底资源等问题进行了大量和广泛的环境外交活动。

1992 年 6 月，在里约热内卢召开的联合国环境与发展大会，将环境外交再次推向高潮。联合国环境与发展会议通过和签署了《里约环境与发展宣言》、《21 世纪议程》、《关于森林问题的原则声明》、《气候变化框架公约》、《生物多样性保护公约》等文件或公约；世界各国和各种国际组织为了通过大会达到各自的目的，开展了一系列规模空前的环境外交活动，中国和其他一些发展中国家在会议中表现得相当积极主动，形成了发展中国家与发达国家争夺、平分环境外交领导(或指导)权的态势，首次兴起了发展中国家的环境外交热。从总体上看，在此时期的环境外交基本形成，并展现了当代环境外交的特点和风貌。

3. 环境外交稳定发展时期(1992 年 6 月至今)

1992 年 6 月，自联合国环境与发展大会召开以来，许多国家已将环境保护纳入其外交政策，环境外交已经成为一个重要的外交领域。目前，参加国际环境外交的国家和国际组织日益增多，越来越多的发展中国家以其特有的风貌进入国际环境外交舞台。国际上已经建立了联合国环境规划署、联合国开发署、联合国可持续发展委员会、世界自然保护同盟等各种国际环境组织，这些国际组织已经成为指导、规划、推动、协调、组织各种环境外交活动与国际环境保护活动的中心和基地。许多国家的外交部建立了专门主管环境外交工作的机构，国家环境资源部门也已成为组织、从事环境外交活动的主要机构和力量。在我国，国务院外交部门和国务院环境保护行政主管部门同时积极介入环境外交活动，各自成立了主管环境外交事务的环境外交工作机构，并且相互配合协作，促进了环境外交活动的繁荣。

（二）中国的环境外交

我国作为人口与资源大国，在国际政治与环境舞台上扮演着重要角色。我国政府1972年组团参加了在斯德哥尔摩召开的联合国人类环境会议，标志着我国环境外交的开端。至今，我国已与30多个国家签署了双边环境保护合作协议或备忘录，加入了20多个国际环境公约。我国已签署了《联合国气候变化框架公约》、《京都议定书》、《生物多样性公约》、《联合国海洋公约》、《控制危险废物越境转移及其处置的巴塞尔公约》、《关于消耗臭氧层物质的蒙特利尔议定书》、《保护臭氧层维也纳公约》、《斯德哥尔摩公约》等一批极具影响的国际环境公约、协定书，并积极履约。

我国开展环境外交的战略方针是“积极参与，坚持原则，政策灵活，慎重签约”。我国环境外交的基本目的在于维护国家利益，同时促进我国经济建设和环境保护工作。为了在环境外交中更好地维护国家利益，我国政府制订了明确的环境外交原则，这些原则立场概括起来就是：经济发展必须与环境保护相协调；保护环境是全人类共同的任务，发达国家负有更大责任；加强环境领域的国际合作，要以尊重国家主权为基础；保护环境和发展经济离不开世界的和平与稳定；处理环境问题应当兼顾各国的现实利益和长远利益等。我国以积极的姿态参与全球环境外交活动，所提出的全球环境问题的原则立场逐渐为世界各国所认同，我国在世界环境外交舞台上的影响力也在不断提升。进入21世纪，各国在环境保护领域的交流与合作不断扩大，环境外交的领域和影响也逐步扩大、内容也日益丰富。

三、法律与环境

（一）环境保护需要法律制度的保障

环境保护不仅需要依靠先进的科学技术、先进的环境管理手段以及人们良好的环境道德意识，还需要有强有力的环境法律、法规作为保障。建立科学、完善的环境保护法律体系，对于解决环境问题，实现经济、社会与环境的可持续发展是必不可少的措施。

环境保护法律法规是一个国家进行环境管理的法律依据；是合理开发和利用环境资源、防治环境污染、保护环境质量的法律武器；是协调经济、社会发展和环境保护的调控手段；是保障人体健康、促进现代化建设的有力保障；也是处理国际环境关系、加强环境领域的国际合作、维护国家环境权益的重要工具。

（二）环境保护法律体系的发展与完善

环境保护法随着环境问题的产生而产生，并随着环境问题的发展而发展，环境保护形势的发展需要促使环境保护法律体系的不断发展与完善。

1. 发达国家环境法的发展

19世纪末至20世纪初，英、美、日等工业化国家针对水污染和大气污染相继颁布了大气、水污染防治法、河川法、矿业法等。

20世纪初至60年代，工业化国家频发震惊世界的环境公害事件，环境问题的日趋严重，以及国家加强环境管理的迫切需要，导致了环境立法的迅速发展，除水污染、大气污染防治法外，又制定了噪声防治、固体废物处置、放射性污染、农药污染防治、有毒化学品污染防治等环境保护专门法规。环境法的对象和范围扩大了。

20世纪70年代以来，在全球环境问题日益加剧的背景下，很多国家对环境实行更加全面、严格的管理，导致环境保护法迅速发展。环境法在许多国家已成为一个独立的法律部门；很多国家制定了综合性的环境保护法；环境立法的指导思想发生了根本转变，采取了以预防为主、综合防治的政策和措施；从污染防治扩大到整个自然环境的保护，加强了自然资源保护的立法；法律“生态化”的观点在国家立法中受到重视，民法、刑法、经济法、诉讼法等部门法中也渗透了环境保护的要求。

目前，环境保护法在许多国家已形成一个复杂的环境法体系，并成为一个独立的法律部门。环境立法的健全和完善，为各国环境的保护起到了促进和保障作用，使这些国家的环境得到较大改善。最早将环境保护写进宪法的瑞士，现已成为花园式国家；20世纪60年代环境公害频发的日本，由于其健全的环境立法，现已成为森林覆盖率达60%以上和环境污染得到较好控制的国家；曾经多次发生烟雾事件的雾都伦敦，自60～70年代以后再无烟雾致人患病死亡的报道；鱼类在泰晤士河绝迹100多年后也奇迹般地重返故里。

2. 国际环境保护法的发展

随着环境问题的全球化、严峻化，携手保护人类赖以生存的环境，已得到全世界的共识。为此，国际环境法得到了很大发展，诞生了一系列国际环境保护公约、条约、议定书。《联合国气候变化框架公约》、《京都议定书》、《生物多样性公约》、《关于消耗臭氧层物质的蒙特利尔议定书》、《保护臭氧层维也纳公约》、《联合国海洋法公约》、《巴塞尔公约》、《世界文化和自然遗产保护公约》、《斯德哥尔摩公约》等国际环境保护法在控制温室气体和臭氧层耗竭物质的排放、海洋污染防治、生物多样性保护、限制危险废物越境转移、自然生态保护及有毒化学品污染控制等领域发挥了重要作用。

3. 我国环境保护法的发展

我国的环境保护和环境保护立法起步均较晚。新中国成立后，环境问题未引起足够重视，虽然20世纪50～60年代相继颁布了《矿业暂行条例》、《国家建设征用土地办法》、《工厂安全卫生规程》、《水产资源繁殖保护暂行条例》、《水土保持暂行纲要》、《生活饮用水卫生规程》、《放射性工作卫生防护暂行规定》、《森林保护条例》、《矿产资源保护试行条例》等资源与环境保护法规，但这些法规较零散、杂乱，自然保护和污染防治之间缺乏有机联系，尚未形成完整的环境保护概念。

1973～1978年，我国制定了一系列的国家环境保护政策和规划纲要，并且在实践中形成了一些环境污染防治的制度或措施，如"三同时"制度、限期治理制度等。1978年我国颁布了经修改的《宪法》，第11条专门对环境保护做了如下规定："国家保护环境和自然资源，防止污染和其它公害"。环境保护首次被列入国家根本大法之中，为其他专门环境法律的制定奠定了宪法基础。

1978年，党的十一届三中全会召开，党的工作重点转移到社会主义现代化建设上来，环境保护问题也开始得到重视，环境法立法得到迅速发展。1979年颁布了我国环境保护基本法《环境保护法(试行)》，标志着中国环境法体系开始建立，这也是中国环境保护事业进入法制轨道的转折点。1982年，国家对《宪法》又做出修改，在宪法第26条有："国家保护和改善生活环境和生态环境，防治污染和其他公害。"20世纪80年代相继颁布了《海洋环境保护法》、《水污染防治法》、《大气污染防治法》、《环境噪声污染条例》、《野生动物保护法》、《水土保持法》及大量环境法规、规章和标准，为有效地防治环境污染提供了法律依据。在自然资源保护方面，颁布了《森林法》、《草原法》、《渔业法》、《矿产资源法》、《土地管理法》、《水法》等。1989年12月26日，《环境保护法》正式在全国颁布实施，标志着我国环境法律体系的建成和开始迈入完善阶段。到目前为止，我国已颁布了10多部环境保护法律、10多部自然资源管理法律、30多部环境保护与资源管理行政法规、30多部与可持续发展相关的其他法律和行政法规、395项各类国家环境污染标准、600多项地方环境保护和资源管理法规。我国的环境法经长期建设和发展已初步形成体系，在保护和改善环境、促进经济、社会和环境的协调发展方面发挥了重要作用。

四、军事行动与环境

随着人类社会的发展，战争——这个解决国际及国内社会各种冲突的极端形式出现了，因而战争对环境的影响也随之出现。除了民族、宗教等各种政治原因引发战争以外，争夺和保护环境资源是长期以来战争发生的重要诱因。20世纪以来，包括两次世界大战在内的成百上千次战争，几乎都与争夺领土、资源和市场有关。为争夺和保护环境资源而战，其结果又导致资源浪费、环境破坏。战争与环境的关系实质是人类与环境关系的一种体现，战争是人类作用于自然的多种方式之一。

（一）战争对环境的影响

战争中所使用的武器不仅直接破坏地球表面的土壤结构、污染水体和大气，而且还有大量包括核武器、生物武器和化学武器在内的具有较大规模杀伤性的武器将遗留在陆地和水域中，形成战后长期潜在的环境隐患。同时，战争造成的大面积生态破坏迫使居民背井离乡，产生大量环境难民。

1. 核武器对环境的影响

核武器爆炸时产生的冲击波、光辐射、核辐射、核电磁脉冲对生命及环境的瞬间毁灭令人震惊，而形成的放射性污染对环境的影响更为持久，有的甚至是不可修复的。

遭受核武器攻击或核试验的地区将变成一片废墟。人们至今仍未忘记第二次世界大战期间美国对日本广岛和长崎投放原子弹所带来的巨大毁灭性破坏，导致数十万人伤亡，整个城市化为废墟。1946 年，美国在比基尼岛的核试验使大面积地区遭受核辐射污染，致使该岛至今仍不适于居住。核武器特有的杀伤力、军事威慑力及其政治作用，使许多国家不惜一切代价致力于核武器的研制。核战争一旦爆发，后果不堪设想，对人类和环境的影响都将是毁灭性的，人类目前掌握的核武器完全可以摧毁整个地球，全球核战争的爆发有可能造成整个人类的最终毁灭。

2. 化学武器对环境的影响

化学武器价格低廉、杀伤力强、原料易得、制造也较核武器容易得多，所以称为“穷人的原子弹”。化学武器是在第一次世界大战期间逐渐发展起来的杀伤性武器。第一次世界大战中，法国人率先使用催泪瓦斯，随后芥子气、光气、氯气等毒气被各国用于战争。第二次世界大战中，化学武器被大规模地使用，造成了难以估计的人身伤害，大量农田和森林遭到严重破坏。抗日战争期间，日军对我军大肆使用毒气弹，日军还残忍地用毒气集体屠杀我国平民。美国在越南战争中，为了对付善于在丛林中作战的越南军队，美军用飞机向越南丛林中喷洒了大量落叶型除草剂，大肆进行地毯式轰炸，清除了遮天蔽日的树木。美军还利用这种除草剂毁掉了越南的水稻和其他农作物，使越南大面积的森林和植物惨遭毁坏，150 多万人中毒，3000 多人死亡。化学武器不仅可直接致人伤残或死亡，同时，还严重污染大气、土壤、水体环境，危害生态系统；战后遗留的化学武器对生态环境的长期潜在危害难以估量。

3. 生物武器对环境的影响

生物武器也称细菌武器，是将某些外来的有害微生物引入生物圈，使受污染地区在一定时期内，人和动物无法栖息，导致发病或死亡，也可大规模毁伤农作物和植物，从而削弱对方战斗力，破坏其战争潜力。生物武器具有致命性和传染性强、危害范围广、危害时间长、难以发现等特点。生物武器的污染范围较化学武器更大，往往会导致长期灾难性的环境后果。

第一次世界大战期间，德军曾利用马鼻疽、炭疽病菌，袭击英法联军军队的人员和马匹，开创了使用生物武器的先例。侵华日军从 1935 年起，在中国哈尔滨等地大规模研制细菌武器，在 1940～1942 年，向中国东北沿海、浙江、湖南等多个县市传播了鼠疫杆菌，引起鼠疫流行。美军在侵朝战争中，对朝鲜北部及中国东北某些地区，使用细菌武器数百次，给当地人民和环境造成巨大灾难。随着微生物学和有关科学技术的发展，新的致病微生物不断被发现，可能成为生物武器的种类也在不断增加。目前，已出现了新一代的生物武器——基因武器，美国研制的一种基因武器是在大肠杆菌的 DNA 分子上接入炭疽病基因制成。基因武器一旦用于军事目的，将给生态系统带来更大威胁。

世界著名科学家霍金说："从长远来看，我更担心的是生物武器。核武器的生产需要庞大的设备，而生物武器的制造在一个小实验室里就能完成。人们根本无法控制世界上所有的实验室。也许有意或无意之中，我们就制造了某种可能彻底毁灭人类的病毒。"这绝不是危言耸听，生物武器不仅使疾病在人群、畜群流行，造成大量的人畜死亡；还会对生态环境造成严重危害，使病菌在水体、大气、土壤等环境介质中广泛传播，毁坏农作物和动植物，危害生态系统健康。

4. 常规武器对环境的影响

随着技术的不断发展，常规武器对环境也构成了越来越大的威胁，因为现代战争中油库、炼油厂、化工厂、化学品库、核设施、弹药库等设施已成为精确打击的重要目标。在海湾战争、科索沃战争和阿富汗战争中，美军投下了上千万吨炸弹，重磅炸弹留下的弹坑改变了地表形态和地壳结构，引发了当地许多城市空前频繁的地震。贫铀弹爆炸产生的高温高压作用使放射性气溶胶和大量的有害气体（如二噁英等）在大气中呈高度分散飘逸状态，对环境和人畜造成严重危害。大量修建的、占地广阔的军事基地，对生物的自然分布造成严重影响；有的基地油污已经渗入地下十几米，严重破坏了周围植被、污染地下水。

5. 新概念武器将引发生态劫难

随着高新技术的不断发展，更可怕的、区别于现有常规武器的所谓新概念武器也正在大量研发中，其中有些已进入实战使用。有些新概念武器将大气、地壳、海洋、生物圈、天体或空间作为攻击目标，不但可形成洪水、热风暴、地震、海啸、火山爆发、严寒，甚至可以通过破坏敌方上空的臭氧层，使大量紫外线直射到地面，从而将地面上的全部生物烧死。更可怕的是基因武器的出现，倘若蔓延开来，将毁灭整个人类。可以想象，在未来战场这些“终极武器”一旦被使用，无疑对人类的生存环境是一场浩劫。

（二）恐怖活动对环境的影响

恐怖活动作为人类冲突的一种特殊表现形式，随着国际形势的变化，社会矛盾和政治冲突的发展，恐怖主义加剧发展，不仅对国际政治与安全造成影响，还对生态环境产生威胁。恐怖活动的方式主要包括袭击、劫持、破坏等。袭击，如爆炸、暗杀、自杀性袭击、生物、化学、核袭击、信息袭击、投毒和纵火等；劫持，如劫持人质、劫持飞机、劫持车辆等；破坏，如破坏交通枢纽等重要设施或系统等。其中生物袭击、化学袭击和核袭击等恐怖活动将严重危害生态环境的安全。

1. 化学恐怖事件对环境的影响

化学恐怖活动是指恐怖组织为了达到某种政治目的，以有毒有害化学品为手段的恐怖活动，是一种或几种有毒有害物质释放的突发事件，能在短期或较长时间内损害生命健康或危害环境。化学恐怖被看做是和平时期的化学战争，是仅次于化学战争的重大化学灾害源，对国家安全、人民生命安全和环境都构成了严重威胁。化学恐怖事件发生后，由于化学毒性的作用可引起人体皮肤、组织糜烂，呼吸困难，惊厥、昏迷甚至死亡，并可以破坏生态环境，使生物死亡、树木枯萎，而且在环境中残留，短时间内不易清除。1984 年，发生在印度博帕尔的有毒化学品泄漏事件虽然是一起意外事故，而非化学恐怖活动，但其突发性和危害后果类似于一起大规模的化学恐怖袭击。国际上典型的化学恐怖活动如 1992 年 3 月 28 日，在土耳其伊斯坦布尔的一个空军基地的饮用水槽中发现了含有致死浓度的氰化钠溶液，幸好及时发现才未造成人员伤亡。最为突出的化学恐怖事件是 1995 年日本奥姆真理教信徒制造的日本东京地铁沙林毒气事件。

2. 生物恐怖事件对环境的影响

生物恐怖是使用致病性微生物或毒素等作为恐怖袭击武器，通过一定的途径散布致病性细菌、病毒，造成烈性传染病的暴发、流行，导致人群失能和死亡，引发社会动荡。其使用方式包括散布细菌气溶胶、污染水源和食品、散布带菌昆虫等。例如，1990 年和 1993 年，日本奥姆真理教信徒在日本释放炭疽芽孢，由于他们使用的是日本当时用于动物免疫接种的疫苗株，而没有造成伤亡；1995 年该恐怖组织在东京等至少8个地方散布炭疽杆菌溶胶和肉毒素。又如,“9·11”事件后美国发现多起带有炭疽病毒粉末的邮件等。生物恐怖袭击不仅严重危害目标区域内人群的健康,造成巨大的人员伤亡和经济损失,而且对环境造成深远影响。生物恐怖事件所使用的病原体是毒素或有生命的生物体,袭击后对环境所造成的污染长时间内难以彻底消除。特别是病原微生物,大多数在自然环境下能迅速生长繁殖,在短时间里迅速扩展到很大的空间范围,对土壤、水体造成长期的潜在危害,受到生物病原体污染的环境可能成为使用禁区和疫源地,造成长远的巨大损失。

3. 核与辐射恐怖事件对环境的影响

核与辐射恐怖袭击事件是指通过威慑使用或实际使用能释放放射性物质的装置或通过威慑袭击或实际袭击核设施所引起放射性物质的释放,导致显著数量人群的心理影响、社会影响或一定数量的人员伤亡,从而破坏国家公务、民众生活、社会安定与经济发展等的恐怖事件。严重的核与辐射恐怖袭击一旦发生,其造成的环境影响与使用核武器造成的环境影响一样,将是持久性的,有的甚至是不可修复的。

五、贸易与环境

20世纪80年代以来,随着经济全球化、贸易自由化进程的加快,以及全球环境问题的日益严峻,由环境问题带来的贸易争端越来越多。同时,贸易对环境的影响也越来越大。贸易和环境问题逐渐引起各国的高度重视,国际贸易与环境保护的关系已经成为世界范围内最为热门的话题之一。

(一)贸易与环境的相互关系

贸易与环境之间之所以出现冲突与矛盾,是因为贸易与环境之间具有不可分割的内在联系。一方面环境是国际贸易的基础,使国际贸易得以存在并获得必要的资源;另一方面对于环境保护而言,自由贸易是一把双刃剑,对环境保护的同时产生正负两方面的影响。

1. 环境保护对国际贸易的影响

环境保护对国际贸易的影响主要指环境状况和环境政策对国际贸易的影响。环境是国际贸易得以存在的资源基础。环境保护既能够促进自由贸易的增长,也能够阻碍自由贸易的正常发展。一方面,环境是国际贸易正常进行的基础和必要条件,良好的环境为贸易的持续发展提供了基础。环境保护政策影响着国际贸易的内容和方式,促进各国制定环保政策、发展环保产业和开发环保产品;环境保护措施可导致对自由贸易的限制,可减少并控制有害环境产品或濒危动植物及其制品的进出口。另一方面,环境保护也可阻碍自由贸易的正常发展,严格的环境保护政策给国际贸易造成的障碍(即环境壁垒),已成为贸易摩擦的焦点。发达国家利用环保标准、环保标志和市场准入等条件作为贸易保护的借口,形成一种隐蔽性的“绿色贸易壁垒”,限制了发展中国家的许多产品出口,使发展中国家的贸易状况进一步恶化。

2. 国际贸易对环境保护的影响

国际贸易对环境保护也具有积极与消极两个方面的影响。从积极的影响方面看,自由贸易推动环保产品和服务的发展,从而推动全球绿色贸易,实现对环境的有效保护;自由贸易可加快经济落后国家的发展,从而提高国家治理污染的能力和保护环境的能力,改善环境状况;另外,国际贸易在经济活动的同时,也进行着思想文化的交流,使先进环保意识得以传播,增强各国的环保意识,有利于环境问题的改善。从消极的一面看,贸易自由化在一定程度上加剧了全球环境恶化。贸易自由化促进了经济活动规模的扩大,增加了对环境污染与资源破坏,加剧某些资源过度消耗,而出口国如果无法得到足够资金对开发地区进行适当补偿,将加重其环境压力;国际濒危动植物及其制品的国际贸易是加速这些物种灭绝的重要原因,其恶果是破坏了地球上的生物多样性。

(二) 绿色贸易壁垒

绿色贸易壁垒,也称环境壁垒或绿色壁垒,是指在国际贸易活动中,进口国以保护本国的自然资源、生态环境和人类健康为由,通过制定严格的环保技术标准,复杂的卫生检疫制度或采用绿色环境标志、绿色包装制度、绿色卫生检疫制度和绿色补贴制度等,阻止或限制某些外国商品进口的贸易措施。

绿色贸易壁垒作为一种非关税壁垒产生于20世纪80年代后期,90年代开始以其外在的合理性和内在的隐蔽性,成为发达国家广泛采用的一种贸易壁垒。绿色壁垒实质上是发达国家借环境保护之名,依赖其技术和环保水平,通过立法手段,制定严格的、强制性的技术标准和环境标准,将发展中国家的一些出口商品拒之门外。绿色壁垒具有名义上的合理性、形式上的合法性、手段上的隐蔽性、内容的广泛性及较强的技术性等特点。

在国际贸易中,绿色壁垒对发达国家来说是有利的;对发展中国家而言,则意味着更多的被动和不利。我国每年都有大量的出口商品因绿色壁垒而受阻。对于绿色壁垒,我们应该认识到,由于我国的经济基础薄弱、科学技术水平不高,加入世界贸易组织(WTO)以后,绿色壁垒对我国出口贸易的影响将在相当长的时期内表现出负面效应。因此,我国应采取积极政策应对绿色壁垒,灵活运用国际贸易组织的游戏规则,对抗那些不正当的绿色壁垒以保护本国的合法权利。在国际贸易中加强环境管理是世界贸易的发展趋势,正当的绿色壁垒有助于国际贸易实现可持续发展,有利于保护和改善环境。因此,绿色壁垒对于我们是压力与动力、挑战与机遇并存。

第六节 人与自然的协调发展

从史前文明到农业文明、工业文明,再到生态文明时代,人类在探索人与自然关系的道路上留下了艰难曲折的足迹。在人类社会的不断实践中,人与自然的关系经历了由原始的和谐到相互对抗,再到更高水平的和谐这样一个曲折的辩证发展过程。进入21世纪,全球可持续发展战略的实施,以及中国共产党提出的科学发展观,建设社会主义和谐社会与资源节约型、环境友好型社会等一系列新的政治理念的实施都离不开一个重要的主题,即构建人与自然的和谐关系。

一、人类社会可持续发展

可持续发展作为全人类追求的共同目标,要求人类不断地与自然生态系统相协调的同时,保持环境、经济和社会的可持续发展。可持续发展的理论核心紧紧围绕着两条主线:一是人与自然之间关系的和谐与协同进化;二是人与人之间关系的和谐,包括当代人之间与代际的和谐及公正。正如《我们共同的未来》所概括的:"从广义上来说,可持续发展战略旨在促进人类之间以及人类与自然之间的和谐。"人与自然的和谐,体现的是"环境与发展"这一主体,是实现经济与环境协调发展的必要条件;而人与人的和谐与公正,体现的是"社会发展"这一主体,是实现社会可持续发展的必要条件。由于可持续发展是基于经济增长导致的生态环境问题提出来的,其核心内容首先是经济与环境的协调发展。而经济与环境协调发展的实现,有赖于人与自然的协调发展,没有人与自然的协调发展,就不可能有经济与环境的协调发展,也就不可能实现社会的可持续发展。因此,在实施可持续发展战略中,人们需要在自然观上有一个重大的转变,即从人与自然的对立转变到人与自然的和谐。只有实现了人与自然的协调发展,才能促进经济、社会的可持续发展。

二、人与自然协调发展

实现人与自然的协调发展,要求人们在政治、经济、文化生活中实施一系列根本性的变革,要求建立新的发展方式、生活方式和价值观念。

(一) 建立生态价值观

走出生态环境的困境,实现人与自然的协调发展,不仅需要制度上和政策上的改变,需要法律约束,而更重要、更深入持久的是要运用道德的约束力,依靠扎根于内在的信念,运用道德的规范调节人们的行为,以人类发自于内心的自觉行为保证人与环境的共同协调发展，从而改变人类传统的不可持续的生产方式、消费方式和思维方式。从整体上转变人的传统观念和行为规范，也就是要形成新的道德观念，即生态价值观。生态价值观建立在新的生态道德基础上，认为“人类属于自然的一部分”，要求人类尊重自然规律，与自然和谐相处，而不是单纯地让自然只满足人类的需要，更不是征服和破坏自然；人类应尊重其他生命形式的价值和延续性，维护大自然的稳定性、完整性和多样性，在人-自然-社会之间建立起协调关系。

（二）推行清洁生产和发展循环经济

在发展方式上，必须抛弃工业革命以来的“高消耗、高污染、高消费”耗竭型的发展模式，通过科技进步，大力发展“绿色技术”，推行清洁生产，走“低消耗、低污染、高产出、低消费”的可持续发展之路；大力发展循环经济，最大限度地减少原料和能源的消耗，提高资源和能源的利用效率，把经济活动对自然环境的影响降低到尽可能小的范围，以实现人与自然的和谐发展。

（三）弘扬“绿色价值观”

在消费方式上，反对奢靡浪费，倡导有利于环境保护的“绿色生活方式”，追求俭朴、健康的“绿色消费”和“低碳生活”；在思想意识形态方面，传播“绿色文化”、弘扬“绿色价值观”。

（四）建立新的国民经济核算体系

建立新的国民经济核算体系，将资源和环境纳入国民经济核算中，即在GDP中扣除由于经济增长造成的自然资源消耗和生态环境破坏的直接经济损失，以及为恢复生态平衡、挽回资源损失而必须支付的经济投资。要完善市场经济体制，使各种资源的价格充分反映生态、资源和环境的真实成本，让污染者、资源开发、使用者承担环境与生态破坏的损失和资源耗竭的成本，从而减少资源浪费和对生态环境的破坏，构建资源节约型和环境友好型的社会经济体系。

人是自然界长期进化而来的，是自然界的产物，自然界为人类提供了生存的环境系统。我们不能只顾眼前利益而忽略与自然界的和谐相处，人类应自觉地调整自身的行为，正确认识和运用自然规律；抛弃狭隘的人类中心主义，尊重和善待自然；尊重地球上一切生命物种；尊重自然生态的和谐稳定。人类只有尊重自然规律、与自然和谐相处，才能逐渐步入一个更美好的新世界。

思考题

1. 人类文明的发展史有几个发展阶段？各发展阶段人类对待自然的态度如何？
2. 农业文明和工业文明发展导致的主要环境问题有哪些？

3. 2005年我国总人口数为13.0628亿人,要实现2010年将人口控制在14亿人的人口目标,那么,2005～2010年应将人口增长率控制在何水平?
4. 试分析人口增加对环境的影响。
5. 城市化进程产生的生态环境问题有哪些?保护和改善城市生态环境的措施有哪些?
6. 何谓环境影响方程?指出公式中各因子的含义,并分析作为一个消费者可做哪些事情以降低对环境的影响。
7. 浅析环境与发展的辩证关系。
8. 简述环境库兹涅茨(EKC)曲线的含义。结合我国当前环境形势,论述应推行何政策及措施使我国的EKC曲线平缓穿过拐点。
9. 何谓环境外交?简述现代环境外交的产生与发展历程。
10. 什么是绿色贸易壁垒?我国应采取哪些对策应对绿色贸易壁垒?

主要参考文献

艾伦比. 2005. 工业生态学——政策框架与实施(翻译版). 翁端译. 北京:清华大学出版社.

蔡守秋. 1999. 论环境外交的发展趋势和特点. 上海环境科学,(6):243-245.

陈冀胜. 2005. 反化学恐怖对策与技术. 北京:科学出版社.

丁金光. 2007. 国际环境外交,北京:中国社会科学出版社.

董建辉. 2003. 环境保护与可持续发展. 西安:西北大学出版社.

傅晓华. 2005. 论可持续发展系统的演化从原始文明到生态文明的系统学思考. 系统辩证学学报,13(3):96-99,104.

黄培堂,沈倍奋. 2005. 生物恐怖防御. 北京:科学出版社.

李玲,王瑾,王栩. 2004. 军事行动与环境保护. 中国环境管理,(4):21,22.

潘岳. 2006a. 社会主义与生态文明. 国有资产管理,(10):11,12.

潘岳. 2006b. 生态文明:延续人类生存的新文明. 中国新闻周刊,(37):51.

潘自强,叶常青,陈竹舟. 2005. 核与辐射恐怖事件管理. 北京:科学出版社.

乔刚. 2008. 生态价值观——人与自然协调发展的必然价值取向. 消费导刊,(9):15,16.

曲格平. 2006-09-29. 从"环境库兹涅茨曲线"说起. 中国环境报.

宋健,田雪原,于景元,等. 1981. 人口预测和人口控制. 北京:人民出版社.

夏治强. 1996. 战争对环境的影响(下). 现代军事论坛,(6):45-47.

杨士弘. 2004. 城市生态环境学. 2版. 北京:科学出版社.

杨小波,吴庆书. 2000. 城市生态学,北京:科学出版社.

于建. 2004. 城市气候中的"五岛"效应. 中学地理教学参考,(9):25.

于晓峰,李勇志,任庭光. 2002-06-05. 生物恐怖:21世纪国家安全的新威胁. 人民网. http://www.people.com.cn.

张海滨. 2008. 环境与国际关系——全球环境问题的理性思考. 上海:上海人民出版社.

Ehrlich P R, Holdrens J P. 1971. The impact of population growth . Science, 171:1212-1217.

Grossman G, Krueger A. 1991. Economic growth and the environment quality. Journal of Economics, 268:520-521.

第四章　环境污染与防治

第一节　环 境 污 染

环境污染是有害物质或有害因子进入环境并在环境中发生扩散、迁移、转化，并与生态系统诸要素发生作用，使生态系统的结构与功能发生变化，对人类以及其他生物的生存和发展产生不利影响的现象，简称污染。进入 20 世纪以来，随着科学技术的迅猛发展以及人口增加，人类开发利用自然资源能力不断提高、范围不断扩大，导致大规模的生态破坏和环境污染日益加剧。20 世纪 50～60 年代，发达国家相继发生的震惊世界的环境公害事件无不是环境污染的结果。

环境污染有不同类型，按环境要素可分为大气污染、水体污染和土壤污染等；按污染物的性质可分为生物污染、化学污染和物理污染；按污染物的形态可分为废气污染、废水污染、固体废物污染、噪声污染及辐射污染等；按污染产生的原因可分为生产污染和生活污染，生产污染又可分为工业污染、农业污染、交通污染等；按污染涉及范围可分为全球性污染、区域性污染、局部污染等。

一、水体污染

水体污染主要是指人类生活和生产活动过程产生的废物进入水体后，导致水中某些杂质含量增加，当有害杂质的量增加到一定程度后(超过水体自净能力)，将对人类环境或水的利用产生不利影响，导致水体恶化。

(一) 水体污染的来源

水体污染源包括天然源和人为源两大类。天然源导致的污染一般是指由自然因素造成的污染，如特殊地质条件使某些地区有某些或某种化学元素的大量富集，天然植物在腐烂过程中产生某种毒物，以及降雨淋洗大气和地表后挟带各种物质流入水体，都会影响水体的水质。人为源导致的污染则是指人类生活和生产活动中产生的废水、污水对水体的污染，包括生活污水、工业废水、农田排水、畜禽养殖业废水和垃圾渗漏液等。此外，废渣和垃圾倾倒在水中或岸边，或堆积在土地上，经降水淋洗流入水体，都能造成水体污染。人为源是当前水体的主要污染源。

(1) 生活污水

生活污水是人们日常生活中产生的污水，主要含有人体排泄物和生活废料。生活污水的一般特征是水质较浑浊、颜色深、具有恶臭，主要由一些无毒有机物，如糖类、淀粉、纤维素、油脂、蛋白质、尿素等组成,其中含氮、磷、硫较高,且含有大量细菌(包括病原菌)、病毒和寄生虫卵,一般不含有毒化学物质。

(2) 工业废水

工业废水是工业生产过程中排出的废水。由于工业性质、原料、生产工艺及管理水平的差异,不同工业产生的废水的性质和组成也各不相同。有色冶金工业排出的废水多含汞、砷、锡、铬等元素,是水体中重金属污染物质的重要来源之一;轻工业加工的原料多为农副产品,所排废水主要含有机质,有时还含有大量的悬浮物质、硫化物和重金属(如汞、镉、砷等);化学工业的产品很多,所排废水的成分也很复杂,在化工废水中常含有多种有毒有害,甚至剧毒物质,如氰、酚、砷、汞等,有的物质(如 DDT、多氯联苯等)难以生物降解,但却能通过食物链在生物体和人体内富集,造成危害。此外,化工废水有的具有较强酸性,有的则显较强碱性,酸碱度不稳定,这些废水对水体生态环境以及水体中的建筑设施和农作物都有危害。总之,工业废水具有排放量大、来源广、成分复杂、危害大等特点,是当前需要重点控制的水污染源之一。

(3) 农业废水

农业活动中施用的化学农药、化肥等物质,经灌溉或雨水的淋洗而进入水体,导致水环境受到农药和化肥的污染。有些有机氯或有机磷农药具有较强的生物毒性,对鱼类及其他水生生物具有毒害作用;而农田径流常携带大量残留的氮肥和磷肥进入水体,导致水体富营养化,造成藻类大量繁殖,水质恶化。

(4) 畜禽养殖业废水

畜禽养殖业废水主要指规模化养殖场排放的废水。畜禽养殖业废水中含有大量悬浮物、有机物、氨氮和致病菌,如果未经妥善处理排放至水体,将造成水体污染。随着规模化养殖场的发展,畜禽养殖业废水已成为一类新兴的污染源。

(二) 水体的污染物质

排入水体的污染物种类繁多,分类方法各异。一般按水体污染物的组成和性质可分为物理性污染物、化学性污染物和生物性污染物三大类。

1. 物理性污染物

水体常见的物理性污染有热污染和放射性污染等。

(1) 热污染

水体的热污染主要是由工矿企业向水体排放高温废水所导致。热污染使水温升高,影响水生生物的生存和繁殖。例如,鳟鱼的繁殖温度在 14℃以下,一般水生生物生存的上限温度为 33～35℃。同时,水温增高还会使水环境的化学反应、生化反应速率加快,造成水中溶解氧减少,一些有毒物质,如氰化物、重金属离子等毒性增强。此外，一定程度的水温升高可以促进一些藻类的繁殖，加速水体富营养化过程，破坏水体生态平衡。

(2) 放射性污染

原子能工业的发展，放射性矿藏的开采，核试验和核电站的建立，以及同位素在医学、工业、研究等领域的应用，使放射性废水、废物显著增加，造成水体的放射性污染。水中的放射性污染物可以附着在生物体表面，也可以进入生物体内蓄积起来，对人体及其他生物造成危害。对人体有危害的放射线有 X 射线、α 射线、β 射线和 γ 射线等。

2. 化学性污染物

化学性污染物是水体中最常见、最普遍、最大量的一类污染物，包括酸碱污染物、需氧性有机污染物、重金属污染物、有毒有机物污染物、植物营养物质、油类等。

(1) 酸碱污染

水体中的酸主要来源于冶金、金属加工的酸性工序，制酸厂、农药厂、人造纤维等工厂的废酸水以及进入水体的酸雨等；碱主要来源于印染、制药、炼油、碱法造纸等工业废水。水体长期受酸碱污染，不能维持正常 pH 范围，既会影响水生生物的正常活动，造成水生生物的种群发生变化，导致鱼类减少，又可破坏土壤的性质，影响农作物的生长，还会腐蚀船舶、水上建筑等。

(2) 需氧性有机污染物

生活污水和某些工业废水中所含的糖类(蛋白质、脂肪、酚、醇等有机物质)可在微生物的作用下进行降解，在降解过程中需要消耗大量溶解氧，故称之为需氧性有机污染物。大量的需氧性有机污染物进入水体后，引起微生物的繁殖和溶解氧的消耗，当水体的溶解氧降低至 4mg/L 以下时，许多鱼类和水生生物可能因窒息而死亡。当水中的溶解氧降低到一定程度后，水中厌氧菌繁殖活跃，有机物在厌氧微生物的作用下而发酵，生成大量硫化氢、氨等恶臭气体，使水质变黑发臭，造成水环境严重恶化。需氧性有机污染物造成的污染是水体常见的一种污染。

(3) 重金属污染物

典型的环境重金属污染物包括汞、镉、铅、铬、铜、砷、硒、钒等，它们可在生物体内蓄积，导致慢性中毒。例如，日本"水俣病"就是由所食鱼中含有有机汞引起的；"骨痛病"则是由镉污染引起的——水稻能强烈吸收 Cd^{2+}，Cd^{2+} 在水稻中积累形成"镉米"，最终镉通过食物链进入人体，Cd^{2+} 将骨骼中的 Ca^{2+} 置换出来而导致"骨痛病"。

(4) 有毒有机污染物

有毒有机污染物主要是指各种有机农药、多环芳烃、芳香烃、高分子聚合物(塑料、人造纤维、合成橡胶)、染料等有机化合物。其化学性质稳定，大多数为难降解有机物或持久性有机物，很难被生物降解，可通过食物链在人体和其他生物体内富集。它们在水中的含量虽不高，但因在水体中残留时间长、有蓄积性，可造成人体慢性中毒，具有致癌、致畸、致突变等危害。

（5）植物营养物质

植物营养物质主要是生活污水与工业废水中的含氮、磷等植物营养物质，以及农田排水中残余的氮和磷。植物营养物会引起水质富营养化，使水质恶化。

（6）油类物质

水中油类物质影响水的感官性状，阻碍水体复氧能力，破坏水的自净作用。石油或其制品进入海洋等水域后，对水体质量有很大影响。这不仅是因为石油中的各种成分都有一定的毒性，还因为它们具有破坏生物的正常生活环境，造成生物机能障碍的物理作用。石油比水轻又不溶于水，覆盖在水面上形成薄膜层，既阻碍了大气中的氧在水中的溶解，又因油膜的生物分解和自身的氧化作用消耗水中大量溶解氧，致使海水缺氧，同时因石油覆盖或堵塞生物的表面和微细结构，抑制了生物的正常运动，如油膜会堵塞鱼的鳃部，使鱼呼吸困难，甚至引起鱼类死亡。若用含油污水灌溉，也会因油膜黏附在农作物上而使其枯死。

3. 生物性污染物

生物性污染主要是指致病菌、病毒及寄生虫等病原体微生物的污染。水体受到病原体污染，会引起传染病的流行和传播。水体引起的传染病主要有由细菌引起的痢疾、伤寒、霍乱等；由病毒引起的小儿麻痹、传染性肝炎；由其他病原体引起的姜片虫病、血吸虫病、阿米巴痢疾等。生活污水、畜禽饲养场与屠宰废水，以及制革洗毛和医院等排出的废水中常含有这些病原体微生物。

（三）水体富营养化

水体富营养化是水体氮、磷等营养物质的富集，引起水域中一些藻类及其他浮游生物（如腰鞭毛虫、裸甲藻、夜光藻等）暴发性增殖，导致水体溶解氧下降，使鱼类和其他生物大量死亡，水质恶化的现象。水体出现富营养现象时，浮游生物大量繁殖，因占优势的浮游生物的颜色不同，水面往往呈现蓝色、绿色、红色、棕色等。这种现象发生在江河、湖泊中称为“水华”，发生在海洋则称为“赤潮”或“红潮”。水体富营养化导致水体缺氧，水质恶化，鱼类窒息而死，藻类毒素使鱼、贝中毒死亡或通过鱼、贝沿食物链传递，危害人体健康。

二、空气污染

空气是指近地面约 10km 内的气体层（大气圈层中的对流层）。空气的范围较大气范围小得多，但空气层集中了大气总质量的 95%左右，空气质量的好坏直接影响着人类的生产和生活，对人类及生物起着重要作用。在环境保护领域中，“空气”和“大气”常作为同义词使用。

(一) 大气污染

人类的生产与生活活动将大量的有害物质(如烟尘、SO_2、NO_x、CO、HC等)排放到大气中，当其浓度超过环境所能允许的极限并持续一段时间后，就会改变大气的正常组成，破坏自然的物理、化学和生态平衡体系，从而危害人类及生物的健康，损害自然资源及财产、器物等，这就是大气污染。

1. 大气污染源

大气污染源是指向大气排放有害物质或对大气环境产生有害影响的场所、设备和装置。按照污染物的来源，可分为天然污染源和人为污染源。天然源污染是指自然界发生的火山爆发、森林火灾以及自然尘埃、海浪飞沫等造成的污染，大多为暂时的、局部的。人为源污染是指人类生产和生活活动所排放的有毒有害污染物到大气中所造成的，包括燃料燃烧、工业排放、交通尾气污染、农业排放等。人为源是经常性的、大范围的，是造成大气污染的主要来源，尤其是现代交通运输和工业生产对城市大气造成的污染最为严重。

2. 大气污染物种类

大气污染物的种类很多，其中被发现有危害作用，且引起人们注意的就有100多种。根据大气污染物的形成过程，可分为一次污染物和二次污染物。一次污染物是指直接从污染源排放的污染物质，如SO_2、NO_2、CO_2、NO、CO、颗粒物等。二次污染物是指由一次污染物在大气中相互作用或它们与大气中的正常组分发生反应所形成的新污染物，它们与一次污染物的物理、化学性质有所不同，其毒性可能较一次污染物还强。二次污染物多为气溶胶，具有颗粒小、毒性大等特点，常见的有硫酸及硫酸盐气溶胶、硝酸及硝酸盐气溶胶、臭氧、过氧乙酰硝酸酯及$HO_2\cdot$、$HO\cdot$等活性强的自由基等。

按存在的状态，大气污染物可分为两大类：一类是分子状态污染物(气态污染物)；另一类是粒子状态污染物。气体状态污染物主要有SO_2、H_2S、NO_x、CO、CO_2、CH_4、多环芳烃(PAH)、HCl、Cl_2、HF、臭氧(O_3)等。粒子状态污染物主要有粉尘、烟、雾、降尘、飘尘、悬浮物等。

3. 硫酸烟雾和光化学烟雾

(1) 硫酸烟雾

由于大量使用煤炭燃料，煤炭燃烧过程中释放的大量颗粒物、SO_2和CO_2，在相对湿度较高、气温较低的静风天气下，形成了含有硫酸和硫酸盐的气溶胶，聚集在近大气层，形成硫酸烟雾。硫酸烟雾是强氧化剂，其毒性较 SO_2 大 10 倍以上，严重损害人的呼吸系统，对人体及动植物有很大危害。例如，1962 年 12 月 5～9 日的英国伦敦烟雾事件，就是大气中 SO_2 和颗粒物污染在特定天气条件下形成硫酸烟雾的结果。硫酸烟雾加重了患呼吸系统疾病、心脏病患者的病情而加速其死亡。雾期一周内，伦敦地区死亡人数达 4703 人；雾期过后，死亡人数仍较平时高。

（2）光化学烟雾

光化学烟雾是指城市上空笼罩着的强刺激性白色（有时带浅蓝色、紫色或黄褐色）烟雾，能使大气能见度降低，使行人眼睛红肿流泪，刺激呼吸系统、损伤肺功能，生成的强氧化剂，如 O_3、过氧乙酰硝酸酯（PAN），还能使橡胶开裂，植物叶片变黄、变白而枯萎。光化学烟雾具有强氧化性，是一次污染物（碳氢化合物、NO_x）和二次污染物（如 O_3、PAN、醛类、颗粒物、硝酸盐、硫酸盐等）的混合烟雾。烟雾一般发生于相对湿度较低的夏季晴天，其中以中午稍后、逆温时为出现高峰期，于夜间消失。

4. 大气污染的危害

（1）对人体的危害

大气中的有害物质主要通过三种途径侵入人体而造成危害：① 通过人的直接呼吸而进入人体；② 附着在食物上或溶于水中，随饮食而侵入人体；③ 通过接触或刺激皮肤而进入人体。其中通过呼吸而侵入人体是主要途径，危害也最大。由呼吸道吸入的大气污染物，经过鼻腔、咽部、喉头、气管、支气管后进入肺泡，并在肺泡沉积。若吸入含污染物的大气，轻者会使上呼吸道受到刺激而有不适感，重者会发生呼吸器官障碍，使呼吸道、肺功能发生病变，引发支气管炎、支气管哮喘、肺气肿及肺癌等疾病。

（2）对环境的危害

大气污染可使植物生理代谢机制受到抑制，生长不良，抗病抗虫能力减弱，甚至死亡；大气污染还对气候产生不良影响，如颗粒物可降低能见度、减少太阳辐射；此外，大气污染物将导致全球气候变化、酸雨、臭氧层空洞等全球性环境问题，严重威胁全球生态系统安全和人类健康。

（二）室内空气污染

由建筑和装饰装修材料引起的室内环境污染问题已成为国内外关注的热点。有专家指出：继“煤烟型污染”、“光化学污染”之后，现代人已进入以“室内环境污染”为标志的第三污染时期。

1. 室内空气污染概念

室内空气污染是指由于室内引入能释放有害物质的污染源或室内环境通风不

佳，导致室内空气中有害物质在浓度上或种类上不断增加，当有害物质在有限的空间达到一定浓度后，引起人体不适症状的现象。如果长期在空气污染严重、通风状况不良的室内居住或工作，轻者会出现胸闷、眼睛不适、鼻腔和咽喉不适、鼻塞、恶心、乏力、头痛、皮肤干燥、烦躁、呼吸道疾病等症状，重者会导致支气管炎、癌症等疾病，此类病症国际医学界统称为“病态建筑综合征”（sick building syndrome, SBS），也称为不良建筑综合征。

2. 主要室内空气污染物及其危害

室内环境的有害物质可达几百至几千种，对人体危害严重的有甲醛、氨、放射性氡、苯、甲苯、二甲苯、挥发性有机污染物（TVOC）、SO_2、NO_2、CO、CO_2、O_3、苯并[a]芘、可吸入颗粒物、生物性菌落总数等化学污染和生物污染指标。

甲醛、氨、放射性氡、苯系物和挥发性有机污染物被认为是目前室内环境污染的五大“罪魁祸首”，它们主要来源于建筑、装饰、装修过程。甲醛是一种具有强刺激性的、无色易溶的气体，被国际癌症研究机构（IARC）确定为致癌物和致畸物质。氨是一种无色而有强烈刺激性臭味的气体，对人的皮肤组织具有腐蚀和刺激作用。氡被世界卫生组织列为最危险的致癌物质之一，可引起肺癌、胃癌和白血病等。苯系物（包括苯、甲苯、二甲苯等）已被国际癌症研究机构列为Ⅰ级致癌物质，它可以抑制人体造血功能，使白细胞、红细胞和血小板减少。TVOC是常温下能够挥发成气体的各种有机化合物的统称，其成分多，组成复杂，对人的眼睛和呼吸道具有强刺激性，伤害人的肝、肾、大脑和神经系统。

三、土壤污染

土壤污染是指人类活动产生的污染物质，通过各种途径输入土壤并积累到一定程度，超过了土壤的自净能力，引起土壤质量降低（恶化）的现象。土壤污染与空气污染及水体污染不同，后两者一旦受到污染，进入人体后将直接影响人体健康。而土壤污染对人体健康的影响是通过农作物间接反映出来的，土壤污染影响作物的生长发育，使作物的产量和质量下降，并通过食物链，最终影响到人类的健康。

（一）土壤污染源

土壤历来就被人类当成天然的大“垃圾箱”，土壤污染物质的来源极其广泛，可分为天然污染源和人为污染源两大类。天然源导致的污染是指由自然因素引起的土壤污染，如某些气象因素造成的土壤淹没、冲刷流失、风蚀，地震造成的“冒沙”、“冒黑水”，火山爆发的岩浆、灰尘等，都可不同程度地污染土壤。人为源是指由于人类的生产和生活活动引起的土壤污染，人为源大致包括以下几个方面：

1）使用不符合灌溉标准的地表水、生活污水、工业废水等灌溉农田，或将污泥作为肥料使用，使土壤受到重金属、无机盐、有机物和病原体等污染物的污染。污水灌溉(简称污灌)引发土壤污染是我国土壤污染一条重要途径。

2) 城市垃圾、工业废渣、污泥、尾矿等固体废弃物任意堆放，引起其中有害物的淋溶、释放，也可导致土壤及地下水的污染。

3) 施入土壤的农药和化学肥料在土壤中逐渐蓄积，也是造成土壤污染的重要途径之一。尤其是难降解的人工合成有机农药造成的土壤污染最为严重，如六六六、DDT等有机氯杀虫剂能在土壤中长期残留，成为潜在的环境污染物，并通过食物链在生物体内富集。

4) 大气中的 SO_2、NO_x 及颗粒物通过干沉降或湿沉降到达地面，引起土壤酸化。

(二) 土壤污染物

按照性质不同可将土壤污染物分为以下几类。

(1) 有毒有机污染物

土壤中的有毒有机污染物，主要包括化学农药和工业“三废”中的有毒有机污染物等。目前大量使用的农药种类繁多，主要分为有机氯农药和有机磷农药两大类，常见的有机氯类农药有DDT、六六六、狄氏剂，有机磷类农药有马拉硫磷、对硫磷、敌敌畏等。此外，进入土壤的有毒有机污染物还有石油、化工、制药、油漆、染料等工业排出的石油类、多环芳烃、多氯联苯、酚等。有些有机污染物能在土壤中长期残留，并在生物体内富集，危害是长期的。

(2) 非金属无机污染物

土壤中的非金属无机污染物主要来自进入土壤中的工业废水和固体废物。常见的无机污染物有硝酸盐、硫酸盐、氯化物、可溶性碳酸盐等，这些污染物使土壤板结、改变土壤结构、造成土壤盐渍化等危害。

(3) 重金属污染物

土壤中常见的一些重金属污染物包括汞、铬、镉、铅、锌、镍、砷等，主要来自冶炼厂、矿山、化工厂等工业废渣以及工业废水渗入，大气污染沉降。土壤一旦被重金属污染，很难彻底清除。重金属元素在土壤中容易被土壤胶体所吸附，一般不容易随水迁移，不能被微生物降解，有的甚至转化为毒性更强的金属有机化合物(如甲基汞)，它们通过植物吸收在植物体内富集，并通过食物链给人类健康带来潜在危害。受到铅、镉、汞等重金属元素污染的土壤，一般不会引起植物生长发育障碍，但可在植物内积累，最终通过食物链，危害人体健康。

(4) 固体废物

固体废物主要指城市垃圾和矿渣、煤渣、煤矸石和粉煤灰等工业废渣。固体废物的堆放占用大量土地，且废物中含有大量污染物。它们污染土壤，恶化环境，尤其城市垃圾中的废塑料包装物已造成严重的“白色污染”。

(5) 病源微生物

土壤中的病原微生物主要来自于人畜粪便和灌溉污水，主要的病原微生物包括肠细菌、寄生虫、结核杆菌、炭疽细菌、霍乱弧菌及其他各种致病菌。

(6) 放射性污染物

土壤中的放射性污染物主要来自核试验爆炸的降落物和原子能工业中所排出的放射性废弃物，如镭、铯、锶等。土壤受到放射性污染后，短期内难以消除，只能靠自然衰变达到稳定元素时才结束。这些放射性污染物通过食物链进入人体，危害人类健康。

(三) 土壤污染造成的危害

(1) 土壤污染导致严重的直接经济损失

对于各种土壤污染造成的经济损失，目前尚缺乏系统的调查资料。仅以土壤重金属污染为例，全国每年就因重金属污染而减产粮食 1000 多万吨，另外被重金属污染的粮食每年也多达 1200 万 t，合计经济损失至少为 200 亿元。农药和有机物污染、放射性污染、病原菌污染等其他类型的土壤污染所导致的经济损失更是难以估计。

(2) 土壤污染导致食物品质不断下降

我国大多数城市近郊土壤都受到了不同程度的污染，有许多地方粮食、蔬菜、水果等食物中镉、铬、砷、铅等重金属含量超标或接近临界值。

(3) 土壤污染危害人体健康

土壤污染会使污染物在植(作)物体中积累，并通过食物链富集到人体和动物体中，危害人畜健康，引发癌症和其他疾病等。

(4) 土壤污染导致其他环境问题

土壤受到污染后，含重金属浓度较高的污染表土容易在风力与水力的作用下分别进入到大气和水体中，导致大气污染、地表水污染、地下水污染和生态系统退化等其他次生生态环境问题。

四、固体废物污染

固体废物是指人们在生产和生活活动中丢弃的固体和泥状物质，包括从废水、废气中分离出来的固体颗粒，简称为废物。固体废物具有相对性，对某一生产环节来说它们可能是无用的废料，但对另一生产环节来说又可作为原料使用。因而，固体废物是“放错了地方的资源”。

（一）固体废物的来源和分类

固体废物主要来源于人类的生产和消费活动。按其化学组成，可分为有机废物和无机废物；按其形态可分为固态和泥状废物；按其危害状况可分为有害废物和一般废物；按其来源可分为矿业固废物、工业固废物、农业固废物、城市垃圾和放射性固废物等。

我国在1995年颁布实施的《固体废物污染环境防治法》(2004年修订)从固体废物管理的需要出发，将固体废物分为生活垃圾、工业固体废物和危险废物三大类。

(1) 生活垃圾

生活垃圾在不同场合、不同国家有不同含义。生活垃圾一般是指在日常生活中或者为日常生活提供服务的活动中产生的固体废物，主要包括废纸、废塑料、废家具、废电器制品、废玻璃制品、废交通工具及厨余垃圾等。

生活垃圾的组成受城市的规模、性质，居民的生活习惯、生活水平，民用燃料结构等诸多因素的影响。随着人口和城市化的扩张，垃圾数量在剧增的同时，垃圾的组成也发生了很大变化，在经济发达、生活水平较高的城市，有机物(如厨余垃圾、纸张、塑料、橡胶等)的含量较高；金属、玻璃器皿及废旧家用电器等品种不断增加；以燃煤为主的城市，垃圾中的煤渣、沙石所占比例较大；总的发展趋势是有机垃圾比例增长，其中以废纸、废塑料、废橡胶的增加较快，无机垃圾中灰、渣的比例减少，但金属和废玻璃的比例增加。

(2) 工业固体废物

工业固体废物是指在工业生产活动中产生的固体废物。按行业不同，工业固体废物主要包括冶金工业固体废物、能源工业固体废物、化学工业固体废物、石油工业固体废物、食品工业固体废物、建筑垃圾及其他工业固体废物。工业固体废物的来源广、排放量大，其中有很多属于危险废物。

(3) 危险废物

我国《危险废物焚烧污染控制标准》(GB 18484—2001)中关于危险废物的定义为：危险废物是指列入国家危险废物名录或者根据国家规定的危险废物鉴别标准和鉴别方法判定的具有危险特性的废物。危险废物的特性包括腐蚀性、反应性、放射性、易燃性、浸出毒性和急性毒性以及其他毒性(包括传染性、生物蓄积性、遗传变异性等)。据此定义可知：① 凡国家危险废物名录中规定的废物直接属于危险废物；② 具有上述危险特性的一种及一种以上的废物属于危险废物。

我国于1998年颁布的《国家危险废物名录》中列出了47大类危险废物。对危险废物若不加以严格控制和管理，将对生态环境和人类健康构成严重危害。控制危险废物已成为当今世界各国共同面临的重大环境问题。

我国是一个发展中国家，随着经济的迅速发展，危险废物的产生量越来越大、种类越来越多、性质越来越复杂，且产生源数量分布广泛，管理难度较大。由于危险废物的管理起步晚，目前无论从管理法规、管理机构、处理技术的研究，还是处理处置设施的建设等方面都存在不足，对危险废物的管理和处理处置还处于较低水平阶段。大多数危险废物只是简单堆放或填埋，甚至有一部分危险废物未经处理就直接排入环境，对人体健康和环境造成严重危害。

（二）固体废物对环境的危害

固体废物在一定条件下会发生化学的、物理的或生物的转化，对周围环境造成一定的影响，如果所采取的处理方式不当，有害物质就将通过水、气、土壤、食物链等途径危害环境与人体健康。固体废物对环境的危害主要有以下四个方面。

(1) 侵占土地

固体废物不加利用时(采用较为原始的“搬家政策”处理垃圾)，必然占地堆放，全国有 2/3 的城市陷于垃圾包围之中，塑料包装物和农膜导致的“白色污染”更是遍地可见。

(2) 污染土壤和地下水

固体废物露天堆置或没有适当防渗措施的简易填埋，在其堆放腐败过程中会产生大量酸性和碱性有机污染物，并将垃圾中的重金属溶解出来，污染土壤和地下水，是有机物、重金属、病源微生物等有害成分的污染源。一方面人体健康受到威胁，另一方面固体废物会破坏土壤的生态平衡。

(3) 污染水体

不少国家把固体废物直接倾入河流、湖泊和海洋(甚至以海洋倾废作为一种处置方法)，使地表水受到严重影响，不仅减少水体面积，而且还妨碍水生生物的生存和水资源的利用。

(4) 污染大气

固体废物可以通过多种途径污染大气，如废物尘粒随风飞扬、运输过程中产生有害气体和粉尘、固体废物本身或在处理(如焚烧)时散发毒气和臭味等。

（三）危险废物越境转移

固体废物转移是指将固体废物从某一地域搬运到另一地域的过程，但不包括在同一固体废物产生源内部的转移。从固体废物的转移范围是否跨越国境来划分，可以将固体废物的转移分为境内转移、过境转移和越境转移三类。“越境转移”是指危险废物或其他废物从一国的国家管辖地区移至或通过另一国的国家管辖地区的任何转移，或移至或通过不是任何国家管辖地区的任何转移，但该转移须涉及至少两个国家。

近年来，在国际上有害废物和垃圾跨国间的转移逐渐加剧，这已成为当今全球性最突出的环境问题之一。其表现形式主要是发达国家将大量工业和生活废物，特别是有害废物通过各种途径，以各种名目向发展中国家转移，致使许多发展中国家沦为发达国家的“垃圾场”。由于发展中国家缺乏处置某些危险废物的基本技术和手段，危险废物的大量流入，导致污染事件不断发生，严重影响这些国家的环境和人民的身体健康。为了控制这种转移，UNEP 于 1989 年 3 月，在瑞士巴塞尔的外交大会上，讨论通过了控制这些废物越境转移及其处置的《巴塞尔公约》，该公约于 1992 年生效，我国于 1991 年 9 月加入该公约，是该公约最早缔约国之一。

五、有毒化学品污染

（一）有毒化学品概况

有毒化学品是指进入环境后以通过环境蓄积、生物蓄积、生物转化或化学反应等方式损害健康和环境，或者通过接触对人体具有严重危害和具有潜在危险的化学品。各国政府制定的环境优先污染物“黑名单”中的化学品和其他危险性化学品以及新合成的有毒物质皆属于有毒化学品范畴。目前，国际化学品贸易品种大约有 70 000 种，每年新增大约 15 000 种，许多发达国家已经禁止使用的化学品仍然在发展中国家销售和使用，由于全球有毒化学品的种类和数量不断增加以及国际贸易的扩大，有毒化学品问题已成为一个重要的全球环境问题之一，引起了世界各国的重视。1975 年 UNEP 成立了潜在有毒化学品国际登记处（International Register of Potentially Toxic Chemicals，IRPTC），IRPTC 的宗旨是为人类合理使用有毒化学品而搜集、储藏和交流化学品的各种数据，对潜在有毒化学品可能造成的危害提出全球性早期预报。按照 IRPTC 的登记细则规定，登记的重点是关于有毒化学品在环境中的浓度和对人体、环境的影响，以及有毒化学品的立法和标准等资料和数据。

（二）有毒化学品的主要危害

人们最为关注的是那些对生物有急、慢性毒性，易挥发，在环境中难降解、高残留，通过食物链危害身体健康的化学品，它们对动物和人体有致毒、致癌、致畸、致突变的危害。

1. 中毒

有毒物质对人体的危害主要为引起中毒。化学品的毒作用可分为如下临床类型：刺激、过敏、缺氧、昏迷和麻醉、全身中毒、致癌、致畸、致突变、尘肺等。

2. 致癌

长期接触一定的化学物质可能引起细胞的无节制生长，形成癌性肿瘤。这些肿瘤可能在第一次接触这些物质以后许多年才表现出来，这一时期称为潜伏期，一般为 4～40 年。造成职业肿瘤的部位是变化多样的，并不局限于接触区域，如砷、石棉、铬、镍等物质可能导致肺癌；鼻腔癌和鼻窦癌是由铬、镍、木材、皮革粉尘等引起的；膀胱癌与接触联苯胺、萘胺、皮革粉尘等有关；皮肤癌与接触砷、煤焦油和石油产品等有关；接触氯乙烯单体可引起肝癌；接触苯可引起再生障碍性贫血。

3. 致畸

接触化学物质可能对未出生胎儿造成危害，干扰胎儿的正常发育，在怀孕的前三个月，脑、心脏、胳膊和腿等重要器官正在发育，一些研究表明，化学物质，如麻醉性气体、汞和有机溶剂，可能干扰正常的细胞分裂过程，从而导致胎儿畸形。

4. 致突变

某些化学品对遗传基因的影响可能导致后代发生异常，实验结果表明 80％～85％的致癌化学物质对后代有影响。

5. 有毒化学品突发污染类损害

有毒有害化学品突发污染事故发生频繁，严重威胁人民生命财产安全和社会稳定，有些则造成严重生态灾难。例如，1984 年 12 月 3 日，印度博帕尔镇联合碳化厂发生的异氰酸甲酯泄漏事故，使 20 万人受害、2500 人丧生；2005 年 11 月 13 日，中国石油天然气股份有限公司吉林石化分公司双苯厂硝基苯精馏塔发生爆炸，造成 8 人死亡、60 人受伤，直接经济损失约为 6908 万元，并引发松花江重大水污染事件，给流域水环境安全带来严重危害。

（三）控制有毒化学品的国际公约

1.《鹿特丹公约》

《鹿特丹公约》由 UNEP 和 FAO 于 1998 年 9 月在荷兰鹿特丹召开的第五届政府间谈判委员会全权代表会议上签署，并于 2004 年 2 月 24 日正式生效。该公约的目的是为了监督和控制世界各国在国际贸易中某些极危险的化学品与农药的使用，加强各缔约方之间就这些极危险的化学品与农药特性的资料交流，促进各缔约方在此类化学品的国际贸易中分担责任和开展技术合作；推动以无害环境的方式加以安全使用；推动各国采取良好的化学品管理措施，防止在国际贸易中的某些危险化学品和农药对人类健康与环境产生有害影响；使贸易和环境政策相辅相成，以实现可持续发展。

2.《斯德哥尔摩公约》

POPs是指人类合成的，能持久存在于环境中，通过生物食物链（网）蓄积，并对人类健康造成有害影响的有机化学物质。它们在自然环境中滞留时间长，极难降解，毒性极强；被生物体摄入后不易分解，并沿着食物链浓缩放大，对人类和动物危害巨大。很多POPs不仅具有致癌、致畸、致突变性，而且还具有内分泌干扰作用。鉴于POPs已对人类健康和环境构成日趋严重的威胁，在各国政府的支持下，通过政府间谈判工作委员会会议起草了《斯德哥尔摩公约》。UNEP于2001年5月，在瑞典首都斯德哥尔摩组织召开了《斯德哥尔摩公约》的外交全权代表会议，并最终通过了该公约，并于2004年5月生效，这是国际社会对有毒化学品采取优先控制行动的重要一步。《斯德哥尔摩公约》旨在减少或消除POPs排放，保护人类健康和生态环境免受危害。

六、物理性污染

物理性污染是指由光、热、声、电磁辐射、振动及放射性等物理性因子引起的一种能量污染，是现代城市居民面临的环境公害之一。

（一）噪声污染

1. 噪声及噪声污染的定义

噪声是人们所不需要的声音的总和。从主观上看，一般认为凡是人们所不需要的，使人厌烦并对人类的生产和生活有妨碍的声音都是噪声。从物理现象上判断，一切无规律的或随机的声信号称为噪声。《环境噪声污染防治法》中所称环境噪声是指在工业生产、建筑施工、交通运输和社会生活中所产生的干扰周围生活环境的声音。该法所称环境噪声污染是指所产生的环境噪声超过了国家规定的环境噪声排放标准，并干扰他人正常生活、工作和学习的现象。

2. 噪声污染的特点

由于噪声属于感觉公害，因此它与其他由有毒有害物质引起的公害不同：① 噪声污染与声源同时产生、同时消失，由于声音在空中传播时衰减较快，其影响不像水污染、大气污染那样深远；② 噪声污染对环境的影响没有累积性，即噪声在空中传播时并未给周围的环境留下毒害物质；③ 噪声污染源分布广，噪声污染较难集中处理，需用特殊方法进行控制。此外，某一种声音是否是污染主要由判断者心理和生理上的因素所决定。

3. 城市环境噪声的来源

城市环境噪声的来源主要有以下几个方面：

1) 交通噪声。城市环境噪声的70%来自交通噪声。交通噪声包括交通运输工具的行驶、振动、刹车声和喇叭声，其中喇叭声在我国城市噪声中最为严重。电喇叭为90～110dB(A)，汽喇叭为105～110dB(A)。

2) 工厂噪声。工业生产过程中产生的各种噪声，如车床、机床齿轮及电机运转发出的噪声。

3) 建筑施工噪声。在施工过程中，打桩机、挖土机、混凝土搅拌机发出的声音。

4) 生活噪声。生活设施、高音喇叭、收录机等发出的过强声音。

4. 噪声的危害

噪声危害主要表现为以下几个方面：

1) 干扰睡眠。噪声会影响人的睡眠质量和数量，久而久之还会引起失眠、耳鸣多梦、疲劳无力、记忆力衰退，导致神经衰弱。

2) 损伤听力。噪声可造成人耳暂时性和持久性的听力损伤。强大的噪声，如爆炸声和枪炮声，能造成急性爆震性耳聋，出现鼓膜破裂，中耳听骨错位，韧带撕裂，出血，听力部分或完全丧失。

3) 影响人体的生理健康。噪声会引起人体紧张的反应，刺激肾上腺素的分泌，因而引起心率改变和血压上升。噪声还会使人的唾液、胃液分泌减少，胃酸降低，从而易患胃溃疡和十二指肠溃疡。噪声对人的内分泌机能也会产生影响，在强噪声的环境下，会使一些女性的性机能紊乱，月经失调，孕妇流产率增高。

4) 影响儿童和胎儿的发育。在噪声环境下，儿童智力发展缓慢。噪声对胎儿也会产生有害影响。由于噪声使母体产生紧张反应，引起子宫血管收缩，以致影响供给胎儿发育所必需的养分和氧气。极强的噪声，如175dB以上，还会致人死亡。

5) 影响动物的生存。强噪声会使鸟类羽毛脱落，不下蛋，甚至内出血，最终死亡。

6) 损害建筑物。强噪声可使建筑物墙面开裂，楼房遭受破坏。

（二）电磁辐射污染

随着科技的迅速发展，各种电气和通信设备急剧增加，微波通信、卫星通信、电台、电视台、移动电话等各种频段的电磁波充满了人们的生活空间，电磁污染也悄然进入人类的生活。电磁辐射污染已成为继大气污染、水污染、噪声污染之后的第四大公害。

1. 电磁辐射和电磁污染

电磁辐射是由振荡的电磁波产生的。在电磁振荡的发射过程中，电磁波在自由空间以一定速度向四周传播，这种以电磁波传递能量的过程或现象称为电磁波辐射，简称电磁辐射。一般发电厂发出的交流电的频率约为50Hz，它所辐射的电磁波能量可以忽略不计。若要产生有效的辐射，波源的最低频率需在105Hz以上。电磁辐射包括微波和无线电波，微波是一种波长为1mm～1m、频率为300～300 000MHz的电磁波，与无线电波、红外线、可见光、紫外线、X射线等都是电磁波家族的成员。无线电波的波长范围在1m～100km，其辐射能较微波小。并非所有的电磁辐射都会伤害人体，电磁辐射不等于电磁污染。电磁污染是电磁辐射超过一定强度(安全卫生标准限值)后的结果。

2. 电磁辐射源

在当今信息社会，环境中的电磁辐射几乎无处不在，电磁辐射源有天然源和人为源之分。天然的电磁辐射源产生于自然界，由某些自然现象所引起，如雷电、云层放电、太阳黑子活动、火山喷发等。人为电磁辐射源则产生于人工制造的若干系统，主要包括电力系统、广播和电视发射系统、移动通信系统、交通运输系统、工业和医疗科研高频设备、家用电器等。

3. 电磁辐射对环境及人体的危害

电磁辐射对环境及人体的危害随波长而异，波长越短，对人体的作用越强，其中以微波的作用最为突出。

1) 产生干扰信号。电磁辐射会对武器导弹系统、自动化控制系统、通信系统等产生干扰。例如，干扰电视，使图像不清或变形；干扰收音机和通信系统工作；使自动控制装置发生故障；使飞机导航仪表发生错误和偏差；影响地面站对人造卫星、宇宙飞船的控制；还会干扰医院的脑电图仪器、心电图仪器等。

2) 诱发癌症并加速人体的癌细胞增殖。美国得克萨斯州癌症医疗基金会的抽样化验表明，在高压线附近工作的人，其癌细胞生长速度较一般人快24倍。

3) 影响生殖系统。强度在5～10mW/cm^{2}的微波，对皮肤影响不大，但可使男性生殖功能受到伤害，造成不育或女孩出生率明显增大。父母一方曾经长期受到辐射的，其子女中畸形的发病率异常高。研究表明，妊娠期的妇女过多接受辐射暴露，流产和畸形儿出生率的概率均增高。

4) 损害中枢神经系统。头部长期受微波照射后，轻则引起失眠多梦、头痛头昏、疲劳无力、记忆力衰退、易怒、抑郁等神经衰弱症，重则造成脑损伤。

5) 引起心血管疾病。高强度微波连续照射全身可使体温升高，产生高温生理反应，如心率加快、血压上升、呼吸率加快、喘息、出汗等，严重的还会出现抽搐和呼吸障碍，甚至死亡。

6）影响视力。强度在 100mW/cm^2 的微波照射眼睛几分钟，就可使晶状体出现水肿，重者可引起视力下降、白内障；强度更高的微波可使视力完全失明。

7）可导致儿童智力障碍。据统计，我国每年有 25 万智力障碍儿童出生。究其原因，电视机、计算机、移动电话等的电磁辐射是主要原因。

（三）光污染

光是人类不可缺少的生态因子，光是地球上生命所需能量的源泉，没有太阳光，就不可能有地球上的生命；光也是生物的昼夜周期、季节周期的信号。但过强、过滥、变化无常的光，也对人体健康造成干扰和危害。光污染是指环境中光照射（辐射）过强，对人类或其他生物的正常生存和发展产生不利影响的现象。从其污染性质来看，光污染属物理性污染，在环境中不会有残余物存在，当产生光污染的污染源停止作用后，光污染也就立即消失。光污染主要来源于人类生存环境中日光、灯光及各种反射、折射光源造成的各种过量和不协调的光辐射。

借用“噪声”的提法，人们把那些对人类生活和人体健康产生不利影响的光称为“噪光”，城市光污染逐渐成为影响人类生活的又一大环境污染问题。

1. 光污染类型

国际上一般将光污染分成三类，即白亮污染、人工白昼和彩光污染。

1）白亮污染：当阳光照射强烈时，城市里建筑物的玻璃幕墙、釉面砖墙、磨光大理石和各种涂料等装饰反射光线，明晃白亮、炫眼夺目。

2）人工白昼：当夜幕降临后，商场、酒店上的广告灯、霓虹灯闪烁夺目，令人眼花缭乱。有些强光束甚至直冲云霄，使夜晚如同白天一样，即人工白昼。

3）彩光污染：在舞厅、夜总会安装的黑光灯、旋转灯、荧光灯以及闪烁的彩色光源构成了彩光污染。

2. 光污染的危害

光污染对人体健康和环境会产生不同程度的危害。

1）伤害眼睛，使视力下降。专家研究发现，瞬间的强光照射会使人出现短暂的失明现象，长时间在白色光亮污染环境下工作和生活的人，视网膜和虹膜都会受到程度不同的损害，引起视疲劳和视力下降。

2）扰乱生物钟。夜幕降临后，各种路灯和安全灯将黑夜照得亮如白昼，人们的生理节奏将会因此而打乱。在此“不夜城”里，人们夜晚难以入睡，人体正常的生物钟被扰乱，导致白天工作效率低下。人工白昼还会伤害鸟类和昆虫，强光可能破坏昆虫在夜间的正常繁殖过程。

3）导致各种疾病。彩色光源让人眼花缭乱，不仅对眼睛不利，且干扰大脑中枢神经，使人感到头晕目眩、出现恶心呕吐、失眠等症状。黑光灯所产生的紫外线强度高于太阳光中的紫外线，且对人体有害影响持续时间长。人如果长期接受这种黑光灯照射，可诱发流鼻血、脱牙、患白内障，甚至导致白血病和其他癌变。长时间在白色光亮污染环境下工作和生活，会使人头昏心烦，甚至发生失眠、食欲下降、情绪低落、身体乏力等类似神经衰弱的症状。

4）影响交通安全，诱发车祸。光污染对交通的影响，主要是指室外夜间照明产生的干扰光，特别是眩光对汽车或火车司机的视觉作业造成不良影响，降低司乘人员的工作效率，甚至引发交通事故；对行人正常的视觉活动，如走路，识辨路标、路障及周围环境状况等也造成影响；还会影响为交通运输作业提供视觉信息的信号灯、灯塔和灯光标志等的正常工作，降低其工作效能。此外，烈日下驾车行驶的司机，会出其不意地遭到玻璃幕墙反射光的突然袭击，眼睛受到强烈刺激，很容易诱发车祸。

5）其他影响。日趋严重的城市夜景照明降低了夜空的能见度，影响对美丽星空的观察，为躲避照明对夜间天空的污染和干扰，不少天文台被迫搬家。有些玻璃幕墙是半圆形的，反射光汇聚还容易引起火灾。

（四）放射性污染

放射性元素的原子核在衰变过程释放出 α 射线、β 射线、γ 射线的现象，俗称放射性。放射性污染是指由于人类活动造成物料、人体、场所、环境介质表面或者内部出现超过国家标准的放射性物质或射线。

1. 放射性污染的来源

放射性污染的来源包括天然辐射源和人工辐射源两大类。天然辐射源主要有宇宙射线以及天然水体和矿床（如铀、镭等矿）中的核素。人工辐射源主要有原子能工业排放的放射性废物，核武器试验的沉降物以及工农业、医学、科研等部门排放的放射性废物等。

2. 放射性污染对人体的危害

放射性物质的污染主要通过水及土壤污染农作物、水产品、饲料等，并且可通过食物链转移。高强度射线会灼伤皮肤，引发白血病和各种癌症，严重的能在短期内使人致死。过量射线还会破坏人体的生殖机能，使胎儿发生结构畸形和功能异常。少量累积照射会引起慢性放射病，使造血器官、心血管系统、内分泌系统和神经系统等受到损害，发病过程往往延续几十年。放射性也能损伤遗传物质，引起基因突变和染色体畸变，使一代甚至几代受害。

第二节 环境污染治理与控制

一、水污染治理与控制

（一）废水处理的基本方法

废水处理方法根据其作用原理和去除对象，可分为物理处理法、化学处理法、物理化学处理法和生物处理法四大类。各种方法的简要基本原理及其主要处理工艺如表 4－1 所示。

表 4－1 废水处理方法的分类及其基本原理

废水处理方法	基本原理	处理工艺
物理法	物理或机械的分离过程	格栅、筛网、过滤、沉淀、离心分离、气浮等
化学法	加入化学物质与废水中有害物质发生化学反应的转化过程	中和、氧化还原、化学沉淀等
物理化学法	利用物理和化学的综合作用使废水得到净化的过程	吸附、混凝、离子交换、膜分离、萃取法等
生物法	利用微生物对废水中有机污染物进行氧化分解的转化过程	活性污泥、生物滤池、生物转盘、氧化塘、厌氧消化等

1. 物理处理法

废水的物理处理法是指通过物理力或机械力使废水中某些污染物得以分离的处理过程。常用以分离和去除废水中不溶解的悬浮固体（包括油膜和油珠），在处理过程中污染物质的性质不发生变化。物理处理法的设备大都较简单，操作方便，分离效果良好，常用的工艺有格栅、筛网、过滤、沉淀、离心分离、蒸发结晶、气浮等。

由于废水中常含有大量悬浮物，物理处理一般是不可缺少的处理单元。根据废水所需处理的程度，物理处理单元可单独使用，也可作为整个废水处理系统中的预处理（如格栅、筛网、沉淀等）或后处理工艺（如过滤等）。

2. 化学处理法

化学处理法是向废水中投加某种化学物质，通过化学反应来分离、去除或回收废水中污染物质的废水处理法。常用的有中和、化学沉淀、氧化还原（包括电解）等方法。废水处理常用的化学和物理化学方法如表 4－2 所示。

表 4-2　废水处理常用的化学和物理化学方法

方　法	原　理	设备及原材料	处理对象
混凝	向胶状浑浊液中投加电解质，凝聚水中胶状物质，使之和水分开	混凝剂有硫酸铝、明矾、聚合氯化铝、硫酸亚铁、三氯化铁等	含油废水、染色废水、煤气站废水、洗毛废水等
中和	酸碱中和，pH 达中性	石灰、石灰石、白云石等中和酸性废水，CO_2 中和碱性废水	硫酸厂废水（用石灰中和）、印染废水等
氧化还原	投加氧化（或还原）剂，将废水中物质氧化（或还原）为无害物质	氧化剂有空气（O_2）、漂白粉、氯气、臭氧等	含酚、氰化物、硫、铬、汞废水，印染废水，医院废水等
电解	在废水中插入电极板，通电后，废水中带电离子变为中性原子	电源、电极板等	含铬含氰（电镀）废水、毛纺废水
萃取	将不溶于水的溶剂投入废水中，使废水中的溶质溶于此溶剂中，然后利用溶剂与水的相对密度差，将溶剂分离出来	萃取剂：乙酸丁酯、苯、N-503等 设备有脉冲筛板塔、离心萃取机等	含酚废水等
吸附（包含离子交换）	将废水通过固体吸附剂，使废水中溶解的有机或无机物吸附在吸附剂上，通过的废水得到处理	吸附剂有活性炭、煤渣、土壤等 设备有吸附塔、再生装置	染色、颜料废水，还可吸附酚、汞、铬、氰以及除色、臭、味等，多用于深度处理

3. 膜分离法

膜分离法是利用一种特殊的半透膜使溶液中的某些组分、某些溶质和溶剂渗透而达到分离的目的。溶剂透过膜的过程称为渗透，溶质透过膜的过程称为渗析。膜分离法是一种新型隔膜分离技术，装置简单、易于操作控制、分离效率高。作为一种新型水处理方法，与常规水处理方法相比，具有占地面积小、适用范围广、处理效率高等优点。近几年来，膜分离技术发展迅速，在水和废水处理领域得到广泛应用。

4. 生物处理法

生物处理法是利用微生物（细菌、真菌、藻类、原生动物、后生动物）的新陈代谢作用处理废水的一种方法。微生物的新陈代谢作用可将复杂的有机物分解为稳定、无害的简单物质，使废水得以净化。生物法与物理法和化学法相比，具有经济、高效的优点，更重要的是可以实现无害化，无二次污染、处理量大，是目前应用最广的废水处理技术。

生物处理法可分为好氧处理法和厌氧处理法两大类。好氧生物处理是在有氧存在的条件下，利用好氧微生物的作用，降解处理废水中的有机物。好氧处理法目前常用的有活性污泥法、生物滤池和氧化塘等。厌氧处理法又称为生物还原处理法，主要用于处理高浓度有机废水和污泥，常用的厌氧生物处理法是甲烷发酵法（完全厌氧）和不完全厌氧法。

（二）城市污水处理工艺流程

城市生活污水和工业废水是城市污水的主要来源，其组分和浓度取决于许多因素。城市污水的特点是污水量大、排放集中、污染危害大、水质均匀，有利于用较通用的方法进行集中处理，处理后的回收利用价值较高。

国外城市污水集中处理已有上百年的历史。从早期使用物理方法除去垃圾漂浮物和泥砂等悬浮物，配合农田灌溉，逐步发展到采用生物技术和化学方法处理以及回用于城市。现代城市污水处理工艺，主要取决于受纳水体的污水排放标准或处理后污水的用途。按污水的不同净化要求，城市污水处理可分为一级处理、二级处理和三级处理（图 4－1）。

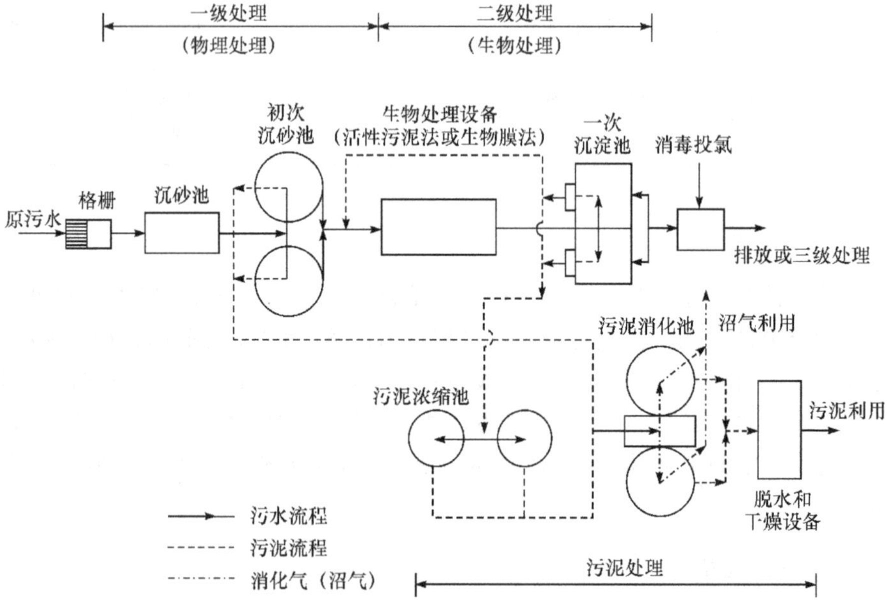

图 4－1　城市污水处理典型工艺流程

1. 一级处理

一级处理的主要目的是去除废水中的漂浮物以及胶体、悬浮固体、油类等污染物，调节 pH 以减轻废水的腐化程度。通过一级处理可以减轻后续处理工序的负荷和提高处理效果。

一级处理大多采用物理方法(如格栅、筛网、过滤、沉淀、气浮等)和部分化学方法(如中和等)。一级处理的处理程度低，经一级处理后的废水往往达不到规定的废水排放标准要求，还需进行二级处理，故一级处理也称预处理、初步处理。用一级处理流程建立的污水处理厂可称为一级污水处理厂，其目的是用较少的资金进行预处理以减轻后续处理的负荷。经一级处理的污水可排入海洋或用作森林和棉麻作物类的灌溉用水。

2. 二级处理

二级处理的主要任务是大幅度地去除污水中呈溶解状态和胶体状态的有机污染物。现代二级处理的主体工艺是生物处理法，经过二级处理后的出水有机物去除率达到 85%～95%(包括一级处理去除的部分)，达到排入普通水体排放要求和工农业回用的基本要求。二级处理是迄今为止被普遍采用的城市污水处理技术，是综合费用效益分析后得出的实用技术。

活性污泥法是城市二级污水处理厂最常采用的好氧生化处理法，适宜于大中型城市污水处理厂。生物滤池、生物转盘等生物处理法主要用于小型污水处理厂。近年来，为了减少处理水排放引起水体磷、氮富营养化的问题，还开发了厌氧-好氧(A/O)工艺、厌氧-缺氧-好氧(A_2/O)工艺，减少能耗和用地的 UNITANK 工艺和 AB 工艺等。

3. 三级处理

三级处理又称高级处理、深度处理。其目的是进一步去除二级处理未能脱除的污染物质，包括残留的微细颗粒物、溶解性有机物、无机盐类(如氮、磷、重金属等)、色素、细菌、病毒等。三级处理根据出水的不同回用要求而采用不同的方法，如混凝沉淀法、砂滤法、生物除磷脱氮法、活性炭吸附、离子交换和电渗析、反渗透等。三级处理后出水的水质进一步提高，BOD_5 一般可降至 5mg/L 以下，可除去大部分氮和磷。三级处理出水具有更高的回用价值，如回用作电厂锅炉补给水的原水、循环冷却水等，或用于农业回用和安全排入水体进入给水管网等。三级处理投资和运行费用明显较高，是一种对处理水质要求较高和成本较高的水处理工艺。

二、空气污染治理与控制

我国空气污染以燃煤型和交通尾气为主，其主要污染物为总悬浮颗粒物(SS)、SO_2 和 NO_x。

(一) 除尘技术

从气体中除去或收集颗粒物的技术称为除尘技术。除尘技术就是利用两相流动的气固或液固分离原理(包括重力分离、惯性力分离、离心力分离、库仑力分离、水膜除尘和过滤)捕集气体中的颗粒物。用于实现除尘过程的设备称为除尘装置，常用的除尘装置有机械式除尘器、湿式除尘器、静电除尘器、过滤式除尘器等。各种除尘器的基本性能如表 4－3 所示。

表 4－3　各种除尘器的基本性能比较

类　别	类　型	阻力/Pa	效率/%	设备费(比值)
机械式除尘器	重力除尘器	50～150	40～60	1.0
	惯性除尘器	100～500	50～70	—
	旋风除尘器	400～1300	70～92	2.5～5.0
	多管旋风除尘器	800～1500	80～95	1.0～4.0
湿式除尘器	喷淋洗涤器	100～300	75～95	1.0～2.4
	文丘里除尘器	5000～20 000	90～98	1.5～16
	自激式除尘器	800～2000	85～98	3.0～6.0
	水膜除尘器	500～1500	85～98	3.0～6.0
过滤式除尘器	袋式除尘器	800～2000	85～99.9	2.5～8
	颗粒层除尘器	800～2000	85～99	—
静电除尘器	干式静电除尘器	100～200	85～99	6～25
	湿式静电除尘器	125～500	90～98	—

(二) 气态污染物处理技术

目前，常用的气态污染物处理的主要方法有吸收法、吸附法、燃烧法、催化法、冷凝法、高空排放等，新发展的气态污染物净化技术有等离子体法。可根据气态污染物化学性质以及处理效果和成本的要求选择适宜的净化处理方法。

1. 吸收法

吸收法是根据气体混合物中各组分在液体溶剂中的溶解度或化学反应活性不同，将混合气体组分分离净化的方法。利用气体混合物在所选择溶剂中溶解度的差异使其分离的吸收过程称为物理吸收,伴有化学反应的吸收过程称为化学吸收。吸收法常用于净化 SO_2、H_2S、HF、NH_3、NO_x 等气态污染物。吸收净化法具有效率高、设备简单、一次投资费用相对较低等优点,因此广泛用于气态污染物控制中。该法的主要缺点是需要对吸收后的溶液进行处理,以免造成二次污染,同时还存在设备腐蚀等问题。

2. 吸附法

吸附法是利用多孔性固体吸附剂处理气体混合物,使其中所含的一种或数种气体组分吸附于固体表面,使组分浓集于固体表面以实现气体分离的一种净化技术。吸附法具有净化效率高、不消耗化学物质、设备简单、操作方便等优点,但也存在吸附容量有限、吸附剂耗量高、需要再生处理、投资费用高、能耗大等缺点,故应用并不广泛。吸附法适用于处理低浓度的有害气体,或与其他净化方法联用,以达到更好的净化效果。

3. 燃烧法

燃烧法是通过高温氧化作用将废气中的可燃有害气体组分氧化,使之转化为无害物质的净化方法。由于有机气态污染物燃烧氧化的最终产物是 CO_2 和 H_2O,使用此法不能回收到有用的物质,但由于燃烧时放出大量的热,使排气温度很高,所以可回收热量。

4. 催化法

催化法是在催化剂的催化作用下,将废气中有害气态污染物转化为无害物质,或者转化为更易处理和回收利用物质的一种净化方法。催化法有催化氧化和催化还原两种。催化还原法:如废气中 NO_x 在催化剂(铜铬)作用下与 NH_3 反应生成无害气体 N_2。催化氧化法:如废气中 SO_2 在催化剂(V_2O_5)作用下氧化为 SO_3,用水吸收转化为硫酸而得到回收;又如,汽车尾气中的 HC 和 CO 在铂、钯等催化剂作用下,被氧化成 CO_2 和 H_2O 等。

5. 冷凝法

冷凝法是利用物质在不同温度下具有不同饱和蒸气压的性质,采用降低系统温度或提高系统压力,使处于蒸气状态的污染物冷凝至液态而从废气中分离出来。在冷凝过程中,被冷凝物质仅发生物理变化而化学性质不变,故可直接回收利用有用物质。冷凝法常作为净化高浓度有机废气的预处理工艺,以减少后续处理工艺的负荷,并回收有价值的物质。

6. 高空排放

高空排放是指采用高烟囱排放，充分利用大气自然环境对污染物的扩散、稀释和分解作用，以降低地面大气层的污染程度。高空排放是一种消极的措施，但当回收、净化等积极措施受到一定限制时（如经济、技术等原因），或当排放标准可以满足，且环境容量又允许时，工业废气可以采用高空排放。高空排放时，废气中应当不含有毒有害的污染物或难以在自然大气环境下分解的污染物。

7. 等离子体法

等离子体是一种非常特殊的导电气态物质，被看做除了气态、液态和固态以外的第四种物质状态。等离子体是由带电粒子组成的电离状态，包含了大量的高能电子、离子、活性自由基、激发态粒子，这些高能活性粒子与有害气体频繁碰撞，打开气体分子的化学键而生成单原子分子、固体颗粒和大量活性极强的自由基和氧化性极强的 O_3，这些活性物质与有害气体分子发生化学反应生成污染小的副产物或更易于利用的无害物质。等离子体法净化气体具有工艺简单、应用范围广、不产生二次污染等特点，目前该技术主要用于燃煤烟气脱硫脱硝以及挥发性有机废气处理等领域。

（三）空气污染控制对策

1. 固定污染源的控制对策

合理布局工业，改革能源结构，采用清洁能源，改进燃烧技术和燃烧装置，提高燃烧效率，从而降低污染物的排放量。对于工业生产过程中的排放源实行全过程控制，推行清洁生产制度，从原料选用、反应条件、工艺流程、废气再利用等环节提高技术含量，既要从源头控制，又要重视末端治理。

2. 流动源的防治

随着我国机动车拥有量的快速增加，汽车尾气中 NO_x 的排放量也日益增加，对于机动车的排污管理势在必行：① 加强城市的道路建设和交通管理，利用交通管理系统及信号系统保证交通畅通，对有些车辆可以规定其行驶路线；② 积极促进排污量小、环保型汽车的普及和推广，开发新型能源机动车，用清洁生产技术减少机动车尾气污染；③ 大力发展公共交通事业，这将对城市的空气质量起到积极作用。

三、土壤污染治理与控制

土壤一旦污染，其防治难度很大，且很难恢复，有时不得不改变其用途或放弃。

因此，在土壤污染防治中，必须贯彻“预防为主、防治结合”的原则。首先要控制和消除污染源。同时，也应看到土壤具有强大的净化能力，在防治土壤污染时应充分考虑。

(一) 控制和消除土壤污染源

控制和消除土壤污染源，是防止污染的最有效、最根本的措施。由于土壤对输入的污染物具有一定的自净功能，通过控制污染源控制进入土壤的污染物浓度和速度，使其能够通过土壤的自然净化作用而被消除。控制和消除土壤污染源，主要需加强以下几方面的工作。

1. 控制和减少工业“三废”的排放

推行清洁生产，从源头控制，采用无毒工艺，减少或消除污染物的排放，对工业“三废”进行回收利用，变废为宝；对所排放的“三废”进行治理，严格控制排放量和浓度(总量控制和浓度控制)，使之符合排放标准。

2. 加强土壤污灌区的监测和管理

对用污水进行灌溉的污灌区，要加强对灌溉污水的水质监测，了解水中污染物质的成分、含量及动态变化，避免不易降解的高残留性污染物随水体进入土壤而造成土壤污染。

3. 合理施用化肥和农药

根据农药特性，合理施用，制订使用农药的安全间隔期。采用综合防治措施，既要防治病虫害对农作物的威胁，又要把农药对环境和人体健康的危害限制在最低程度。禁止或限制使用剧毒、高残留性农药，大力发展高效、低毒、低残留农药，开展生物防治。同时，要合理施用化学肥料，避免施用过量造成土壤或地下水的污染。

4. 增加土壤容量和提高土壤净化能力

增加土壤有机质含量并掺入黏土以改良砂性土壤，增加与改善土壤胶体的种类和数量，且增加土壤对有害物质的吸附能力和吸附量，从而降低污染物在土壤中的活性。此外，发现、分离和培养新的微生物品种，以增强微生物对土壤污染物的生物降解作用，也是提高土壤净化能力的重要措施之一。

5. 建立监测网络系统

定期对辖区土壤环境质量进行检测，建立系统的档案资料，规定优先检测的土壤污染物和检测标准方法，可参照有关国际组织建议和我国国情制定土壤环境污染防治目标，按照优先次序进行调查、研究及实施相关对策和措施。

（二）土壤污染的治理措施

对已受到污染的土壤，要采取适当措施，降低或消除土壤中的污染物，控制土壤中污染物的迁移转化，避免其进入食物链危害农业生产安全和人体健康。

1. 施加抑制剂（或称改良剂）

施加改良剂的主要目的是加速有机物的分解和使重金属固定在土壤中。对受到重金属污染的土壤，施用重金属吸收抑制剂（石灰、磷酸盐、硅酸钙等），使之与重金属污染物作用生成难溶化合物，降低重金属在土壤及植物体内的迁移能力。这种方法只能起到临时抑制的作用，时间过长会引起污染物的积累，且当土壤环境条件发生变化时，难溶重金属混合物将重新释放出来。施加改良剂的方法只适宜在污染较轻地区使用。

2. 控制土壤氧化还原状况

控制土壤的氧化-还原条件也是减轻重金属污染危害的重要措施。如在还原环境下，土壤中的硫化氢可与重金属元素形成难溶金属硫化物沉淀，降低了重金属的污染活性，可暂时减轻重金属的危害；但砷却相反，随着土壤氧化还原电位的降低而毒性增强。又如，在氧化条件下，可加速好氧微生物分解有机污染物的过程，促使有机污染物的降解。

3. 改变耕作制度

通过土壤耕作改变土壤环境条件，可消除某些污染物的危害。例如，旱田改水田，有机氯和有机磷农药（如 DDT 和六六六）在旱田中降解慢，积累明显，但在水田中降解快，利用这一性质，实行水旱轮作，是减轻或消除农药污染的有效措施。

4. 耕翻土层或换土法

耕翻土层，即采用深耕，将上下土层翻动混合，使表层土壤污染物含量降低。此法动土量少，但在污染严重的地区不宜采用。对重金属造成的土壤污染，防治的根本方法是彻底挖去污染土层（表层），换上新土的治理方法，以从根本上消除污染。对于污染严重的土壤采用客土或换土是一种切实有效的方法。但此法代价较高，对大面积污染治理难以推广。如果是地区性的污染，采用客土法也是不现实的。

5. 生物修复

生物修复技术是采用某些特定的植物和微生物较快地吸收或降解土壤中的污染物质，从而达到净化土壤的目的。植物修复是以植物忍耐和富集某种或某些有机或无机污染物为理论基础，利用植物或植物与微生物的共生体系清除环境中污染物，该法具有费用低廉、节约土地资源或储藏费用、不破坏生态环境和无二次污染等多方面的优点，并已开始应用到重金属污染土壤的治理中。对污染严重的土壤，尤其是矿山土壤的治理，在复垦前，采用超积累植物的生物修复技术是一个可取的方法。

6. 工程治理

利用物理(机械)、物理化学原理治理污染土壤，主要有隔离法、清洗法、热处理、电化学法等，是一种最为彻底、稳定、治本的措施。但投资较大，适于小面积的重度污染区。

总之，在防治土壤污染的措施上，必须因地制宜，采取可行的办法，既消除土壤环境的污染，也不致引起其他环境污染问题。

四、固体废物污染治理与控制

当前，城市生活垃圾和工业垃圾的产量以惊人的速度在增加，如何有效地处理这些固体废物，使之资源化、减量化和无害化(“三化”)，成为当前世界各国十分关注的课题。

(一) 固体废物处置的“三化”原则

我国对固体废物实行无害化、减量化和资源化处置的原则，简称“三化”原则。

1. 无害化

无害化是指经过适当处理，达到不损害人体健康、不污染周围环境。无害化是基本原则，在实现无害化的同时，实现减量化和资源化是固体废物处理追求的目标。

2. 减量化

减量化是指通过适宜的手段减少固体废物的产生量(减少数量和减小体积)。实现减量化需要从两方面着手：一是减少废物的产生，即从源头控制；二是对废物进行处理利用，即末端处理，如焚烧处理后，体积可减小为80%～90%。

3. 资源化

资源化是指采用各种手段从固体废物中回收有用物质和能源，使其处理达到无害化的同时转化为资源，减少不可再生自然资源消耗，减少最终垃圾数量，保护生态环境。

固体废物资源化途径包括循环再利用（如啤酒瓶等的回收再利用）、加工再利用（如再生塑料、再生纸、金属和玻璃等加工再利用）和转换利用（如塑料和橡胶的热解、垃圾堆肥、垃圾焚烧发电、玻璃的固化等）。

固体废物处置的无害化是基本原则，减量化是优先措施，而资源化是理想目标。

（二）固体废物的处理与控制技术

工业发达国家的固体废物减量化、资源化程度较高，他们对其工业固体废物与城市垃圾大都进行了分类，并回收其中可再生的物质，余下的部分主要采用填埋、焚烧、堆肥等方法进行处理。

1. 城市生活垃圾的主要处理技术

常用的城市生活垃圾的处理技术包括填埋法、堆肥法、焚烧法。

(1) 填埋法

填埋法是一种非资源化利用的技术，由于其具有处理成本低、工艺较简单、维护费用低等优点，目前被广泛采用。填埋分为简易填埋和卫生填埋两种。

1) 简易填埋或露天堆放是城市垃圾处理的最初阶段。垃圾在简易填埋或露天堆放过程中，产生大量含有机物、重金属、病原微生物等污染物的污水，即垃圾渗漏液。垃圾渗漏液流入周围的地表水和渗入土壤中，造成地表水、土壤和地下水的严重污染。同时，垃圾场周围臭气熏天，蚊蝇孳生，有大量的还原性气体（如氨、硫化物、甲烷及其他有机挥发性气体）向大气释放；垃圾堆放过程中还产生大量沼气，若不加以疏导和处理，将引发爆炸事故并造成极大损失。

2) 卫生填埋是目前世界范围内城市垃圾处理的主要方式。卫生填埋就是对垃圾处理场按照环境卫生工程技术进行施工，使掩埋的垃圾对地下水、地表水、土地、空气及周围环境不至于造成污染。在卫生填埋过程中，采用有效技术措施，防止渗漏液和有害气体对水体和大气的污染，并将垃圾压实减容至最小，使填埋占地面积最小。

相对堆肥法和焚烧法来说，卫生填埋法具有处理量大、处理技术相对简单、处理费用低、可以实现无害化等特点，是一种适合于经济发展较落后、土地资源较丰富的地区使用的垃圾最终处理方法。

(2) 堆肥法

堆肥法是一种生活垃圾资源化利用的方法。堆肥技术是利用生物对垃圾中的有机物进行发酵、降解,使之成为稳定的有机质,并利用发酵过程产生的温度杀死有害微生物以达到无害化卫生标准的垃圾处理技术。

生活垃圾中含有丰富的有机质,进行堆肥化处理后,其体积大大减小,不仅解决了生活垃圾减量化的问题;还可将其中的易腐有机质转化为土壤易接受的有机肥料,实现了资源回收,达到资源化的要求;同时,堆肥过程中的高温发酵使垃圾中的致病菌、寄生虫卵基本被杀死,消除了有害病菌的传播,解决了生活垃圾污染问题,因而又达到了无害化的目的。因此,堆肥技术是将减量化、资源化、无害化融为一体的较理想的处理方法。

(3) 焚烧法

焚烧法是一种高温氧化处理技术,即以一定量的过剩空气与被处理的有机废物在焚烧炉内进行氧化燃烧反应,废物中的有毒有害物质在800～1200℃的高温下氧化、热解而被破坏,并可将垃圾焚烧产生的热量进行回收利用,是一种可同时实现废物减量化、无害化、资源化的处理技术。

焚烧技术的特点是减量化程度高、无害化彻底、占地面积小、运行稳定,更重要的是其热能可以回收利用。在当前世界能源短缺,而垃圾却有增无减的情况下,有机垃圾的焚烧不失为一条解决能源短缺的途径之一。与其他处理方法一样,焚烧技术也并非十全十美,也有其缺点:①焚烧过程中会产生二次污染物质(如二噁英);②必须投入较大资金进行处理;③焚烧技术复杂,设备要求高,设备投资大,处理成本昂贵。此外,焚烧处理对垃圾的热值有一定要求。目前,在工业发达国家,焚烧法已被作为城市垃圾处理的主要方法之一,焚烧处理的工程投资和运行成本明显高于堆肥和卫生填埋,这是阻碍焚烧技术在大部分发展中国家推广应用的主要原因。垃圾焚烧在我国起步较晚。1987年,在深圳建成了我国第一座工业化垃圾焚烧发电厂,"十五"和"十一五"期间,国家加快了焚烧技术在我国的推广应用。

2. 有害固体废物的处理

对有害固体废物应进行无害化处理,或采取严格的隔离措施,以避免对人体健康和水体、大气、土壤环境产生危害。处理过程也应该遵循减少数量、降低或消除毒性、对处理后的剩余废物合理处置的原则。常用的处理方法包括固化法、热破坏法、土地填埋法等。

(1) 固化法

固化法是指在一定条件下,将有害固体废物掺合并包容在密实的惰性基材中,使其稳定化的一种过程。固化法适宜如含重金属或放射性物质的有害废物。固化技术按固化剂的不同,可分为水泥固化、沥青固化、热塑性材料固化、玻璃固化、石灰固化和有机聚合物固化等。比较成熟的方法有玻璃固化法，玻璃固化属于熔融型，它以玻璃为固化剂，将其与有害废物以一定的配料混合后，在高温（900～1200℃）下熔化，经退火后即可转化为稳定的玻璃固化体，可用作建筑材料或铺路材料。

（2）热破坏法

当固体废物有一定热值时，可采用热破坏法进行处理。热破坏法包括焚烧法和气化法。目前应用较多的是焚烧法，其处理工艺与城市垃圾的焚烧处理工艺相同。

（3）土地填埋法

固体废物处置的最终目的，是确保废物中的有毒有害物质无论是现在还是将来都不对人类及环境造成不可接受的危害。为了控制有害固体废物对环境的污染，必须进行最终处置，使其最大限度地与生物圈隔离。土地安全填埋是一种改进的卫生填埋法，其对场地的建造技术、浸出液的收集处理技术等要求都要较卫生填埋法更加严格，是目前使用最为广泛的有害固体废物处置技术。

五、有毒化学品污染治理与控制

（一）有毒化学品的污染控制技术

化学品的处置包括处理和最终处置。常用的处理方法有物化、化学、生物方法；常用的最终处置方法有焚烧、安全填埋和倾入海洋等。

1. 物化处理法

对于有毒无机化学品，常用的是固化法。固化材料有水泥、石灰、玻璃、金属、热塑性物质（如沥青、石蜡、聚乙烯等）和高分子有机物等，并加入适量的添加剂，提高固化效果，使得有毒化学品与生物圈最大限度地隔离开。另外，还可通过吸附法对许多无机有毒化学品进行富集净化，如可用黏土、活性炭、氧化铝、磁性吸附剂、生物吸附剂以及分子筛复合型吸附剂等吸附溶液中的重金属离子。

有毒有机化合物的物化处理法主要采用吸附法、絮凝法和萃取法等。常见的吸附剂有活性炭、磺化煤、人工合成的吸附树脂、活性炭纤维、改性有机膨润土、疏水硅沸石等，如磺化煤对炸药 TNT 有良好吸附处理效果。过去常用的无机絮凝剂（如铝盐或铁盐）的用量大，易产生二次污染；近年来使用较多的有机高分子絮凝剂，其本身无毒性，但其单体往往是人类神经致毒剂和癌症诱发剂，且有机絮凝剂在生产过程中和降解过程中释放的污染物严重危害人体健康，且价格较贵；为减少二次污染，近几年微生物絮凝剂的开发和应用受到重视。物化处理法仅能将污染物转移，还需进一步进行无害化处理或最终处置。

2. 生物处理法

采用植物和微生物清除有毒化学品的措施，即为生物处理法。生物法与物理方法、化学方法相比，具有处理成本低、无二次污染、处理量大等优点，但该法对浓度较高、毒性较强的有毒化学物质，由于存在毒性物质对生物活性的抑制作用，生物法处理效率较低。

3. 化学处理法

常用的化学处理方法包括氧化、还原、沉淀及中和等。氧化法主要用于处理毒性大、生物可降解性差的有机有毒化学品。传统的氧化法是采用 $KMnO_4$、Cl_2、H_2O_2、O_3 等作为氧化剂，对有毒有机化学污染物进行氧化降解，这些传统氧化法的氧化效率不高，有的还存在二次污染。近几十年来，国内外发展了光化学氧化法、湿式空气氧化法、超临界水氧化法、超声化学氧化法等高级氧化技术，这些高级氧化技术的氧化速度快、降解效率高、无二次污染，可达到无害化处理的目的。

除氧化法外，还原法也可应用于处理含氯有机污染物等的处理，如填充多孔载体负载金属还原剂的处理装置可使含氯有机物还原脱氯。而沉淀法常用于对含重金属废水的处理，利用在碱性条件下重金属离子生成不溶于水的氢氧化物沉淀得以分离处理，在处理过程中还可以通过加入高分子絮凝剂加速沉淀。可用作沉淀剂的除氢氧化物外，还有硫化物等。

（二）有毒化学品的减排对策

在传统环境问题尚未完全解决、有毒化学品相关基础研究严重滞后、减排技术薄弱、替代技术匮乏的现阶段，我国削减有毒化学品的工作面临着严峻的挑战。因此，应采取“预防为主、防治结合”的战略，积极推行有毒化学品的减排。

1）弄清有毒化学品的生产使用状况，制订相应的淘汰战略，加强有关有毒化学品的科学研究，并建立和制定相应的制度和标准，保障国家有毒化学品减排计划的实施。

2）推行清洁生产，严格控制有毒化学物质的使用及排放。积极推行清洁生产，选用清洁原料，采用无毒无害物质替代有害原材料、设计清洁工艺、生产清洁产品；同时改善和加强企业内部安全管理等措施，在污染源头削减污染物和废物产生量并回收利用废物；最大限度地消除或削减有害物质的排放。推动化工企业的自愿性措施，在我国《清洁生产促进法》指导下推进清洁生产的实施。

3）针对有毒化学品的排放点位（如点源、线源及非点源）、排放浓度、排放规律及其污染特征，研究基于不同目标的高效工程治理技术，特别要强调跨学科技术及新型技术的研究开发与实践应用，把有毒化学品的环境危害控制至最低限度。

4）制定以“预防为主、防治结合、加强监管”为原则的中国化学品环境管理战略。制订长期的风险评价行动计划，对于高环境健康风险的化学品应尽早关注其替代产品的研发工作；相关生产和管理应遵循清洁生产和绿色化工的原则和WTO的要求。

5）制定专门的化学品环境管理法律或行政条例，建立化学品环境管理的基本制度体系，包括新化学物质的分类、标志和通告，风险评价与管理，重点化学品的国家标准，环境监测，有毒化学品信息披露和知情，以及与有关现行机制相协调的环境事故预防和应急体系等。

6）建立有毒污染物的记录和信息发布体系，使公众了解并参与化学品管理的政府决策。

7）拓宽国际双边、多边合作领域，推动有毒化学品的淘汰和削减活动的开展。

六、物理性污染治理与控制

（一）噪声污染控制

噪声是一种声波，噪声污染是由噪声源产生，再通过传播介质对人产生影响。控制噪声的原理就是在噪声到达耳膜之前，采取阻尼、隔振、吸声、隔声、消声器、个人防护和建筑布局等措施，尽力减弱或降低声源的振动，或将传播中的声能吸收掉，或设置障碍，使声音全部或部分反射出去，减弱噪声对耳膜的作用，以达到控制噪声的目的。噪声控制包括降低噪声源的噪声、控制噪声的传播途径和个人防护几个方面。

1. 声源控制

运转的机器设备和各种交通运输工具是主要的噪声源，控制其噪声污染有两条途径：一是改进结构，提高各个部件的加工精度和装配质量，采用合理的操作方法等，降低声源的噪声发射功率；二是改造生产工艺，选用低噪声设备。声源控制是最根本的措施，大力发展科学技术，开发新材料、新技术、新工艺，推广使用低噪声设备，是控制噪声污染的长远战略。

2. 控制噪声的传播途径

如果从声源上控制效果不好或因条件限制不能实施时，应从噪声传播途径上采取控制措施。主要措施有：① 在城市建设中合理布局，按照不同功能区规划，使居住区与噪声源尽量远离；②利用声波的吸收、反射、干涉等特性，采用吸声、隔声、减振、隔振等技术，以及安装消声器等以阻挡噪声的传播。

3. 个人防护

在上述两种方法控制失效时，应对噪声接受者进行防护，减少在噪声环境中的暴露时间，佩戴耳塞、耳罩、防护面具等。

（二）电磁波污染的防治

防治电磁波应从产品设计入手，考虑屏蔽与吸收、治理与防护相结合的方法。

1. 安装防护屏

对产生电磁污染的设施可采用屏蔽、反射或吸收电磁波的屏蔽物，以达到防止电磁污染的目的。采用铜、铁、铝等能抑制电磁辐射能扩散的金属材料，将电磁场与外界隔离开来，使辐射能限制在某一范围内，以达到防止电磁污染的目的。另外，选用具有吸收电磁辐射能的材料，将泄漏的能量衰减，并吸收转化为热能，如石墨、铁氧体、活性炭等是较好的吸收材料。

2. 保持适当距离

远距离控制和自动化作业，远离污染源。离电器越远，受电磁波侵害越小。例如，微波炉在开启后要离开至少 1m 远，与电视机的距离应为视屏尺寸乘以 6，离高压输电线 0.5 万 V/ m 以外一般视为安全区。

3. 个人防护

孕妇、儿童、体弱多病者、对电磁波辐射过敏者、长期处于电磁波污染超标环境者，应选择使用适合自己的防护用品，如穿防护服、戴防护头盔和防护眼镜均可起到很好防护作用。

4. 减少接触

经常使用电脑的人，每工作一小时应休息一刻钟；家用电器避免长时间使用，同时尽量避免同时启用；要尽量减少使用手机、对讲机和无绳电话，必须使用时应长话短说；电热毯的电磁波污染较严重，长时间通电使用对人体有害，天气寒冷必须使用时，建议通电烘暖被窝后立即切断电源，以减少电磁波污染。

5. 分区控制

在城市规划中，对集中使用辐射源的单位，划出一定范围，并确定有效的防护距离。对电台、电视台、雷达站等的布局及选址，必须严格按照有关规定执行，以免居民受到电磁波的辐射污染。

6. 报警

采用报警系统帮助人们了解污染状况，以便及时采取防护措施，减少危害。

（三）光污染的防护

光污染的防护主要有以下几个方面：

1）加强城市规划和管理，加强对玻璃幕墙和其他反光系数大的装饰材料的管理，减少其对城市环境的负面影响。改善工厂的照明条件，减少光污染来源。

2）对有红外线和紫外线污染的场所采取必要的安全防护措施。

3）个人防护，主要是戴防护眼镜和防护面罩。

（四）放射性污染控制

国家对放射性污染的防治，实行"预防为主、防治结合、严格管理、安全第一"的方针。

1. 放射性污染的预防

放射性污染的预防，主要是控制放射性物质的来源。放射性物质的来源主要是核试验与核工业（如核电站以及放射性矿物的开采、提炼、储存、运输）及工农业、医学、科研等部门的排放。控制放射性污染源的主要措施包括核企业的选址以及工艺流程的选择和设备选型均要考虑废物产生量与运行安全，对产生的废气、废水和废渣需做净化处理，在核企业周围和可能遭受放射性污染的地区建立监测机构等。

2. 放射性污染的处理和处置

对于放射性废物中的放射性物质，采用一般的物理、化学及生物学的方法都不能将其消灭或破坏，只有通过放射性核素的自身衰变才能使放射性衰减到一定的水平。而许多放射性元素的半衰期很长，且衰变产物又是新的放射性元素，所以放射性废物与其他废物相比在处理和处置上有许多不同之处。

（1）放射性废水的处理

放射性废水的处理方法主要有稀释排放法、放置衰变法、混凝沉降法、离子变换法、蒸发法、沥青固化法、水泥固化法、塑料固化法以及玻璃固化法等。

（2）放射性废气的处理

放射性气体一般采用大气扩散法和吸附法，或两种方法联用进行处理。大气扩散法：使废气通过一定高度的烟囱向大气稀释排放，经过大气稀释作用降低气体废物危害，实际应用很广。对一些废气中含有放射性毒性很大的核素，如含铀的氟化物(UF_4、UF_6 等)的气体,在排入大气前,用除尘器先除去废气的含铀微尘,再通过各种固体吸附剂或淋洗剂进一步对废气中的铀氟化物等进行净化,如活性炭吸附、活性氧化铝吸附、木炭吸附、硫酸钙吸附等。铀矿开采过程中所产生废气、粉尘,一般可通过改善操作条件和通风系统得到解决。实验室的含放射性废气,通常是进行预过滤,然后通过高效过滤后再排出。

(3) 放射性固体废物的处理和处置

放射性固体废物主要是指含有放射性核素或被放射性核素污染而不能再用的各种固体废物。放射性固体废物的处理有储存法和固化法。储存法一般是指暂时性的存放或把放射性固体废物送入专门设计的废物库长期储存,我国目前部分地区建有此类工业放射性固体废物暂存处置场所,如内蒙古包头市于 1986 年建有 20 万 m^3 的工业放射性废物库,专用于储存工业稀土废渣。常用的固化法有水泥固化、沥青固化、玻璃固化、陶瓷固化、塑料固化、石膏-水玻璃固化等。

(4) 高放射性固体废物的最终处置

放射性"三废"经以上方法处理后,大都成为固体或高浓度液体废物,减少了废物的容积,但要最终消除放射性废物对环境的影响,还应考虑将放射性废物最终处置,即将废物与生物圈永久隔绝。隔离放射性废物的可行方法有现场固化处理、矿井深坑的地质学隔离和利用海底深埋等方法。其中矿井深坑的地质学隔离被认为是目前处置高水平放射性废物较理想的方法,该法将高水平放射性废物以固体形态装入具有抗腐蚀性的金属罐中,随后埋入矿井深坑中,再在周围填充高吸附材料(如黏土),填充的高吸附材料能延缓地下水中腐蚀性离子的迁移,从而可减少金属罐的锈蚀;同时也有助于延缓可能从罐中逃逸出的放射性核素的迁移。

第三节 环境污染预防

20 世纪 60 年代,人类开始通过末端治理的方法解决日益严重的环境问题,这种末端治理方式在一定程度上改善了环境质量,但耗资巨大、浪费资源,且可带来二次污染,而处理这些二次污染物又需要消耗大量资金和能源。许多国家认识到不改变追求经济数量增长的"高投入、低产出、高排放"耗竭型的传统发展模式,单靠末端污染控制方法不能从根本上解决人类社会面临的环境问题。20 世纪后期至 21 世纪初,通过对历史经验教训的深刻反思,许多国家已从单纯的末端治理,开始走向"治理为辅,预防为主"的可持续发展道路,污染的综合预防战略已成为 21 世纪的环境保护理念和战略。

一、污染预防概述

(一) 污染预防的概念

1. 美国环境保护署的定义

污染预防(pollution prevention)和废物最小量化,最早是美国环境保护署提出的。美国环境保护署对污染预防的定义为:"污染预防是在可能的最大限度内减少生产厂地所产生的废物量,包括通过源削减、提高能源效率、在生产中重复使用投入的原料以及降低水消耗量合理利用资源。"源削减指在进行再生利用、处理和处置以前,减少流入或释放到环境中的任何有害物质、污染物或污染成分的数量;减少与这些有害物质、污染物或组分相关的对公共健康和环境的危害。

2. UNEP 的定义

UNEP 对清洁生产的最新定义为:"清洁生产是将综合性、预防性的环境战略持续地应用于生产过程、产品和服务中,以提高效率和降低对人类和环境的危害。对生产过程来讲,清洁生产指节约能源和原材料,淘汰有害原材料,减少污染物和废物的排放和它们的有害性。对产品来说,清洁生产指降低产品整个产品生命周期(包括从原材料的生产到生命终结的处置)对环境的有害影响。对服务来说,清洁生产指将预防性的战略结合到服务的设计和提供活动中。"

3. 我国《清洁生产促进法》的定义

我国普遍采用清洁生产这一术语,我国《清洁生产促进法》给出的定义为:"清洁生产是指不断采取改进设计、使用清洁的能源和原料、采用先进的工艺技术与设备、改善管理、综合利用等措施,从源头削减污染,提高资源利用效率,减少或者避免生产、服务和产品使用过程中污染物的产生和排放,以减轻或者消除对人类健康和环境的危害。"

(二) 污染预防的优点

污染预防战略有以下优点。

1. 减少责任风险

工业企业可以通过减少排放到环境中的有毒有害污染物的数量,降低其可能存在的危害,从而可以减少因污染而产生的民事责任和刑事责任的风险。

2. 降低成本

一个有效的污染预防计划能降低产品的成本,而成本的降低又是企业减少有毒有害污染物产生及排放的强大经济支柱，以保证污染预防计划的实施。污染预防评估小组可以通过检查生产过程，发现潜在的成本消耗，并通过优化工艺、优化生产方案、物料管理、原材料预处理和设备维护等方法来降低消耗、减少废物，从而降低生产成本；污染预防还可以减少各生产线的能源消耗。

3. 提高企业的市场竞争力和树立企业良好形象

通过污染预防可以提高企业的总体环境管理水平，促使企业节能、降耗、减污，应对国际贸易壁垒；通过污染预防使企业容易达到各类环境标准，得到消费者的认可，树立企业良好公众形象，提升企业竞争力，开拓产品市场；达不到环境标准的企业更容易遭受淘汰。

4. 公众健康和环境效益

污染预防的公众健康和环境效益可以通过对有毒物质排放总量的调查来评价，其调查提供了基本上反映污染预防进度的数据。污染预防的经济效益已被证明是最显著的，因此企业愿意采取污染预防措施以达到减少污染物排放目的。企业成本降低不仅来自于减少污染物排放而降低的处理费用，而且也来自于减少有毒物质排放造成环境损失和健康损害的补偿。从此意义上看，污染预防不仅可以有效地保护环境，而且可以保障公众健康和安全。

（三）潜在的污染预防障碍

污染预防可以获得很好的经济效益和环境效益，尽管各个国家都鼓励企业实施污染预防计划，但污染预防的实施仍存在着极大的障碍和阻力。目前，污染预防的障碍主要来自于观念、技术、财政、法规和政策等几个方面。

1. 观念上的障碍

首先是对污染预防观念上的抵触，人们一般不愿意改变现状。因为污染综合预防要对工艺、设备等进行改进，需要一定的资金，还可能要停产测试，如果不是特别必要，企业一般不愿意接受这种改变。其次是认识方面的局限，很多地方政府和企业在污染治理的过程中只有一个目标，即使企业达标排放。为达到这一目标，只考虑一种方法，即末端治理。在有效的污染预防实施之前，必须克服这些观念上的障碍。

2. 技术上的障碍

目前的污染预防技术一般都采用传统的工程方法，即使指导思想开始由末端的废物处理和污染控制为主转向从源头减量化，技术人员们仍然是首先利用现行的技术来实现其目标。然而,未来人们必须不断地采用绿色产品的理论设计及环境友好的产品,并不断地革新工艺技术。因此,为最大限度地实现污染预防的目标,应从工艺的革新、生产方案的优化、操作条件的改进、循环再利用、原材料的替代、产品的更新和原材料预处理等方面提出切实可行的污染综合预防技术。

3. 财政上的障碍

有限的财政资源可能是污染预防计划的另一障碍。财政的障碍主要包括不精确的市场信息、缺少阐明污染预防带来效益的财务核算体系、不完善的成本-效益分析、担心丧失市场份额和对消费者压力的恐惧、必要资源的短缺、工人担心失业等。新的价值体系、财务核算体系以及有效的处理反馈和交流信息可以减少这些障碍。

4. 法律和政策上的障碍

目前的法律和政策仍着重强调达到所提出的环境排放标准,针对在特定环境条件下排放到环境中的污染物加以限制。因此,企业主趋向于采用末端处理的方法来达到规定的排放标准,以免引起政府的不满,而不愿采用污染预防的方法进行源削减。这样的法律法规在某种意义上是鼓励末端治理的,而不利于污染预防计划的发展。因此,有必要改进现行法律和管理制度,采取奖励和惩罚政策鼓励企业实施污染预防战略,使其符合可持续发展的需要。

二、工业污染预防技术

工业污染预防技术一般可分为五类。

(一) 物料循环利用

物料循环利用包括厂内循环利用和厂外循环利用。厂内的物料循环利用是指将流失的物料回收后作为原料返回原工序中,或将生产过程中生成的废料经过适当预处理后作为原料或原料替代物返回原生产流程中。例如,造纸废水中回收纸浆、印染废水中回收染料等;又如,铜电解精炼中的废电解液,经处理后提取其中的铜再返回到电解精炼流程中。由于工业生产有明显的层次性,所以在不同层次上都有可能实现物料的闭合循环。一般希望在尽量低的层次上(如车间内、厂内、部门内部)完成闭合循环,使物料的运输路程短、额外的处理要求低、经济代价小。但为了达到综合利用原料的目的,往往需要跨行业、跨地区的共同协作,即厂外的循环利用。物料循环利用可使企业减少污染并因更少的废弃物处理和处置而节省成本。

(二) 改进生产工艺和设备

对特定生产工艺过程而言,污染预防可有很多方式。很多工厂已经通过改进生产工艺过程而成功地达到预防污染的目的。这种改进包括简化流程、装置大型化、适当改变工艺条件等。简化流程,即减少工序和设备是削减污染排放的有效措施;装置大型化则可提高单套设备的生产能力,不但可强化生产过程,还可降低物耗和能耗;适当改变工艺条件,采取必要的预处理或适当的工序调整,也能起到减废的效果。例如,在硝酸生产过程中,适当提高 NH_3 的氧化压力,可明显降低吸收尾气中的 NO_x 含量;改变燃烧过程中的一些参数,包括降低燃烧区的最高温度、减少过剩空气量、燃烧使烟气迅速冷却、部分烟气循环等,都能减少烟气中的 NO_x 的含量。

(三) 原料和产品替代

科学家和技术人员们正积极地评估和测量材料的毒性并研究开发更安全的材料。生命周期方法要求在设计产品的过程中考虑到从原料投入到废物处置全过程的环境影响。产品重新设计对工业界而言,可能是推动预防污染的最具挑战性的途径。

企业可以使用较少的有毒有害原料和可再生原料减少污染。改变原料包括利用可再生原料、使用低毒原料、对原料进行适当预处理或利用废料作为原料等几个方面。例如,用农业废弃物生产乙醇;通过建造速生林,将木材转变为成型燃料和液体燃料;将生物质资源作为有机合成的原料;采用无氰电镀;利用铝含量高的燃煤灰作为生产氧化铝的原料等。企业可通过重新设计或使用新配方使产品具有较低的毒性而减少污染。

(四) 改进工艺操作条件

企业可以实施一系列完善的操作管理手段或步骤达到污染预防的目的,如实施环境审核、建立设备定期维护制度、规定合理的物料管理步骤、对员工进行定期的培训以及改进记录与操作手册等。

1. 环境审核

环境审核是诊断一个企业如何减少或消除有害和无害废物的有力工具。通过环境审核找出并改正与企业操作有关的问题,以减少废物产生。完善的企业操作的一个方面就是节省成本;通过环境审核使企业能清查库存量并追踪输入的化学品,同时计算出某一特定的生产过程中产生的废物量,可有效地针对可能减少废物之处,并运用其他策略达到废弃物减量的目标。

2. 设备定期维护

设备的定期维护是指对企业设备的定时检查和保养，如润滑、测试、量测、更换磨损或破损的零件，以及检查输送系统中设备的密封性。设备定期维护可以提高设备使用寿命和效率，减少因设备故障而导致停产或生产效率降低的可能性，且减少因退货或不合格产品而造成的废物产生。设备的定期维护也可以直接降低发生泄漏、溢流或火灾的可能性。

3. 物料储存和管理

物料储存和管理的操作可能造成生产过程的低水平泄漏或偶尔发生的意外排放等事故。妥善合理的物料管理和储存可以确保物料到达生产工艺时没有溢出、泄漏或其他因废物产生而造成的损失。

4. 员工培训

员工培训是任何工业污染预防计划成功实施的最关键环节。企业应根据计划的目标和要素培训操作人员。培训内容主要包括意外的预防、紧急应变、报告记录、预防原料的渗漏、反应条件的控制、原料用量的控制、物料管理措施以及合理的燃料装填和储存程序。受过良好培训的员工可以更有效地预防原料的渗漏和减少污染物的排放。

5. 改进记录与操作手册

使用手册或一系列指南中的有关工艺程序、控制参数、操作者的责任以及危害等生产记录将有助于进行安全和有效的操作，进而能促进一致性。因此，降低了产生必须被弃置的不合格产品的可能性。良好的企业操作手册有助于操作员监督废物的产生，并发现废物的异常排放，也能帮助操作员提高其对设备故障的应变能力。

（五）物料分离

在化学工业中，物料分离工艺是投资和能源消耗的重要部分，如精馏过程是化学工业中主要应用的分离工艺，污染预防技术的目标是要发现比精馏分离效率更高、能耗更少的分离方法，以实现提高原材料利用率的同时，减少废物的产生量、降低能耗。

三、污染预防计划

规划和实施污染预防计划涉及企业的方方面面，是一项系统而复杂的工作，企业也将因完善的规划和彻底地执行污染预防计划而大有收益,尤其当污染预防计划与企业原有的计划整合在一起时,可以节省建立新计划所需的大量人力与物力。

一个成功的污染预防计划应包括成立污染预防小组、建立目标、收集与分析资料、筛选污染预防方案、加强员工的意识与参与、促进教育和培训以及递交污染预防计划策划的提案等多个方面。

四、污染预防的法律法规与策略

污染预防项目的顺利实施,不仅需要依靠污染预防综合技术和人们的意识,还有赖于法律法规和政策的保障。

(一)发达国家污染预防立法和政策概况

20世纪60~70年代以来,发达国家开始出现了污染预防(或称清洁生产)的思想,主张利用源削减和生命周期全过程控制等手段减少各种污染物的排放,提高资源和能源的利用效率。

美国国会于1990年10月通过了《污染预防法》,污染预防作为美国的国家政策取代长期采用的末端处理的污染控制政策,要求工业企业通过源削减,包括设备与技术改造、工艺流程改进、产品重新设计、原材料替代以及促进生产各环节的内部管理,减少污染物的排放,并在组织、技术、宏观政策和资金方面做了具体的安排。实践证明,这一政策的实施取得了很大的成功。

1988年,荷兰技术评价组织对荷兰公司进行了防止废物产生和排放的大规模清查研究,制订了防止废物产生和排放的政策及所采用的技术和方法,其关键内容是源削减、内部循环利用和行政管理等。

1995年,加拿大制定了《污染预防行动计划》。该文件要求企业必须制定污染预防计划,提交计划书,污染预防计划书的摘要要送交环境部,摘要包括本企业的污染预防目标、如何预防污染、期限等内容。政府则通过宣传媒体、网站来向社会公告企业的污染预防计划书摘要,接受公众监督。

丹麦于1991年6月颁布了新的《丹麦环境保护法》(污染预防法),该法的目标就是努力预防和防治对大气、水、土壤和亚壤土的污染,以及振动与噪声带来的危害;减少对原材料与其他资源的消耗和浪费;促进清洁生产的推行和物料循环利用,减少废物处理中出现的问题等。

欧洲许多国家把清洁生产作为一项基本国策。欧共体委员会在1977年就制订了关于《清洁工艺》的政策。1984年、1987年又制定了欧共体促进开发《清洁生产》的两个法规,明确对清洁工艺生产工业示范工程提供财政支持。

UNEP极为重视发达国家的这一工业污染防治战略的转移,决定在世界范围内推行清洁生产。清洁生产贯彻污染预防的原则,是实现可持续发展的关键因素,它既能避免排放废物带来的风险和处理处置费用的增长，还提高资源利用率、降低产品成本而获得巨大的经济效益。

（二）我国污染预防立法和政策概况

20世纪70～80年代，我国制定了一系列的国家环境保护政策和规划纲要，并且在实践中形成了一些环境污染防治的制度或措施，如“三同时”制度、限期治理制度、排污收费制度、环境影响评价制度等。我国的环境保护工作由消极的应付，逐渐转为积极的防治，“预防为主、防治结合、综合治理原则”（简称预防为主原则）已成为我国环境法律的基本原则之一，而“三同时”制度和环境影响评价制度是该时期贯彻预防为主原则的重要环境管理法律制度。

2003年，我国在可持续发展理论的指导下颁布了《清洁生产促进法》，它是预防为主原则的新突破，是我国污染预防立法的一个重要开端。同年，我国还颁布了《环境影响评价法》，该法旨在预防因规划和建设项目实施后对环境造成不良影响，在规划和建设项目实施前就综合考虑到环境保护问题，从源头预防或减轻对环境的污染和生态的破坏，从而保障和促进可持续发展战略的实施。

显然，与西方发达国家相比，我国目前的污染预防立法还处于萌芽阶段，法律法规对污染预防的规定稀疏零散，且可操作性不强，污染预防立法体系的构建任重而道远。

五、污染预防的教育与研究

（一）加强环境教育

由于信息不准确或不足，许多人不理解人类活动和环境的紧密关系。有必要增加人们对环境和发展问题的敏感性，并参与其中，找到解决的办法。教育可以向人们提供实施污染预防战略与可持续发展战略所需的环境和伦理意识、价值观和态度、技能和行为等。

1. 基础教育

基础教育是环境和发展教育的根本。所有国家应当努力广泛提供教育，通过正规的学校教育或非正规教育，使更多的受教育者完成初等教育，尽量减少成人文盲率。合格的教育人才对整个社会的全民文明素养的提高具有极大的重要性，整个社会的环境保护意识需要人们从身边的点滴做起，而这种潜移默化的影响常常是通过基础教育完成的。

2. 公众教育

使所有年龄层的人获得环境和发展教育，努力使环境和发展概念，包括污染的概念及污染预防理念纳入教育规划中；应当特别强调对决策者和企业员工的培训。鼓励社会各领域，如工业、大学、政府、非政府组织和社区组织等在环境教育方面对人们进行广泛培训，将可持续发展的经验与污染预防理念纳入教育和培训中。教育是使公众具有创新意识和参与合作行动的关键，而这些行动将有助于发展公众意识和污染预防的能力。通过提高公众意识和污染预防的能力，使人们对污染预防战略实施的意义、必要性及其主要内容有很好的认识和理解，从而促使人们在日常生活与生产的各个方面自觉地接受及贯彻污染预防的思想和原则。

3. 高等教育

高等环境教育为培养社会需要的、了解和掌握最新环境保护理论和动态的高层次环保人才提供了保障。“世界环境与发展大会”之后，随着可持续发展概念的提出，环境保护已从末端治理转向污染预防，从以技术经济手段为主的控制治理污染转向以管理为主的全过程控制。因此，发达国家已经将环境专业的培养目标从培养污染控制与治理方面的人才转向培养具备污染预防技术和自然资源保护管理方面的人才。如目前在美国的环境类专业高等教育中，已用“污染预防”和“清洁产生”等课程替代原来的“污染控制”。设立在密歇根大学的“国家高等教育污染预防中心”，建立了国家污染预防教育者网络，组织筛选了大量的参考书目、教学案例、各类与环境保护和可持续发展相关的教学大纲及有关信息，通过网络和录像带等形式，供从事环境高等教育的教师、学生及专业人员选用。这些教学参考资料包括美国污染预防(清洁生产)的发展和现状，环境问题，美国污染预防政策，生命周期评价方法和其他污染预防工具，清洁生产在能源、农业、食品、运输、水利等行业以及饮料罐、电池、购物袋、餐具、清洁用品等生产加工方面的实际应用等。

(二) 加强对污染预防技术与政策的研究

现在，越来越多的证据表明当前采取的“污染控制”手段已不足以解决各种存在的和将会出现的环境污染问题，所以重心正向污染预防转移。在这种转变过程中，污染预防技术与政策起着重要作用，先进的污染预防技术是实施污染预防战略的关键，而强有力的政策则是实施污染预防战略的保障。

企业已普遍认识到实施清洁生产有利于节能减排，但目前企业在清洁生产实践中，技术信息相对匮乏；同时，缺乏行业清洁生产标准，企业对行业清洁生产状况和技术水平不完全清楚。因此，需要加大研究、推广清洁生产技术和行业清洁生产标准，使企业能清楚定位自己的水平。行业清洁生产标准对清洁生产审核人员也同样有帮助，可以帮助他们找到企业的问题所在。

思　考　题

1. 简述城市污水三级处理工艺(一级处理、二级处理和三级处理)的主要作用和常用方法。
2. 水体污染的主要污染物有哪些？
3. 什么是水体的富营养化？水体富营养化有什么危害？
4. 常用的气态污染物处理方法有哪些？简述其原理。
5. 简述空气污染控制对策。
6. 简述土壤污染的特点。土壤污染有哪些防治措施？
7. 什么是固体废物处置的“三化”原则？固体废物的一般处理技术有哪些？各有什么特点？
8. 噪声对人体健康有哪些危害？通过哪些途径可以控制噪声污染？
9. 什么是电磁辐射污染？简述电磁辐射对环境及人体的危害及其防治措施。
10. 我们身边存在哪些光污染？如何防护光污染？
11. 什么是污染预防？有哪些工业污染预防措施？企业推行污染预防措施有什么意义？

主要参考文献

陈杰瑢.2007.物理性污染控制.北京:高等教育出版社.
高庭耀,顾国维.2003.水污染控制工程(下).2版.北京:高等教育出版社.
郝吉明,马广大.2002.大气污染控制工程.2版.北京:高等教育出版社.
蒋文举,宁平.2005.大气污染控制工程.2版.成都:四川大学出版社.
李玉文.1999.环境科学概论.北京:经济科学出版社.
芈振明,高忠爱,祁梦兰,等.1993.固体废弃物的处理与处置(修订版).北京:高等教育出版社.
钱易,唐孝炎.2000.环境保护与可持续发展.北京:高等教育出版社.
沈铎.2001.工业污染预防.2版.北京:中国环境科学出版社.
施耀,张清宇,吴祖成,等.2002.21世纪的环保理念——污染综合预防.北京:化学工业出版社.
吴忠标.2002.大气污染控制工程.北京:科学出版社.
伊武军.2001.资源、环境与可持续发展.北京:海军出版社.
赵庆良,任南琪.2005.水污染控制工程.北京:化学工业出版社.
赵由才.2002.生活垃圾资源化原理与技术.北京:化学工业出版社.
郑正.2006.环境工程学.北京:科学出版社.

第五章　环境价值与经济

环境问题不仅是一个技术问题，更是一个经济问题。从经济学角度研究环境问题产生的经济根源，并寻找相应的经济理论及经济分析方法以修复和保护环境显得十分必要与迫切。价值是经济学的核心概念，本章从两大价值理论出发阐述环境资源价值，并分析其价值构成。在此基础上，介绍各类环境价值评估方法及其在社会经济生活中的应用。

第一节　环境价值理论

关于环境资源价值存在不同的观点。以往一般认为环境资源不是人类劳动的产品，所以没有价值。经济的不断发展，以及环境危机和资源危机的不断加剧，促使人们重新认识环境资源的价值。人们发现，环境问题产生的重要原因之一是对环境资源的无偿使用。为了扭转这一局面，必须重新认识环境资源的价值。经过多年探索，环境资源是有价值的观点已被人们所认可和接受。

一、环境价值的构成

国内外环境学界习惯将环境资源的价值称为总经济价值或环境总价值。环境总价值(TEV)包括两个组成部分(表 5－1)，即使用价值或有用价值(UV)和非使

表 5－1　环境总价值的构成

总　称	组　分		特　征	表　现
环境总价值(TEV)	使用价值(UV)	直接使用价值(DUV)	可直接消耗的量	食物 生物量 娱乐 健康
		间接使用价值(IUV)	功效效能	生态功能 生物控制 风暴防护
		选择价值(OV)	将来的直接或间接使用价值	生物多样性 保护生存栖息地
	非使用价值(NUV)	存在价值(EV)	继续存在的知识价值	生存栖息地 濒危物种
		遗赠价值(BV)	为后代遗留下来的使用价值和非使用价值	生存栖息地 不可逆改变

用价值或内在价值(NUV);使用价值又分为直接使用价值(DUV),间接使用价值(IUV)和选择价值(OV);非使用价值又分为存在价值(EV)和遗赠价值(BV)。计算公式为

$$TEV=UV+NUV=(DUV+IUV+OV)+(EV+BV)$$

直接使用价值是由环境资源对目前的生产或消费的直接贡献来确定的。也就是说,直接使用价值是指环境资源直接满足人们生产和消费需要的价值。以森林为例,木材、药品、休闲娱乐、植物基因、教育、居住等都是森林的直接使用价值。直接使用价值在概念上易于理解,但在经济上有的却不易衡量,如林产品的价值可以根据市场或调查数据估算,但药用植物的价值却难于衡量。

间接使用价值包括从环境资源所提供的用来支持目前生产和消费活动的各种功能中间接获得的效益,类似于环境资源的生态功能所提供的效益。仍以森林为例,营养循环、水域保护、减少空气污染、小气候调节等都属于间接使用价值的范畴,它们虽然不直接进入生产或消费过程,但却为生产或消费的正常进行提供了必要的条件。

选择价值又称为期权价值,任何一种环境资源都具有选择价值。当代人在利用环境资源的时候,可能并不希望在当代就将其功能耗尽,而是根据耗尽资源供应和需求的不确定性,以及它的多功能性,进行权衡选择,即相当于消费者为了避免未来环境资源短缺风险而保护未被利用的环境资源的支付意愿。

非使用价值是指环境资源的一种内在属性,与人们是否使用它无关。从某种意义上说,存在价值是人们对环境资源价值的一种道德上的评判,包括人们对环境资源的同情和关注。即指人们不是出于任何功利的考虑,只是因为环境资源的存在而表现出来的支付意愿。遗赠价值是指人们为了保护某种环境资源而愿意做出支付,不是为了自己,而是为了把它留给后代人享用其使用价值和非使用价值。

二、环境价值评估的理论基础

在人类的社会经济活动中,环境资源价值已经是一种客观存在。人类需要通过价值度量,了解环境和自然资源在社会经济系统中发挥的作用与重要性,从而做出理性的行为决策,以实现社会经济的可持续发展。尽管普遍认同的价值尺度尚未真正建立,人们对于环境价值评估的努力一直在进行。

(一) 货币作为评估单位

环境价值评估选择货币作为评估单位。之所以要对环境物品或服务进行货币化评估,是因为通过货币的形式,能够对人类的社会经济活动的费用和效益进行测度。货币是表征人们购买商品和服务时所表示出的偏好的单位;通过交换过程,货币表示了人们支付意愿的实现过程及其结果。经济学家认为,货币交换反映了消

费者的支付意愿。如果用其他方式或单位也能够有效地分析社会经济活动所带来的费用和效益，且都能揭示出个人偏好，也可以选用其他的方式或单位。人们曾试图寻找或利用其他的单位，如能量单位等。然而，即使能量单位能够用于分析社会经济活动的费用和成本，但它仍然无法解释个人偏好的含义。所以，货币单位仍然是制订决策和衡量环境损害大小、效益高低的最适宜的指标。

（二）支付意愿是评估基石

支付意愿是指消费者对一定数量的某种商品所愿意付出的最高价格或成本。由于不同的消费者对同种商品的效用估价不同，所以他们的支付意愿也不会相同。随着消费某种商品数量的变动，每一单位商品给消费者带来的满意程度也会不同，消费者对其支付意愿也不同。

消费者对某种商品的需求曲线如图 5-1所示。其中市场价格为 OB，需求量为 OD，实际支付为 $OBCD$。市场需求曲线与价格线所包围的区域 ABC 称为消费者剩余。二者之和 $OACD$ 就是消费者的支付意愿，即支付意愿＝实际支付＋消费者剩余。

若实际支付为 0，则支付意愿全部表现为消费者剩余。

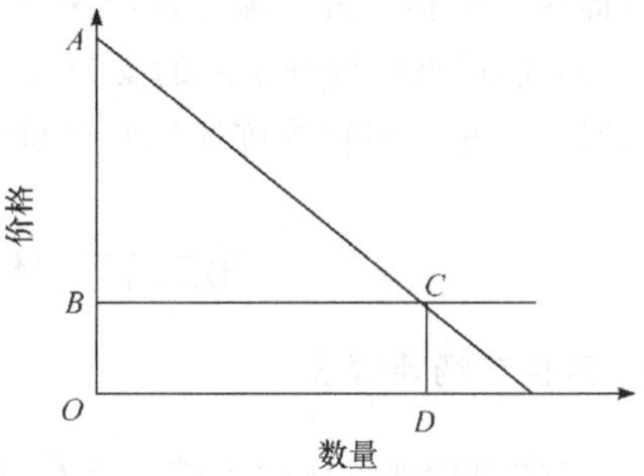

图 5-1　消费者对某种商品的需求曲线

在环境经济评价中，支付意愿和消费者剩余是非常重要的概念。从理论上说，考虑到环境物品的有用性和福利性，其支付意愿应当存在，并且足够高。而大多数环境物品没有价格或价格很低，其消费者剩余也应当是很大的。如果能够发现对环境物品的支付意愿，建立环境物品的需求曲线，就可以评估环境资源的经济价值。

（三）不同种类环境价值的不同评估方法

由于环境和自然资源的公共物品性质，以及人类认知水平和评估技术等因素的限制，只有部分环境资源物品或服务在市场中得到认同，大部分环境资源的价值无法在市场中自动或直接体现。换言之，有些环境和自然资源的价值体现在市场直接或间接交易过程中，可以利用市场价格表征其价值；更多的环境资源价值在市场中没有实现，需要通过特定的评价方法将其揭示出来，使环境价值能够尽可能真实地进入市场运行过程，以利于实现资源的合理利用和优化配置。

按照环境资源物品和服务与市场的关联程度，其价值可分为三类：① 市场可直接交易的价值（主要包括直接使用价值部分）；② 市场可间接交易的价值（主要包括间接使用价值部分);③ 市场不可交易的价值(主要指存在价值部分)。

不论何种价值,环境价值评估的理论基础都是“支付意愿”。假定环境物品和服务的价值是效用函数的因变量,“支付意愿”代表消费者为获得某种效用愿意支付的费用(或价格)能够真实反映消费者对于所购买物品或服务的价值评估。但由于环境和自然资源的公共物品特征,其在市场中的可交易程度不同,可获取的支付意愿信息的真实和完整程度也不同,这就要求开辟专门技术和方法,以揭示真实和完整的“支付意愿”。

目前,获得人们支付意愿主要有以下三种途径:

1) 从直接受到影响的物品的相关市场信息中获得。主要针对市场可直接交易的价值,此法一般称为直接市场评价法。

2) 从其他事物中所蕴含的有关信息中获得。主要针对市场可间接交易的价值,此法一般称为揭示偏好评价法或市场替代法。

3) 通过直接调查个人的支付意愿或接受赔偿意愿获得。主要针对不可交易的价值,此法一般称为陈述偏好评价法或意愿调查评价法。

第二节　环境价值的评估方法

一、直接市场评价法

直接市场评价法把环境质量看做一个生产要素,环境质量的变化进而导致生产率和生产成本的变化,从而导致产品价格和产出水平的变化,而价格和产出的变化是可以观察并度量的,而且是可以用货币价格(市场价格或影子价格)加以测算的。直接市场评价法就是直接运用货币价格,对可以观察和度量的环境质量变动进行测算的一类方法。属于直接市场评价法的具体评估方法有生产函数法、人力资本法或收入损失法、机会成本法、重置成本法、影子工程法等。这里主要介绍前三种评估方法。

(一) 生产函数法

环境质量与产品产量的关系是生产函数法研究的基础。环境质量和产品产量的联系在很多行业领域,特别是农业、林业、渔业等多有体现,这些联系在经验生产函数中有所反映。环境质量和市场产量之间的关系通常是一条剂量-反应曲线(dose-response curve)。环境质量的改善可以降低生产费用,从而使生产者提供的商品量增加,而环境质量恶化则会导致相反的结果。

如果产出的变化相对于整个市场销售额而言很小,而投入的变化相对于市场销售的各种生产要素而言也是很小的,那么就可以假定产品和各种生产要素的价格在产量变化以后仍将保持不变。在这种情况下,用预计的产量变化乘以市场价格就可以得到环境质量变化的经济价值。两个假想案例分析示于表5-2和表5-3。

表5-2　森林砍伐导致玉米减产的损失评估

信息和数据： 森林砍伐导致土壤损失3%，玉米减产2%； 受影响区域面积为 $100hm^2$，为受影响前产量为 $7500kg/hm^2$； 玉米的市场价格为1.0元/kg。
结论： $7500kg/hm^2 \times 100hm^2 \times 2\% \times 1.0$ 元/kg＝15 000元

表5-3　O_3 含量减少导致产量增加带来的效益

信息和数据： 减少 O_3 的计划给农产品带来的产量增加是 $500t/(km^2 \cdot a)$； 农产品的市场价格是10美元/t； 如果获得产量增加还需要投入2美元/t。
结论： $500t/(km^2 \cdot a) \times 10$ 美元/t－$500t/(km^2 \cdot a) \times 2$ 美元/t＝4000美元/$(km^2 \cdot a)$

（二）人力资本法或收入损失法

人力资本法或收入损失法是一种常用的对疾病或未成年死亡造成的经济损失进行价值评估的方法。在这种方法中，生命损失的价值可以被看做是一个人未来收入期望的现价。个体被视为经济资本单位，可以进行价值估算（与其他资本一样）。一个人的收入期望就是对其进行价值估算。

环境质量变化对人类健康有着多方面的影响。这种影响不仅表现为因劳动者发病率与死亡率增加而给生产直接造成的损失（这种损失可以用生产函数法加以估算），而且还表现为因环境质量恶化而导致的医疗费开支的增加以及因人生病或过早死亡而造成的收入损失等。

环境污染引发疾病，导致一个人因旷工而减少收入，同时因就医而增加医疗开支，二者之和就被认为是损失的经济价值。

评估环境质量变化导致人过早死亡的收入损失，需要明确一个人的收入随时间变化的情况以及这个人可能活到的年龄。生命预期是计算一个人未来收入的基础。将此结果打一折扣（乘以适当的贴现率）就得到了收入的现价。如果给定由环境质量改善带来的生命延长数量估算值，人力资本法就可以对这些延长的生命进行价值评估。在计算过程中要考虑人和人之间的差异，如年龄、性别、受教育情况以及此人可能具有劳动力的时间等方面的差异。

用人力资本法评估疾病带来的经济损失得到了广泛的认可，而用其评估过早死亡的收入损失却遭到很多人的反对。其中一部分原因是这种方法认为一个人的价值完全等同于他的收入。这一点在道义上是有缺陷的，因为这种方法把退休以后的或者永远残疾的人都视为零价值，计算出的经济价值与效益定义的基础——支付意愿没有紧密联系。

（三）机会成本法

人类欲望的无限性和资源的稀缺性导致人类社会选择的必然性，由此引出了一个重要的经济学概念——机会成本。在某种资源稀缺情况下，该资源一旦用于某种商品的生产就不能同时用于另一种商品的生产，即选择了一种机会就意味着放弃了另一种机会。使用一种资源的机会成本是指把该资源投入某一特定用途后所放弃的在其他用途中所能够获得的最大利益。

用机会成本法计算由于环境污染引起的经济损失是一种简便可行的方法。计算环境污染或过量开采引起水资源短缺所造成的工业的经济损失，可以用水资源的影子价格，即每吨水所创造的国民收入值乘以水资源短缺的数量，就可得出经济损失价值。例如，某城市工业用水 1 亿 t 可创造国民收入 10 亿元，若部分水体受污染，丧失了工业用水的功能，致使城市缺乏工业用水 0.2 亿 t，则这部分水污染的经济损失为 0.2 亿元。

（四）直接市场评价法的特点

由于直接市场评价法是建立在充分的信息和明确的因果关系基础之上的，所以用直接市场评价法进行的评估较为客观、争议较少。但采用直接市场法，不仅需要足够的实物量数据，而且需要足够的市场价格或影子价格数据。而在因环境污染而造成的损失中，相当一部分或者根本没有相应的市场，因而也就没有市场价格，或者其现有的市场只能部分地反映环境质量变动的结果。在这种情况下，直接市场评价法的应用或者不可能，或者有很大的局限性。此外，直接市场评价法所使用的，是商品和劳务的市场价格，而不是消费者相应的支付意愿或受偿意愿，这就使得该方法不能反映消费者在环境质量变动时所得到或失去的消费者剩余，因而也就不能充分衡量环境质量的价值。

二、揭示偏好评价法

揭示偏好法(revealed preference approach)通过考察人们与失常相关的行为，特别是在与环境联系紧密的市场中所支付的价格或他们获得的利益，间接推断出人们对环境的偏好，以此来估算环境质量变化的经济价值。属于揭示偏好评价法的具体评估方法有内涵资产定价法、工资差额法、防护费用法、旅行费用法等。

（一）内涵资产定价法

内涵资产定价法又称内涵定价法，即人们赋予环境的价值可以从他们购买的具有环境属性的商品的价格中推断出来。资产具有多种特性，资产（如土地、房屋等）的价格体现着人们对它的综合评价，其中包括当地的环境质量。以房屋为例，其价格既反映了住房本身的特性（如面积、房间数量、房间布局、朝向、建筑结构、附属设施、楼层等），也反映了住房所在地区的生活条件（如交通、商业网点、当地学校质量、犯罪率高低等），还反映了住房周围的环境质量（如空气质量、噪声高低、绿化条件以及窗外的景观等）。在其他条件一致的前提下，环境质量的差异将影响到消费者的支付意愿，进而影响到这些资产的价格。所以，当其他条件相同时，可以用因周围环境质量的不同而导致的同类资产的价格差异来衡量环境质量变动的货币价值。

（二）工资差额法

在其他条件相同时，劳动者工作场所环境条件的差异（如噪声的高低和是否接触污染物等）会影响到劳动者对职业的选择。在其他条件相同时，劳动者会选择工作环境比较好的职业。为了吸引劳动者从事工作环境比较差的职业并弥补环境污染给他们所造成的损失，厂商就不得不在工资、工时、休假等方面给劳动者以补偿。这种用工资水平的差异（工时和休假的差异可以折算成工资）衡量环境质量的货币价值的方法就是工资差额法。

（三）防护费用法

个人对环境质量的最低评价，有时可从个人在自愿的基础上，为消除或减少环境的有害影响而承担的费用数据中获取。这种方法称为防护费用法（defensive expenditures）或防护行为（defensive behavior）法。按照支付意愿的概念，如果个人或厂商愿意承担这种防护费用，则该费用就是该环境质量的最低隐含价值，或者说是该环境物品的最低价值评估。

防护费用的负担可以有多种方式。可以采取“谁污染，谁治理”，由污染者购买和安装环保设备自行消除污染的方式；也可以采取“谁污染，谁付费”，建立专门的污染物处理企业集中处理污染物的方式；还可以采取受害者自行购买相应设备（如噪声受害者在家安装隔音设备），而由污染者给予相应补偿的方式。

（四）旅行费用法

1. 概念和基本思想

旅行费用法常用来评价那些没有市场价格的自然景点或者环境资源的价值。

主要评估旅游者通过消费这些环境商品或服务所获得的效益,或者说对这些旅游场所的支付意愿(旅游者对这些环境商品或服务的价值认同)。

为了确定消费者对这些环境商品或服务的价值认同,旅行费用法后面隐含的原则是:尽管这些自然景点可能并不需要旅游者支付门票费等,但旅游者为了进行参观(或者说使用或消费这类环境商品或服务)需要承担交通费用,包括要花费的他们自己的时间,旅游者为此而付出的代价可以看做是对这些环境商品或服务的实际支付。支付意愿应等于消费者的实际支付与其消费某一商品或服务所获得的消费者剩余之和。假设我们可以获得旅游者的实际花费数目,要确定旅游者的支付意愿大小,关键在于估算出旅游者的消费者剩余。

还必须看到,旅游者对这些商品或服务的需求并不是无限的,受到从出发地到该景点旅行费用的制约。旅行费用法假设所有旅游者消费该环境商品或服务所获得的总效益是相同的,等于边际旅游者(距离评价地点最远的旅游者)的旅行费用。离评价地点最远的用户,其消费者剩余最小;而离评价地点最近的用户,其消费者剩余最大。

2. 步骤与方法

旅行费用法的步骤与方法如表 5-4 所示。

表 5-4 旅行费用法的步骤与方法

定义和划分旅游者的出发地区,以评价场所为圆心,把场所四周的地区按距离远近划分成若干个区域;
在评价地点对旅游者进行抽样调查,以便确定用户的出发地区、旅游率、旅行费用和被调查者的社会经济特征;
计算每一区域内到此地点旅游的人次(旅游率);
求出旅行费用对旅游率的影响;
确定对该场所的实际需求曲线;
计算每个区域的消费者剩余;
将每个区域的旅游费用及消费者剩余加总,得出总的支付意愿,即是评价景点的价值

3. 案例研究

以一个公园的效益估计为例说明旅行费用法的应用。

(1) 确定旅行人次与旅行费用之间的关系

为了获得有关旅行距离、旅行费用、旅行目的和其他社会经济特征的资料,对该地的游客进行访问。然后,把全部旅游者的起点所在地分成若干个旅行费用逐渐增多区,再确定每个区的总人口及其他方面的资料。所获得的有关数据见表5-5。

表 5-5　某自然保护区的旅游人数与旅行费用的有关信息

区　域	人口/人	平均旅行费用/元	总旅游人数/人	旅游率/(人/1000 人)
第 1 区域	1000	1	400	400
第 2 区域	2000	3	400	200
第 3 区域	4000	4	400	100
远于第 3 区域			0	
总计			1200	

如果该保护区不收门票费，在一个特定时间范围内(如 1 年)，每个地区的旅游人次是旅行费用和社会经济变量的函数。旅行费用包括交通费用、住宿费用和比不旅行时多消耗的食品费用。

设每单位人群的旅游人次为 V(在本例中为每 1000 人的旅游人数，即 $V/1000$)。对每次旅行的平均费用 C 作图，或者通过用统计方法确定每 1000 人的旅游人次与旅行费用 C 之间的关系。本例假设此关系为一条直线，并由下式给出：

$$V/1000=500-100C$$

它表明旅游率随旅行费用变化的关系。

(2) 确定消费者剩余

通过逐步增加门票费确定消费者剩余。

1) 当保护区门票费为 0 元时，1 年中来此游览的总人数为 1200 人，可得到图 5-2中的自然保护区的需求曲线的 A 点。

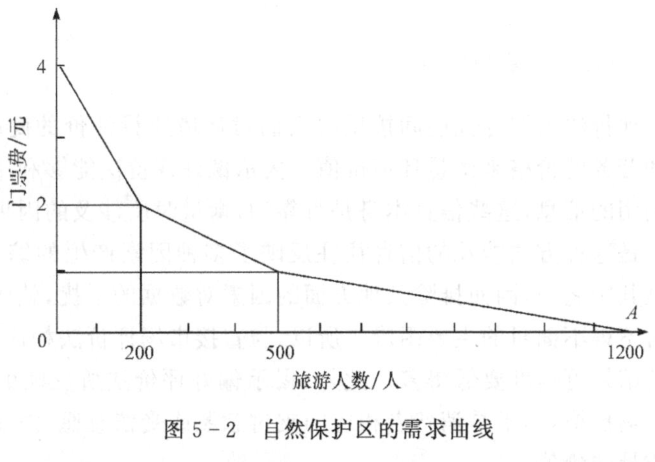

图 5-2　自然保护区的需求曲线

2) 设门票费为 1 元，把门票费加到旅行费用上。于是，来自第 1 区域的旅游者每次旅游的费用就变成 2 元。根据上面的函数关系式，可以对每个区域计算新的旅游率，如表 5-6 所示，现在的旅游人数降到了 500 人。

3) 分别设门票费为 2 元、3 元、4 元，利用旅游率与旅行费用之间的关系计算出总旅游人数，见表 5－7。

4）根据表 5－7 绘制图 5－2 所示的自然保护区的需求曲线，并计算出总消费者剩余，即需求曲线以下的面积，共计 1400 元。

最终把消费者剩余与旅行费用相加，就可以得到旅游者的支付意愿，此即通过旅行费用法计算的该保护区的价值。

表 5－6　门票为 1 元时旅游人数与旅行费用的有关信息

区　域	人口/人	平均旅行费用/元	旅游率/(人/1000 人)	总旅游人数/人
第 1 区域	1000	2	300	300
第 2 区域	2000	4	100	200
第 3 区域	4000	5	0	0
远于第 3 区域			0	0
总计			0	500

表 5－7　门票费改变时总旅游人数的变化

因门票费而增加的费用/元	总旅游人数/人	因门票费而增加的费用/元	总旅游人数/人
0	1200	3	100
1	500	4	0
2	200		

（五）揭示偏好评价法的特点

揭示偏好评价法力图寻找能间接反映人们对环境质量评价的商品和劳务，并用这些商品和劳务的价格来衡量环境价值。揭示偏好评价法能够利用直接市场评价法所无法利用的信息，这些信息本身是可靠的，衡量时所涉及的因果关系也是客观存在的。但是这种方法涉及的信息往往反映了多种因素产生的综合性后果，而环境因素只是其中之一，因而排除其他方面的因素对数据的干扰，就成为采用揭示偏好评价法时不得不面对的主要困难。所以，与直接市场评价法相比，用揭示偏好评价法得出的结果可信度要低得多。此外，揭示偏好评价法所反映的只是有关商品和劳务的市场价格，而不是消费者相应的支付意愿或受偿意愿，因而同样不能充分衡量环境质量的价值。

三、意愿调查评价法

如果找不到环境质量变动导致的可以观察和度量的结果（不论这种结果能够直接定价，还是需要间接定价），或者评估者希望了解被评估者对环境质量变动的支付意愿或受偿意愿，在此情况下，只有通过对被评估者的直接调查评估其支付意愿或受偿意愿。这种方法就是意愿调查评价法。

意愿调查评价法所采取的具体评价方法大致可以分为以下三类：

1）直接询问调查对象的支付意愿或受偿意愿，如投标博弈法和比较博弈法。

2）询问调查对象对表述上述意愿的商品或服务的需求量，并从询问结果推断出支付意愿或受偿意愿，如无费用选择法和优先评价法。

3）通过对有关专家进行调查的方式评定环境资产的价值，如专家调查法(Delphi 法)。

以下主要介绍投标博弈法、比较博弈法和无费用选择法。

（一）投标博弈法

投标博弈法要求调查对象根据假设的情况，说出他对不同水平的环境物品或服务的支付意愿或受偿意愿。投标博弈法被广泛用于对公共物品的价值评估方面。投标博弈法又可分为单次投标博弈和收敛投标博弈两种。

在单次投标博弈中，调查者首先要向被调查者解释要估价的环境物品或服务的特征及其变动的影响(如湖水污染可能带来的影响、保护森林可能产生的影响)，以及保护这些环境物品或服务(或者说解决环境问题)的具体办法，然后询问被调查者，为了改善或保护该环境质量他最多愿意支付多少钱(最大支付意愿)，或者反过来询问被调查者，他最少需要多少钱才愿意接受该环境质量恶化的事实(即最小受偿意愿)。

在收敛投标博弈中，被调查者不必自行说出一个确定的支付意愿或受偿意愿的数额，而是被问及是否愿意对某一物品或服务支付给定的金额，根据被调查者的回答，不断改变这一数额，直至得到最大支付意愿或最小受偿意愿。例如，询问被调查者，如果森林将被砍伐，他是否愿意支付一定数额的货币(如 10 元)用于保护该森林，如果被调查者的回答是肯定的，就再提高金额(如 11 元)，直到被调查者作出否定的回答为止(如 20 元)。然后调查者再降低金额，以便找出被调查者愿意付出的精确数额。同样，可以询问被调查者是否愿意在接受一定数额的赔偿情况下接受森林砍伐的事实，如果回答是肯定的，就继续降低该金额直到被调查者作出否定的回答为止。然后，再提高该金额，找出被调查者愿意接受的赔偿金额。

（二）比较博弈法

1. 基本思想

比较博弈法通过被调查者对两组方案的选择调查被调查者的支付意愿或受偿意愿。调查者首先也要向被调查者说明环境质量变动的影响以及解决环境问题的具体办法，然后提出两组方案。其中，第一组只包括一定的环境质量；第二组除了一定的环境质量之外，还需要被调查者支付一定数量的金额（或者给被调查者一定数量金额的补偿）。调查者要求被调查者在环境质量与货币支出的不同组合中做出选择。如果被调查者选择了第一组，那就要降低要求被调查者支付的金额（或提高给被调查者的补偿金额）；如果被调查者选择了第二组，那就提高要求被调查者支付的金额（或降低给被调查者的补偿金额）。直到被调查者感到无论选择哪一组方案都一样为止。此时，调查者所选择的价格就表示他对给定环境物品或服务的支付意愿。将所有的被调查者在第二组方案中愿意付出或愿意接受的金额汇总，就可以得出上述环境质量差异的货币价值。此后，再给出另一组组合，如环境质量提高了，价格也提高了，然后重复上述步骤。经过几轮询问，根据被调查者对不同环境质量水平的选择情况进行分析，就可以估算出他对边际环境质量变化的支付意愿。

2. 案例研究

以比较的方式说明比较博弈法的应用。假设就某一小区的公园扩建计划调查小区居民对公园扩建计划的支付意愿。从对小区居民的调查中需要获得的信息是居民对公园面积边际增量的支付意愿。假设公园的现有面积是 $1km^2$，小区居民总数为 20 000 人。

第一步，选定被调查者。被调查者必须具有代表性。为了简化起见，假设选择了 6 个具有代表性的居民。

第二步，详细介绍要评价的环境物品或服务的属性。在此介绍公园的属性。

第三步，向被调查者提供两套方案：

1）公园仍保持 $1km^2$ 的面积。因此，居民不需要付钱。

2）扩大公园面积，同时支付一定数额的货币。

两种不同支付意愿列于表 5－8，其中支出方案Ⅱ中任意给出一个捐赠金额（如 10 元），询问被调查者愿意选择哪一种方案（Ⅰ或 Ⅱ）。如果被调查者选择了方案Ⅱ，那么就逐步提高捐赠水平（如 11 元）；如果被调查者选者了方案Ⅰ，那么就逐渐降低捐赠水平（如 9 元）。反复询问被调查者，直到他认为两种方案没有差异为止。假设在捐赠水平为 15 元时，被调查者对支出方案Ⅰ和Ⅱ的选择无差异（认为选择Ⅰ也行，选择Ⅱ也可以），则我们就可以把它解释为被调查者对公园面积扩大 $1km^2$ 的支付意愿为 15 元。

被调查者对扩大公园面积的不同方案的支付意愿列于表 5－8，保持表 5－8 中支出方案Ⅰ不变，只改变支出方案Ⅱ中公园面积和相应的捐赠金额。假设对 6 个被调查者都重复进行了上述过程，并获得了相应的信息，其结果见表 5－9。

表 5-8　利用比较博弈法估算小区居民对公园扩建的支付意愿

支出方案	Ⅰ	Ⅱ
捐赠金额/元	0	10
公园面积/km^2	1	2

表 5-9　被调查者对扩大公园面积的不同方案的支付意愿

公园面积/km^2	被调查者的支付意愿/元							总支付意愿/万元	扩建成本/万元	净效益/万元
	被调查者 1	被调查者 2	被调查者 3	被调查者 4	被调查者 5	被调查者 6	平均			
1	0	0	0	0	22	0	0	0	0	0
2	15	18	11	8	23	13	14.5	29.0	2.0	27.0
3	22	27	15	12	33	20	21.5	43.0	4.0	39.0
4	26	32	18	15	40	26	26.2	52.4	6.0	46.4
5	29	36	20	17	45	31	29.7	59.4	8.0	51.4
6	31	39	21	18	48	34	31.8	63.6	10.0	53.6
7	32	40	21	18	50	35	32.7	65.4	12.0	53.4

第四步，选择净效益最大的扩建方案。假设被调查者的支付意愿的平均值可以代表该小区每个居民的支付意愿，则该小区居民对公园扩建的不同方案的总支付意愿为某一方案的平均支付意愿乘以 20 000 人。同时，假设公园扩建的成本随着公园面积的增加而线性增加（扩建费为 20 000 元/ km^2），则把每一方案的支付意愿总支出减去相应的扩建成本，就可以获得每一扩建方案的净效益，计算结果列于表 5-9 中。由表 5-9 可见，当公园面积为 6km^2 时，或者说公园扩建 5km^2 时，其净效益最大，为 536 000 元。

（三）无费用选择法

无费用选择法同样要求被调查者在若干组方案之间进行选择，但无论哪一组方案都不要求被调查者付款，而只要求被调查者选择由一定的环境质量和一定数量的其他商品或劳务（也可以包括货币）组成的组合。这样，被调查者对环境质量差异的受偿意愿，就可以通过他们对其他商品或劳务的选择表现出来。例如，被调查者选择了环境污染比较严重地区的两室一厅，而没有选择环境质量比较好的地区的一室一厅，此时，两地环境质量差异的货币价值就小于不同住房影子价格之间的差异。如果同时还存在第三组选择——同样是环境污染较严重的地区，但被调查者只能得到一室一厅加上一套价值 1 万元的家具，而被调查者宁可不要家具也要住在环境质量较好的地区。这样，调查者由此可以进一步推断，两地环境质量差异的货币价值大于 1 万元。可供选择的其他商品或劳务越多，环境质量变动的货币价值就越接近被调查者的受偿意愿。

（四）意愿调查评价法的特点

意愿调查评价法直接评价被调查对象的支付意愿或受偿意愿，从理论上来说，所得结果应该最接近环境质量的货币价值。但必须承认，在有关被调查者的支付意愿或受偿意愿的方面，调查者和被调查者所掌握的信息是非对称的，被调查者比调查者更清楚自己的意愿。加上意愿调查评价法所评价的是调查对象本人宣称的意愿，而非调查对象根据自己的意愿所采取的实际行动，因而调查结果存在着产生各种偏差的可能性。

（1）信息偏差

当被调查者的回答取决于所提供的环境信息，而且调查者可能向被调查者提供了太少或错误的信息时，便会产生信息偏差(information bias)。

（2）支付方式偏差

支付方式偏差(instrument bias)是因假设的支付方式不同而导致的偏差。用何方式收取人们支付的货币，可能会影响到被调查者所表明的支付意愿的大小。例如，为保护环境质量，大多数人可能喜欢捐款到非营利的环境保护基金，而不是支付更高的门票费。

（3）起点偏差

由于调查者在设计问卷和问题时，所建议的支付意愿或受偿意愿的出价起点高低所引起的回答范围的偏差称为起点偏差(starting point bias)。

（4）假想偏差

假想偏差(hypothetical bias)是使用意愿调查法中普遍出现的问题。假想偏差发生的原因很简单，就是在意愿调查时，被调查者对假想市场问题的反应(回答)与对真实问题的反应并不一样。有人发现，当被调查者要求评估一个不熟悉的和不在市场上交换的产品的价值时，不准确程度明显上升。

（5）预算偏差

在一次调查中，即便被调查者对自己的支付意愿的真实性做出了良好的承诺，但他们可能没有仔细考虑自己的收入限制时，就可能导致预算偏差(budget bias)。假如当被调查者真正面临环境变化与其他财产的选择时，答案可能就会不同了。

（6）策略性偏差

当被调查者对他们关于环境变化的支付意愿或受偿意愿说谎时便产生了策略性偏差(strategic bias)。被调查者也许认为通过他们的答案(或在答案中适当包含一定的误差)就可以影响实际的决策进程，所以可能会故意提供错误的回答。

由此可见，如果不进行仔细的准备，意愿调查评价法是最可能出现重大偏差的一类评估方法。

四、评价方法的选择

以上提到的三类评估方法在实际工作中都有应用,其中有些方法用得多,而有些方法很少用到。对于一个特定的研究问题,评价方法的选择取决于评价过程所提供的信息、时间和资金,同时与个人对方法的偏好也有关系。此外,选择哪种方法还要根据评估人员的自身情况。有些方法,如内涵资产定价法,需要评估人员具有较好的经济学背景和丰富的统计分析经验;而其他方法(如防护费用法)对评估人员这方面的要求就不是很高。各种经济价值评估方法的特点列于表 5-10。

表 5-10　各种经济价值评估方法的特点

经济价值评估方法	主要使用的范围	基本假设	关键词	Dixon 等给出的适用性评价[1)]
内涵资产评价法	机场附近的噪声污染市区空气质量	房屋市场是完全竞争市场	内涵价值函数	潜在适用
旅行费用法	户外旅游地 生物保护	旅游者的支付意愿可以通过旅游指出反映出来	到访率和旅游花费	选择性适用
防护费用法	空气污染 水污染	环境服务功能的完全替代品的支出	预防性行为支出	广泛适用
生产函数法	农作物损失 渔业损失	生产力变化对供给曲线的影响	供给曲线改变对市场价格和产量的影响	广泛适用
人力资本评价法	生命价值	生命价值可以用收入损失衡量	生命期望和收入损失	广泛适用
内涵工资评价法	生命价值	劳动力市场是完全竞争市场	内涵工资函数	潜在适用
意愿调查评价法	旅游地的情感使用价值 便捷的水供应	调查中支付意愿的表达可以反映实际经济价值	通过调查获得的有意义的支付意愿	潜在适用

1) Dixon 等(1994)将经济价值评估方法分为三类:① 一般适用——经常用到的评估方法;② 选择性适用——应用中需要比一般适用的方法更加谨慎,对数据和其他资料有更高的要求,或者需要进行更多假设;③ 潜在适用——很少用到的方法,因为需要的数据收集难度很大。

资料来源:伦纳德·奥托兰诺.环境管理与影响评价.郭怀成,梅凤乔译.北京:化学工业出版社.2004。

第三节 环境价值评估的应用

人类的宏观决策和微观行为对环境的影响日益深刻,传统的决策体系和分析方法将环境排除在外。人类社会发展到今天,环境舒适性与经济发展以及社会安定一并成为社会发展的主要目标,将环境纳入宏观决策体系和微观分析范畴刻不容缓。于是,环境价值评估有了广阔的用武之地。

一、费用效益分析

(一) 费用效益分析的产生与发展

费用效益分析在19世纪就产生了。1844年,法国工程师杜波伊特发表了题为"市政工程效用的评价"的论文,提出了"消费者剩余"的思想。这种思想发展成为社会经济效益的概念,成为费用效益分析的基础。20世纪上半叶,美国先后将费用效益分析方法应用于改进港口和内河航运等公共工程项目以及军事工程项目上,并第一次将当时并行独立发展的两门学科实用项目分析与福利经济分析联系起来。自此以后,费用效益分析得到了较快发展。

自20世纪60年代以后,费用效益分析扩展到其他发展领域,如公路运输、城市规划和环境质量管理。1982年2月,美国政府发布命令,要求任何重大管理行动都要执行费用效益分析,这标志着经济分析有可能进入国家政策的决策过程。

自此,费用效益分析的应用范围已经超出了对开发项目的评价范围,并扩展到对发展计划和重大政策的评价。我国目前也强调要对社会经济活动的环境影响进行费用效益分析,尽管已经取得了一些进展,但仍有需要不断完善之处。

(二) 费用效益分析的步骤

费用效益分析通过对比所评估的项目的费用和效益,从而对项目可行与否进行决策。根据净效益的大小可以对不同的项目进行排序,从而实现对稀缺资源的有效配置。另外,费用效益分析同样可以用于对各种规划方案以及政策进行评估。

对项目进行费用效益分析,可以分解为下述三个步骤。

1. 识别项目的费用和效益

为了识别项目的费用和效益,必须进行如下步骤的研究和分析。

(1) 确定分析范围,识别主要的环境影响

无论是对一个开发建设项目、污染控制方案还是一项政策进行分析,都必须首先确定分析的对象和分析的范围。分析的范围要足够大,以便能够包括最主要的可以识别的影响。从费用效益分析的观点看,分析范围越大则越能包括所有的外

部影响。但分析范围选择还要取决于其他因素,如供分析用的人力、物力、财力等。因此,还必须同时识别最重要的环境影响是什么。

(2) 分析和确定重要环境影响的物理效果

在识别了主要环境影响后,就要确定这些影响的物理效果,即对环境功能或环境质量的损害,以及由于环境质量变化而导致的经济损失。例如,二氧化硫排放导致大气污染,并对人体健康、农产品产量、建筑物等产生影响。此时,就要分析这些影响的范围和程度,如发病率和过早死亡率提高、农产品产量下降、建筑物受到腐蚀等。

(3) 通过价值评估技术对上述物理效果进行货币估值

根据第一节介绍的价值评估方法估算上述主要环境影响带来的费用或效益。

2. 对计算出的费用和效益进行贴现

由于现实生活中很多资源配置问题(如项目实施及运行等都设计在不同时间和不同时代之间进行选择),如项目的实施及运行通常需要几年到几十年,污染物会随时间而积累,非再生资源已经开发就会随时间减少,因此,必须把时间的因素考虑进来,从而有可能对发生在不同时间的费用和效益进行对比。为了比较发生在不同时间的费用和效益,在项目评估中,通常都要通过一定的方式把发生在未来(或不同时间)的费用和效益转化为现值(present value,PV),以便进行比较。这种计算现值的方式称为贴现。

对于未来第 n 年发生的费用和效益的现值由下式确定:

$$\mathrm{PV}(B_n \text{ 或 } C_n)=\frac{B_n \text{ 或 } C_n}{(1+r)^n}$$

式中:$\mathrm{PV}(B_n)$为效益现值;$\mathrm{PV}(C_n)$为费用现值;B_n、C_n分别为发生在第 n 年的效益、费用;r 为社会贴现率。

3. 比较贴现后的费用和效益

在完成了上述两个步骤之后,将环境影响的费用和效益的现值与其他方面的费用和效益现值相加,求出总的费用现值和效益现值。然后通过以下几个指标进行比较,并做出该项目(或政策)是否可行的决策。需要注意的是,计算总费用时,要包括所发生的所有的直接和间接成本,同时减去可能的成本节约;计算效益时,要包括所发生的所有的直接和间接效益。

(1) 经济净现值

经济净现值(economic net present value,ENPV)是反映项目对国民经济所做净贡献的绝对指标。它是用社会贴现率将项目计算期内各年的净现值(等于效益减去费用)折算到建设期试点(起初)的现值之和。经济净现值大于零的项目就是可选择的项目,其计算公式为

$$ENPV=\sum_{i=0}^{n}\frac{TB_i-TC_i}{(1+r)^i}$$

式中：TB_i、TC_i 分别为发生在第 i 年的总效益、总费用；n 为计算期；r 为社会贴现率。

(2) 经济内部收益率

经济内部收益率（economic internal rate of return，EIRR）是反映项目对国民经济贡献的相对指标，是使项目计算期内的经济净现值累计等于零时的贴现率，其表达式为

$$\sum_{i=0}^{n}\frac{TB_i-TC_i}{(1+EIRR)^i}=0$$

一般来说，经济内部收益率大于或等于社会贴现率的项目被认为是可以考虑的项目。

(3) 经济净现值率

经济净现值率（economic net present value rate，ENPVR）是项目净现值与全部投资现值之比，即单位投资现值的净现值。它是反映单位投资对国民经济贡献程度的指标，其计算公式如下：

$$ENPVR = ENPV/ I_p$$

式中：I_p 为投资的净现值；ENPV 为经济净现值。

一般情况下，应该优先选择净现值率高的项目。

4. 费用效益分析评价指标的应用

上述三类指标在应用中各有利弊，具体情况总结于表 5-11。

表 5-11 费用效益分析的几个主要评判指标的用途

指标 用途	经济净现值	经济内部收益率	经济净现值率
项目评价 （项目方案入选）	ENPV≥0 时可以接受	EIRR≥r 时可以接受	ENPVR≥0 时可以接受
方案比较 （互斥方案优选）	ENPV 较大者（投资不同时，结合 ENPVR 一起考虑）	不能直接用，可计算差额投资经济内部收益率（ΔEIRR）。当 ΔEIRR≥r，投资大的方案好；反之，投资小的方案好	不能接受
项目排队 （独立方案优劣排序的最优组合）	不能直接用	不能直接用	按 ENPVR 大小排序

注：①表中 r 代表社会贴现率；②互斥方案是指彼此互相排斥的一组方案，只能选择其中一个方案进行投资；③在对互斥方案进行选择时，可以用甲方案的净现值减去乙方案的净现值，该差额净现值的经济内部收益率就是差额投资经济内部收益率。

（三）环境价值评估对费用效益分析的完善

将环境影响纳入费用效益分析是环境价值评价最初、也是最基本的动机。人类的任何社会经济活动，包括决策或开发建设都会对环境及自然资源配置造成影响，进而带来环境费用或环境效益。因此，需要评估这些影响的程度和范围，以确定是否应该制订或执行某项政策，是否应该开发和建设某个项目。

对一个项目或政策的费用效益分析范围的简单描述示于图 5-3。由图 5-3 可知：

1）项目的产出效果中既包括正效益，也包括负效益（或损失），这种负效益（或损失）构成损失费用，与投入费用一起形成总费用。

2）广义的费用效益分析对产出效果的描述应包括经济、社会、环境等反映社会福利水平的不同方面，而不仅仅只考虑项目或政策产出的直接经济效果。

3）图 5-3 中虚框部分反映的是项目对自然系统和环境资源造成的正负两个方面的影响，表现为环境效益和环境费用。费用效益分析正是通过对这一部分价值的估算把人们对环境的关注纳入到项目的经济分析（可行性研究）范畴之内，以使经济分析的结果能够客观、真实地反映项目对社会经济环境所产生的真实效果。

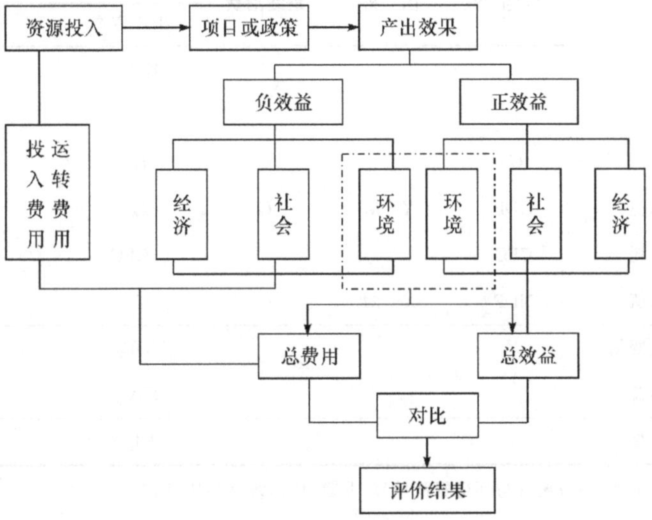

图 5-3　费用效益分析的基本框架

二、环境经济核算

开展绿色国民经济核算的一个重要目标是推进可持续发展。经济学家已经认识到，纠正市场失灵是环境费用效益分析和最初开展环境价值计量所追求的目标，但对于追求经济整体的可持续性是不够的。假设费用效益分析得到了环境影响的货币价值，但也不能保证该项目符合可持续发展的要求。例如，开发项目可能导致一些物种的灭绝，这些物种在生态系统中发挥着重要作用，但保护这些物种的支付意愿可能不足以阻止这一项目的实施，因此需要从更高、更宏观的层面影响微观决策。

(一) 传统国民核算的缺陷

随着经济的发展，人类越来越承认生产和消费行为导致的环境成本是相当大的，有些成本还需要后代来承担。因此，在宏观层面上加强对经济活动的监测和管理，以维持其可持续性就显得十分必要。然而，传统的以国内生产总值(gross domestic product，GDP)指标为核心的国民核算账户体系(the system of national account，SNA)作为计量或监测环境变化对收入或社会福利的影响的方法是不完善的，突出表现在它对自然资源的损耗缺乏任何补偿；对环境质量的降低缺乏任何调整。将由环境破坏换来的收益算作收入的一部分如表 5-12 所示。

表 5-12 SNA 的基本框架

项 目	国内生产	国 外	最终消费	经济资产	
				生产资产	非生产资产
期初资产存量				KO_p	KO_{np}
来源	P	M			
使用	C_i	X	C	I_g	
国内生产总值	GDP	$X-M$	C	I_g	
固定资本消耗	CFC			−CFC	
国内生产净值	NDP	$X-M$	C	I	
资产其他物量变化				VOL_p	VOL_{np}
持有资产损益				REV_p	REV_{np}
期末资产存量				Kl_p	Kl_{np}

资料来源：高敏雪.环境统计与环境经济核算.北京：中国统计出版社，2000.148。

在表 5-12 中，“来源”一行表明当期所有货物与服务均来自于两方面，即国内总产出(P)和国外进口(M)；“使用”一行说明上述货物与服务的使用方向，用于国内生产的消耗(C_i)、出口(X)、国内消费(C)和资本形成(I_g)。从“国内生产”列，可看出国内生产总值(GDP)的形成，即是总产出(P)扣除中间投入(C_i)；从“国内生产总值”一行，可看到其使用方向，即国内消费(C)、资本形成(I_g)和对国外净出口($X-M$)。如果把“固定资本消耗(CFC)”行从国内生产总值构成项中扣除，其结果就是国内生产净值(NDP)。

表 5-12 行标题的首尾两行是期初和期末资产存量。与此相配合,纵栏标题末列为"经济资产",而且区分了"生产资产"和"非生产资产",它们与"资产存量"行相对应,分别记录一时期期初和期末两个时点的资产存量。此外还列有"资产其他物量变化"和"持有资产损益"两行,记录正常经济交易之外的原因所引起的资产数量和价值的变化。这样,从经济资产列,我们可以很清楚地看到一时期生产资产和非生产资产从期初存量到期末存量的动态变化过程,国民经济核算对生产和对资产的处理也一目了然。

国民经济核算体系,对于市场经济体制下的经济分析和经济管理是非常有效的,但在处理环境与经济的关系上存在严重缺陷:

1) 国民经济核算没有体现环境因素对于经济过程的作用。国民经济核算对一时期生产总量的度量以国内生产总值为主。由上述有关内容可知,从生产法的角度来看,国内生产总值是一时期总产出扣除总产出中包含的中间投入而求得的,由国内生产总值扣除固定资本消耗,其结果是国内生产净值。无论中间投入还是固定资本消耗,它们都必须是其他生产过程的产出成果,或者是当期生产成果的中间性使用,或者是生产资产在当期生产过程中的使用。这就意味着,获取国内生产总值的投入和代价,仅限于各种货物与服务,与环境等自然因素无关。从支出法的角度来看,一时期的国内生产总值可以用于最终消费、资本形成和出口,其资本形成仅限于增加生产资产,不可能增加非生产资产。由此很容易给人们造成这样的印象,即经济产出仅是经济投入的结果,不包括对自然环境的利用,没有环境投入。而自然环境存量的动态变化只是纯粹的自然过程,与当期经济过程没有关系。这样,自然环境成为游离于经济过程之外的存在,经济系统与自然环境系统仿佛是完全分离,毫不相关的。

这种核算方法忽略了自然资源匮乏和环境质量恶化对经济过程的约束,最终导致计算结果具有很大的偏差,只能片面地反映经济的增长,不能反映可持续发展的水平和动态变化。可以说,这是现有国民经济核算的最大缺陷。

2) 国民经济核算所包括的资产未能覆盖全部的自然环境,列入非生产资产中的自然环境资产仅限于那些由确定单位所拥有并能为其所有者带来经济收益的部分。事实上,自然环境的内容远远超出了上述定义,大量的自然环境存量由于不具备上述条件而未能纳入国民经济核算的资产范围。

3) 从与环境的关系上看,各种经济活动大体可分为两类:一类是利用环境、消耗环境的经济活动,如消耗自然资源的经济活动,对环境排放废弃物的经济活动;另一类则是保护和恢复环境的经济活动,如植树造林活动、废弃物处理与处置活动。进一步看,人们的消费活动也有两种:一种是真正提高自身福利水平的消费;另一种只是为了抵消环境恶化所引起的不良后果。整体来看,国民经济核算并没有区分这两类活动，但从全面反映经济与环境之间关系的目的出发，不能把这些活动混为一谈。

4）国民经济核算运用货币作为统一计量单位，用于综合各种不同的实物量。从实物量到货币量，市场价格在其中起着中介作用。但是在与环境有关的各种活动中，市场常常是失灵的，各种经济活动对环境的利用并没有内在化为价格的组成部分。这种情况会产生两种后果：① 对有些环境存量无法取得相应的价格从而无法综合为价值量；② 运用片面的市场价格衡量经济活动和环境存量会扭曲经济与环境的关系。

可见，尽管不能简单地将国民经济核算作为经济发展不可持续的罪魁祸首，但由于国民经济核算所提供的信息是整个经济管理决策和实施的基础，它所造成的国内生产总值对一时期生产成果和投资能力的偏高估计，会给决策者提供错误信息，加深经济与环境不相干的假想，容易引导决策者以发展经济的名义忽略和毁坏环境。因此，在可持续发展战略要求下，必须对现有国民经济核算加以适当改造。

（二）绿色国民核算

为了从宏观层面更好地保护环境、协调经济发展与环境保护的关系，联合国推出了综合环境与经济核算体系（the system of integrated environmental and economics accounting，SEEA 和 SEEA2003），作为 SNA 的卫星账户，即国民账户体系的二级账户，也就是以附属体系的形式将实物量和价值量表示的环境因素纳入到 SNA 体系中的各个方面，并在此基础上提出经环境因素修正的宏观经济指标。这样，既保留了 SNA 体系的稳定性，又为将来对 SNA 体系进行根本性的改革创造条件。

1. SEEA 的基本框架

SEEA 的目标为：

1）将 SNA 中所有与环境有关的流量项目与存量项目分开列出。

2）将实物资源核算与货币化环境核算以及资产负债相联系。

3）评价环境成本与效益。

4）对有形财富的维护给以专门核算。

5）对传统产品和收入指标加以环境调整。

按照 SEEA 的操作思路，将环境核算纳入国民经济核算体系的操作方式分为三个层次：

1）对各类自然资源及相关生态环境分别进行核算。包括实物核算、价值核算，也包括存量核算和流量核算。

2）对环境因素进行综合核算。反映自然资源、生态环境总体及总量的增减变化。

3）将资源资产和环境资产纳入国民经济核算体系。全面系统反映自然资源、生态环境在国民经济运行中的主要作用和地位，反映自然资源、生态环境与国民经济运行主要指标的关系。

由于环境因素的引入，国民经济的核算内容发生了两个方面的变化：一是改变了现有的生产核算，把经济过程对环境的利用作为生产中的投入处理，由此实现了对国内生产总值的调整；二是改变了现有的资产核算及投资核算，把自然环境作为自然资产引入，从而比较完整地反映了自然资产存量从期初到期末的动态平衡关系，如表 5－13 所示。

表 5－13 SEEA 的基本框架

项 目	经济活动					环 境
	生产	国外	最终消费	经济资产		其他自然环境资产
				生产资产	非生产自然资产	
期初存量				KO_p	KO_{np}	
来源	P	M				
使用	C_i	X	C	I_g		
固定资本消耗	CFC			－CFC		
国内生产净值(NDP)	NDP	$X-M$	C	I		
非生产自然资产的经济使用	U_{np}				$-U_{np.ec}$	$-U_{np.env}$
非生产自然资产的其他积累					$I_{np.ec}$	$-I_{np.env}$
环境调整后的国内产值	EDP	$X-M$	C	$A_{p.ec}$	$A_{np.ec}$	$-A_{np.env}$
资产数量其他变化(余项)				VOL_p	VOL_{np}	
持有资产损益				REV_p	REV_{np}	
期末资产存量				Kl_p	Kl_{np}	

资料来源：张白玲．环境核算体系研究．北京：中国财政经济出版社，2003．186。

2．SEEA 的主要内容

SEEA 对 SNA 的扩展主要体现在两个方面：

1）在 SNA 总框架的基础上增加一列内容，即列出未包括在经济资产中的自然资产，并把原经济资产中的自然资产独立列示，这样，资产的范围被扩展到包括全部自然环境资产。

2）在"国内生产净值"项后增加了"非生产自然资产的经济使用"和"非生产自然资产的其他积累"两项内容。"非生产自然资产的经济使用"记录了经济活动中使用的非生产自然资产状况，相应的两个项目为：① 在 SNA 中属于经济资产的非生产自然资产的使用;② 在 SNA 中不属于经济资产的其他环境资产降级。

"非生产自然资产的其他积累"则记录了作为非生产经济资产的存量变化,即自然资源资产向经济资产的转移。为此,SEEA 引入了"总积累"的概念以取代 SNA 中的"固定资产形成总额",它在 SEEA 中分为三部分:

1) 生产资产总积累,相当于资本形成总额。

2) 非生产经济资产,记录了非生产自然资产和环境资产的耗减、降级以及转移到经济体系中的自然资产的增加值。

3) 不属于经济资产的自然资源和生态环境,一般被看做经济活动对环境影响的经济估价,是耗减和降级的影响与将自然资产转移到经济资产的减少之和。

3. SEEA 对 GDP 的调整

经过 SNA 到 SEEA 的扩展,GDP、资产负债及国民财富的计算就有了以下改变:

(1) 对 GDP 两种计算方法的调整

在 SEEA 中,按照生产法计算,由于增加了非生产自然资产的经济使用,即增加了生产过程中资源环境投入成本费用项目,则 GDP 计算调整为 EDP:

EDP = 总产出 - 中间投入 - 固定资本消耗 - 非生产自然资产的经济使用
　　= 国内生产净值 - 非生产自然资产的经济使用

即

$$\mathrm{EDP}=P-(C_{\mathrm{i}}+\mathrm{CFC})-U_{\mathrm{np}}=\mathrm{NDP}-U_{\mathrm{np}}$$

式中:EDP 为生态产出,是 GDP 经环境因素调整后形成的一个新指标。从生产的角度看,EDP 是国内生产净值扣除环境投入之后的余值,它不仅包括生产资产的投入和使用,而且还包括非生产自然资产的使用、消耗和降级。

在 SEEA 中,按照支出法计算,由于增加了非生产自然资产的其他积累内容,将非生产自然资产的使用(在 SNA 中属于"资产数量的其他变化"项目)调整为资本积累项目,以替代 SNA 中的资本形成,则 GDP 的计算调整为

$$\mathrm{EDP}=(X-M)+C+(A_{\mathrm{p.ec}}+A_{\mathrm{np.ec}})-A_{\mathrm{np.env}}$$

式中:$(X-M)$为产品进出口净额;C 为最终消费;$A_{\mathrm{p.ec}}$为生产资产的积累;$A_{\mathrm{np.ec}}$为经济资产中自然资源的耗减以及转移为生产资产的增加;$(A_{\mathrm{p.ec}}+A_{\mathrm{np.ec}})$相当于 SNA 中的资本形成总额;$-A_{\mathrm{np.ec}}$指自然资源向经济资产转移的减少。这一公式表明,经过资源环境核算按支出法计算的 GDP,其资本积累不仅包括生产资产的资本形成,还包括由于非生产自然资产耗减和降级而引起的资本总量变化以及自然资产在经济使用中向经济资产的转移。

(2) 资产负债及国民财富的调整

资产负债是指一定时点、一定范围存在的以价值量形式表现出的物质资料、债

权债务和其他资产，国民资产负债是国民财富的主要内容。将资源资产、环境资产纳入国民资产负债核算，把资源资产列入非金融资产项下，将无价财富转变为有价财富，扩大了资产负债的构成及总量，以正确反映国民财富持有水平。资源资产、环境资产的介入，对国民资产负债的期初、期末余额及资产结构都有影响，它主要影响国民资产负债的期初(期末)余额。

$$
\begin{aligned}
\text{调整后的国民资产期末余额} &= \text{资产期初余额} + \text{资产当期净变化} \\
&\quad + \text{资源} \times \text{环境资产当期净变化} \\
&\quad + \text{资产数量的其他变化} + \text{持有资产损益}
\end{aligned}
$$

即

$$
\begin{aligned}
\text{调整后的国民资产期末余额} &= Kl_{p} + Kl_{np} \\
&= KO_{p} + KO_{np} + A_{p.ec} + A_{np.ec} - A_{np.ec} + VOL_{p} \\
&\quad + VOL_{np} + REV_{p} + REV_{np} \\
&= KO_{p} + KO_{np} + A_{p.ec} + A_{np.ec} - A_{np.env} + VOL_{p} \\
&\quad + VOL_{np} + REV_{p} + REV_{np}
\end{aligned}
$$

（三）环境价值评估的应用

绿色国民经济核算主要涉及以下环境资源价值评估的内容和方法。

1. 资源耗减成本的评估

资源耗减成本是一个时期内经济生产对自然资源利用、消耗形成的成本。自然资源投入是所有经济生产的基础，主要体现为对环境资源物质功能的直接利用。如果具有比较明确的数量特征，就可以应用市场价格评估其价值。这样的环境资源直接投入经济生产过程，其价值会转化为铲除价值的一部分，包含在最终产品的价格之中。因此，评估就是识别已经包含在相关产品中的环境资源的价值，即"环境资源租金"。对应当期消耗的租金就是资源耗减价值，将资源寿命期内各期资源租金折现加总，就得到资源总价值。

即使是最宜于按照市场方法进行评估的环境资源，评估其资源耗减成本仍然没有现成的、放之四海而皆准的方法，而是要根据具体对象和所掌握的基础数据做出不同的选择。

(1) 拨付法

拨付法是按照当期为开采资源实际支付费用估算资源耗减价值，是建立在实际经济交易基础上的方法。由于许多自然资源为国家所有，资源开采实际支付费用主要体现为政府为此征收的税费，但政府征收税费的目的并非或至少不完全是要补偿该资源消耗损失(或折旧)的价值，因此这种估算方法并不代表资源耗减成本估算的一般方法。

(2) 净价格法

资源价格是通过资源开采后形成的产品的出售来实现的，理论上讲，如果从资源产品价格中扣除该资源的边际开采成本，剩余部分就是资源价格。

(3) 净现值变化法

资源价值（资源租金）是由其未来收益的净现值构成的。从一个时期的期初到期末，该资源的寿命期减少一年，其净现值之和就会下降一些，即发生“净现值变化”。

(4) 营业盈余推算法

总营业盈余是国民经济核算中各生产部门增加值扣除劳动报酬、生产税净额后的余值，反映生产过程当期使用所有资产获得的收益。如果把经济过程运用的资产分解为生产资产和自然资产，该营业盈余就可以分解为两个部分，即生产资产的收益和自然资产的收益，前者称为经济租金，后者称为资源租金，即为资源耗减成本，因此从总营业盈余中扣除经济租金就可以推算资源耗减成本。

2. 环境退化成本的计量

对环境退化进行估价，实质是对环境服务功能的变化进行估价，即要对环境质量的下降赋予一个价值。假定环境退化是经济活动过程的结果，则环境退化价值应该作为经济活动的成本看待，即环境退化成本。

环境服务功能（包括容纳、舒适性、生态服务等功能）具有质量服务的特征，难于直接应用市场价格评估其价值。目前，绿色国民经济核算中关于环境退化成本的评估形成了两种基本思路：

1) 基于成本的估算方法，即估算防止和恢复所有环境退化，保持初始环境质量水平的成本。这种成本估算是为了维护环境质量而应该付出的代价，是在一定假定之下虚拟估算的成本费用。

2) 基于损害的估算方法，即估算环境退化所造成的损害的价值，可以根据损害与某种市场化商品的联系，直接利用市场价格（如生产函数法），或间接利用市场价格（如旅行费用法、资产内涵价格法），或通过虚拟市场揭示价值（如意愿调查法）估算。

3. 环境防御成本的计量

环境防御成本指针对环境的防御支出。核算环境防御成本的概念源于福利经济学中的福利计量，这种支出本身不直接增加福利，而是抵消或弥补其他活动所带来的负面影响的支出。

目前一般公认，环境防御成本主要是环境保护支出，包括预防环境被破坏而发生的支出和为恢复环境而花费的支出。这种支出所发生的环节和范围与上述基于成本估价的环境退化成本大体相同。不同之处在于:环境防御成本是当期为保护环境实际付出的代价;是按照经济交易实际发生的、被经济核算所计量的支出;而环境退化成本所估算的是为了维护环境质量而应该付出的代价,是虚拟估算的成本费用。

上述三类环境成本的计量是目前进行环境经济核算的重要环节。其中,资源耗减成本与环境退化成本在计量对象上是并列的(分别是自然资源的物质性功能和环境服务功能),而且都是以虚拟估价方法实现的环境成本计量;环境防御成本和环境退化成本在计量对象上具有某种统一性,但所采用的计量方法不同,前者以实际发生的环境保护成本为估价基础,而环境退化成本则应用虚拟估价方法。

三、环境污染损害赔偿

在美国,另外一个推动环境经济评价发展的现实需求来自于确定污染损失责任方的赔偿额度。1980 年 12 月,美国《综合环境影响、赔偿和责任法》(CERCLA,也称“超级基金”)开始生效,推动了环境影响经济评价的实践。该法令规定政府有关部门作为政府所有或政府控制的自然资源的托管人,有权要求污染或破坏自然资源的责任者对污染造成的损失进行赔偿。由此引发了对环境污染损失的计量问题,与污染者的法律责任和赔偿额直接相关。CERCLA 要求总统制定出自然资源损害评估的原则和方法程序,每两年修订一次,吸收最新的经济评价研究成果。

我国经济发展已经进入环境污染事故多发阶段,环境污染事件及索赔案件的数量急剧增加,虽然目前还缺乏相关的法律和政策基础,但已经对污染损害赔偿的评估提出了现实要求。

第四节 环境经济手段

环境是资源,环境具有价值。环境容量是环境资源的一个重要组成部分,环境容量具有价值。如何用经济手段调整环境容量资源配置过程中的“市场失灵”和“政策失效”,是环境管理除命令控制型手段之外的又一举措,也是环境价值的必然体现。

一、环境经济手段的界定和分类

(一) 环境经济手段的界定

环境经济手段有广义和狭义之分。从广义的角度看,一种政策手段只要同时对环境与经济有影响,就可以称为环境经济手段。从狭义的角度看,当某种手段的应用足以影响到经济当事人对可选择的行动(如安装治污设施以减少排放、缴纳排污费以获准污染、与其他厂商协商以取得许可等)的费用和效益进行评估时,该手段之前便可冠之以“经济”之名（OECD 的观点）。

通常人们对环境经济手段的分析是从狭义的角度进行讨论的。

（二）环境经济手段的分类

国内外众多学者和机构对环境经济手段进行了分类，较有代表性和受到广泛接受的有以下几种分类。

1. OECD 的分类

OECD 在《环境经济手段应用指南》中曾经将环境经济手段分为三种，即环境收费或税收、许可证制度、押金–退款制度。OECD 在《环境管理中的经济手段》一书中进一步将环境经济手段确定为五种，即收费、补贴、押金–退款制度、市场创建、执行鼓励金。这一分类在国内已经得到比较广泛的接受。

2. 沈满洪的分类

浙江大学沈满洪教授的分类是较有代表性的一种分类方法。他将环境经济手段主要分为两类，即“庇古手段”和“科斯手段”。具体分类如图 5－4 所示。这种分类方法提供了一种很好的思路，便于理解和分析。同时，与当前的制度分析相联系，有利于横向交流。究其实质，这里的庇古手段仅仅是一种侧重于政府干预的经济手段，科斯手段则是一种侧重于市场机制的经济手段，而且是一个大致的分类原则。结合上述两种分类方法，在此重点介绍庇古手段中的排污收费和科斯手段中的排污权交易。同时，根据环境经济手段的最新进展，相应增添环境税和生态补偿等相关内容。

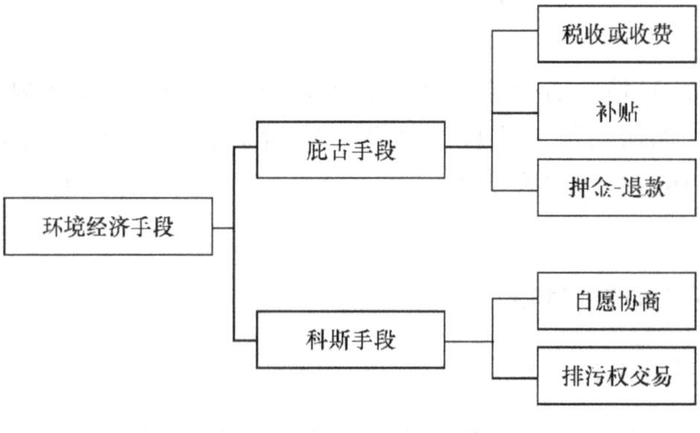

图 5－4　环境经济手段

二、排污收费

环境价值理论认为，环境容量也是资源，也具有价值。对环境容量利用不足或者不利用，是资源配置的低效率或者无效率。当然，环境容量也是有限的，对环境容量利用过度甚至损害环境容量，同样是资源配置的低效率或者无效率。排污收费是指由政府给外部不经济性确定一个合理的负价格，由外部不经济性的制造者承担全部外部费用，以促进企业或社会实现最优排污水平，充分科学合理地利用环境容量的一种经济手段。

（一）最优排污费率的确定

最优排污费率的确定与最优排污量是密切相关的。

1. 最优排污量

最优排污量也称有效率的污染水平或最佳外部性数量。人们可以从两个方面来确定环境容量的有效利用水平（或者最优排污量），即社会净效益最大或社会总成本最低。

（1）满足社会净效益最大化时的最优排污量

满足社会净效益最大化时的最优排污量如图 5－5 所示。

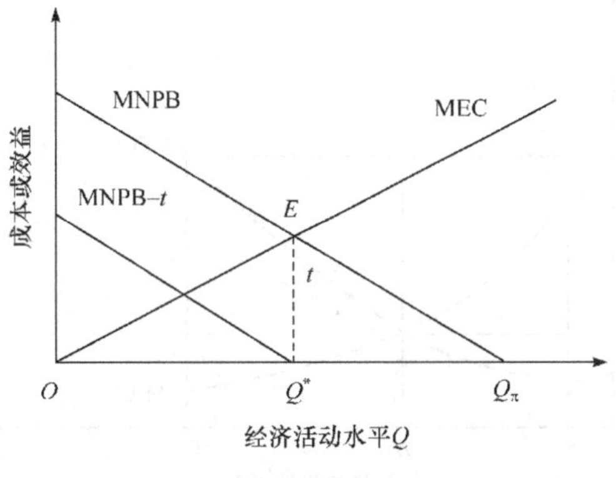

图 5－5　满足社会净效益最大化时的最优排污量

图 5.5 中横坐标既代表厂商的生产规模，也代表其污染物的排放量，且二者呈线性关系。此时，最优排污量的数学推导过程如下：

假设所讨论的经济活动，其私人净效益（NPB）和外部费用（EC）都是经济活动水平（Q）的函数，即有

$$\mathrm{NPB}=g\mathrm{B}(Q) \qquad \mathrm{MNPB}=g'\mathrm{B}(Q)$$
$$\mathrm{EC}=g\mathrm{D}(Q) \qquad \mathrm{MEC}=g'\mathrm{D}(Q)$$

要使社会净收益最大，也就是使(NPB－EC)最大，则必须满足：

$$\frac{d(NPB-EC)}{dQ}=\frac{dgB(Q)}{dQ}-\frac{dgD(Q)}{dQ}=0$$

即

$$MNPB=MEC$$

上式表明，最优污染水平在边际私人净收益与边际外部(损失)费用相等处实现。

假定政府根据污染者排放的污染量，对每单位污染物排放量征收特定数额的排污费 t，那么，图 5-5 中 MNPB 线就将向左平行移动到(MNPB－t)线的位置。该线与横坐标相交于 Q^*，表示污染者将根据其利润最大化的追求，把生产规模与污染物排放水平控制在有效率的污染水平上。因此，t 是最优排污费率。可见，最优排污费率是使排污量处于最优污染水平时的排污收费标准，它相当于最优排污水平时的边际私人纯收益或边际外部成本。

(2) 满足社会总成本最小化时的最优排污量

满足社会总成本最小化时的最优排污量如图 5-6 所示。边际治理成本曲线 MAC 向右下方倾斜，表明治理成本随着排放水平的提高而减少；边际损害成本曲线 MEC 向右上方倾斜，表明损害成本随着排放水平的提高而增加。治理成本与损害成本之和是社会总成本。

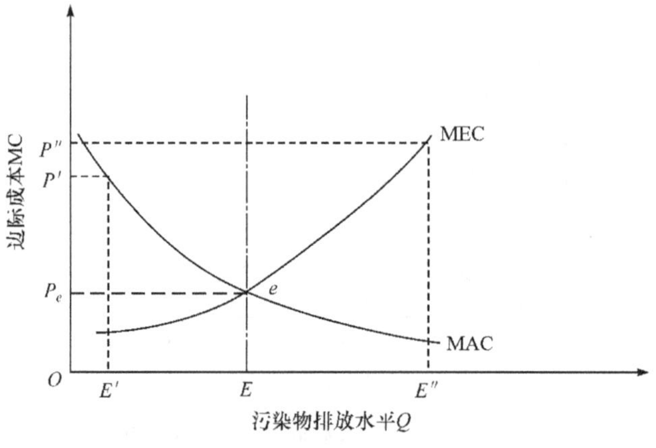

图 5-6　满足社会总成本最小化时的最优排污量

损害成本表现为对社会的外部不经济性。在环境管制不严的情况下，厂商出于利润最大化的动机会提高排放水平，降低治理成本(如 E''点)。此时，会出现比较高的损害成本和社会总成本。如果对厂商实行严格的环境管制，此时排放水平虽然降低了，但治理成本过高(如 E'点)，也造成比较高的社会总成本。因此，无论是环境管制不严或者过于严格，都会导致低效率的资源配置。理想的排放水平和

治理水平是在 E 点，此点就成为有效率的污染水平。此时边际治理成本等于边际损害成本，社会总成本最小，实现资源有效率的配置。

如果政府根据 E 点对应的边际治理成本确定排污费的征收标准。那么，污染者从自身利益考虑的结果，就会将污染物排放量控制在 E 点对应的水平上。

2. 最优排污费率的确定

当政府征收排污税费时，厂商面临着三种选择，即缴纳排污税费、减产或追加投资购买和安装处理污染物的设备。厂商面对上述三种可能性时的最优选择可用图 5－7 表示。

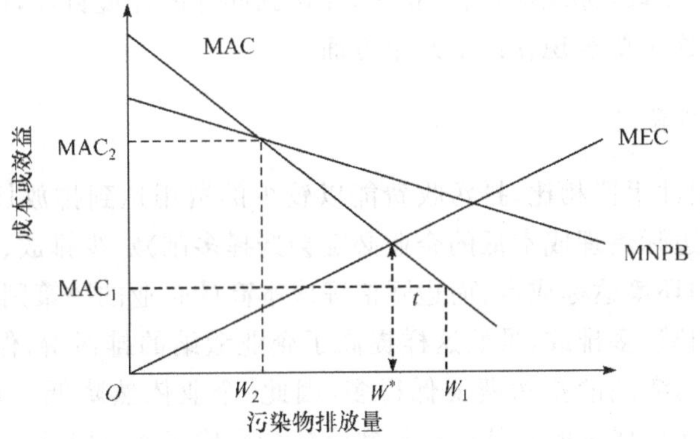

图 5－7　三种可能存在时的厂商决策

(1) 三种可能性时的最优选择

在图 5－7 中，W_2 点的右边，厂商的边际私人纯收益高于边际治理成本，在此区间，利润最大化动机将促使厂商治理污染，而不是缩小生产规模；而在 W_2 到原点这一区间，厂商的边际私人纯收益低于边际治理成本，厂商从自身的利益考虑，宁可减产也不肯购买和安装环保设备，因此，在从 O 到 W_2 之间，MNPB 可以看做是减少产量是污染者减少污染的唯一选择。

(2) 确定排污税费征收标准的原则

当厂商的边际治理成本高于其边际私人纯收益时，厂商事实上只有减产或缴纳排污费两种选择。此时，应根据社会净效益最大化原则确定最优污染水平以及排污税费的征收标准。假设厂商的污染物排放量随着生产规模的变动而同比例变动，最优污染水平由 MNPB 和 MEC 两条曲线的交点决定。当污染物的排放量达到最优水平时，政府征收的排放税费标准应该正好等于厂商的边际私人纯收益。图 5－7 中，厂商的污染物排放量随着生产规模的变动而同比例变动的情况，仅仅适用于从 W_2 点到 O 点这一区间。

当厂商的边际治理成本低于其边际私人纯收益时，即在 W_2 点右边，由于在特定污染水平条件下，厂商的边际治理成本低于其边际私人纯利益，厂商在扩大生产规模的同时，可以用购买并安装环保设施的办法控制污染物的排放。在W_2点的右边，厂商的生产规模与污染物排放量之间已经没有确定的对应关系，则根据MNPB和MEC两条曲线的交点来确定最优污染水平，以及根据污染物排放量达到最优污染水平时的厂商的边际私人纯收益来征收排污税费就失去了依据。此时最优污染水平以及排污税费的征收标准，就应当根据社会总费用最低的原则来确定，即根据MAC和MEC两条曲线的交点来决定。

（二）排污收费的经济效率

与单纯管制手段（标准加罚款）相比，要达到同样的环境目标，排污收费大大提高了经济效率，这主要表现在以下几个方面。

1. 降低达标费用

与命令控制性手段相比，排污收费能以较少的费用达到排放标准。从费用效益的角度出发，边际治理成本低的企业必定会选择多削减、少排放、少缴纳排污费，从而降低企业的环境达标成本；而边际治理成本高的企业的决策则恰恰相反，他们必定会选择少削减、多排放，虽然这样提高了企业缴纳的排污费，但相较于企业自身治理成本而言，缴纳的排污费要低得多，因此，企业依然降低了环境达标成本。可见，所有企业环境成本的降低必定导致全社会环境成本的降低。

2. 降低监督实行环境标准的费用

监督实行环境标准，意味着运用行政或法律手段直接控制经济当事人的行为；而征收排污费，只是运用经济手段改变经济当事人面临的外部环境。在监督执行环境标准时，政府必须首先确认企业的排污超过了标准，然后才能采取相应的措施。而在征收排污费时，只要政府实行根据污染企业的生产规模征收的办法，则政府所需做的，就只是确定哪些类别产品的生产和消费会导致环境污染，某个企业的生产规模有多大（可以根据该企业所生产的产品数量确定，也可以根据企业所使用的主要原材料的数量确定）、该企业所生产的产品是否安装了环保设施，而不一定强制某一企业将其污染物的排放量控制在某个水平。因而，与确定企业的污染物排放量是否超标相比，政府征收排污费所需要的交易成本相对较低。

3. 有利于污染控制技术的革新

实行统一的环境标准时，政府必须首先确认企业的排污超标行为，然后才能采取相应的措施。只要排污没有超过标准，厂商就不必缴纳罚款，因而也就没有不断寻求低成本的污染治理技术的积极性。而在征收排污费时，只要政府实行根据污染企业的污染物排放量或生产规模征收的办法，即使企业的排污没有超过标准，厂商也必须交纳一定的排污费。因而，企业就有不断寻求低成本的污染治理技术以减少缴纳排污费的积极性。

4. 有利于筹集环保资金

排污收费的收入作为环境保护的资金来源之一，可以为环境管理部门和公共环境保护设施提供部分资金，也可以返还污染企业作为治理污染的专项基金使用，体现了污染者付费的原则和环境容量资源的价值。

三、排污权交易

排污权交易与排污收费都是基于市场的环境管理手段，但有较明显的区别。排污收费制度是先确定一个价格，然后让市场确定总排放水平；而排污权交易正好相反，即先确定总排放量，然后让市场确定价格，市场确定价格的过程就是优化资源配置的过程，也是优化污染治理责任配置的过程。

（一）排污权交易的主要思想

排污权交易的主要思想就是建立合法的污染物排放权利，即排污权（这种权力通常以排污许可证的形式表现），并允许这种权力像商品一样被买入和卖出，以此进行污染物的排放控制。

排污权交易的一般做法是首先由政府部门确定出一定区域的环境质量目标，并据此评估该区域的环境容量；然后推算出污染物的最大允许排放量，并将最大允许排放量分割成若干规定的排放量，即若干排污权。政府可以选择不同的方式分配这些权利，如公开竞价拍卖、定价出售或无偿分配等，并通过建立排污权交易市场使这种权力能合法地买卖。在排污权市场上，排污者从其利益出发，自主决定其污染治理程度，从而买入或卖出排污权。

（二）排污权交易的主要特点

1. 成本最小化

在政府管理机构未增加排污权的供给，即总的环境状况没有恶化的前提下，通过排污权交易，边际治理成本较高的污染者将买进排污权，而边际治理成本较低的污染者将出售排污权，其结果是全社会总的污染治理成本最小化。

2. 有利于宏观调控

由于非对称信息的存在，政府决策可能出现失误，也可能落后于形势；而政府制定的污染源排放标准和排污费征收标准的修改因为受到一定的限制，存在“政策滞后”影响。另外，标准的修改设计各方面的利益，因而有关方面都会力图影响政府决策，从而迟迟不能得到结果，不利于政府针对环境质量突发变化做出灵活反应。

实行排污权交易后，政府可以用类似中央银行公开市场业务的做法，通过排污权的市场买卖，对环境保护中出现的问题做出及时的反应。例如，当环境标准偏低，导致发放的排污权总量偏高，可以买进排污权；而当环境质量标准偏高，则可以卖出排污权。此外，还可以通过少量的排污权交易，对环境状况进行微调。经过一定时期，证明调整后的环境状况可以兼顾环境保护和经济发展，再将其正式确定为环境标准。

3. 给非排污者表达意见的机会

如果排污权市场是完全自由竞争的，则任何人(不管是不是排污者)都可以进入市场买卖。环境保护组织如果希望降低污染水平，可以进入市场购买排污权，然后把排污权控制在自己手中，不再卖出。这样污染水平就会降低。这种解决办法是有效率的，因为它通过支付意愿反映了人们的选择。

4. 有利于优化资源配置

一般来说，环境标准不能绝对禁止排放污染物。因此，即使某地所有的厂商排放的污染物都达到了环境标准的规定，随着厂商数量的增加，污染物的排放量仍然会增加。如果为了确保总的排污量指标不被突破，就不允许新厂商进入该地从事生产，有时会影响经济效益，因为新厂商的经济效益有可能高于原来的厂商，而其边际治理成本又有可能低于原来的厂商。排污权交易为这些厂商提供了一个机会。如果新厂商的经济效益高，边际治理成本低，只需要购买少量排污权就足以使其生产规模达到合理水平并赢利；而那些经济效益低下，边际治理成本高，感到得不偿失的厂商则不会购买。显然，这对于优化资源配置是有利的。通过排污权交易，既能保证环境质量水平，又是新建、改建、扩建企业有可能通过购买排污权得到发展，有助于形成污染水平较低而生产水平较高的合理工业布局。

5. 提高了企业投资污染控制设备的积极性

污染控制投资在技术上往往是整体性的或不可分的。要进一步减少某一单位的污染，通常需要增加一大笔投资，如购置一台设备、建设一座污水处理厂等。而这些设备不仅可以处理增加的某一单位的污染，而且可以处理多单位的污染，直到该设备的极限。此后，如果再增加产量，需要再增加一笔大投资。因此，实际的污染治理投资是阶梯形递进的。但如果按照减少每一单位污染所分摊的成本而求出边际治理成本曲线，并以此来确定庇古税，企业将产生最优庇古税下不同的反应。

如果管理机构错误地估计了企业的控制成本，使庇古税低于控制成本，企业将选择交税而不是添置污染控制设备，这样就达不到排污量的控制指标。投资的整体性助长了企业不愿对控制设备进行投资的倾向。

排污权交易排除了上述问题。因为管理机构只确定排污权的数量（污染量减少的数量），排污权的价格是由市场供求确定的。排污权交易时的企业节约下来的排污许可证能够在市场上出售，或储存起来以供今后企业发展使用，因而能够促使污染者采用先进工艺，减少污染排放或采用更有效的控制设备增大污染物削减量。

6. 更具有市场灵活性

排污权交易避免了排污税费的一些问题。排污权交易不需要像排污收费那样，事先确定排污标准和相应的最优排污费率，而只需要确定排污权数量并找到发放排污权的一套机制，然后让市场去确定排污权价格。通过排污权价格的变动，排污权市场可以对经常变动的市场物价和厂商治理成本做出及时的反应。

（三）排污权交易的实施条件

1. 合理分配排污权

按照“污染者付费”原则，排污权应该通过拍卖等手段，有偿分配给排污者。但较高的获取成本使得排污权持有者有惜售心理，从而影响交易市场的形成。现实中往往采取根据一定的条件无偿分配的方式发放排污许可证。这样一来，又产生了两个问题：一是违背了“污染者付费”原则；二是新老污染源由于获取排污权方式的不同而处于不平等的竞争地位。因此，合理分配排污权，既能体现“污染者付费”原则，又不会由于获取成本过高而影响交易市场的形成，这是实现排污权交易的重要条件。

2. 完善的市场条件

排污权既然可以买卖，而且从长期来看其价格呈上升趋势，就会有人炒卖排污许可证，有可能出现某些人通过垄断排污权市场牟取暴利的现象。排污权的价格应该由市场决定，但排污权市场的交易秩序需要良好的交易环境。因此，完善的市场是排污权顺利交易的必要条件。

3. 政府部门的有效管理

污染者之所以要购买排污权，是因为没有排污许可证就不能排污。如果政府无法确定目前排污许可证的分布状况，或者虽然能够确定，但无法制止无证排污，排污权交易就根本开展不起来。因此，政府对污染者排污的有效管理，就成为了排污权交易存在的第三个条件。

政府部门的有效管理还特别体现在维持和管理排污权市场竞争交易秩序的能力上。通过买卖排污许可证来保护环境，将使政府部门有关工作人员拥有很大的权利，他们的买卖行为足以左右排污权市场，并影响到整个环境保护事业。因此，对这些工作人员的行为进行有效监督，防止以权谋私，是实现政府部门有效管理的重要保障。

四、环境税

（一）环境税的概念

环境税是指所有能够保护环境和生态系统的各种税收的总称，既包括为实现环境目的而专门征收的税收（狭义的环境税），也包括其他并非以环境保护为主要目的但却对环境起到保护作用的税收。

（二）环境税的分类

从总体上看，环境税大致分为三类：

1）以污染物排出量为标准的直接课税，即排污税。

2）对商品和服务的间接课税。

3）环境税收优惠，包括税收激励和税式支出。

西方发达国家的环境税主要指前两种。对环境税的理解包含两个方面的内容：

1）为实现保护环境目的而征收的税都应明确为“环境税”。

2）起初并非以环境保护为目的而征收，但对环境保护有影响，或者后来逐渐从环境保护的立场来修改或减免税。

从运用上讲，对商品和服务征收的间接税已成为环境税的主要形式。

我国也日益重视利用财税政策来解决环境问题。开征环境税已成为近年来重点推进的税收政策之一。具体研究制定工作由财政部、国家税务总局和环境保护部联合进行。最近，由财政部财政科学研究所完成的研究报告提出了环境税的三种可选方案：

1）一般环境税。根据“受益者付费”原则进行普遍征收。税基可等同于或依附于现有相关税种的税基，如城市维护建设税、企业所得税等，相当于这些税种的附加。

2）污染排放税。征收原则是“污染者付费”。税基与污染物数量直接相关，相应的税种有硫税、氮氧化物税、碳税、污水税和固体废物税等。

3）污染产品税。征收原则是“使用者付费”。征收对象是有潜在污染的产品，主要有能源燃料、臭氧损耗物质、化肥农药、含磷洗涤剂、汞镉电池等。对应可以征收各种污染产品税，如燃料环境税、特种污染产品税等。

但也有专家认为不宜着急开征环境税。他们对上述三种方案提出了自己的看法：

1）“一般环境税”拟采用城建税、企业所得税等税种的税基，这无疑违背了税法的公平原则。首先，税基大户不一定是污染大户，既然冠之以“环境税”之名，那么必须以破坏环境的企业为主要纳税人，保护和鼓励“绿色”企业；其次，若采纳企业所得税的税基，则可能使一家亏损污染企业不在环境税的范围之内。

2）“污染排放税”税基与污染物数量直接相关的征税对象明确，但在实际过程中将很难明确统计具体排放物的数量，不符合税法的征收便利原则。

3）“污染产品税”计划以污染产品为征税对象，将导致与消费税的重复征税，因为消费税的立法目的本来就包括通过对污染产品征税来调节消费。

综上所述，解决资源与环境问题的当务之急，并非开征新的税种，而是严格执行目前已经颁布的各项法律法规。

总体上看，我国将顺应环境经济政策的最新发展趋势，利用财税政策作为解决环境问题的突破口。就财税政策角度而言，解决环境问题，实现科学发展观，必须建立和健全环境税制度，进而使整个税制体现环保要求。但在建立和健全环境税制度的同时，还有许多问题亟待研究和解决。

五、生态补偿

（一）生态补偿的概念

生态补偿（ecological compensation）最初源于自然生态补偿，指生物有机体、种群、群落或生态系统受到干扰时所表现出来的缓和干扰、调节自身状态使生存得以维持的能力；或者可以看做是生态负荷的还原能力。现在人们通常将生态补偿理解为从保护环境、恢复生态、维持生态系统对社会经济系统的永续发展支持能力出发，通过一定的经济手段，将自然生态系统与社会经济系统有机联系起来，为解决生态与自然环境在开发利用、建设以及保护过程中产生的外部性问题而建立的管理制度。

（二）生态补偿的类型

1. 依据补偿实施的形式分类

(1) 政策补偿

中央政府对省级政府、省级政府对市级政府的权利和机会补偿。受补偿者在授权的权限内，可以享受制定政策的优先权和优惠待遇，制定一系列新政策促进发展、筹措资金。“给政策，就是一种补偿”，利用制度资源和政策资源补偿是非常重要的，尤其是在资金匮乏的情况下。

(2) 资金补偿

资金补偿是最为常见的补偿方式，也是最为迫切的补偿需求。根据补偿资金的来源和支付形式，资金补偿包括以下几种类型：

1) 征收生态税费。通过建立生态与自然环境税费制度，设立固定的生态建设与环境保护资金渠道，实现生态建设与环境保护的规范化、社会化、市场化。大体可分为资源开发使用费、资源生态和生态环境补偿费、资源生态保护管理费、惩罚性收费等。

2) 财政转移支付。财政转移支付是高层政府为均衡各地方政府的财力状况，协调地区间的经济发展，对全国整体经济实施宏观调控，将高层政府掌握的一部分财力转移给地方政府使用的一种调节制度，是财政管理体制的重要组成部分。财政转移支付分为两种形式，即一般性转移支付和专项转移支付。一般性转移支付是高层政府对地方政府的财政资助，以弥补地方政府财力不足。专项转移支付则是高层政府为了解决某一问题而对地方政府提供的特定财政资助。例如，国家通过加大对西部重要生态功能区的财政转移支付力度，补偿其因保护生态环境而导致的财政减收，尤其是因发展机会和发展模式受限而导致的收入降低。财政转移支付是目前我国最主要的生态补偿途径。

3) 项目支持。包括对生态建设与环境保护项目、生态重点保护区域替代产业和替代能源发展项目，以及生态移民项目的支持。

(3) 实物补偿

补偿者运用物质、劳力和土地等进行补偿，解决受补偿者的部分生产要素和生活要素，改善受补偿者的生活状况，增强生产能力。我国现行的以粮食换生态的退耕还林(草)政策和以库存陈粮作饲料补助退牧还草的政策即是这种方式。

(4) 智力补偿(教育、技术补偿)

补偿者开展智力服务，提供无偿技术咨询和指导，培养(培训)受补偿区域提高受补偿者生产技能、科技文化素质和管理水平。

2. 依据资金转移的方式分类

(1) 区域之间的补偿

区域之间的补偿是一种建立在区际公平基础上的一种补偿方式。例如，生态资源由社会共享，但通常是贫困山区的上游担负着环境保护和生态建设的重任，这就需要通过生态补偿机制，由经济较发达的下游地区“反哺”上游地区。上下游之间的补偿可以使跨省的，也可以是省内跨市、县的补偿。

区际补偿还包括国家之间的补偿。例如，对温室气体排放量高的国家征收碳税，补偿温室气体排放量低的国家。

(2) 部门之间的补偿

负责生态建设与环境保护的部门投入了大量人力、物力、财力，那些享受生态建设与环境保护成果的部门应当进行补偿。例如，林业部门花了大力气建设生态与自然环境，旅游部门受益于良好的生态自然环境，产生了较可观的收益；水利部门得益于淤塞减少、水道畅通、径流量增大；当地农民得益于水土保持、气候改善，政府得益于因洪涝灾害而导致的损失减少。可以从这些受益方集团中征收适当费用，支付给投入方，进行利益再调配，保障部门之间的利益均衡。

(三) 我国生态补偿的研究与实践

目前，我国的生态补偿政策理论已经形成了以不断完善的政策法规体系为支撑、以一系列重大战略规划为导向、以中央财政转移支付为主要投资渠道、以重大生态保护和建设工程及其配套措施为主要形式、以各级地方政府为实施主体的生态补偿总体框架(图 5-8)。

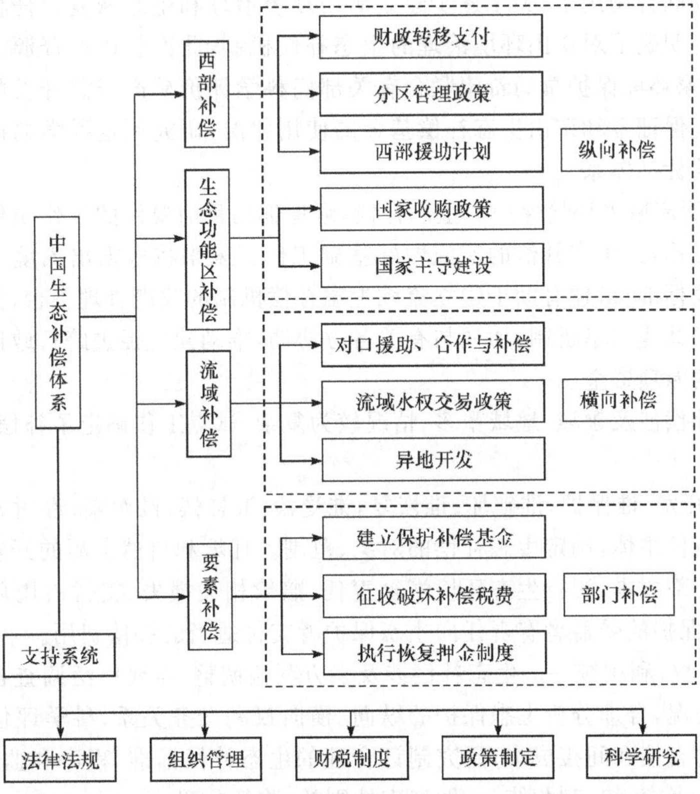

图 5-8　中国生态补偿体系框架

2007 年 8 月 24 日，国家环境保护总局印发《关于开展生态补偿试点工作的指导意见》(环发[2007]130 号)。试点工作将重点放置在四个领域,即自然保护区、重要生态功能区、矿产资源开发、流域水环境保护等。对于每个领域的试点工作,国家环境保护总局提出了以下明确目标:

1) 对于自然保护区的生态补偿,要理顺和拓宽自然保护区投入渠道,提高自然保护区规范化建设水平;引导保护区及周边社区居民转变生产生活方式,降低周边社区对自然保护区的压力;全面评价周边地区各类建设项目对自然保护区生态环境破坏或功能区划调整、范围调整带来的生态损失,研究建立自然保护区生态补偿标准体系。

2) 对于重要生态功能区的生态补偿,要推动建立健全重要生态功能区的协调管理与投入机制;建立和完善重要生态功能区的生态环境质量监测、评价体系,加大重要生态功能区内的城乡环境综合整治力度;开展重要生态功能区生态补偿标准核算研究,研究建立重要生态功能区生态补偿标准体系。

3) 对于矿产资源开发的生态补偿,早在 2006 年,财政部、国土资源部、国家环境保护总局联合制定了《关于逐步建立矿山环境治理和生态恢复责任机制的指导意见》,已经明确了对矿山环境治理的生态补偿机制,此次将矿产资源开发列入试点范围,国家环境保护总局希望联合有关部门科学评价矿产资源开发的环境治理与生态恢复保证金和矿山生态补偿基金的使用状况,研究制定科学的矿产资源开发生态补偿标准体系。

4) 对于流域水环境保护的生态补偿,环保部门目前要做的工作是做好跨界断面的监测工作,为生态补偿的实施做好基础工作。未来将根据出入境水质状况确定横向补偿标准;搭建有助于建立流域生态补偿机制的政府管理平台,推动建立流域生态保护共建共享机制;加强与有关各方协调,推动建立促进跨行政区的流域水环境保护的专项资金。

生态补偿涉及领域、地域繁多,情况较为复杂,试点工作确定了补偿的“五项基本原则”:

1) 谁开发、谁保护,谁破坏、谁恢复,谁受益、谁补偿,谁污染、谁付费。要明确生态补偿责任主体,确定生态补偿的对象、范围。环境和自然资源的开发利用者要承担环境外部成本,履行生态环境恢复责任,赔偿相关损失,支付占用环境容量的费用;生态保护的受益者有责任向生态保护者支付适当的补偿费用。

2) 责、权、利相统一。生态补偿涉及多方利益调整,需要广泛调查各利益相关者的具体情况,合理分析生态保护的纵向、横向权利义务关系,科学评估维护生态系统功能的直接和间接成本,研究制订合理的生态补偿标准、程序和监督机制,确保利益相关者责、权、利相统一,做到应补则补、奖惩分明。

3) 共建共享,双赢发展。区域或流域生态环境保护的各利益相关者应在履行环保职责的基础上,加强生态保护和环境治理方面的相互配合,并积极加强经济活动领域的分工协作，共同致力于改善区域、流域生态环境质量，拓宽发展空间，推动区域可持续发展。

4）政府引导与市场调控相结合。要充分发挥政府在生态补偿机制建立过程中的引导作用，结合国家相关政策和当地实际情况研究改进公共财政对生态保护的投入机制，同时要研究制订完善调节、规范市场经济主体的政策法规，引导建立多元化的筹资渠道和市场化的运作方式。

5）因地制宜，积极创新。要在试点工作中结合试点地区的特点，积极总结借鉴国内外经验，科学论证、积极创新，探索建立多样化生态补偿方式，为加快推进建立生态环境机制提供新方法和新经验。

通过在重点领域开展试点工作，探索建立生态补偿标准体系，以及生态补偿的资金来源、补偿渠道、补偿方式和保障体系，为建立生态补偿机制提供方法和经验。借此，我国将建立重点领域生态补偿标准体系，探索多样化的生态补偿模式，为我国全面建立生态补偿机制奠定基础。

第五节 循环经济

环境资源日益稀缺，如何合理配置环境资源就成为经济学和环境经济学必须面对的又一基本经济问题。传统经济运行模式是导致资源与环境双重危机的根源，因此，人类必须寻找新的能缓解资源与环境双重危机的良性经济运行模式。在可持续发展战略的指引下，人类反思自己，开始回归自然，并向自然学习，希望建立一种类似自然生态系统物质闭合循环的经济运行模式，这就是目前为世人推崇的“循环经济”。

一、循环经济的含义与特征

（一）循环经济的含义

循环经济(circular economy)起源于工业经济，其核心是工业物质的循环，是物质闭环流动型经济(closing materials cycle economy)的简称。它是按照自然生态系统物质循环和能量流动规律重构经济系统，使经济系统和谐的纳入到自然生态系统的物质循环过程中，建立起一种新形态的经济。循环经济在本质上就是一种生态经济，它倡导在物质不断循环利用的基础上发展经济，建立“资源—产品—再生资源”的反馈式流程，以彻底改变“资源—产品—污染排放”的直线、单向流动的传统经济模式，从而把经济活动对环境的影响降低到尽可能小的程度。

（二）循环经济的主要特征

循环经济与传统经济的比较列于表5－14。

表 5-14 循环经济与传统经济的比较

比较项目	传统经济	循环经济
运动方式	物质单向流动的开放式现行经济(资源消耗—产品工业—污染排放)	物质和能量循环封闭型循环的网状经济(资源利用—绿色工业—资源再生)
资源利用状况	粗放型经营,一次性利用;高开采,低利用	资源循环利用,科学经营管理;低开采,高利用
废物排放及环境影响	废物高排放;成本外部化,对环境不友好	废物零排放或低排放;对环境友好
追求目标	经济利益(产品利润)最大化	经济利益、环境利益与社会持续发展利益
经济增长方式	数量型增长	内涵型发展
环境治理方式	末端治理	预防为主,全过程控制
支持理论	政治经济学、福利经济学等传统经济理论	生态系统理论、工业生态学理论、可持续发展理论
评价指标	单一经济指标(如 GDP、GNP、人均消费等)	绿色核算体系(如绿色 GDP 等)

资料来源:关凤岐,王永生.循环经济——资源与环境保护协调发展的重要途径.中国国土资源经济,2004,17(1):4-6,22(编者略作修改)。

与传统经济形态相比较,循环经济具有五个新的特征。

1. 新系统观

循环是指在一定系统内的运动过程,循环经济系统是由人、自然资源和科学技术等要素构成的大系统。循环经济观要求人在考虑生产和消费时不再置身于这一大系统外,而是将自己作为这个大系统的一部分来研究符合客观规律的经济原则。

2. 新经济观

传统的工业经济中只有资本、劳动力在循环,而自然资源没有形成循环。循环经济观要求运用生态学规律指导人类社会的经济活动,不仅要考虑工程承载能力,还要考虑到生态承载能力。只有在资源承载能力之内的良性循环,才能使经济和生态系统平衡的发展。

3. 新价值观

循环经济在考虑自然时,不再像传统工业经济那样将其视为“取料场”和“垃圾场”,而是作为人类赖以生存的基础,是需要维持良性循环的生态系统;在考虑科学技术时,不仅考虑其对自然的开发能力,而且要充分考虑到它对生态系统的修复能力,使之成为有益于环境的技术;在考虑人自身的发展时,不仅考虑人对自然的征服能力，而且更重视人与自然和谐相处的能力，促进人的全面发展。

4. 新生产观

传统工业经济的生产观念是最大限度地开发利用自然资源，最大限度地获取利润。而循环经济生产观念是要充分考虑自然生态系统的承载能力，尽可能地节约自然资源，不断提高自然资源的利用效率，循环使用资源，创造良性的社会财富。

5. 新消费观

循环经济观要求走出传统工业经济"拼命生产、拼命消费"的误区，提倡物质的适度消费、层次消费，在消费的同时考虑废弃物的资源化，建立循环生产和消费的观念；同时还要求通过税收和行政等手段，限制以不可再生资源为原料的一次性产品的生产与消费，如餐馆的一次性餐具和豪华包装等。

二、循环经济的基本原则

循环经济遵循以"减量化(reduce)、再利用(reuse)、再循环(recycle)"为内容的行为原则(简称"3R 原则")，每一个原则对循环经济的成功实施都是必不可少的。

(一) 减量化原则

减量化原则属输入端方法，旨在减少进入生产和消费流程的物质量。该方法通过预防方式而不是末端治理的方式避免和减少废弃物的产生。在生产环节上，制造商可以通过减少每个产品的物质使用量，通过重新设计制造工艺节约资源和减少排放；在消费环节上，人们可以减少对物品的过度需求，选择包装物较少和可循环的物品，购买耐用和高质量的物品等。

(二) 再利用原则

再利用原则属过程性方法，目的是延长产品和服务的时间强度。该方法通过尽可能多次及尽可能多种方式地使用物品，避免物品过早地成为垃圾。与后工业社会的一次性产品推广相反，循环经济强调在保护服务的前提下，产品在尽可能多的场合、尽可能长的时间内使用而不废弃，如生产中尽量使用标准化的产品，这样就可以不断地更换被磨损的配件而不是整个产品；在消费中，人们可以将可维修的物品返回市场体系供其他人使用等。

(三) 再循环原则

再循环原则属输出端方法，通过把废弃物回收和综合利用变成新的资源。资源化能够减少垃圾的产生,减少最终处理量,生产能源消耗较少的新产品。资源化有两种:一是原级资源化,即将消费者遗弃的废弃物资源化后形成与原来相同的新产品,如将废纸生产再生纸等;二是次级资源化,即废弃物变成与原来不同类型的新产品。原级资源化利用再生资源比例高,而次级资源化利用再生资源比例低。与资源化过程相适应,消费者应增强购买再生物品的意识,促进整个循环经济的实现。

以上"3R原则"构成了一个有机的整体,其中减量化是前提和基础,原因在于生产和消费要尽可能地从使用污染环境的原料和能源转移到可再生利用的材料上来,从而奠定减少污染排放和废物资源化的基础,是再循环的前提。此外,生产者尽可能地生产可以满足消费需求的、能直接再延用或回收再利用的包装材料、容器和其他产品,减少废弃物的产生量,为再利用创造条件。显然,再利用和再循环原则的实施,反过来又深化了减量化原则的实行。

三、循环经济的层次

循环经济的实现具体体现在经济活动的三个重要方面上,通过运用"3R原则"实现以下三个层面的物质闭环流动。

(一) 企业层面(小循环)

企业是资源消耗和产品形成的主要环节,实施循环经济必须从每个企业入手。企业内部的小循环要求推行清洁生产、减少产品和服务中物料和能源的使用量、实现污染物排放的最小量化。

我国《清洁生产促进法》中将清洁生产定义为:不断采取改进设计、使用清洁的能源和原料、采用先进的工艺技术与设备、改善管理、综合利用等措施,从源头消减污染,提高资源的利用效率,减少或者避免生产、服务和产品使用过程中污染物的产生和排放,以减轻或者消除对人类健康和环境的危害。

清洁生产的目标包括两个方面:

1) 通过资源的综合利用、短缺资源的代用、资源的再利用以及节能、省料、节水,合理利用自然资源,减缓资源的衰竭。

2) 减少废料和污染物的生产和排放,促进工业产品的生产、消费过程和环境相容,降低整个工业活动对人类和环境的风险。

以上两个目标的实现,将体现工业生产的经济效益、社会效益和环境效益的相互统一,保证经济、社会和环境的可持续发展。

(二) 区域层面(中循环)

一个企业内部循环毕竟有局限性。因此,鼓励企业间物质循环,组成"共生体"

就成为必然趋势。20 世纪 90 年代初，一种循环经济的“新工厂”——科技工业园区诞生了。按照工业生态学的原理，通过企业间的物质集成、能量集成和信息集成，建立企业间的工业代谢和共生关系，形成产业代谢生态链，组成生态工业园区。在此体系中，通过分析园区的物流和能流，可以模拟自然生态系统建立产业生态系统的“食物链”和“食物网”，使一个企业的“废弃物”变成另一企业的原材料，形成互利共生的网络，实现物流的闭路循环，达到物质、能量的最大利用。

生态工业园的本质是通过企业区域性的工业生态系统化解生态成本内部化的压力，实现经济与环境的协调发展。传统的生产模式对外界环境造成了巨大的负外部性，即经济增长与环境污染破坏同步增长，企业的污染成本并没有纳入到企业的个人成本，使私人成本远低于社会成本。生态工业园的共生模式，能够实现物质与能量的最大限度利用，达到区域性的排放标准，甚至有可能实现零排放，无疑解决了生态成本内部化问题。

（三）社会层面（大循环）

在社会层面上，主要是在全社会建立物资循环——针对消费后排放的循环经济，从社会整体循环的角度，发展废旧物质调剂和资源回收产业，在社会范围内形成“自然资源—产品—再生资源”的循环经济发展模式。自 20 世纪 90 年代起，以德国、日本为代表的发达国家将生活垃圾处理的工作重点从无害化转向减量化和资源化，这实际上就是在全社会范围内，用生态链条把工业和农业、生产和消费、行业与行业有机结合起来，大力发展资源循环利用产业，实现可持续生产和消费，全面提高资源利用效率，在第一、二、三产业间组织物质的循环和能量的梯级流动，建立循环型社会。

四、循环经济发展评价

当前，各界学者对循环经济发展指标体系的研究众多，确立了许多评价指标体系，有的从生态角度，有的从资源效率方面，有的从环境保护角度，有的将生态、资源、环境与经济发展结合起来构建评价指标体系，也有的紧密结合循环经济的内涵从“3R”方面构建指标体系。2005 年 7 月 2 日，《国务院关于加快发展循环经济的若干意见》（国发[2005]22 号）提出了循环经济发展的相关指标，分别从宏观层面和工业园区层面建立循环经济评价指标体系。以“3R 原则”为依据，结合我国国民经济和工业园区的运行特点，宏观评价指标和工业园区指标均由资源产出指标、资源消耗指标、资源综合利用指标、废物排放指标四大部分构成，这套指标体系相对全面，符合我国国情，可广泛地用于循环经济的发展评价（表 5－15）。

表 5－15　循环经济评价指标体系

指　标	宏观层面指标	工业园区层面指标
资源产出指标	主要矿产资源产出率 能源产出率	主要矿产资源产出率 土地产出率 能源产出率 水资源产出率
资源消耗指标	单位国内生产总值能耗 单位工业增加值能耗 重点行业主要产品单位综合能耗 单位国内生产总值取水量 单位工业增加值用水量 重点行业单位产品水耗 农业灌溉水有效利用系数	单位生产总值能耗 单位生产总值取水量 重点产品单位能耗 重点产品单位水耗
资源综合利用指标	工业固体废物综合利用率 工业用水重复利用率 城市生活污水再生利用率 城市生活垃圾无害化处理率 废钢铁回收利用率 废有色金属回收利用率 废纸回收利用率 废塑料回收利用率 废橡胶回收利用率	工业固体废物综合利用率 工业用水重复利用率
废物排放指标	工业固体废物处置量 工业废水排放量 SO_2 排放量 COD 排放量	工业固体废物处置量 工业废水排放量 SO_2 排放量 COD 排放量

思　考　题

1. 什么是环境资源的价值构成？
2. 简述直接市场评价法的基本思想及特点。
3. 简述揭示偏好评价法的基本思想及特点。
4. 简述意愿调查评价法的基本思想及特点。
5. 简述环境经济费用效益分析的步骤。
6. 试从环境经济角度分析现行 SNA 的缺陷和不足。
7. 简述常用的自然资源耗减成本的核算方法。
8. 如何分析排污收费的经济效率？

9. 简述排污权交易的主要特点及实施条件。

10. 什么是循环经济的“3R 原则”？

主要参考文献

高敏雪. 2000. 环境统计与环境经济核算. 北京：中国统计出版社.

经济合作与发展组织. 1996. 环境项目和政策的经济评价指南. 施涵，陈松译. 北京：中国环境科学出版社.

厉以宁，章铮. 1995. 环境经济学. 北京：中国计划出版社.

刘传江，侯伟丽. 2006. 环境经济学. 武汉：武汉大学出版社.

伦纳德·奥托兰诺. 2004. 环境管理与影响评价. 郭怀诚，梅凤乔译. 北京：化学工业出版社.

马中. 2006. 资源与环境经济学概论. 北京：高等教育出版社.

张白玲. 2003. 环境核算体系研究. 北京：中国财政经济出版社.

张坤. 2003. 循环经济理论与实践. 北京：中国环境科学出版社.

Dixon J A，Scwra L F，Carpenter R A，et al. 1994. Economics Analysis of Environmental Impacts. London：Earthscan Publications.

第六章　环 境 管 理

第一节　环境管理概述

一、环境管理的概念

环境管理有两种含义：广义上讲，是指在环境容量的允许下，以环境科学的理论为基础，运用技术的、经济的、法律的、教育的和行政的手段，对人类的社会经济活动进行管理；狭义上讲，是指管理者为了实现预期的环境目标，对经济、社会发展过程中施加给环境的污染和破坏性影响进行调节与控制，实现经济、社会和环境效益的统一。

环境管理实质上是人类管理自身行为的一种行为，通过对人的行为的影响，以求维护环境质量，使人类环境质量与自然环境质量达到一个可以接受的平衡。

二、环境管理的特点

（一）战略性

战略性问题一般是指带有全局性、长期性、根本性的问题。环境管理是以实施一个国家或地区的可持续发展战略为最终目标，这就意味着一个国家社会经济的发展不仅要满足人类的物质需要，还要保护生态环境、满足人类生存和发展的精神需要；不仅要追求近期和局部的经济、社会效益，还应从全局、长远的观点上注意后代人的社会与经济效益（代际效益），保护环境和自然资源。因此，要从根本上解决环境问题，实现有效的环境管理，必须以国家的发展战略为指导，从环境与发展综合决策入手，制定一系列具有指导性意义的环境战略、环境政策、环境对策和措施，从宏观的角度，从转变发展战略的高度去进行环境管理。

（二）区域性

环境问题的区域性、经济发展的区域性、资源配置的区域性、产业结构的区域性以及科技发展的区域性等决定了环境管理的区域性。

（三）综合性

环境管理组成要素的多样性、管理手段的多样性以及学科组成的多样性等都是环境管理综合性的具体表现。

从组成要素来看，环境管理系统是一个复杂的人类-环境系统，其管理对象、内容、方法和手段具有高度的综合性。

从环境管理采取的基本手段来看，只有综合运用经济、法律、技术、行政、教育等手段，才能有效地影响和限制人类行为，达到环境管理目标，这也表现出了明显的综合性。

从学科体系来看，环境管理学既要研究与自身有关的许多自然规律，又要研究许多社会经济发展的规律，是一门自然科学与社会科学相交叉的边缘科学。它涉及与生产力发展有关的许多学科，几乎与数学、物理学、化学、天文学、地理学、生物学等自然科学都有关系，也表现出了明显的综合性。

（四）广泛的群众性

依据可持续发展理论，保护和改善环境质量，必须依靠公众及社会团体的支持和参与。只有政府的管理，而没有群众的监督与参与，是不可能把一个国家、一个城市或一个地区的环境管理工作做好的。

团体及公众参与环境管理，需要新的参与机制和方式。团体及公众既需要参与有关决策过程，特别是参与可能影响到他们生活和工作的社区决策，也需要参与对决策执行的监督。要积极促进青少年、妇女、工人和科技人员参与环境管理，这是实现环境管理目标的根本保证。

三、环境管理的主要内容

（一）按环境管理的范围划分

1. 区域环境管理

区域环境管理是以特定区域为管理对象，以解决该区域内环境问题为内容的环境管理，主要是协调区域发展目标和环境目标，进行环境影响预测，制定区域环境规划，包括整个国土的、经济协作区和省（市）及水域的环境管理，如城市环境管理、流域环境管理、海域环境管理等。

2. 部门环境管理

部门环境管理属于专业环境管理或生产系统的环境管理，如工业环境管理、农业环境管理、交通运输环境管理、商业环境管理、医疗环境管理等。

3. 资源环境管理

资源环境管理是以资源的合理开发和持续利用为目的，以实现可再生资源的恢复与扩大再生产（永续利用）、不可再生资源的合理利用和替代资源的开发为内容的环境管理，如土地资源管理、水资源管理、生物资源管理、能源环境管理等。

(二) 按环境管理的性质划分

1. 环境质量管理

环境质量是指在特定的环境中,环境的总体或环境的要素对人群的生存和繁衍以及社会经济发展的适宜程度。凡是为保持环境质量而进行的各项管理工作均属于环境质量管理,如环境标准的制定和实施、环境质量及污染源的监控、环境质量的变化过程、现状和发展趋势的分析评价、编制环境质量报告书以及定期发布环境状况公报等。

2. 环境技术管理

环境技术管理通过制定技术标准、技术规程,对技术发展方向、技术路线、技术政策、污染防治技术等进行环境经济评价,使科学技术的发展既能促进经济不断发展,又能保证环境质量不受影响或不断得到改善。更重要的是要把环境管理渗透到技术管理的整个过程中去,如制定恰当的技术标准、技术规范和技术政策;限制生产过程中采用损害环境质量的生产工艺,推广最佳实用技术,制定环境科学技术发展规划等。

3. 环境规划管理

环境规划管理主要是把环境目标纳入社会发展规划,以制定各种环境规划和实施计划。环境规划管理首先是制定好环境规划,使之成为发展规划的有机组成部分,然后是执行环境规划,用规划指导环境保护工作,并根据实际情况检查和调整环境规划,通过规划来协调发展与环境的关系。

四、环境管理的主要方法和手段

(一) 环境管理的主要技术方法

1. 环境监测

环境监测是环境管理的眼睛,是环境管理技术的重要组成部分,是弄清有害物质的来源、分布、数量、动向、转化规律的主要手段。环境预测的主要作用是了解和监视环境现状、评价环境质量,为科研和法律提供依据,监督法规的有效实施。

有效地进行环境管理,必须依靠环境监测。及时、准确的环境质量信息是确定环境管理目标、进行环境决策的重要依据;强化环境管理的制度和措施的贯彻执行要依靠环境监测,否则制度和措施将流于形式;评价环境管理的效果必须依靠环境监测,否则很难提高科学管理水平。因此,必须充分发挥环境监测的作用。

2. 环境预测

环境预测是根据过去和现在所掌握环境方面的信息资料推断未来，预估环境质量变化和发展趋势。通过已知推测未知，对未来的环境发展趋势作出科学的判断，以便调整或指导自己的行动，避免重大失误。所以，环境预测是一种特殊认识客观事物发展规律的好办法，能有效地贯彻“预防为主”的原则。环境预测是环境管理的重要基础工作，没有科学的环境预测就不可能有切实可行的环境规划，当然也就谈不上环境管理的科学化。

科学的环境预测可以采取多种方法，大体可以分为定性预测方法和定量预测方法两类。

(1) 定性预测

定性预测主要是以逻辑思维推理为基础，根据已有的数据，信息资料，以及预测者的知识、经验来推测人类活动对环境产生的影响以及环境质量的发展和变化趋势。它的主要特点是简便易行，所用时间较短，预测经费较少，并可以很快地获得结果。在环境问题中，有许多现象无法作出定量的描述，有时也不需要了解未来的细节而只需要掌握主要趋势即可，在这种情况下，定性预测就显得特别重要，该方法较适用于宏观的具有战略性的长期预测。常用的方法如特尔斐法等。

(2) 定量预测

定量预测主要是借助数学模型进行，可以使预测结果达到定量化的要求，作出定量的估算，为环境决策提供依据。主要做法是应用取得的大量科学技术信息，凭借计算机技术或实验技术，选用数学模型进行预测，常用的预测模型有回归分析、指数外推预测法、弹性系数(平均增长速度法、相关法)、投入产出等预测模型。

3. 环境标准

(1) 环境标准的概念

环境标准是为了保护人体健康、社会财富和维持生态平衡，对环境质量、污染源、监测方法等，按照国家规定的程序制定和批准的各种标准的总称。

我国环境标准体系由环境质量标准、污染物排放标准、环境基础标准、环保方法标准、环境标准样品标准五大类和国家环境标准、地方环境标准和环境保护行业标准三级标准构成。

(2) 环境标准的分级

1) 国家级环境标准，是由国家专门机关批准颁发，在全国范围内或者在特定区域内适用的标准。国家环境标准包括国家环境质量标准、国家污染物排放物标准(或控制标准)、国家环境监测方法标准、国家环境标准样品标准和国家环境基础标准。

2）地方环境标准，是指由省、自治区、直辖市人民政府批准颁发的，在该行政区域内适用的标准。包括地方环境质量标准和地方污染物排放标准（或控制标准）。

3）环境保护行业标准。对没有环境保护国家标准，但有需要在全国某行业范围内统一的环保技术要求，由国务院环境保护行政主管部门制定环境保护行业标准。行业标准在相应的国家标准颁布实施后自行废止。

（3）环境标准的分类

我国环境标准的分类如下：

1）环境质量标准。为保护自然环境、人体健康和社会财富，对环境中有害物质或因素的容许含量所作的规定。环境质量标准是国家环境政策目标的具体体现，是制定污染物排放标准的依据，同时，也是环境保护行政主管部门和有关部门对环境进行科学管理的重要手段。

2）污染物排放标准。为了实现环境质量标准目标，结合技术经济条件和环境特点，对排入环境的污染物或有害因素的控制所作的规定。

污染物排放标准是实现环境质量标准的主要保证，国家从保护人体健康，维持生态平衡出发，结合经济技术发展水平，制定了环境质量标准，但是，要使环境质量标准的要求得以实现，就必须对污染物的排放进行控制，规定污染物排放标准，对污染源进行强制性的控制——具有法律约束力。

3）环保方法标准。为了监测环境质量和污染物排放，对采样、分析测试、数据处理等技术所作出的规定。该标准对规范环境监测、统计等人员的操作，提高环境监测与统计等数据的准确性、可靠性和可比性，保证所得环境信息的质量具有重要意义。

4）环境标准样品标准。为了保证环境监测数据的准确、可靠，对用于量值传递或质量控制的材料、实物样品，必须达到的要求所作出的统一技术规定。它对保证标准样品用于环境管理中评价和鉴定分析方法、分析仪器及其灵敏度与分析技术人员的操作水平等方面具有重要意义。

5）环境基础标准。对环境保护工作中，需要统一的技术术语、符号、代号（代码）、图形、指南、导则及信息编码等所作的规定，是制定其他环境标准的基础。

4. 环境管理信息系统

环境管理信息是指在环境管理工作中应用的经收集、处理而以特定形式存在的环境知识。它们可以数字、字母、图像、音像等多种形式存在。它告诉人们环境系统承受着哪些外来物质和能量流的作用，这种作用的时空分布和系统数据是原材料，环境信息则是组织加工、处理过的数据，它对环境决策或行为是有价值的，是人类在与污染长期斗争中积累起来的一种宝贵财富。

环境信息系统由工作人员、设备(计算机、网络技术、GIS技术、模型库等软硬件)及环境原始信息等组成。环境信息系统按内容可分为环境管理信息系统(environmental management information system,EMIS)、环境决策支持系统(environmental decision supports system,EDSS)两类。

(1) 环境管理信息系统

环境管理信息系统是一个以系统论为指导思想,通过人机(计算机等)结合收集环境信息,通过模型对环境信息进行转换和加工,并据此进行环境评价、预测和控制,最后再通过计算机等先进技术实现环境管理的计算机模拟系统。其基本功能有:环境信息的收集和录用;环境信息的存储;环境信息的加工处理;以报表、图形等形式输出信息,为决策者提供依据。

(2) 环境决策支持系统

环境决策支持系统是将决策支持系统引入环境规划、管理、决策工作中的产物。决策支持系统也是一种人机交互的信息系统,是从系统观点出发,利用计算机存储量大、运算速度快等特点,应用决策理论方法,对定结构化、未定结构化或不定结构化问题进行描述、组织,进而协助人们完成管理决策的支持技术。其主要功能及特点为:①收集、整理、储存并及时提供本系统与决策有关的各种数据;②灵活运用模型与方法对环境信息进行加工、处理、分析、综合、预测、评价,以便提供各种所需环境信息;③友好的人机界面和图形输出功能,不仅能提供所需环境信息,而且具有一定推理判断能力;④良好的环境信息传输功能;⑤快速的信息加工速度及响应时间;⑥具有特定性分析与定量研究相结合的特定处理问题的方式。

(二) 环境管理的主要手段

1. 法律手段

法律手段是环境管理最基本的一个手段,其最显著的特点是具有强制性,国家可以通过制定环境保护法,把环境保护的方针、政策、原则、制度、措施等都加以规范,使之取得全社会一体遵守的效力,任何单位和个人都不得违反,否则将受到法律制裁,即通过国家机器的保障,强制执行。

2. 行政手段

行政手段是指依靠行政机关和领导者的权利,通过强制性的行政命令直接对环境管理对象发生影响,按照行政系统的管理方法,通常采用命令、指示和下达指令性计划任务,颁发条例、制定规章制度等方法,对所属地区、部门、基层单位进行干预,实现控制。它是执行环境管理职能的一个基本手段,对于贯彻国家的环境保护方针、政策,协调各方面的关系,克服各种阻力,保证国家在一定时期的环境目标和环保任务的实现,都起着重要作用。

我国环境管理中，除了采用一些传统的行政管理手段外，近年来还采用了“区域限批”、“流域限批”这种特殊的行政手段。

2007年1月，根据《国务院关于落实科学发展观加强环境保护的决定》，国家环境保护总局动用“区域限批”政策惩罚严重违规的行政区域、行业和大型企业，即停止审批其境内或所属的除循环经济类项目外的所有项目，直到其违规项目彻底整改为止。

2007年7月，针对近来水污染形势越发严峻的现状，国家环境保护总局对水环境污染严重的6市2县5个工业园区实施“流域限批”。

“区域限批”、“流域限批”等手段，能够以行政手段的强势作用在错综复杂的利益格局中使环保部门更好地履行职责和发挥作用，尤其在污染事故频发、环境安全受到严重威胁的现阶段，“区域限批”、“流域限批”等手段，更能对片面追求GDP增长的执政行为和竭泽而渔的发展方式起到强制“刹车”的作用。

3. 经济手段

按照客观经济规律的要求，运用价格、成本、利润、信贷、税收、收费等经济杠杆促进和诱导人们的生产活动、生活活动遵循环境保护与生态建设的基本要求。目前国内外环境管理实践中，已经采用的或通过研究和试点可以考虑采用的经济手段主要有排污收费制度、补助金制度、排污权交易市场、押金制度、减免税制度、贷款优惠政策等。

4. 技术手段

技术手段是环境管理工作的科学基础，是指管理者为实现环境保护目标所采取的环境工程技术、环境监测技术、环境预测技术、环境评价基础、环境决策技术等，这些技术手段是环境管理的技术基础。

5. 宣传教育手段

宣传教育手段是一种运用各种形式开展环境保护宣传教育活动，以增强人们的环境意识和专业知识的手段。环境教育包括专业教育、基础教育、公众教育和成人教育等四种形式。

第二节　环境规划管理

一、环境规划的概念

（一）环境规划的含义

环境规划是经济和社会发展规划或城市总体规划的组成部分，是环境决策在时间和空间上的具体安排。它是应用各种科学技术信息，在了解环境质量现状和预测经济发展对环境影响的基础上，为达到预期的环境目标，进行综合分析而作出的带有指令性的环境保护方案。

环境规划管理是环境管理的首要职能，通过环境规划管理把各部门、各行业、各区域的环境管理紧密联系起来，全面落实环境保护的目标和决策，把环境保护纳入国民经济和社会发展规划，以实现经济效益、社会效益和环境效益的统一。

环境规划管理的基本任务就是通过环境规划的编制、执行和检查，把环境管理的工作科学地组织起来，确保环境管理目标和计划指标的实现。

（二）环境规划与环境预测、环境决策之间的关系

在环境管理中，环境预测、环境决策和环境规划是三个既有区别又密切相连的概念。环境预测是环境决策的依据，是制定环境规划的基础，它产生于环境决策之前；环境规划则是环境决策的具体安排（时间上、空间上的安排），它产生于环境决策之后；环境预测是先期准备工作，是使规划建立在科学分析基础上的前提。环境保护的核心是环境管理，环境管理的重要内容是环境规划，环境规划的中心是环境决策，环境决策的基础是环境预测。

二、环境规划的类型及内容

环境规划的内容与类型是联系在一起的，不同类型的环境规划其内容是不同的。

（一）依范围和层次分类

（1）国家环境规划

国家环境规划范围包括整个国家，协调全国经济社会发展与环境保护之间的关系，是全国发展规划的组成部分。环境规划对全国的环境保护工作是指令性文件，各级地方政府和环境保护部门要根据国家环境规划提出的环境保护目标和要求，结合本地实际制定地区环境规划。

（2）区域环境规划

一般认为，省或相当于省的经济协作区为区域。区域环境规划具有很强的综合性和地区性特点，是国家环境规划的基础，又是制定城市环境规划、工矿区环境规划的依据。区域环境规划包括城市环境规划、乡镇环境规划、风景游览区环境规划、水域环境规划、资源、能源开发区环境规划等。

（3）部门环境规划

部门环境规划包括工业部门环境规划、农业部门环境规划、交通运输业环境规划等。

（二）依性质分类

（1）生态规划

生态规划是考虑国家或区域的经济发展既能够符合生态规律，又能促进和保证经济发展，不致使当地的生态系统遭到破坏，包括沙漠治理规划、植树造林规划、珍贵物种资源规划等。

（2）污染综合防治规划

污染综合防治规划也称污染控制规划，是针对污染引起的环境问题编制的，是我国目前环境规划的主要形式，主要针对工农业生产、交通运输、城市生活等人类活动对环境造成的污染而规定防治目标和措施，可分为区域污染综合防治规划和专业污染综合防治规划两种。

（3）专题规划

专题规划主要是为保护生物资源和其他不可更新资源的规划，如风景区、自然保护区、古迹文物、地貌景观等方面的规划。

（三）依宏观和微观分类

（1）区域宏观环境规划

区域宏观环境规划属于战略层次上的环境规划，包括经济和社会发展对资源、环境的压力预测，资源、环境综合承载力分析，研究制定区域环境保护战略等。

（2）区域专项详细规划

区域专项详细规划主要包括生态规划、污染综合防治规划、自然保护区及生物多样性保护规划及能源环境规划等。

（3）区域环境规划的实施方案

区域环境规划的实施方案主要包括具体明确的环境目标、具体的规划措施、预期的效益计算分析及投资估算、环境保护投资的来源、分析和实施规划的支持与保证等。

（四）依经济、社会与环境相互制约的关系分类

（1）经济制约型的环境规划

经济制约型的环境规划一般是为了解决经济发展过程中已经产生的环境污染和生态破坏问题而制定的环境保护规划。

（2）协调型的环境规划

协调型的环境规划是协调发展理论的产物，反映了经济与环境之间的协调发展，以提出经济和环境目标为出发点，并以实现这一双重目标为目的。我国的环境规划总体上从经济制约型向协调型过渡，在实际规划工作中两者兼而有之。

(3) 环境制约型环境规划

环境制约型环境规划是从充分、有效利用环境资源出发,防止经济发展过程中产生的环境污染和生态破坏而建立的环境保护目标,制定环境保护规划。它充分体现了经济发展要服从于环境保护的需要,经济发展目标需要建立在环境保护目标基础之上,将成为未来世界、各国环境规划的主要形式。

另外,依环境规划期限可分为长远环境规划(10 年以上)、中期环境规划(5～10 年)和短期环境规划(5 年以下)。

三、环境规划的作用

(一) 环境规划是协调经济社会发展与环境保护的重要手段

20 世纪 60 年代以前,人们把环境问题主要看做是一个污染问题,而且主要是指大气、水质、噪声、垃圾等污染对人体健康的危害。这种认识没有把环境污染与自然生态环境联系起来,低估了环境污染的危害性和复杂性,没有把环境污染与社会因素联系起来,因而,也找不出环境问题的根源。经过 20 多年,人们对环境问题的认识有了新的突破,提出了"可持续发展战略"。可持续发展战略的基本点是环境问题必须与经济社会问题一起考虑,并且在经济社会发展中求得解决,并求得经济社会与环境协调发展。而协调发展的重要手段之一就是进行环境规划。

(二) 环境规划是环境管理的先导和依据

环境管理必须坚持"预防为主,防治结合"的方针,环境规划之所以在较高层次成为重要的手段,是因为环境规划能够在较长的时期和较大的范围内(地区、城市、流域、国家)提出战略性的决策(目标、指标和实施措施)。所以,环境规划是环境管理的先导。编制环境规划是环境管理的一项重要职能,而已经批准的环境规划又是环境管理的重要依据,进行环境管理也就是通过实施环境规划,使经济发展和环境保护协调,达到既发展经济,以满足人类不断增长的基本要求,又要限制人类损害环境质量的行为,使环境质量得到保护和改善。

第三节 环境政策管理

一、环境政策的概念

政策是国家、政党为实现一定历史时期的任务和目标而规定的行动依据和准则。政策一般是战略的延伸和具体化,是为实现一定的战略目标而对其调控对象实施的定向管理手段。

环境政策的类型从层次上看,有中央政策和地方性政策;从范围上看,有总的政策、基本政策和具体政策;从保护对象上看,有保护大气政策、保护水体政策、保护土地政策等;从时间上看,有长期政策和阶段性政策等。

二、环境管理政策工具

环境管理政策的制定包括两个过程,即环境管理政策目标的确定和环境管理政策工具的选择。环境政策工具是指为实现环境政策目标而运用的具体方法和措施。环境管理政策工具主要包括两种类型,即命令-控制工具和基于市场的经济激励工具。

命令-控制型工具主要是依靠法规性管理手段,直接管理人与环境之间的相互作用,主要包括以许可证和监测的方法,对排放污染物的产品或工艺过程等作出标准,直接管理的对象可以是个人及组织的行为,可以是工厂或设备,也可以是工艺流程和产品,其控制基础是某种形式的法律,污染者被迫遵守,违法行为将受到处罚,未消除的污染通常由政府加以消除(如修建污水处理厂等,企业须交费)。

法规性手段最明显的好处就是权力机构可严格控制行为者的行为,总会有或多或少的环境效益。但是,人们越来越感觉到这种工具在使用过程中存在着灵活性的缺陷,治理技术和环境条件虽然在不断变化,但允许的污染在一定时间内是不变的,即使获得某种许可,污染者也不会灵活地随着新的经济和技术条件的变化而变化,另外,在审批程序上,没有充分考虑到污染者在治理成本上的差异,使得治理成本的分配不能达到经济上的最优。为了降低执行成本,同时获得理想的环境效果,世界各国都越来越倾向于采用具有激励作用的市场经济政策工具。

目前,基于市场的环境经济政策手段主要包括以下几种类型。

(一) 收费与税收

收费与税收实际上是排污者对污染支付的价格,这种支付至少会部分地进入到私人的效益-费用计算中。这种收费会带来对环境污染的抑制作用和起到增加地方或国家收入的作用。由于污染的程度难以量化,西方国家对此收费划分了许多种类来执行。例如,有的西方学者把收费划分成以下5种类型。

(1) 排污收费

排污收费对向环境排放污染物而收费,由排放污染物的数量和质量而定。原则上说,排污收费与"污染者付费"原则是一致的,收费根据排放到环境中的污染物的数量和质量征收,但实际上这种"一致"的程度在很大程度上取决于收费基数、费率和收费对象,如果收费中包含更多的收费因子,费率更高,免税措施更少,那么收费就与"污染者付费原则"更一致。

(2) 使用者收费

使用者收费是为集体或公共利益处理污染物所花费而征收的费用,收费标准根据污染物的处理量而定。一般是在城市固体废物和排入下水管网废水的收集处理方面普遍施行了使用者收费,目的是为废水和固体废物的收集和处理提供资金。一般认为,使用者收费的效益和可接受性高,但激励作用小甚或无,因为它不能鼓励废物预防和循环利用的积极性,不过这种收费符合"污染者付费"原则。

(3) 产品收费

产品收费向那些在生产和消费过程中产生污染的产品进行征收,或者为其处置系统的服务征收,收费进入产品价格。

(4) 管理收费

管理收费包括向管理机构所提供服务(如规章制度的制定和执行)所支付的费用。在大多数情况下,管理费是直接管制的一个组成部分,并且是作为管理服务费提出来的,不同类型的管理收费包括发放许可证收费和登记/检测收费等。

(5) 税收差异

税收差异实际上是产品收费的一种特殊形式,指对有不同环境影响的产品在现有产品税之外以税收形式附加不同的收费。对有污染的产品实行正收费,使其价格上升;对无污染的产品实行负收费,使其价格下降。差别税作为一种环境政策措施,已经得到一定程度的应用,许多国家对汽车燃料实行差别税以鼓励无铅汽油的消费,为了促进清洁汽车的销售,有些国家对汽车价格税也进行了不同的调整。

(二) 补贴

补贴包括各种形式的财政资助,其目的是鼓励削减污染,或者是为削减所必需的措施提供资助。补贴有三种形式,即拨款、软贷款以及加速资产折旧。

(三) 押金返还

押金返还制度规定,潜在污染性产品的购买者要预先支付一笔额外的费用,当他们把污染性产品或其他包装物送到回收中心再利用或处理的时候,再把这种额外的费用退还给他们。这一制度能提高回收和再利用率,因此也被描述成鼓励更高水平的物资循环利用机制。

(四) 建立市场

建立市场意味着提供交易的机会或者创造交易的条件,交易对象一般为排污权或循环利用的物质。建立市场包括以下三种形式。

(1) 排污交易

建立在污染者之间进行有限的污染权交易的市场。通过建立排污权交易市场,允许在多个污染排放源条件下,通过排污许可证交易使有些排放源突破原有的限额进行排放,交易的目的在于确保污染削减在污染者之间得到有效分配。

(2) 市场干预

通过价格干预来稳定或者维持某些产品(如可循环回收的废弃物)的价格。

(3) 责任保险

创造一个市场,在这个市场中,污染者破坏环境的责任风险将由保险公司来承担。

三、中国环境政策体系

中国环境政策是中国国家政策的重要组成部分,是结合中国经济、社会和环境保护事业的实际情况,为合理开发、利用、保护和改善环境而确定、实施的工作方针、路线、原则和其他各种对策的总称,是中国环境保护活动的实际行为准则。

在长期的环境保护实践中,通过不断的探索和实践,我国已初步形成了由环境保护的基本方针、环境保护的基本政策以及环境保护的单项政策构成的环境政策体系。

(一) 中国环境保护的基本方针

1. 环境保护的"三十二字方针"

1972 年我国代表团出席斯德哥尔摩人类环境会议时提出了"全面规划,合理布局,综合利用,化害为利,依靠群众,大家动手,保护环境,造福人民"的"三十二字方针",这是在吸取了国际上环境保护的经验教训和总结我国环境保护经验的基础上制定的,是对我国一定时期内环境保护工作重点、方向、方法的高度概括。实践证明,这是一条积极正确的方针,在很长一段时间内对我国的环境保护工作起到了积极促进作用。

2. "三同步,三统一"的方针

在 1983 年召开的第二次全国环境保护工作会议上,确立了"经济建设,城乡建设和环境建设同步规划、同步实施、同步发展,实现经济效益、社会效益和环境效益相统一"的环境保护战略方针,即"三同步,三统一"的方针。

(二) 中国环境保护基本政策

1. 环境保护是中国的一项基本国策

基本国策是指对国家经济社会发展和人民物质文化生活提高具有全局性、长期性和决定性影响的重大问题和解决对策,是立国、治国之策。

1983 年底,我国召开了第二次全国环境保护会议,在会上宣布环境保护是我国的一项基本国策。之所以把环境保护定为一项基本国策,是因为环境问题是一

个涉及全局性的战略性问题,解决这一问题,保护与改善环境是我国社会和人民的根本利益,它关系到社会主义物质文明和精神文明的成败,关系到中华民族的世代繁荣昌盛,关系到全人类的生存。

2. 中国环境保护的基本政策

经过长期的探索与实践,我国制定了“预防为主”、“谁污染谁治理”以及“强化环境管理”的三大环境保护政策,从而确定了我国环境保护工作的总纲和总则。这三大政策是以中国的基本国情为出发点,以解决环境问题为基本前提,在总结多年来中国环境保护实践经验和教训的基础上而制定的具有中国特色的环境保护政策。

(1) “预防为主”的政策

无论从经济学角度还是从行政管理角度来讲,预先采取预防措施,不产生或者尽量减少对环境的污染和破坏,是解决环境问题的最好办法。这条政策的基本思想是把消除环境污染、保护环境的措施实施在经济开发和建设过程之前或之中,从根本上消除环境问题产生的根源,大大减轻事后治理所要付出的代价。

这一政策的主要内容包括以下几个方面:

1) 将环境保护纳入到国民经济和社会发展计划中去,进行综合平衡。

2) 将环境保护与产业机构调整、优化资源配置相结合,促进经济增长方式的转变。

3) 实行环境影响评价制度和“三同时”制度,严格控制新污染源的产生。

4) 在工业生产中推行清洁生产方式。

(2) “谁污染谁治理”的政策

“谁污染谁治理”的政策是“污染者负担原则”在中国的运用。该政策的思想是治理污染,保护环境是生产者不可推卸的责任和义务,因污染产生的损害以及治理污染所需要的费用,都必须由污染者承担和补偿,从而使“外部不经济”内化到企业的生产中去,这项政策明确了环境责任,开辟了环境治理的资金来源。

该政策的主要内容包括以下几个方面:

1) 要求企业把污染防治与技术改造相结合,技术改造资金要有适当比例用于环境保护措施。

2) 实行资源开发利用与保护增值并重的方针。

3) 实行污染物总量控制。

4) 对工业污染实行限期治理政策。

(3) 强化环境管理的政策

强化环境管理的政策是一项符合中国国情的环境政策。我国环境保护工作的三大政策中,核心是强化环境管理。这一方面是因为通过改善和强化环境管理可以解决一些不需要花很多钱就能解决的环境污染问题；另一方面是因为强化环境管理可以为有限的环境保护资金创造良好的投资环境，提高投资效益，因此，这是一项现实的、积极的政策，是中国现阶段需要长久坚持的一项政策。而强化环境管理就是靠规划、法规、监督、适当的投入去控制污染，改善环境质量。

该项政策的主要内容包括以下几个方面：

1）加强环境保护立法和执法。

2）建立环境管理机构，加强监督管理。

3）加强环境保护宣传教育。

4）建立以环境影响评价制度、“三同时”制度、排污收费制度、环境保护目标责任制、城市环境综合整治定量考核制度、排污许可证制度、污染集中控制制度、污染限期治理制度等“八项制度”为核心的强化环境管理的制度体系。

（三）中国环境保护单项政策

1. 环境保护的经济政策

环境经济政策是指按照市场经济规律的要求，运用价格、税收、财政、信贷、收费、保险、投资、微观刺激和宏观经济调节等经济杠杆，调节或影响市场主体的行为，以实现经济建设与环境保护协调发展的政策手段。这类政策一般具有明显的利益刺激因素。其主要功能通常表现在筹集资金和行为激励两个方面。

根据控制对象的不同，环境经济政策包括：①控制污染的经济政策（如排污收费）；②用于环境基础设施的政策（如污水和垃圾处理收费）；③保护生态环境的政策（如生态补偿和区域公平）。若根据政策类型分，环境经济政策又包括：①市场创建手段（如排污交易）；②环境税费政策（如环境税、排污收费、使用者收费等）；③金融和资本市场手段（如绿色信贷、绿色保险）；④财政激励手段（如对环保技术开发和使用给予财政补贴）；⑤财政转移支付的生态补偿手段等。

2007年9月9日，环境保护总局副局长潘岳指出：我国应当首先建立的环境经济政策包括以下七项。

（1）实行绿色税收

一方面对于环境友好行为实行税收优惠政策，如所得税、增值税、消费税的减免以及加速折旧等；另一方面针对环境不友好行为建立以污染排放量为依据的直接污染税，以间接污染为依据的产品环境税，以及针对水、气、固废等各种污染物为对象的环境税。

（2）加强环境收费力度

1）推进资源价格改革，包括水、石油、天然气、煤炭、电力、供热、土地等价格。

2）落实污染者收费的政策，包括完善排污收费政策、提高污水处理费征收标准、促进电厂脱硫、推进垃圾处理收费。

3）促进资源回收利用，包括鼓励资源再利用、发展可再生能源、垃圾焚烧、生产使用再生水、抑制过度包装等。

（3）建立绿色资本市场

企业融资途径包括以下两种：①间接融资（企业通过商业银行获得贷款）；②直接融资（企业通过发行债券和股票进行融资）。

对间接融资渠道，可以推行“绿色贷款”或“绿色政策性贷款”，对环境友好型企业或机构提供贷款扶持并实施优惠性低利率；而对污染企业的新建项目投资和流动资金进行贷款额度限制并实施惩罚性高利率。

绿色信贷是国家环境保护总局、中国人民银行、中国银行业监督管理委员会三部门为了遏制高耗能高污染产业的盲目扩张，于 2007 年 7 月 30 日联合提出的一项全新的信贷政策《关于落实环境保护政策法规防范信贷风险的意见》（以下简称《意见》）。《意见》规定，对不符合产业政策和环境违法的企业和项目进行信贷控制，各商业银行要将企业环保守法情况作为审批贷款的必备条件之一。各级环保部门要依法查处未批先建或越级审批，环保设施未与主体工程同时建成、未经环保验收即擅自投产的违法项目，要及时公开查处情况，即要向金融机构通报企业的环境信息。金融机构要依据环保通报情况，严格贷款审批、发放和监督管理，对未通过环评审批或者环保设施验收的新建项目，金融机构不得新增任何形式的授信支持。

同时《意见》还针对贷款类型设计了更细致的规定。例如，对于各级环保部门查处的超标排污、未取得许可证排污或未完成限期治理任务的已建项目，金融机构在审查所属企业流动资金贷款申请时，应严格控制贷款。对直接融资渠道，国家环境保护总局要联合中国证券监督管理委员会等部门，对于没有严格执行环评和“三同时”制度、环保设施不配套、不能稳定达标排放、环境事故多、环境影响风险大的企业，要在上市融资和上市后的再融资等环节进行严格限制，甚至可考虑以“一票否决制”截断其资金链条；而对环境友好型企业的上市融资应提供各种便利条件。

（4）建立生态补偿试点

建立生态补偿试点不仅是环境与经济的需要，更是政治与战略的需要。它是以改善或恢复生态功能为目的，以调整保护或破坏环境的相关利益者的利益分配关系为对象，具有经济激励作用的一种制度。

环境是一个相互关联的整体，为了实现整体利益，有时候需要某个地区为了另一个更大的、更长远的利益做出牺牲。从人们追求的政策效应来看，能实现“帕累托改进”（各方都得到好处，没有人比原来处境还差）是最佳的选择。然而从全国范围看，符合可持续发展要求的环境、经济政策难免不触动局部利益，即使从全国范围看，一些新政策是收益大于成本的，但是对于个别局部单位或地区则可能是亏本的。于是，人们希望建立一个有利于政策得以推行的对受损者进行补偿的机制。

例如，地处长江上游四川、云南、贵州等省是长江上游重要的水源涵养区，也是我国重要的林业生产基地。当地经济和财政的主要支撑是林业，然而大量砍伐森林的结果造成了长江中下游越演越烈的洪水灾害。自1997年和1998年长江连续两年发生特大洪水后，国家于1998年10月1日明令禁止三省在水源涵养区内砍伐天然林，实行禁伐后，企业禁止了木材加工，没有了经营性收入，生存难以持续；当地政府失去了主要的财政来源，大大影响了政务活动；当地群众停止了相应的经济活动，断绝了相关的收入来源，使得这些原本就属于贫困地区的脱贫变得越发困难。而禁伐使当地群众做出牺牲的获益者是长江中下游的居民，如果获益者不对牺牲者进行补偿的话，禁伐的政策是难以持续下去的。所以，应该尽快建立和完善生态补偿机制。

生态补偿基金的来源主要有三种途径：

1）国家财政转移支付的方式。

2）通过获益者和受损者之间达成协议，由获益者直接支付。

3）通过国家动员、社会广泛参与的方式筹集。

其中第一种途径为最主要的来源，是国家运用财政调节手段来实现生态目标的方式之一，它有利于减少地区之间在讨价还价中的相互扯皮，以及落实补偿基金中发生摩擦，第二及第三种途径建立在资源协商的基础之上，是对第一种途径的补充。

2007年8月24日，国家环境保护总局印发《关于开展生态补偿试点工作的指导意见》（环发[2007]130号）。试点工作将重点放置在四个领域，即自然保护区、重要生态功能区、矿产资源开发、流域水环境保护等。通过在重点领域开展试点工作，探索建立生态补偿标准体系，以及生态补偿的资金来源、补偿渠道、补偿方式和保障体系，为建立生态补偿机制提供方法和经验。

（5）建立排污权交易市场

政府作为社会的代表及环境资源的所有者，可以出售排放一定污染的权利，污染者可以从政府部门那里购买这种权利，也可以从某种利益出发，在持有污染权的污染者之间彼此交换，通过购买实际或者潜在的“排污权”或者出售“排污权”，建立排污权交易市场。

不同行业或企业的同一种污染物，其削减的边际费用可能存在较大差异，有的可以用较少的投入获得较高的去除率，而有的则需要较高的费用。在污染源存在治理成本差异的情况下，治理成本较低的企业可以采取措施以减少污染物的排放，剩余的排污权可以出售给那些环境治理成本较高的企业，市场交易使排污权从治理成本低的企业流向治理成本高的污染者。因此，排污权交易不但可以在保证污染物的排放总量不超过所容许总量的前提下，使污染削减的总费用趋向最小化，而且可以把环境容量作为资源合理分配到经济效益最高的企业或部门，有利于区域经济结构的调整和发展。

(6) 完善绿色贸易与保险

在西方国家普遍设立绿色贸易壁垒的形势下，我国的贸易政策应该作出相应调整，要改变单纯追求数量增长，忽视资源约束和环境容量的发展模式，平衡好进出口贸易与国内外环保的利益关系。在出口方面，应严格限制能源产品、低附加值矿产品和野生生物资源的出口，并对此开征环境补偿费，逐步取消"两高一低"产品的出口退税政策，必要时开征出口关税。在进口方面，应强化废物进口监管，在保证环境安全的前提下，鼓励低环境污染的废旧钢铁和废旧有色金属进口；征收大排量汽车进口的环境税费；积极推进国内的绿色标志认证。

绿色保险又称生态保险，是在市场经济条件下，进行环境风险管理的一项基本手段。其中，由保险公司对污染受害者进行赔偿的环境污染责任保险最具代表性。

环境污染责任保险可以使被保险人(造成污染事故的单位或个人)把对第三者的赔偿责任转嫁给保险公司，被保险人可以避免巨额赔偿的风险，环境污染受害者又能够得到迅速、有效的救济。该保险已被许多国家证明是一种有效的环境风险管理的市场机制。如今，环境生态保险已在发达国家广泛应用。在我国，环境保护部已与中国保险业监督委员会成立合作机制，准备在有条件的地区和环境危险程度高、社会影响大的行业联合开展试点，同时共同推进环境风险责任的强制保险立法。

2. 环境保护的技术政策

环境保护技术政策是国家制定的，有关环境保护技术的具体规定，其基本特点是既有技术性，又有政策性。环境技术政策也有多种表现形式，可以分为法定化的环境技术政策和非法定化的环境技术政策两大类。前者称为法定化的环境技术规范，具有法律强制性；后者主要是指除法规以外的各种政策文件中规定的技术政策，也称为非法定化的环境技术规范，没有强制性。

环境保护技术政策的主导思想是重点发展高质量、低消耗、高效率的适用生产技术；重点发展技术含量高、附加值高、满足环保要求的产品；重点发展投入成本低、去除效率高的污染治理适用技术，如国务院颁布的《环境保护技术政策要点》、《关于防治煤烟型污染的技术政策》、《关于防治水污染的技术政策》等。

3. 环境保护的产业政策

环境保护的产业政策强调：在经济结构战略性调整中促进环保产业结构优化，提高环保产品的科技含量；制定措施促进环保产业社会化、环保产业营运市场化、产品标准化等。

4. 环境社会政策

环境社会政策认为环境问题不单纯是生产力问题，更是涉及社会人与人之间的生产关系问题；强调民主决策和公众参与；坚持环境和社会协调发展的原则；正确处理好国家之间，国家、集体和个人之间的关系，尽可能调动各方面保护环境的积极性，提高社会各阶层的环境保护意识；重视开展环境污染与健康的研究，建立以人为本的环境管理制度。

5. 环境国际合作政策

环境国际合作政策强调：①在认真做好本国环境保护工作的同时，以积极的态度参与国际环境事务；②以新的伙伴关系共同推进区域和全球环境合作，加快解决全球环境问题的进程；③坚持环境国际合作应该尊重国家主权，处理环境问题应兼顾各国现实的实际利益和世界的长远利益。国际环境问题不能孤立地加以处理，它不可分割地联系着发展中国家的社会需求、人口压力和贫困状况，与此相对应的则是发达国家中的过度和浪费的消费模式。

第四节　中国环境管理制度

一、基本框架

环境管理制度是根据环境保护法规制定的，集法律、行政、经济、教育和技术于一体的比较完整的环境管理体系。它的建立与实行能提高人们特别是领导者对环境保护工作的认识，坚定不移地执行这些制度和措施，就可以落实从政府到部门、从行业到企业等各个层次的环境管理。

20世纪70年代我国制定了三项环境管理制度，即环境影响评价制度、“三同时”制度和排污收费制度。这三项制度称为中国环境管理的“三大法宝”，在中国的环境保护初期发挥了一定的作用。然而，随着中国经济的发展，这三项管理制度日益暴露出其不足和局限性，无法适应和满足环境保护不断发展的客观需要。1985年，第三次全国环境保护会议提出了新的五项管理制度，即环境保护目标责任制、城市环境综合整治定量考核制度、排污许可证制度、限期治理制度和集中控制制度。虽然配套任务还比较重，但从总体上看，中国环境管理制度体系的形成条件和基础已经基本具备，或说初具规模。由这新老八项制度初步构成的中国环境管理制度体系框架，为建立适合中国国情的环境管理模式奠定了坚实的基础。

二、环境影响评价制度

(一) 环境影响评价制度的概念

环境影响评价是指对规划和建设项目实施后可能造成的环境影响进行分析、预测和评估,提出预防或者减轻不良环境影响的对策和措施,进行跟踪监测的方法与制度。

2002年10月28日,第九届全国人民代表大会常务委员会第三十次会议通过了《环境影响评价法》并于2003年9月1日正式施行。根据该法律的规定,无论是建设项目还是发展规划,都要先进行环境影响评价、后进行审批。

(二) 环境影响评价制度的主要内容

1. 政府各项发展规划的环境影响评价

政府规划包括指导性规划(如土地利用规划,区域、流域、海域的建设、开发利用规划)和专项规划(如工农业、畜牧业、林业、能源、水利、交通、城市建设、旅游、自然资源开发等规划)。

(1) 评价范围

《环境影响评价法》第7条规定,各级人民政府在编制各项指导性规划时,“应当在规划编制过程中组织进行环境影响评价,编写该规划有关环境影响的篇章或者说明”,第8条规定,编制专项规划时,“应当在该专项规划草案上报审批前,组织进行环境影响评价,并向审批该专项规划的机关提出环境影响报告书”。

(2) 评价内容

根据《环境影响评价法》的规定,专项规划的环境影响报告书应当包括以下内容:

1) 实施该规划对环境可能造成影响的分析、预测和评估。

2) 预防或者减轻不良环境影响的对策和措施。

3) 环境影响评价的结论。

(3) 评价程序

1) 专项规划的编制机关对可能造成不良环境影响并直接涉及公众环境权益的规划,应当在该规划草案报送审批前,举行论证会、听证会,或者采取其他形式,征求有关单位、专家和公众对环境影响报告书草案的意见。

2) 专项规划编制机关在报批专项规划草案时,应依法将环境影响报告书一并附送审批机关;专项规划的审批机关在作出审批专项规划草案的决定前,应当将专项规划环境影响报告书送同级环境保护行政主管部门,由同级环境保护行政主管部门会同专项规划的审批机关对环境影响报告书进行审查。

3）环境保护行政主管部门应当自收到专项规划环境影响报告书之日起 30 日内，会同专项规划审批机关召集有关部门代表和专家组成审查小组，对专项规划环境影响报告书进行审查；审查小组应当提出书面审查意见。环境保护行政主管部门应在审查小组提出书面审查意见之日起 10 日内将审查意见提交专项规划审批机关。

4）对环境有重大影响的规划实施后，编制机关应当及时组织环境影响的跟踪评价，并将评价结果报告审批机关。

2009 年 8 月 17 日，国务院总理温家宝签署国务院令，颁布了《规划环境影响评价条例》(以下简称《条例》)并于 2009 年 10 月 1 日施行。该《条例》是为了加强对规划的环境影响评价工作的管理，提高规划的科学性，从源头预防环境污染和生态破坏，促进经济、社会和环境的全面协调可持续发展，根据《环境影响评价法》制定的。《条例》进一步强化了规划编制、审批机关的责任；进一步具体规定了规划环境影响评价的程序、内容、依据和形式等；明确规定了专项规划环境影响报告书审查的主体、内容、程序和效力；强调了规划编制、审批与规划环境影响评价审查之间的有效制约，完善了跟踪评价、区域限批等约束机制。

2. 建设项目的环境影响评价

(1) 评价范围

国家对建设项目进行分类管理：

1）建设项目对环境可能造成重大影响的，应当编制环境影响报告书，对建设项目产生的污染和对环境的影响进行全面、详细的评价。

2）建设项目对环境可能造成轻度影响的，应当编制环境影响报告表，对建设项目产生的污染和对环境的影响进行分析或者专项评价。

3）建设项目对环境影响小，不需要进行环境影响评价的，应当填报环境影响登记表。

(2) 评价程序

1）接受委托为建设项目环境影响评价提供技术服务的机构，应当经国务院环境保护行政主管部门考核审查合格后，颁发资质证书，按照资质证书规定的等级和评价范围，从事环境影响评价服务，并对评价结论负责。环境影响评价文件中的环境影响报告书或者环境影响报告表，应当由具有相应环境影响评价资质的机构编制。

2）除国家规定需要保密的情形外，对环境可能造成重大影响、应当编制环境影响报告书的建设项目，建设单位应当在报批建设项目环境影响报告书前，举行论证会、听证会，或者采取其他形式，征求有关单位、专家和公众的意见。建设单位报批的环境影响报告书应当附具对有关单位、专家和公众的意见采纳或者不采纳的说明。

3）建设项目的环境影响评价文件，由建设单位按照国务院的规定报有审批权的环境保护行政主管部门审批；建设项目有行业主管部门的，其环境影响报告书或者环境影响报告表应当经行业主管部门预审后，报有审批权的环境保护行政主管部门审批；海岸工程建设项目环境影响报告书或者环境影响报告表，经海洋行政主管部门审核并签署意见后，报环境保护行政主管部门审批。

国务院环境保护行政主管部门负责审批建设项目的环境影响评价文件有：核设施、绝密工程等特殊性质的建设项目；跨省、自治区、直辖市行政区域的建设项目；由国务院审批的或者由国务院授权有关部门审批的建设项目。其他建设项目的环境影响评价文件的审批权限，由省、自治区、直辖市人民政府规定。建设项目可能造成跨行政区域的不良环境影响，有关环境保护行政主管部门对该项目的环境影响评价结论有争议的，其环境影响评价文件由共同的上一级环境保护行政主管部门审批。

4）审批部门应当自收到环境影响报告书之日起60日内，收到环境影响报告表之日起30日内，收到环境影响登记表之日起15日内，分别作出审批决定并书面通知建设单位。

5）建设项目的环境影响评价文件经批准后，建设项目的性质、规模、地点、采用的生产工艺或者防治污染、防止生态破坏的措施发生重大变动的，建设单位应当重新报批建设项目的环境影响评价文件。

建设项目的环境影响评价文件自批准之日起超过5年，方决定该项目开工建设的，其环境影响评价文件应当报原审批部门重新审核；原审批部门应当自收到建设项目环境影响评价文件之日起10日内，将审核意见书面通知建设单位。

三、“三同时”制度

（一）“三同时”制度的概念

《环境保护法》规定，凡是从事对环境有影响的建设项目，其防治污染及其他公害的设施，必须与主体工程同时设计、同时施工、同时投产，这一规定简称为“三同时”制度。

“三同时”制度是在基本建设项目和技术改造项目中严格控制新污染、防止环境遭受新污染和破坏的根本性措施和重要的环境保护法律制度。它与环境影响评价制度相辅相成，是防止环境免遭新污染和破坏的“法宝”，是我国环境保护法规定“预防为主”基本原则的具体化、制度化、规范化，是加强开发建设项目环境管理的重要措施，是防止我国环境质量继续恶化的有效手段。“三同时”制度是在我国出台最早的一项环境管理制度，是我国独创的、具有中国特色、并行之有效的环境管理制度。

（二）“三同时”制度的主要内容

凡从事对环境有影响的建设项目，都必须执行“三同时”制度；建设项目的初步设计中，必须有环境保护篇章，包括环境保护措施的设计依据，防治污染的处理工艺流程、预期效果，对资源开发引起的生态变化所采取的防范措施，绿化设计，监测手段，环境保护投资的预算。

建设项目的主体工程完成后，需要进行试生产的，其配套建设的环境保护设施必须与主体工程同时投入试运行。

建设项目在正式投产使用前，建设单位要向环境保护部门提交《环境保护设施竣工验收报告》，说明设施运行情况、治理效果和达到的标准。经验收合格并发给《环境保护设施验收合格证》后，方可正式投入使用。需要进行试生产的建设项目，建设单位应当自建设项目投入试生产之日起 3 个月内，向审批该建设项目环境影响报告书（表）的环境保护行政主管部门申请验收该建设项目配套建设的环境保护设施。环境保护行政主管部门应当自收到环境保护设施竣工验收申请之日起 30 日内完成验收。

四、排污收费制度

（一）排污收费制度的概念

排污收费制度是指国家环境保护行政主管部门根据环境保护法律法规的规定，对向环境排放污染物或超标排放污染物的排污者，按照所排放的污染物的种类、数量和浓度，征收一定费用的管理制度。

排污收费制度是运用经济手段防止污染的措施，是“污染者负担”原则的具体体现，目的是为了促进排污者加强经营管理，节约和综合利用自然资源，减少排污，保护环境，同时筹措部分资金，用来治理环境污染。

1979 年颁布的《环境保护法（试行）》以法律形式确定了这一制度。1982 年，国务院颁布了《征收排污费暂行办法》对征收排污费的目的、范围、标准、使用管理等方面做了具体规定；2002 年 1 月 30 日，国务院第 54 次常务会议通过了《排污费征收使用管理条例》并于 2003 年 7 月 1 日正式实施。

（二）排污收费制度的主要内容

1. 排污费的征收对象

根据《排污费征收使用管理条例》的规定，凡是直接向环境排放污染物的单位和个体工商户，应当依法缴纳排污费。排污者向城市污水集中处理设施排放污水、缴纳污水处理费用的，不再缴纳排污费。排污者建成工业固体废物储存或者处置设施、场所并符合环境保护标准，或者其原有工业固体废物储存或者处置设施、场所经改造符合环境保护标准的，自建成或者改造完成之日起，不再缴纳排污费。

2. 排污费的征收依据

1）向大气、海洋排放污染物的，按照排放污染物的种类、数量缴纳排污费。

2）向水体排放污染物的，按照排放污染物的种类、数量和排污费征收标准缴纳排污费。

3）没有建设工业固体废物储存或者处置的设施、场所，或者工业固体废物储存或者处置的设施、场所不符合国家有关规定的，按照排放污染物的种类、数量缴纳排污费。

4）以填埋方式处置危险废物不符合国家有关规定的，按照排放污染物的种类、数量缴纳危险废物排污费。

5）产生环境噪声污染超过国家环境噪声标准的，按照排放噪声的超标声级缴纳排污费。

3. 排污费的征收和使用

（1）排污费的征收和使用原则

排污费的征收和使用必须严格实行“收支两条线”，征收的排污费全部纳入财政预算，列入环境保护专项资金进行管理，专项用于环境污染防治，任何单位和个人不得截留、挤占或者挪作他用。

（2）征收排污费的基本程序

1）排污者应当按照国务院环境保护行政主管部门的规定，向县级以上地方人民政府环境保护行政主管部门申报排放污染物的种类、数量，并提供有关资料。

2）县级以上地方人民政府环境保护行政主管部门，应当按照国务院环境保护行政主管部门规定的核定权限对排污者排放污染物的种类、数量进行核定。

污染物排放种类、数量经核定后，由负责污染物排放核定工作的环境保护行政主管部门书面通知排污者。

排污者对核定的污染物排放种类、数量有异议的，自接到通知之日起7日内，可以向发出通知的环境保护行政主管部门申请复核；环境保护行政主管部门应当自接到复核申请之日起10日内，作出复核决定。

3）负责污染物排放核定工作的环境保护行政主管部门，应当根据排污费征收标准和排污者排放的污染物种类、数量，确定排污者应当缴纳的排污费数额，并予以公告。

4）排污费数额确定后，由负责污染物排放核定工作的环境保护行政主管部门向排污者送达排污费缴纳通知单。

排污者应当自接到排污费缴纳通知单之日起 7 日内，到指定的商业银行缴纳排污费。商业银行应当按照规定的比例将收到的排污费分别解缴中央国库和地方国库。

排污者因有特殊困难不能按期缴纳排污费的，自接到排污费缴纳通知单之日起 7 日内，可以向发出缴费通知单的环境保护行政主管部门申请缓缴排污费；环境保护行政主管部门应当自接到申请之日起 7 日内，作出书面决定；期满未作出决定的，视为同意。排污费的缓缴期限最长不超过 3 个月。

(3) 排污费的减缴和免缴

排污者因不可抗力遭受重大经济损失的，可以申请减半缴纳排污费或者免缴排污费。但如果排污者因未及时采取有效措施，造成环境污染的，不得申请减半缴纳排污费或者免缴排污费。

(4) 排污费的使用

排污费必须纳入财政预算，列入环境保护专项资金进行管理，主要用于下列项目的拨款补助或者贷款贴息：①重点污染源防治；②区域性污染防治；③污染防治新技术、新工艺的开发、示范和应用；④国务院规定的其他污染防治项目。

五、污染物排放总量控制与排污许可证制度

(一) 污染物排放总量控制

污染物浓度控制管理具有一定的局限性，污染物浓度管理只控制了从污染源排出的污染物浓度，而无法控制住污染物在环境中的实际含量，因此势必会造成环境中污染物总量的不断增加，从而难以控制环境质量，为此，需要进行污染物排放总量控制。为满足排放标准要求，各超标单位或机构均会去采取一定的污染物控制措施，但在分散治理的情况下，其规模效应难以保证，故从宏观上看是不可取的。

污染物排放总量控制是指以一定时段内一定区域内排污单位排放污染物总量为核心的环境管理方法体系。污染物排放总量控制应包括三方面的内容：①污染物的排放总量；②排放污染物总量的地域范围；③排放污染物的时间范围。

根据确定方法的不同，污染物排放总量控制大致可分为两类。

1. 容量总量控制

各污染源排放总量控制指标是依据环境容量经推算而确定的，强调环境目标，强调环境、技术、经济三个效益的统一。

2. 目标总量控制

在确定某一区域(或行业)的环境管理目标后，采取一定的行政手段，直接将削减污染物排放量指标分配至各企业事业单位，并限时完成。

我国目前确定的污染物排放总量控制项目为：烟尘、SO_2、工业粉尘、COD、氨氮、总磷、工业固体废弃物。

“十一五”期间国家对化学需氧量、SO_2 两种主要污染物实行排放总量控制计划管理，排放基数按 2005 年环境统计结果确定。计划到 2010 年，全国主要污染物排放总量比 2005 年减少 10%，具体是 COD 由 1414 万 t 减少到 1273 万 t，SO_2 由 2549 万 t 减少到 2294 万 t。在国家确定的水污染防治重点流域、海域专项规划中，还要控制氨氮(总氮)、总磷等污染物的排放总量，控制指标在各专项规划中下达，由相关地区分别执行，国家统一考核。鼓励各地根据各自的环境状况，增加本地区必须严格控制的污染物，纳入本地区污染物排放总量控制计划。

污染物排放总量控制是控制环境污染的有力武器，是实行排污许可证的基础，污染物排放总量控制制度和排污许可证制度常常被各国称为控制污染的“支柱”。目前我国污染物排放总量控制的具体做法是推行排污申报登记制度和排污许可证制度。

(二) 排污许可证制度

排污许可证制度是指凡是需要向环境排放各种污染物的单位或个人，都必须事先向环境保护部门办理申领排污许可证手续，经环境保护部门批准后获得排污许可证后方能向环境排放污染物的制度。目前我国的排污许可证制度是以改善环境质量为目标，以污染物总量控制为基础，规定排污单位许可排放什么污染物、许可污染物排放量、许可污染物排放去向等的一项法律制度，是对排污者排污实施许可的一项环境管理手段。

排污许可证的管理程序包括四个阶段。

1. 排污申报登记

排污单位在指定时间内，向当地环保部门办理申报登记手续，在认真监测、核实排污量的基础上，填报《排污申报登记表》。环保部门应对申报的内容进行检查、核实，以获得本地区排污现状的准确资料和各个污染源的详细情况。

2. 确定本地区污染物总量控制目标和分配污染物总量削减指标

可根据环境容量大小来确定当地污染物削减总量，削减总量确定后，应根据经济发展、财政实力、治理技术等因素，按年度确定污染物总量削减指标。

3. 排污许可证的审批发放

发放许可证时要对排污者规定必须遵守的条件，即规定污染物的允许排放量、排污口的位置、排放方式、排放最高浓度等。对符合规定条件的排污者，发放排放许可证，对暂时达不到规定条件的（如超出总量控制指标的）排污者，发放临时排污许可证，同时要求其限期治理，削减排污量。“排放许可证”的有效期限最长不得超过五年；“临时排放许可证”的有效期限最长不得超过两年。

4. 排污许可证的监督检查和管理

排污单位必须严格按照排污许可证的规定排放污染物，并按规定向当地环境保护部门报告本单位的排污情况；持有临时排放许可证的单位，必须定期向当地环境保护部门报告削减排放量的进度，经削减达到排污总量控制指标的单位，可以申请排放许可证；环保部门必须对持证单位加强严格的监督管理，对违反排污许可证制度的单位给予行政处罚。

六、限期治理制度

（一）限期治理制度的概念

限期治理制度是指人民政府或环境保护行政管理部门对严重污染环境的污染源和污染严重的区域环境，依法限定其在一定的期限内，完成治理任务，达到治理目标的管理措施。

限期治理是根治环境污染的一项关键性举措，对于清偿环境污染的历史欠账，加速解决重点污染源，从而改善环境质量、促进经济与环境的健康协调发展都将起到至关重要的作用，这是从我国环境管理实践中总结出来的具有中国特色的一项环境管理制度。

（二）限期治理制度的基本内容

1. 限期治理范围

（1）区域性限期治理

区域性限期治理是对污染严重的某一区域、某个水域的限期治理，如对白洋淀的限期治理、对淮河的限期治理等。

（2）行业性限期治理

行业性限期治理是对某个行业性污染的限期治理，如对造纸行业的限期治理、对机械行业锅炉生产的限期改造更新等。

（3）点源性限期治理

点源性限期治理是对污染严重的排放源进行限期治理，如对某个企业、某个污染源、某个污染物的限期治理等。

2. 限期治理的重点

1）污染危害严重，群众反映强烈的污染物、污染源，治理后对改善环境质量，解决厂群矛盾，保障社会安定有较大作用的项目。

2）位于居民稠密区、水源保护区、风景游览区、自然保护区、温泉疗养区、城市上风向等环境敏感区，污染物排放超标、危害职工和居民健康的污染企业。

3）区域或水域环境质量十分恶劣，有碍观瞻、损害景观的区域或水域的环境综合整治项目。

4）污染范围广、污染危害较大的行业污染项目。

5）其他必须限期治理的污染企业。

3. 限期治理的目标

一般来说，对污染源的限期治理，其目标是达标排放；对行业污染的限期治理，其目标是分期分批地达到排放标准；对于区域环境污染的限期治理，其目标是达到该地区环境质量标准。应注意的是，对于达标排放的要求，不仅是要求浓度达标，还要求总量达标。

4. 限期治理的期限

限期治理的期限，一般是从实际出发，充分考虑限期治理项目的类型、规模、环境污染程度、被限期治理单位的资金来源与技术力量等情况决定，但一般不宜太长，通常是1～3年。

5. 限期治理决定的决定机关

根据《环境保护法》的规定，限期治理的决定机关是县级以上人民政府，而不是环境保护行政主管部门。对于中央或省、自治区、直辖市人民政府直接管辖的企事业单位的限期治理，由省、自治区、直辖市人民政府决定；市、县或市、县以下人民政府管辖的企事业单位的限期治理，由市、县人民政府决定。

根据《环境噪声污染防治法》的规定，小型企事业单位的限期治理，可由县级以上人民政府在国务院的权限内授权其环境保护行政主管部门决定。

2004年12月29日修订通过的《固体废物污染防治法》第81条规定：造成固体废物严重污染环境的，由县级以上人民政府环境保护行政主管部门按照国务院规定的权限决定限期治理。

2008年2月28日修订通过的《水污染防治法》第74条规定：违反本法规定，排放水污染物超过国家或者地方规定的水污染物排放标准，或者超过重点水污染物排放总量控制指标的，由县级以上人民政府环境保护主管部门按照权限责令限期治理。

这表明该制度在决定权限方面的重大突破，呈现出从完全由政府决定逐步向由环保部门决定过渡。

七、污染集中控制制度

污染集中控制是在一个特定的范围内，建立集中治理设施和采用统一管理的措施以保护环境和治理污染，是强化环境管理的一种重要手段。污染集中控制，应以改善流域、区域等控制单元的环境质量为目的，依据污染防治规划，按照废水、废气、固体废物等的性质、种类和所处的地理位置，以集中治理为主，用尽可能小的投入获取尽可能大的环境、经济、社会效益。

该制度充分体现了经济效益、社会效益和环境效益统一的原则，有利于调动各方面的积极性，为污染治理的社会化开辟了道路；有利于推进技术进步，提高资源、能源的利用率和废物资源化工作。

八、环境保护目标责任制

（一）环境保护目标责任制的概念

环境保护目标责任制是一种具体落实地方各级人民政府和有污染的单位对环境质量负责的行政管理制度。该制度确定了一个区域、一个部门乃至一个单位环境保护的主要责任者和责任范围，运用目标化、定量化、制度化的管理方法，把环境保护作为各级领导干部的行为规范，推动了环境保护工作的全面、深入开展。

该制度以我国基本国情为基础，以现行法律为依据，以责任制为核心，以行政制约为机制，是集责任、权利、利益和义务为一体的新型管理制度，也是我国现行环境管理各项制度的“龙头”。具有以下特点：

1）有明确的时间和空间界限。一般以一届政府的任期为时间界限，以行政单位所辖地域为空间界限。

2）有明确的环境质量目标、定量要求和可分解的质量指标。

3）有明确的年度工作指标。

4）以责任制等形式层层落实。

5）有配套的措施、支持保证系统和考核奖惩办法。

6）有定量化的监测和控制手段。

（二）环境保护目标责任制的实施程序

1. 制定阶段

各级政府组织有关部门和地区，根据环境目标的要求，通过广泛的调查研究和充分协商，确定实施责任制的基本原则、建立指标体系、制定责任书的具体内容。

2. 下达阶段

以签订责任书的形式，下达责任目标，将各项指标逐级分解，层层建立责任制，使任务落实，责任落实。

3. 实施阶段

在各级政府的统一领导下，各责任单位依据各自承担的任务，分别组织实施，政府和有关部门定期对责任书的执行情况进行检查，以保证责任书任务的完成。

4. 考核阶段

责任书期满后，由政府对任务完成情况进行考核，根据考核结果，给予奖励或处罚。

（三）环境保护责任书的主要内容

环境保护责任书主要包括两个部分的指标，即环境目标和分年度的工作指标。

1. 环境目标

一般包括提出预期达到的城市环境综合整治定量考核综合得分，具体制定各考核指标的得分。另外，根据实际情况，还要提出某些单独的要求以及考核内容以外的指标要求，要因地制宜，不能“一刀切”。

2. 年度工作指标

年度工作指标包括四大工作任务，即城市环境综合整治定量考核、城市环境建设项目、重点污染源治理项目、强化环境管理与环保系统自身建设。

对所列指标，在责任书中都应详细规定其分解内容、工作进度和完成期限、应达到的标准和要求、项目的承办单位(或责任者)、每项指标的分数和考核办法以及指标的现状，以便于量化管理和检查考评。

九、城市环境综合整治定量考核制度

（一）城市环境综合整治定量考核的基本内涵

城市环境综合整治是把城市作为一个系统、一个整体，运用系统工程的理论和方法，采取多功能、多目标、多层次的综合战略、手段和措施，对城市进行综合规划、综合管理、综合控制和建设，做到经济建设、城乡建设、环境建设同步规划、同步实施、同步发展。

城市环境综合整治定量考核是以量化的环境质量、污染防治和城市建设的指标体系，综合评价一定时期内城市政府在城市环境综合整治方面工作的进展情况，激励城市政府开展城市环境综合整治的积极性，促进城市环境管理制度的改善。

城市环境综合整治定量考核是城市环境综合整治走向科学化、目标化和定量化管理的重要一步，是实行城市环境目标管理的重要手段，也是推动城市环境综合整治的有效措施。

(二) 城市环境综合整治定量考核指标体系

城市环境综合整治定量考核实行分级定量考核制度，考核分两级：

1) 国家按统一指标体系对部分城市政府在开展城市环境综合整治方面的工作情况进行考核，目前由国家直接考核的城市有47个重点城市。

2) 由省、自治区、直辖市对所辖地、县级城市的考核。

城市环境综合整治定量考核的对象是城市政府和市长，考核范围是城市区域，根据《"十一五"城市环境综合整治定量考核指标实施细则》，考核内容涉及城市环境质量、城市污染控制、城市基础设施建设和城市环境管理4个方面共16项指标：

1) 环境质量指标：①空气污染指数≤100的天数占全年天数的比例；②集中式饮用水水源地水质达标率；③城市水环境功能区水质达标率；④区域环境噪声平均值；⑤交通干线噪声平均值。

2) 城市污染控制指标：①城市清洁能源使用率；②机动车环保定期检测率；③工业固体废物处置利用率；④危险废物处置率；⑤重点工业企业排放稳定达标率；⑥万元GDP主要工业污染物排放强度。

3) 城市建设指标：①城市污水集中处理率；②生活垃圾无害化处理率；③建成区绿化覆盖率。

4) 城市环境管理指标：①环境保护机构建设；②公众对城市环境保护的满意率。

第五节　环境法制管理

一、环境法及环境法制

(一) 环境法

环境法是国家制定或认可的，由国家强制力保证其实施的，调整因开发、利用、保护、改善环境资源、防治污染和其他公害而产生的各种社会关系的法律规范的总称。该定义包含以下几层含义。

1. 环境法是由国家制定或认可并由国家强制力保证执行的法律规范

与其他部门法一样，环境法具有国家强制性、法律规范性等法律的基本属性，是由国家制定或认可的，用立法形式予以颁布，以国家强制力保证其实施的法律规范。

2. 环境法所调整的社会关系具有特定的范围

因环境而产生的社会关系很多，而环境法主要调整的是开发、利用、保护、改善环境，防治环境污染和生态破坏而产生的社会关系。

3. 环境法所调整的社会关系包括两大类

1）因开发利用、保护和改善生活环境和生态环境而产生的社会关系。
2）因防治污染和其他公害而产生的社会关系。

4. 环境法是广义上的概念

环境法既包括全国人民代表大会制定的《宪法》中有关环境保护的规范和由人民代表大会常务委员会制定的综合性的环境保护基本法——《环境保护法》，以及各种资源保护和污染防治的单行法，也包括国务院制定的环境保护行政法规和国务院各部、委发布的环境保护规章，又包括省级人民代表大会及其常务委员会、省政府所在地的市和经国务院批准的较大的市人民代表大会以及常务委员会制定的地方环境保护法规，还包括地方人民政府依法颁布的地方环境保护规章和具有普遍约束力的环境保护命令与决定等。

（二）环境法制

环境法制通常在两种意义上使用：一种是静态意义上的环境法制，即环境法律和制度；另一种是动态意义上的环境法制，是指环境立法、环境执法、环境司法、环境守法、环境法监督的活动和过程。应该把静态和动态意义上的环境法制结合起来使用，即环境法制是由国家制定或认可的，由国家强制力保证实施的有关开发、利用、保护、改善环境资源，防治污染和其他公害的法律和制度的总称，是环境立法、环境执法、环境司法、环境守法和环境法律监督的各环节的统一。

二、环境法在环境管理中的地位

环境管理的手段主要包括行政手段、法律手段、经济手段、技术手段和宣传教育等手段，其中法律手段具有特别重要的意义。法律手段最显著的特征是其具有强制性，任何人不得违反，否则就要依法追究其相应的法律责任，因而法律手段具有其他手段无法比拟的威慑力。而且其他几种手段也需要通过法律手段来体现、固定和保障，如命令转产、搬迁等行政手段，征收排污费等经济手段，结合技术改造防止污染，采取新技术、新工艺手段等都规定在环境法中，是法律手段的体现，至于教育手段，法律本身就具有宣传教育的作用，是一部极好的教材。因此，世界各国都非常注重用法律手段来加强环境管理，对污染和破坏环境的行为进行干预。

三、中国环境法体系

(一) 环境法是一个独立的法律部门

1. 环境法具有自己独立的调整对象

环境法之所以成为一个独立的法律部门,主要是由它所调整的社会关系的特殊性决定的。环境法是调整开发、利用、保护和改善环境,防治污染和其他公害的过程中产生的社会关系,这种社会关系的产生和发展变化始终离不开人类环境和环境问题,这是环境法区别于其他法律部门的一个根本特点。

2. 环境法具有自己的基本原则和法律制度

环境法以实现协调人类-环境关系为目标,为了实现这一目标,环境法确定了自己的基本原则和基本制度,如协调发展原则、预防为主原则、污染者负担原则、公众参与原则等,还有环境影响评价制度、"三同时"制度、排污收费制度、限期治理制度等。这些与其他法律部门的原则和制度是不同的。

3. 环境法有特定的目的和任务

《环境保护法》规定了我国环境法的目的和任务是"保护和改善生活环境和生态环境,防治污染和其他公害,保障人体健康,促进社会主义现代化建设的发展"。这是其他法律部门无法完成和替代的。

另外,环境法还具有较完备的体系和其他法律部门法所无法包容的独特的特点,如环境法的综合性、科学技术性和公益性,有其特定的调整方法、法律制度和强有力的行政执法机构,有富于特色的环境科学、环境权理论、资源权理论等环境法学理论作为其基本理论,这些特色或特点是很难纳入其他法律部门的。

(二) 中国环境法体系

环境法体系是由相互联系、相互补充、相互制约,旨在调整因开发、利用、保护、改善环境所发生的社会关系的法律、法规、规章和其他具有法律约束力的规范性文件所组成的系统。我国环境法体系由以下几部分组成:①《宪法》中有关环境保护的规范;②综合性的环境保护基本法,即《环境保护法》;③各种专门性的环境保护单行法规;④各种环境标准;⑤地方环境保护法规;⑥其他部门法中的环境保护规范;⑦我国参加的国际条约和协定中有关环境保护的规范。

1.《宪法》中关于环境与资源保护的规定

《宪法》规定国家根本任务和根本制度,即社会制度的原则和国家政权的组织以及公民的基本权利义务等内容。在环境与资源保护方面主要规定国家在合理开发、利用、保护、改善环境和自然资源方面的基本职责、基本政策以及单位和公民的环境权利等方面的基本问题。我国《宪法》是由全国人民代表大会制定的,是国家的根本大法,具有最高的法律效力,任何其他法律规范都不得与《宪法》的规定相抵触。

《宪法》对环境与资源保护做了一系列的规定。《宪法》第 26 条规定:“国家保护和改善生活环境和生态环境,防治污染和其他公害。”这一规定是国家对环境保护的总政策,说明了环境保护是国家的一项基本职责。

《宪法》第 9 条第 1 款规定:矿藏、水源、森林、山岭、草原、荒地、滩涂等自然资源都属于国家所有,即全民所有,由法律规定属于集体所有的森林和山岭、草原、荒地、滩涂除外。

第 10 条第 1 款、第 2 款规定:城市的土地属于国家所有,农村和城市郊区的土地除由法律规定属于国家所有外,属于集体所有。

这些规定,把自然资源和某些重要的环境要素宣布为国家所有,这就从所有权方面为自然环境和自然资源的保护提供了保证。

第 9 条第 2 款规定:国家保护自然资源的合理利用,保护珍贵的动物和植物,禁止任何组织或者个人用任何手段侵占或者破坏自然资源。

第 10 条第 5 款规定:一切使用土地的组织和个人必须合理利用土地。这些规定强调了对自然资源的严格保护和合理利用,以防止因自然资源的不合理开发导致环境破坏。

第 22 条第 2 款对名胜古迹、珍贵文物和其他重要历史文化遗产的保护也做了规定。

以上这些规定对我国环境保护工作具有指导性、原则性和政策性,是我国开展环境保护工作,制定环境法律、法规的根本依据。

2. 环境保护基本法

环境保护基本法主要是规定国家的环境政策,环境保护方针、原则、制度和措施,属于原则性的规定。

1989 年 12 月颁布的《环境保护法》是我国的环境保护基本法,它是一部综合性的实体法,是 1979 的《环境保护法(试行)》经修订后重新颁布的。在整个环境法体系中的地位仅次于《宪法》,是制定专门性环境保护单性法规的基本依据。《环境保护法》主要规定了以下内容:

1)环境保护法的任务是为了保护和改善生活环境与生态环境,防治污染和其他公害,保障人体健康,促进社会主义现代化建设的发展。

2)环境保护的对象是那些直接或间接影响人类生存和发展的环境要素的总

体，包括大气、水、海洋、土地、矿藏、森林、草原、野生动物、自然遗迹、人文遗迹、自然保护区、风景名胜区、城市和乡村等。

3）我国环境保护的基本原则和基本制度。

4）保护自然环境的基本要求和开发利用环境资源者的法定义务。

5）防治环境污染的基本要求和相应的义务。

6）中央和地方环境管理机构对环境监督管理的权限和任务。

7）一切单位和个人都有保护环境的义务，对污染和破坏环境的单位和个人，有监督和控告的权利。

8）违反环境保护法者应承担的行政责任、民事责任和刑事责任。

3. 环境保护单行法

环境保护单行法是以宪法和综合性的环境保护基本法为依据，针对保护对象和防治对象的特点及所调整的特定问题，作出专门的具体的规定，是宪法、环境保护基本法的具体化，是进行环境管理、处理环境纠纷的直接依据。主要有以下几类。

(1) 环境污染防治法

1）《大气污染防治法》于1987年9月5日颁布，并于1995年8月29日修改后重新公布，2000年4月29日第九届全国人民代表大会常务委员会第十五次会议对《大气污染防治法》做了进一步的修改，共7章66条，其主要内容为：各级人民政府防治大气污染的职责；防治大气污染监督管理体制；大气环境保护标准；大气污染防治的监督管理；防治燃煤产生的大气污染；防治机动车船排放污染；防治废气、粉尘和恶臭污染；防治沙尘、扬尘污染；法律责任等。

2）《水污染防治法》于1984年5月11日第六届全国人民代表大会常务委员会第五次会议通过。根据1996年5月15日第八届全国人民代表大会常务委员会第十九次会议《关于修改〈中华人民共和国水污染防治法〉的决定》修正，2008年2月28日第十届全国人民代表大会常务委员会第三十二次会议修订。修订后的《水污染防治法》共8章92条，其主要内容为：各级人民政府防治水污染的职责；防治水污染监督管理体制；水污染防治的标准和规划；防治水污染的监督管理原则；防治水污染的监督管理制度；工业水污染防治；城镇水污染防治；农业和农村水污染防治；船舶水污染防治；饮用水水源和其他特殊水体保护；水污染事故处置；法律责任等。

3）《海洋环境保护法》于1982年8月23日第五届全国人民代表大会常务委员会第二十四次会议通过。1999年12月25日第九届全国人民代表大会常务委员会第十三次会议修订。修订后的《海洋环境保护法》共10章98条，其主要内容为：海洋环境保护管理体制；海洋环境监督管理法律制度；海洋生态保护；防治陆源污染对海洋环境的污染损害；防止海岸工程建设项目对海洋环境的污染损害；防止海洋工程建设项目对海洋环境的污染损害；防止倾倒废弃物对海洋环境的污染损害；防止船舶及有关作业活动对海洋环境的污染损害；法律责任。

4)《固体废物污染环境防治法》于1995年10月30日第八届全国人民代表大会第十六次常务委员会通过并于1996年4月1日起实施。该法共有6章77条，主要适用于固态、半固态、液态以及放置在容器中气态废弃物的污染防治，其主要内容为：固体废物污染防治原则；固体废物污染环境的监督管理体制；防治固体废物污染环境的监督管理制度；防治固体废物污染环境的一般规定；工业固体废物污染环境的防治；城市生活垃圾污染环境的防治；危险废物污染环境防治的特别规定；法律责任等。

5)《环境噪声污染防治法》于1996年10月29日第八届全国人民代表大会第二十二次常务委员会通过并于1997年3月1日施行。该法共有8章64条，其主要内容包括为：各级人民政府防治环境噪声污染的职责；环境噪声污染防治的监督管理体制；环境噪声标准；环境噪声污染防治的监督管理制度；工业噪声污染防治；建筑施工噪声污染防治；交通运输噪声污染防治；社会生活噪声污染防治；法律责任等。

(2) 自然资源法(自然保护法)

1)《矿产资源法》于1983年3月19日第六届全国人民代表大会常务委员会第十五次会议通过，并于1996年8月29日经第八届人大常委会第二十一次会议修正，共7章53条。该法规定：矿产资源属于国家所有；开采矿产资源必须依法申请取得采矿权，并按规定缴纳资源税和资源补偿费；开采矿产资源必须遵守有关环境保护的法律规定，防止环境污染；开采矿产资源，应当节约用电；给他人造成损失的，应负责赔偿和补救；国家对矿产资源勘察实行统一的登记制度；对矿产资源的开发实行审批发证制度；国营矿山企业是开采矿山资源的主体；国家允许乡镇集体企业和个体开采国家指定范围内的矿产资源，但必须申请办理采矿许可证；违反该法未取得许可证擅自采矿、擅自开采国家保护的特定矿种、超越范围采矿等分别追究行政责任或刑事责任。

2)《草原法》于1985年6月18日第六届全国人民代表大会常务委员会通过，并于同年10月1日起施行。该法规定：草原属于国家所有即全民所有，由法律规定属于集体所有的草原除外；禁止一切破坏草原的行为；加强草原防火工作，建立防火制度；禁止在荒漠草原和沙化地区采砍灌木、药材及其他固沙植物；不得采集草原上的珍惜野生植物；草原使用者进行少量开垦，必须经县级以上人民政府批准；因过度放牧造成草原沙漠化、退化、水土流失的草原使用者应当调整放牧强度，补种牧草，恢复植被以及加强对人工草场的管理。

3)《土地管理法》于1986年6月25日第六届全国人民代表大会常务委员会

第十六次会议通过，于 1998 年 8 月 17 日修正并于 1999 年 1 月 1 日实施，共 8 章 86 条。该法规定：实行土地的社会主义公有制即全民所有制和劳动群众集体所有制；任何单位和个人不得侵占、买卖、出租或以其他形式非法转让土地；各级人民政府必须贯彻“十分珍惜和合理利用土地”的方针，全面规划，加强管理和保护，开发土地资源，制止乱占耕地和滥用土地的行为。

4)《野生动物保护法》于 1988 年 11 月 8 日颁布并于 1989 年 3 月 1 日起施行，共 5 章 42 条。该法目的在于保护、拯救珍贵、濒危野生动物，保护、发展和合理利用野生动物资源，维持生态平衡。该法主要规定了野生动物保护、管理以及违反该法应承担的法律责任等内容。

5)《水土保持法》于 1991 年 6 月 29 日颁布并于同日生效施行，共 6 章 42 条，制定该法的目的是预防和治理水土流失，保护和合理利用水土资源，减轻水、旱、风沙灾害，改善生态环境。该法主要规定了预防水土流失、水土流失动态的监督预报以及相应法律责任等内容。

6)《煤炭法》于 1996 年 8 月 29 日颁布并于同年 12 月 1 日起施行，共 8 章 81 条。制定该法的目的在于合理开发利用和保护煤炭资源，规范煤炭生产经营活动，促进和保障煤炭行业的发展和煤炭资源的保护等。开发利用煤炭资源应当遵守有关环境法律法规，防治污染和其他公害，保护生态环境。

7)《水法》于 1988 年 1 月 21 日第五届全国人民代表大会常务委员会第二十四次会议通过、颁布。2002 年九届全国人民代表大会常务委员会第二十九次会议对《水法》修订，并于同年 10 月 1 日起施行。修订后的《水法》共 8 章 82 条，分为：总则；水资源规划；水资源开发利用；水资源、水域和水工程的保护；水资源配置和节约使用；水事纠纷处理与执法监督检查；法律责任；附则等。

8)《森林法》于 1984 年 9 月 20 日第六届全国人民代表大会常务委员会第七次会议通过，根据 1998 年 3 月 29 日第九届全国人民代表大会常务委员会第二次会议《关于修改〈中华人民共和国森林法〉的决定》修正，修改后的《森林法》共 7 章 49 条，分为：总则；森林经营管理；森林保护；植树造林；森林采伐；法律责任；附则等。

此外，《防沙法》、《种子法》、《气象法》、《节约能源法》、《防震减灾法》、《防洪法》等也属于自然资源法的范畴。

(3)《环境影响评价法》

《环境影响评价法》于 2002 年 10 月 28 日第九届全国人民代表大会常务委员会第三十次会议通过，并于 2003 年 9 月 1 日起施行。《环境影响评价法》共 5 章 38 条，主要内容包括对各种发展规划和建设项目的环境影响评价的内容、程序以及相应的法律责任。从大范围的发展规划到具体的项目建设，都必须执行“先评价，后建设”的规定，这对于推进我国可持续发展将产生积极的影响。

这部法律第一次将环境影响评价从单纯的建设项目扩展到各类发展规划，用法律的形式确保环境保护参与综合决策。同时，更加突出公众在环境保护中的作用，并通过环境影响跟踪评价和后评价制度，将环境影响评价落实到规划执行和建设项目运行的整个过程中。

(4)《清洁生产促进法》

《清洁生产促进法》于2002年6月29日第九届全国人民代表大会常务委员会第二十八次会议通过，并于2003年1月1日起实施。对清洁生产的推行、实施、鼓励措施及法律责任等方面的内容做了规定。该法的颁布旨在动员各级政府、有关部门、生产和服务行业推行和实施清洁生产的专项法律，它的制定标志着我国可持续发展事业有了历史的进步，对促进我国的经济、社会的进一步健康发展产生积极的影响。

4. 由国家最高行政机关制定的环境保护行政法规

由国家最高行政机关制定的环境保护行政法规主要是由国务院组织制定并批准公布的，有关环境保护方面的"条例"、"实施细则"等，如《海洋倾废管理条例》、《化学危险物品安全管理条例》、《大气污染防治法实施细则》、《水污染防治法实施细则》、《淮河流域水污染防治暂行条例》等。

5. 政府部门规章

政府部门规章主要是由国务院环境保护行政主管部门单独发布或与国务院有关部门联合发布的环境保护规范性文件，以及政府其他有关行政主管部门依法制定的环境保护规范性文件。政府部门规章是以环境保护法律和行政法规为依据而制定的，或者是针对某些尚未有相应法律和行政法规调整的领域做出相应规定。

6. 环境保护地方性法规和地方性规章

环境保护地方性法规和地方性规章主要是由享有立法权的地方权力机关和地方政府机关依据《宪法》和相关法律制定的环境保护规范性文件。这些规范性文件是根据本地实际情况和特定环境问题制定的，并在本地区实施，有较强的可操作性，是对国家环境保护法律、法规的补充和完善，如《湖北省环境保护条例》、《湖北省排污费征收管理实施办法》、《太湖水源保护条例》等。环境保护地方性法规和地方性规章不能与法律、国务院行政规章相抵触。

7. 环境标准

环境标准是为了执行各种专门的环境法而制定的技术规范，是用法律手段防止环境质量恶化的科学标准，是环境法体系中一个特殊的组成部分，也是环境法制管理的基础和重要依据。我国环境标准体系由国家环境标准、地方环境标准和环保行业标准三级，及环境质量标准、污染物排放标准、环保基础标准、环保方法标准和标准样品标准五类构成。我国法律规定，违反环境标准，应依法承担相应法律后果。

8. 其他部门法中的环境保护规范

1)《民法通则》第 80 条、第 81 条关于国家和集体所有的土地、森林、山岭、荒地、滩涂、水面、矿藏等自然资源，一方面规定了所有权、使用权、收益权受法律保护，同时也规定了使用单位或个人有管理、保护和合理利用义务。第 83 条规定不动产的相邻各方，应当按照有利生产、方便生活、团结互助、公平合理的精神，正确处理截水、排水、通行、通风、采光等方面的相邻关系。给相邻方造成妨碍或者损失的，应当停止侵害、排除妨碍、赔偿损失。对公民人身权利保护方面，第 98 条规定公民享有生命健康权，由于污染环境而危害公民生命和健康的行为，应当属于民事侵权行为。第 123 条、第 124 条进一步规定从事高空、高压、易燃、易爆、剧毒、放射性、高速运输工具等对周围环境有高度危险的作业造成特大损害的，应当承担民事责任；违反国家保护环境防止污染的规定，污染环境造成他人损害的，应当依法承担民事责任。此外，第 119 条对侵害公民身体造成伤害的赔偿范围做了规定。

2)《刑法》第 6 章第 6 节专门设立“破坏环境资源保护罪”，对各种污染环境和破坏自然资源的犯罪规定了相应的刑事责任。

3)《治安管理处罚条例》是对扰乱社会秩序、妨碍公共安全尚不能构成犯罪的，给予行政处罚的法规。在第 20 条第 2 款规定违反爆炸、剧毒、易燃、放射性等危险物品管理规定，生产、储存、运输使用危险物品，尚未造成严重后果的，处 15 日以下拘留、200 元以下罚款或警告；第 25 条第 1 项规定关于在地下、内水、领海及其他场所发现文物隐匿不报，不上交国家和故意污损国家保护的文物、名胜、古迹尚未不够刑事处罚的处 200 元以下罚款或者警告；第 25 条第 6 项、第 7 项分别规定破坏草坪、花卉、树木，在城镇使用音响器材音量过大，影响周围居民工作或休息，不听制止的，处 50 元以下罚款或者警告。

另外，《行政诉讼法》、《国家赔偿法》、《行政处罚法》、《行政复议法》、《食品卫生法》、《劳动法》、《技术引进合同管理条理》等法律法规中，也都有关于环境保护的规定。

9. 国际环境保护条约

包括国际环境保护方面的条约、公约、协定、议定书等。我国缔结参加的已对我国生效的国际法，对我国具有约束力，也是我国法律体系的组成部分。

我国已先后缔结和参加了《保护臭氧层维也纳公约》、《巴塞尔公约》、《联合国气候变化框架公约》、《京都议定书》、《生物多样性公约》、《关于化学品国际贸易的事先知情同意程序》等60多项国际环境保护条约。另外还签署了多项双边环境保护协定，如《中华人民共和国政府和俄罗斯联邦政府环境保护合作协定》、《中华人民共和国政府和日本政府关于保护候鸟及其栖息环境协定》等。根据我国《环境保护法》的规定，国内环境保护法律与国际条约有不同规定的，除了我国宣布保留的条款外，应执行国际环境条约的规定。

四、环境法律责任

（一）环境违法行为的概念与特征

1. 环境违法行为的概念

环境违法行为是指违反现行环境保护法律、法规的规定，不履行法定义务，污染或破坏环境，造成一定社会危害的行为。

违法行为必须是违反法律的行为，而不是违反道德、政策、纪律的行为；违法必须违反现行法律，如果是对已经丧失了法律效力的"法律"的违反，当然就不能将其行为确认为违法行为。违法还必须是对社会具有危害性的行为。

环境法作为一种特殊的行为规范，主要是规定人们在开发、利用、保护和改善环境，防治环境污染和生态破坏方面可以怎样做，必须怎样做或禁止怎样做。因此，一切违反环境保护法律、法规的行为都是环境违法行为。

2. 环境违法行为的特征

（1）是一种危害社会的行为

环境违法行为在一定程度上侵犯了环境法所保护的在开发、利用、保护和改善环境，防治污染和其他公害过程中产生的社会关系，并对社会造成了危害，这种行为的社会危害性既包括对环境造成了一定的污染或破坏，又包括对生态环境造成的直接危害与由此引起的对人民生命健康和财产的损害。

（2）以违反有关环境保护法律法规为前提

这里的"环境法律法规"是广义的，并非仅指《环境保护法》，而是指国家和地方有关机关和部门依法制定和颁布的具有法律效力的有关环境保护的规范性文件的总称。

（3）有明确的行为人或责任人

凡是违反了环境法律、法规，对环境造成污染或破坏的国家机关及其工作人员、企业事业单位、其他社会组织或个人，都可能成为环境违法的责任者。

（二）环境法律责任的概念

环境法律责任是环境立法中的重要组成部分，是指单位或个人因环境违法行为而给环境造成污染或破坏，给国家、其他组织或个人的利益造成损害，所应承担的环境法上的法律后果。根据我国环境法的规定，实施环境违法行为的单位或个人所应承担的法律责任，分行政责任、民事责任和刑事责任。

我国环境立法中都有“法律责任”专章，其中不仅有对环境管理相对人的法律责任的规定，如《环境保护法》第 41 条规定“造成环境污染危害的，有责任排除危害，并对直接受到损害的单位或者个人赔偿损失”。也有对环境保护行政管理人员的法律责任的规定，如《环境保护法》第 45 条规定“环境保护监督管理人员滥用职权、玩忽职守、徇私舞弊的，由其所在单位或者上级主管机关给予行政处分；构成犯罪的，依法追究刑事责任”。

（三）环境行政责任

1. 环境行政责任的定义

环境行政责任是指违反环境法所应承担的行政方面的法律责任。承担行政责任者是指实施了违反环境法行为的单位和个人，既可以是环境管理相对人，也可以是滥用职权、玩忽职守、徇私舞弊尚未构成犯罪但依法应受惩罚的环境保护监督管理部门的工作人员。

2. 环境行政责任的构成要件

行政责任的构成要件是指承担行政责任者所必须具备的条件。根据环境保护法的规定，环境行政责任的构成要件包括以下几个方面。

(1) 行为违法

行为人实施了违反环境法的行为。这是承担行政责任的第一个必要条件。行为不违法，就不承担行政责任。

(2) 行为有危害后果

行为人的违法行为造成了污染或破坏环境和自然资源的后果，这是承担环境行政责任的第二个条件，但并非必要条件，只是选择要件，是否成为构成要件视法律规定而定。

(3) 违法行为与危害后果之间存在因果关系

违法行为与危害后果之间存在着内在的必然的联系，而不是偶然的、表面的联系。这也不是环境行政责任的必要条件，只有当环境法将“危害后果”作为环境行政责任的构成要件时，才要考虑违法行为与危害后果之间的因果关系问题，否则，不存在确定违法行为与危害后果之间的因果关系的问题。

(4) 行为人主观上有过错

行为人主观上有过错表示的是行为人在实施环境违法行为时的一种心理状态，是构成环境行政责任的必要条件，也成为构成环境行政责任的主观要件。

过错分为故意和过失两种。故意是指行为人明知自己的行为会造成污染或破坏环境的后果，并且希望或者放任这种后果发生。如果是“希望”这种后果发生，则称为直接故意；如果是“放任”这种后果发生，则称为间接故意。过失是指行为人应当预见自己的行为可能发生危害环境的后果，却因疏忽大意而没有预见，或者虽然预见到了却轻信这种结果可以避免，以致产生污染或破坏环境的后果。前者称为“疏忽大意”的过失；后者称为“过于自信”的过失。

3. 环境行政制裁

环境保护监督管理机关对违反环境法而应承担行政责任者实施的惩罚措施称为行政制裁。我国的环境行政制裁分为行政处罚和行政处分两种。

(1) 环境行政处罚

环境行政处罚是指环境保护监督管理部门依法给予犯有违反环境法，但又不够刑事惩罚的单位或个人的一种行政制裁措施。

根据《环境保护行政处罚法》的规定，环境行政处罚的种类有警告、罚款、没收违法所得、责任停止生产或者使用、吊销许可证或者其他许可证性质的证书等。另外，环境保护法律法规还规定了其他形式的环境行政处罚，如责令停业、关闭，责令重新安装使用，责令赔偿损失等。

(2) 环境行政处分

国家机关、企业事业单位依照行政隶属关系，根据有关法律、法规，对在保护和改善环境、防治污染或其他公害中犯有违法失职，但又不够刑事惩罚的所属人员的一种行政制裁。

根据《国家行政机关工作人员的奖惩暂行规定》，对国家工作人员的行政处分分为警告、记过、记大过、降级、降职、撤职、开除留用察看和开除等八种形式。

根据《企业职工奖惩条例》的规定，对职工的行政处分分为警告、记过、记大过、降级、撤职、留用察看、开除等七种形式。

(四) 环境民事责任

1. 环境民事责任的概念和构成要件

环境民事责任是指单位或者个人因污染或破坏环境而侵害了公共财产或者他人的人身、财产所应承担的民事方面的法律责任。

环境民事责任的构成要件包含两个方面。

(1) 有损害事实存在

损害事实是指人身权利和财产权利受到某种损失的客观现象,既包括财产方面的,也包括生命健康方面的。这是构成环境民事责任的必要条件。

(2) 污染危害环境的行为与损害事实之间存在因果关系

这种因果关系不一定是一种直接的、必然的因果关系,因为环境问题的复杂性,确认行为与损害事实之间的因果关系需要采用一定的科技手段和分析方法,表现出一定的难度,因此,实践中一般采用“因果关系推定”的方式进行因果关系的确认。

在环境民事责任的构成要件中,并未将行为人的主观过错作为承担民事责任的必要条件,在环境民事责任中实行的是无过错责任原则。

2. 无过错责任原则

(1) 无过错责任原则的概念

无过错责任原则是指一切污染危害环境的单位或者个人,只要对其他单位或者个人客观上造成了财产损失,即使主观上没有过错,也应当承担民事责任。

(2) 环境损害赔偿中实行无过错责任原则的原因

环境污染和破坏是伴随着现代工业的发展而产生的,现代工矿企业本身就可能是污染环境和破坏环境的危险源,即现代化工业本身不能完全消除使他人受到损害的危险。由于环境污染对人类生存环境产生不良影响,严重威胁人们生命、财产安全,如果不对其适用“严格责任”,势必严重威胁人类生存。而且,环境污染和破坏的高度危险性这一客观的法律事实,客观上也要求危险源的所有者或占有者应对危险承担风险责任。

环境问题的错综复杂使其在科学上存在着很多不确定的因素。因此,在环境损害赔偿纠纷中,受害者很难提出致害人有无过错的证据。如果坚持传统的过错责任原则,法院就会因为受害人难以提出这方面的证据而不能追究致害者的民事责任,受害者将得不到赔偿,受害者的合法权益将得不到法律的保护,这显然是不公平的。所以,实行无过错责任原则有利于保护有害人的合法权益,同时也对工矿企业在环境保护方面提出了更高的要求和更严格的法律责任,从而推动工矿企业环境污染的积极治理和加强环境保护。

3. 无过错责任的例外

无过错责任的例外,也称民事责任的免责条件,是指当发生了法律所规定的情节时,即使行为人的行为造成了环境损害,也可以免于承担赔偿责任。

根据我国环境法的规定,无过失责任的例外情况包括战争行为、不可抗拒的自然灾害、由于第三者或者受害人的过错引起的。

为了充分保障受害者的合法权益，促使排污单位严格履行保护和改善环境，防治污染损害发生的责任，法律对免责条件还做了严格的规定，即以上情况必须是排污单位不能预见、不能避免、不能克服的情况；当发生上述情况时，排污单位及时采取了合理的措施，仍不能避免。

4. 承担环境民事责任的方式

根据《环境保护法》第 41 条的规定，承担民事责任有两种方式。

(1) 排除危害

责令已造成或可能造成环境污染或环境破坏的单位或个人，排除损害的可能性或消除业已造成的损害。这种民事责任形式可以减轻或避免对环境的污染和破坏，是一种预防性的民事责任方式。

(2) 赔偿损害

国家强制污染或破坏环境而给他人造成损害的单位或个人，以财产的形式补偿对他人造成的损失。这种形式适用于当污染或破坏环境的行为造成他人财产损失而又不能返还原物或恢复原状的情形。相对于排除危害而言，是一种事后补救性的民事责任方式。

(五) 环境刑事责任

环境刑事责任是指行为人违反刑法关于保护环境和自然资源的规定，造成重大环境污染或环境破坏，导致公私财产重大损失或者人身伤亡的严重后果，触犯刑法，构成犯罪所应承担的刑事制裁的法律责任。

1997 年 3 月 14 日，第八届全国人民代表大会第五次会议对《刑法》做了修订，修订后的刑法第 6 章，《妨害社会管理秩序罪》的第 6 节专门规定了“破坏环境资源保护罪”的罪名。共有重大环境污染事故罪；非法处置进口的固体废物罪；擅自进口固体废物罪；非法捕捞水产品罪；非法猎捕、杀害珍贵、濒危野生动物罪；非法收购、运输、出售珍贵、濒危野生动物、珍贵、濒危野生动物制品罪；非法狩猎罪；非法占用耕地罪；非法采矿罪；破坏性采矿罪；非法采伐、毁坏珍贵林木罪；盗伐林木罪；滥伐林木罪；非法收购盗伐、滥伐林木罪等 14 项罪名。

第六节　生产过程的环境管理

一、污染控制模式的转变

我国改革开放 30 多年来所取得的经济高速增长和繁荣，是以资源、能源的大量消耗和环境污染为代价取得的，如不尽快转变这种资源、能源消耗大，污染强度高的粗放型发展模式，将会使环境不堪重负，经济发展不可持续。为此，我们要大力发展循环经济,建设资源节约型和环境友好型社会。

资源节约型社会通过提高资源利用效率来降低资源消耗强度,减少自然资源系统进入社会经济系统的物质流和能量流,实现社会经济发展与资源消耗的物质减量化。环境友好型社会的核心是将生产和消费活动保持在生态环境容量限度之内,并采取多种措施降低污染物的产生量,最终降低社会经济系统对生态环境系统的不利影响。两者完整地涵盖了社会经济系统中物质流、能量流、废物流等物质代谢的全过程。

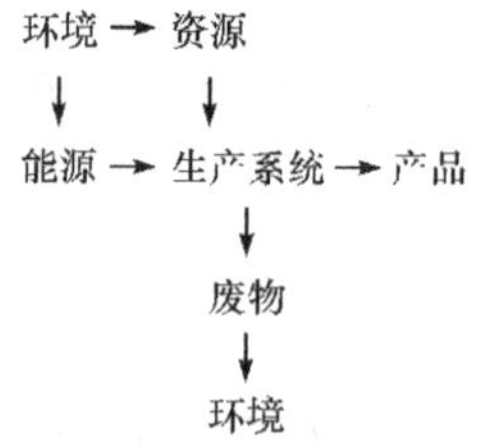

图 6-1　传统生产方式

传统的生产方式是一个以生产产品的活动为主线的系统,它从环境中获取资源和能源,生产出产品供给人类消费,同时向环境中输出废物(图 6-1)。在这个系统中,向系统输入资源和能源的过程是产生生态破坏和资源枯竭的主要原因,而系统向环境输出废物的过程则是产生环境污染的原因,不仅整个生产过程的每个环节都可能对周围环境造成危害,而且其生产的产品在用过之后的废弃物也会对环境造成污染和破坏。因此,传统生产活动与人类目前所面临的资源环境问题有非常密切的关系。

传统的生产方式在过去的发展过程中,把生产产品、销售产品作为获取利润的手段,注重产品的生产和销售,片面追求经济效益而忽视环境效益,采取的发展方式是"大量采掘→大量生产→大量消费→大量废弃"的单向生产过程,造成了资源日益短缺、环境污染日益严重的局面。随着环境问题的日益严重,生产过程环境管理思想及发展方式也要随之发生变化。

(一)"末端控制污染"的生产发展方式

在传统的生产方式中,企业生产的唯一动力是追求经济利益,根本不考虑对污染进行控制和治理,在自然资源的利用上完全以产品为中心进行取舍,凡是对产品来说无使用价值的东西,均视为废物废弃于自然环境中,且大部分是不经过任何处理就直接排入环境,依靠自然本身的调节能力进行消纳(图 6-2),这种不顾自然环境的企业生产的原始模式导致了生产企业内部的高度经济性和外部的高度不经济性,在相当程度上加剧了资源的消耗和环境污染。

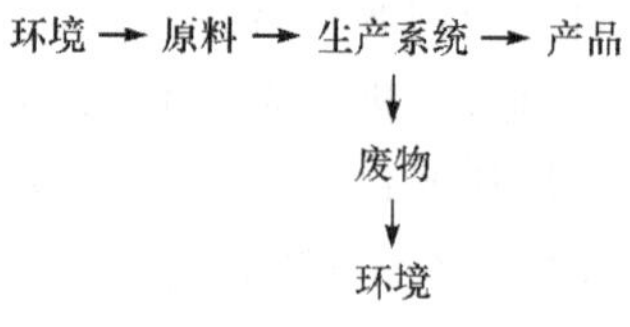

图 6-2　传统生产方式

随着生产的发展,一方面,许多新的人工合成的物质不断被排入到自然环境中,由于它们不能或者不能很快地被自然环境所消纳,因而引发了严重的环境污染问题。另一方面,生产过程中资源、能源的大量消耗和浪费,排放出的大量工业废弃物,也超出了环境的容纳能力,使环境问题日益严重,尤其是污染问题。在这种情况下，很多国家纷纷制定了一系列的环境法律、法规、排放标准，对生产企业排入环境的工业废物的最高允许量进行限制，对生产企业污染和破坏环境的行为进行限制与控制，对此，生产企业只能无条件执行。为了满足国家法律、法规及环境标准的要求，生产企业不得不在生产的最后一道工序或排污口建立了各种防治环境污染的设施对污染进行处理，这就是典型的“末端控制污染”的模式(图 6-3)。它标志着生产企业环境管理从“无”到“有”的突破，“末端控制污染”的模式对于控制局部地区的工业点源污染是有效的，对遏制工业污染的迅速扩大也有其历史和现实的作用，但它无法解决资源枯竭的问题，而且这种突破很大程度上是被动的，它强调的是在生产的末端，污染已经产生的情况下再采取措施进行治理，结果是治理的技术难度很大，不但治理成本高，而且生态恶化难以遏制，经济效益、社会效益和环境效益都很难达到预期的目的。由于没有从根本上杜绝环境问题的产生，在生产方式没有改变，污染源依然存在的情况下，一方面花费大量的人力、物力、财力去解决已经产生的环境污染问题，另一方面又不断地有新的污染产生，为了处理这些新产生的污染，生产企业不得不投入更多的资金和资源，不但使治理污染成为生产企业的一个沉重负担，而且整体环境状况并未得到根本改善，这是造成污染防治与企业生产难以有效结合的主要原因。

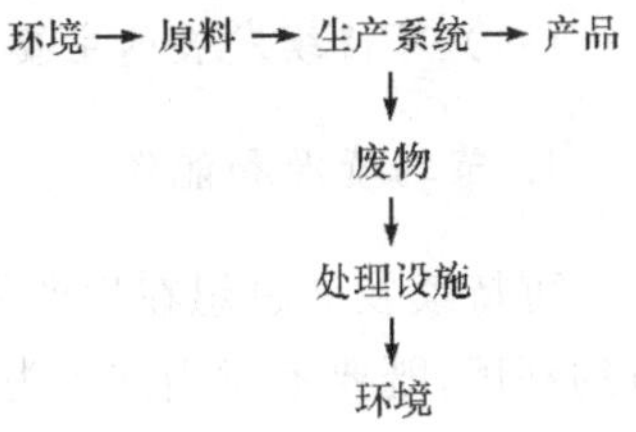

图 6-3 “末端控制污染”模式

(二)“污染预防”的现代生产发展方式

在传统的生产发展战略中，企业的环境管理主要局限于“原材料生产”、“产品制造”和“废物处理”三个环节，而忽视“材料采掘”和“产品使用”环节，无论是管理思想还是管理措施都是被动的，无法真正与企业生产管理有机结合起来。走在时代前列的生产企业已不再是被动接受政府的管制和社会的监督，而是主动承担保护环境的义务和责任。为了实现“污染预防”，国际社会正在探索一些有效的实现生产企业可持续发展的方式，如清洁生产、生态工业、生命周期评价等，这些都是当今生产企业环境管理的主要发展方向，这些方法虽然各有明确的论点，但也有共同之处，就是基于生命周期的思想和循环经济的理论指导下的现代生产发展战略。

从“排放管理”到“污染预防”是生产企业环境管理认识上的飞跃和升华，它标志着生产企业环境管理从“被动”到“主动”的转变，使企业生产的发展进入“绿化”阶段。

二、可持续发展战略

可持续发展战略要求生产企业彻底改变与环境的关系，在其生产发展过程中应保护环境而不是损害环境，应合理利用资源而不是浪费资源。推行清洁生产、发展生态工业和循环经济则是实现可持续发展战略的主要方法。

(一) 可持续发展的主要思想

1. 节约资源和能源

可持续发展思想在生产领域中最突出的要求是，注意自然资源的合理开发和节约利用，既要考虑当前人类发展的需要，又要考虑未来后代发展的需要，不以牺牲后代人的利益为代价来满足当代人的发展。因此，可持续发展的主要体现就是要在生产发展过程中加强对自然资源的合理开发利用和保护，减少自然资产的耗竭速度，使其永续持久地为人类所利用。

2. 关注生态环境

全球环境污染和生态破坏主要来自于生产领域，因此，控制和预防污染，保护生态环境是生产可持续发展的一个十分重要的内容。

3. 开发有益健康和有利于环境的产品

在产品的设计和制造中要以有益健康、有利环境为标准，要求对人体无害，对生态环境无不良影响，节省资源、能源。例如，在进行设计时，除了考虑并保证产品应有的基本功能，使用寿命、经济性和质量等以外，还必须着重考虑产品的环境属性，包括对自然资源的利用、对环境和人体健康的影响、产品的可拆卸性、可循环利用性和环境友好性等，努力将产品对环境的影响降至最低水平，并将其作为设计的目标。

4. 发展经济保护环境

可持续发展的核心是发展，经济发展是一切事业发展的物质基础，不能因为发展过程中产生了环境问题，就限制其发展甚至停止发展，而应该在发展经济的过程中寻求解决环境问题的途径和方法，实现生产与人口、资源、环境的协调发展。

(二) 可持续发展战略

1. 发展循环经济

循环经济是对物质闭环流动型经济的简称，是把清洁生产和废弃物的综合利用融为一体的经济，本质上是一种生态经济。它要求把经济活动按照自然生态系统的模式，组织成一个“资源—产品—再生资源”的物质反复循环流动的过程，使整个经济系统以及生产和消费过程中基本上不产生或者只产生很少的废物，把经济活动对自然环境的影响降低到尽可能小的程度。因此，循环经济的根本目的就是保护日益稀缺的环境资源，提高环境资源的配置效率。因而，它是实施可持续发展战略必然的选择和重要保证。

在发展循环经济中，遵循“3R 原则”，即减量化、再使用、再循环。

减量化原则是从输入端进行控制的方法，要求用较少的原料和能源，特别是控制使用有害于环境的资源投入来达到生产目的或消费目的，从而在经济活动的源头就注意节约资源和减少污染。

再使用原则是从过程进行控制的方法，要求产品与包装容器能够以初始形式被多次使用和反复使用，而非用过一次后就废弃。

再循环原则是从输出端进行控制的方法，要求生产出来的物品经过消费(生产性消费或生活性消费)后，能重新变成可以利用的资源和能源而不是垃圾废物。

“3R 原则”构成了循环经济的基本思路，三者的顺序是不能随意变动的，循环经济的根本目标是要求在经济过程中系统地避免和减少废物，再使用和再循环都应建立在对经济过程进行充分的源削减的基础之上。

“3R 原则”的排列顺序反映了人类在环境与发展问题上思想认识的三个转变：

1) 最初的以环境破坏为代价追求经济增长，由于产生了相应的环境污染和生态破坏问题，使人们认识到需要通过污染治理(末端治理)的方式解决环境污染问题。

2) 认识到环境污染的实质是资源和能源的浪费，因此，从单纯对废物进行处理转到通过“再使用”和再循环来利用废物。

3) 认识到利用废物仍然只是一种辅助性手段，只有减少资源和能源消耗，最大限度地降低废物的产生，才是环境与发展协调的最高目标。

这三种不同的思想认识，导致了三种不同的资源使用方式：

1) 线性经济与“末端治理”相结合的大量消耗、大量抛弃的方式。

2) 通过再利用、再循环使资源恢复。

3) 通过节约资源和能源，降低单位产品资源和能源消耗量，实现废弃物的低排放甚至零排放。而这正是循环经济所推崇的，这才是企业生产应选择的发展方式。

2. 推行清洁生产

清洁生产(cleaner production)是一种新思维，随着可持续发展观念在企业界的不断深入，技术创新使生产过程环境管理和许多关键领域有了显著的变化和发展，并为生产企业的可持续发展提供了一系列新技术和新的管理方法，其中最主要的是清洁生产。它是实现生产方式和环境管理两个转变的最佳方式。

1989 年，联合国环境规划署工业与环境规划活动中心制定了“清洁生产计划书”，首先提出了清洁生产的概念。其定义为：“清洁生产是一种新的创造性的思想，该思想将整体预防的环境战略持续应用于生产过程、产品和服务中，以增加生态效率和减少人类及环境的风险。对生产过程，要求节省原材料能源，淘汰有毒原材料，减降所有废弃物的数量和毒性；对产品，要求减少从原材料的提炼到产品最终处置的全生命周期的不利影响；对服务，要求将环境因素纳入设计和所提供的服务中。”

《中国 21 世纪议程》也对清洁生产作出了定义：“清洁生产是指既可满足人们的需要又可合理使用自然资源和能源并保护环境的实用生产方法和措施，其实质是一种物料和能源消耗最少的人类生产活动的规划和管理，将废物减量化、资源化和无害化，或消灭于生产过程中。同时对人体和环境无害的绿色新产品的生产也将随着可持续发展进程的深入而日益成为今后产品生产的主导方向。”

清洁生产包括三个方面的内容，即清洁的生产过程、清洁的产品和清洁的服务。清洁生产是一个相对的概念，是和现有的生产和产品比较而言的。推行清洁生产是一个不断完善的过程，随着社会经济的发展和科学技术的进步，需要适时地提出更新的目标，争取达到更高的水平。它通过应用专门技术、改进技术和转变人们的认识态度来达到。必须注意的是，清洁生产强调的是源削减，即削减的是废弃物的产生量，而不是废弃物的排放量。

3. 建立环境管理体系

国际标准化组织为了规范企业和社会团体等所有组织的环境行为，以达到节省资源、减少对环境污染、改善环境质量、促进经济持续发展为目的，于 1993 年组建了环境管理技术委员会(ISO/TC207)。计划五年内为环境管理的若干关键领域制定国际标准，标准代号为 ISO 14001～ISO 14100，因此，简称为 ISO 14000 系列标准。其标准号的分配如表 6－1 所示。其中，ISO 14001 是 ISO 14000 系列标准的主体，是“龙头”标准，其目的在于指导组织建立和保持一个符合要求的环境管理体系，再通过不断的环境评价、管理评审活动，推动这个体系的有效运行，达到环境质量不断改进的目的。环境管理体系是全部管理体系的一个组成部分，包括制定、实施、实现、评审和保持环境方针所需的组织机构、规划活动、职责、惯例、程序、过程和资源。ISO 14001 标准规定了环境管理体系的五大基本要素，即环境方针、规划(策划)、实施和运行、检查和纠正措施、管理和评审。以此为依据建立的环境管理体系是一个持续改进的螺旋上升的运行模式。即最高管理者的承诺→确定方针目标→提供人、财、物确保体系运行→程序化和文件化的全过程控制→检验、纠正、审核、评审→持续改进。其基本思想是污染预防和持续改进。

表 6-1 ISO 14000 系列标准标准号分配表

名　称	标准号
环境管理体系(EMS)	14001～14009
环境审核(EA)	14010～14019
环境标志(EL)	14020～14029
环境行为评价(EPE)	14030～14039
生命周期评估(LCA)	14040～14049
术语和定义(T&G)	14050～14059
产品标准中的环境指标	14060
备用	14061～14100

企业按照 ISO 14001 标准建立环境管理体系，可以使企业通过建立资源配置、职责分工以及对管理程序和过程的不断评价，有序、一致地处理环境事务，减少直至消除其活动、产品和服务对环境管理的影响。

为促进企业实施持续改进的环境管理体系，有关机构对环境管理体系进行评审是必要的。通过对环境管理体系的审核，最主要的是明确企业环境管理体系对环境管理体系审核准则的符合情况、体系是否得到正确的实施与保持、内部管理评审是否足以确保环境管理体系的持续适用与有效。通过有计划地评审和持续改进的循环，保持环境管理体系的完善和提高。在环境管理组织健全、体系完善的基础上，全面推行"清洁生产"工艺，将整体预防的环境战略持续应用于生产过程和产品。从根本上解决资源浪费和环境污染，是达到国际环境管理体系认证要求的关键。

4. 污染源的管理与控制

污染源是造成环境污染的污染物的发生源，通常是指向环境排放有害物质或对环境产生有害影响的场所、设备和装置的总称。

污染源所排放的各类污染物是造成环境污染的主要原因。企业环境管理的各项工作归根结底就是对污染源进行综合整治，减轻并控制污染物的排放，达到合理利用资源和保护环境的目的。

在对污染源进行管理和控制方面有很多具体的措施，如对现有污染源进行管理、对新建项目污染源的管理、对矿产资源开发利用的环境管理等。

5. 清洁生产审计

进行企业清洁生产审计是推行企业清洁生产的关键和核心。清洁生产审计的基本思路是判明废物产生的部位，分析废物产生的原因，提出方案减少或消除废物。

一般来说，对废物产生的原因分析主要从原辅材料和能源、技术工艺、设备、过程控制、产品、废弃物、管理、员工等八个方面进行。

要消除这些废物就要针对每一个废物产生原因，设计相应的清洁生产方案，包括无/低费方案和中/高费方案。无/低费清洁生产方案是指可迅速采取措施进行解决、无需投资或投资很少、容易在短期如审计期间内见效的清洁生产措施和方案；中/高费清洁生产方案是指需要较大投资、技术性较强的清洁生产措施和方案。方案可以是一个、几个甚至十几个，通过实施这些清洁生产方案来消除废物产生原因，从而达到减少废物产生的目的。

6. 产品环境标志

环境标志是一种产品的证明性商标，是印(贴)在产品或其包装上的图形，表明该产品不仅质量合格，而且在生产、使用和处置过程中符合特定的环境保护要求，与同类产品相比，具有低毒少害、节约资源等环境优势。

环境标志制度是建立在市场经济体制上的一项重要的环保措施，它运用市场这只“无形的手”把企业的经济效益与环境效益紧密联系在一起。企业为获得环境标志，就必须做好节约能源，减少原材料消耗，综合利用资源，自觉采用无废少废、节能节水的新技术、新工艺、新设备，客观上起到了促进科技成果转化为污染防治能力的作用。

发达国家实施环境标志已有 30 多年的历史。自 1978 年德国开始推行环境标志至今，世界上已有 20 多个国家和地区实施或正积极准备实施环境标志计划，环境标志产品种类已达几百种，产品近万种，国际标准化组织也在为全球范围内使用环境标志而努力工作。部分国家和地区的环境标志制度列于表 6 - 2。我国的环境标志图形由青山、绿水、太阳和 10 个环组成。中心结构表示人类赖以生存环境，外围的十个环紧密结合，表示公众参与，其寓意为“全民联合起来，共同保护人类赖以生存的环境”。

表 6 - 2　部分国家和地区的环境标志制度

国家(地区)	建立年份	环境标志及制度
德国	1978	蓝色天使制度
加拿大	1988	环境选择方案
日本	1989	生态标志制度
北欧四国	1989	白天鹅制度
美国	1989	绿色签章制度、科学证书制度
印度	1991	生态标志制度

续表

国家(地区)	建立年份	环境标志及制度
奥地利	1991	奥地利生态标章
法国	1991	NF 环境
葡萄牙	1991	生态产品
欧盟	1992	欧洲联盟制度
中国	1994	环境标志制度

ISO 14000 系列标准中包含了环境标志标准：ISO 14020《环境标志与声明 基本原理》、ISO 14021《环境标志 Ⅱ型环境标志 指南、术语和定义以及术语定义的使用》、ISO 14024《环境标志 Ⅰ型环境标志 原则和程序》、ISO 14025《环境标志 Ⅲ型环境标志 原则和程序》。通过环境标志对组织的环境表现加以确认，通过标志图形、说明标签等形式，向市场展示标志产品与非标志产品环境表现的差别，向消费者推荐有利于保护环境的产品，提高消费者的环境意识，形成强大的市场压力和社会压力，以达到影响组织环境决策的目的。

ISO 14000 系列标准目前提出的环境标志共有三种类型：

1) Ⅰ型环境标志为生态标志，目前各国实施的环境标志，基本上都是这种标志。它执行的是 ISO 14024 标准，该标准规定了授予Ⅰ型环境标志的原则和程序，以及与认证和符合性有关的要求的说明。用于产品综合环境价值的第三方独立评审。

2) Ⅱ型环境标志，为制造商自我声明，执行的是 ISO 14021 标准。企业可选择在 12 个方面作自我声明，这 12 个方面是可堆肥、可降解、可拆卸设计、延长产品寿命、使用回收能量、可再循环、再循环含量、节能、节约资源、节水、可重复使用和充装、减少废物量。

3) Ⅲ型环境标志称为产品环境声明，该标志有点类似于食品营养标志，主要提供关于环境参数的信息。执行的是 ISO 14025 标准，该标志没有像Ⅱ型环境标志有 12 个具体限制，而只是提出一个目标，即传送关于产品和服务的可检验、准确、非误导的环境因素信息，通过这些信息，鼓励对这些产品和服务扩大需求，以减少对环境的压力，从而激发市场持续改善环境的潜力。

中国的三种环境标志如图 6-4 所示。

7. 产品生命周期评价

产品生命周期评价是一种对产品全生命周期的资源消耗和环境影响进行评价的环境管理工具，也称为环境产品生命周期分析(life-cycle analysis，LCA)。它是

图 6-4 中国的三种环境标志

运用系统的观点对产品体系在整个生命周期中的资源消耗、环境影响的数据和信息进行收集、鉴定、量化、分析和评估，并为改善产品的环境性提供全面、准确的信息的一种环境性评价工具。

一个完整的生命周期评价过程分为四个阶段。

(1) 定义目标和确定范围

定义目标应清楚说明所进行的生命周期评价项目的目的和原因、需要的信息，以及研究结果的可能应用领域。从理论上讲，产品生命周期评价应分析对环境的所有影响方面，但是这样的系统将是过于开放的，无法得出对现实有实际意义的结论，因此，必须确定所研究系统的边界。一般来说，研究的范围应确保满足研究的广度、深度和详细程度的要求，并能充分满足研究目的的要求。

(2) 清单分析

运用系统分析的原理，对一个产品从生产、使用到废弃整个生命过程中所投入的所有物质和能量的输入输出进行描述的过程。这是目前产品生命周期评价的四个部分中发展最完善的一个。清单分析始于原材料获取，结束于产品的最终消费和处置。一般投入包括各种资源，过程中间投加的物料、能源，从大气、水、土地等获得的自然资源等，产出为过程的各阶段上排放的气、液、固体废物，各种微量有害物质，过程中间或最后产生的主副产品。

(3) 影响评价

在产品生命周期评价中，影响评价是对清单分析中所辨识出来的环境负荷作技术的定量和(或)定性的描述和评价。影响评价目前正在发展之中，还没有一个达成共识的方法。这部分由三个步骤组成：

1) 分类。分类属于定性作业，是将从清单分析得来的数据归到不同的环境影响类型。环境影响类型通常包括资源耗竭、人类健康影响和生态影响三个大类，每个大类下又包含许多小类。

2) 特征化。特征化是把各影响因子对环境影响的强度和程度定量化。由于多数影响因素的影响程度随着环境条件及发生时间等的变化很大，而且往往是非线形的，至于几种因素共同造成的复合污染，更难以看做各种污染效果的简单叠加，常常是复杂的非线形的组合，对这些因子的环境影响进行定量分析是难度较大的，需要耗费很大的人力、资源和时间去摸索，目前对此尚缺乏一致的适宜方法。

3）赋值评价。赋值评价是计算被评估系统对某项环境问题危害占该环境问题总量的比例，确定不同影响类型的贡献大小即权重，以便能得到一个数字化的可供比较的单一指标。由于要把不同的影响用一个尺度来表示，涉及的因素太多、难度较大，因此，目前也处于探索发展阶段。

（4）改善分析

改善分析是产品生命周期评价的最终目标。主要是识别、评价和选择减少研究系统环境影响或负荷的方案，确定和评价与减少能量和原材料使用有关的环境影响的机会。

产品生命周期评价是一种评价产品、工艺过程或活动从原材料获取到加工、生产、运输、销售、使用、回收、养护、循环利用和最终处理等整个生命周期系统环境影响的过程，是环境管理和决策的重要工具之一。

8. 工业生态园区建设

生态工业园区是依据循环经济理论和工业生态学原理而设计成的一种新型工业组织形态，是生态工业的聚集场所。其目标是尽量减少区域废物，将园区内一个企业产生的副产品用作另一企业的投入或原材料，通过废物交换、循环利用、清洁生产等手段，最终实现园区的污染物“零排放”。

生态工业园区大致可分为三种园区类型。

（1）改造型园区

对现已存在的生产企业通过适当的技术改造，在区域内成员间建立起废物和能量的交换关系。

（2）全新型园区

在园区良好规划和设计的基础上，从无到有地进行开发建设，使得企业间可以进行废物、废热等的交换。

（3）虚拟型园区

不严格要求其成员在同一地区，它是利用现代信息技术，通过园区信息系统，首先在计算机上建立成员间的物、能交换联系，然后再在现实中加以实施，这样园区内企业可以和园区外企业发生联系。虚拟型园区可以省去一般建园所需的昂贵的购地费用，避免建立复杂的园区系统和进行艰难的工厂迁址工作，具有很大的灵活性，其缺点是可能要承担较昂贵的运输费用。

第七节　环境保护的国际行动

一、国际环境会议

面对日益严重的环境问题，国际社会日益结成一个命运共同体，共同采取行动维护人类的生存环境，1972 年的斯德哥尔摩人类环境会议和 1992 年的环境与发展大会，在全球环境保护史上树起两座里程碑。

1972 年 6 月 5～16 日，在瑞典的斯德哥尔摩召开了联合国人类环境会议，这是各国政府共同讨论当代环境问题，探讨保护全球环境战略的第一次国际会议，会议通过的《联合国人类环境会议宣言》不仅揭示了环境问题的根源，还提出了社会、经济改革的方向，呼吁各国政府和人民为维护和改善人类环境、造福全体人民、造福子孙后代而共同努力。

1987 年，布伦特兰夫人领导的联合国环境与发展委员会发表了研究报告《我们共同的未来》，该报告郑重地宣告了世界环境与发展委员会的总观点："从一个地球到一个世界。"地球是人类赖以生存的家园，当今世界面临着共同的问题，世界各国必须迎接共同的挑战，承担共同的任务，采取共同的行动。"对未来的希望取决于现在就开始管理环境资源，以保证持续的人类进步和人类生存的决定性的政治行动"，并向全人类严肃地发出警告：现在是采取保证使今世和后代得以持续生存的决策的时候了，我们没有提出一些行动的详细蓝图，而是提出一条道路，根据这条道路，世界人民可以扩大他们合作的领域，这条道路就是可持续发展的道路。

1992 年 6 月 3～14 日，联合国环境与发展会议在巴西里约热内卢召开，讨论了人类生存面临的环境与发展问题，通过了《里约环境与发展宣言》、《21 世纪议程》、《气候变化框架公约》、《生物多样性公约》和《关于森林问题的原则声明》等重要文件和公约。

2002 年 8 月 16 日，可持续发展首脑会议在南非首都约翰内斯堡开幕，该次会议主要审议 1992 年环境与发展会议通过的《里约环境与发展宣言》、《21 世纪议程》等重要文件和其他一些环境公约的执行情况，并在此基础上制定今后行动的战略与措施。会议认为，贫困、落后和不平等，加上不断加剧的全球生态危机，是笼罩人类的阴影。要实现可持续发展，需要各国遵守共同但有区别的责任的原则。

在此，我们引用国际可持续发展研究所总结出来的里约会议召开至今，人类所取得的十项成绩和十项缺陷，使我们能更清楚地了解世界可持续发展的历史。

（一）十项成绩

1）开始着手恢复被破坏的臭氧层。

2）有上千项具有实际意义的项目开始取得实效。

3）专家、社会团体和普通公众开始参与政策的制定。

4）商界开始意识到自身对公众、社团以及环境有着更多的责任。

5）电子通信使得信息交换领域更为广阔，政策制定更为透明。

6）推动了科学技术的发展，在了解自然生态系统方面取得了客观的成绩。

7）各种可持续发展的条约为具体实施可持续发展行动提供了依据，避免我们步入歧途。

8）《京都议定书》为控制气候变化起到了里程碑的作用。

9）在一些国家，可持续发展已影响、渗透到政府的决策范围。

10）维护生物安全及保障生态环境不受破坏的各项公约正在履行，并且加强了政府的督管力度。

（二）十项缺陷

1）里约会议后，发达国家并未兑现其承诺。

2）尽管全球经济在增长，全球贫困现象旱灾加剧。

3）在发达国家仍有人不顾警告，继续过着极度浪费、奢华的生活。

4）发达国家并未真正履行公约中向发展中国家提供技术资金支持的义务，所谓的财政援助所附带的一系列问题，还给发展中国家造成了损失。

5）里约会议的代表认识到发展经济与保护环境是一致的，但在保护环境方面的举措仍不到位。

6）新的武装冲突搅乱了被寄予厚望的和平发展的格局。

7）过度捕捞、近海污染和开发海岸给海洋生态系统造成了严重的损害。

8）因洁净水短缺、气候变化而引起的争端升级为政治冲突。

9）艾滋病病毒向发展中国家发起了猛烈的攻势。

10）尽管人们已经意识到保护生物多样性的重要性，仍然无法改变每年有几千种物种永远从地球上消失的事实。

二、国际环保机构和组织

自1972年6月联合国斯德哥尔摩人类环境会议以来，围绕着人口、资源、环境等人类共同关心的问题，召开了一系列国际会议，并建立了促进环境保护的国际组织，如联合国环境规划理事会、人与生物圈计划（MAB）组织、联合国野生动物基金会、联合国世界环境与发展委员会等。1973年1月，联合国大会决定成立UNEP，负责处理联合国在环境方面的日常事物工作。

在国际组织的推动下，各国政府和社会公众也纷纷成立了一些以保护环境为宗旨的“绿色组织”，其中最具影响力的是绿色和平组织，这是一个国际性的环境保护民间组织，由加拿大工程师戴维·麦塔格发起，于1971年9月15日成立，该组织的宗旨是反对核试验，反对捕鲸，反对运输核废料，反对环境污染。该组织总部设在英国伦敦，其成员有70余万人，在美国、加拿大、新西兰、德国等十几个国家都设有分部。

三、国际环保运动

在世界环境运动史上，有许多“绿色”著作以其对生命和自然的深刻体悟、对美丽荒野的细致描绘、对家园毁损和生存危机的忧患意识，对现代生活观念的历史性反思，在一定意义上改变了整个人类的思想观念和生活方式，促成了一系列国际性环境保护机构和组织的酝酿成立及国际性环境保护的风起云涌，也在一定意义上延缓了某些环境劫难的发生时间。

最有代表性的是美国当代著名女海洋生物学家蕾切尔·卡逊(Rachel Carson)于1962年出版了《寂静的春天》一书，书中披露了农药污染造成的生态危机。

另一部具有代表性的绿色经典是《只有一个地球》(*Only One Earth*)一书，该书从整个地球的发展前景出发，从社会、经济和政治的不同角度，评述了经济发展和环境污染对于不同国家产生的影响。呼吁各国人民重视维护人类赖以生存的地球。这是当时全世界对人类环境认识的最完整的报告，是历史上最有影响的一部关于全球环境问题的著作。

四、环境日

1972年10月，第二十七届联合国大会接受并通过联合国人类环境会议的建议，确定每年6月5日为“世界环境日”。联合国确定“世界环境日”的目的在于提醒全世界注意全球环境状况和人类活动对环境的影响，并要求联合国系统和各国政府在这一天开展各种活动来强调保护和改善环境的重要性。从1973年的6月5日开始，每年的这一天，全世界各国都要围绕一个统一的主题开展各种环境保护活动，活动主题是由联合国环境规划署逐年确定的，主题内容基本上反映了当年的世界主要环境问题及其环境热点，很有针对性。历年世界环境日主题如下：

1974年：只有一个地球

1975年：人类居住

1976年：水：生命的重要源泉

1977年：关注臭氧层破坏、水土流失、土壤退化和滥伐森林

1978年：没有破坏的发展

1979年：为了儿童的未来——没有破坏的发展

1980年：新的十年，新的挑战——没有破坏的发展

1981年：保护地下水和人类食物链，防治有毒化学品污染

1982年：纪念斯德哥尔摩人类环境会议十周年——提高环境意识

1983 年:管理和处理有害废物、防治酸雨破坏和提高资源利用率
1984 年:沙漠化
1985 年:青年·人口·环境
1986 年:环境与和平
1987 年:环境与居住
1988 年:保护环境、持续发展、公众参与
1989 年:警惕,全球变暖
1990 年:儿童与环境
1991 年:气候变化——需要全球合作
1992 年:只有一个地球——关心与共享
1993 年:贫穷与环境——摆脱恶性循环
1994 年:一个地球,一个家庭
1995 年:各国人民联合起来,创造更加美好的世界
1996 年:我们的地球、居住地、家园
1997 年:为了地球上的生命——清除白色污染
1998 年:为了地球上的生命——拯救我们的海洋
1999 年:拯救地球,就是拯救未来
2000 年:环境千年——行动起来吧
2001 年:世界万物,生命之网
2002 年:让地球充满生机
2003 年:水——20 亿人生命之所系
2004 年:海洋存亡,匹夫有责
2005 年:营造绿色城市,呵护地球家园
2006 年:沙漠和沙漠化——莫使旱地变荒漠
2007 年:冰川消融,后果堪忧
2008 年:戒除嗜好! 面向低碳经济
2009 年:地球需要你:团结起来应对气候变化

五、环境教育

联合国教科文组织(UNESCO)和 UNEP 通力合作,于 1975 年建立了国际环境教育规划署(IEEP)。该组织成立后,积极从事环境教育的资料收集、课程和教材研究、环境教育方针和策略情报信息的讨论和交流、师资培训等活动。1977 年 10 月 14～26 日,UNESCO-UNEP 在前苏联格鲁吉亚共和国的第比利斯市承办了首届政府间环境教育会议,联合国的 66 个成员国参加了这次大会,这次会议,是国际环境教育的一个新的起点,是环境教育发展史上的一个里程碑,它标志着国际环

境教育的发展进入了一个崭新的阶段。会议发表的《第比利斯政府间环境教育会议宣言和建议》(以下简称《宣言》)可以说是日后各国开展环境教育的一个准则。《宣言》明确指出,接受环境教育应该是世界各国每个公民的一项权利,环境教育是全民教育、全程教育和终身教育。而且强调,在进行环境教育时,要特别重视环境道德和环境价值观的影响和作用。

第比利斯会议带来了国际环境教育发展的高潮。之后,国际和各地区、各国对环境教育的发展做了许多努力和尝试,并取得了较为喜人的成绩。特别是 IEEP 在环境教育的方法和内容上开展了一系列的研究活动,使方法论指南、教科书、用于师资培训及中小学环境教育实践的材料等成为一个连贯的整体,还编写了多种语言的词汇表,使不同国家使用的环境教育术语标准化。

六、环境保护公约

随着环境问题的国际化,各国对全球环境问题严重性认识的不断加深,越来越多的国家不再把环境问题看做是孤立的局部现象,而是作为全球的一种社会经济问题来对待,认识到只有通过国际合作、协调各国的行动才能保护全球环境,解决全球环境问题。此时,不仅各国的环境保护法律、法规大量涌现,而且一系列旨在调整国际环境保护关系的法律文件也应运而生,在国际环境保护条约方面,如《维也纳公约》、《关于消耗臭氧层物质的蒙特利尔议定书》、《气候变化框架公约》、《巴塞尔公约》、《生物多样性公约》、《濒危野生动植物物种国际公约》等。同时不少国家之间还缔结了大量与环境保护有关的双边条约,其中比较著名的有《美国-加拿大关于防止北美地区大气污染的协定》、《德意志联邦共和国与奥地利关于在土地利用方面进行合作的协定》、《芬兰与瑞典关于界河的协定》、《美国与墨西哥关于保护和改善边境地区环境的协定》等。

思 考 题

1. 什么是环境管理？具有哪些特点？有哪些内容？
2. 简述我国环境标准体系组成。
3. 简述环境规划的概念与类型。
4. 基于市场的环境经济手段主要有哪些？
5. 简述环境影响评价制度的概念及主要内容。
6. 简述排污收费制度的概念及主要内容。
7. 什么是污染物排放总量控制？其内容和类型包括哪些？
8. 简述限期治理的概念及基本内容。
9. 我国环境法体系由哪几部分构成？
10. 简述环境民事赔偿中实施的无过错责任原则。
11. 简述生产过程中污染控制模式的转变过程。

12. 分析清洁生产、生态工业、循环经济的共同点与不同点。
13. 什么是 ISO14000 系列标准？其基本框架包括哪些方面的内容？
14. 新时期我国环境保护对策包括哪些方面的内容？

主要参考文献

蔡守秋. 2003. 环境法学教程. 北京：科学出版社.

陈焕章. 1997. 实用环境管理学. 武汉：武汉大学出版社.

邓南圣，吴峰. 2002. 工业生态学——理论与应用. 北京：化学工业出版社.

法律出版社编委会. 2002. 中华人民共和国清洁生产促进法. 北京：法律出版社.

法律出版社法规中心. 2002. 中华人民共和国大气污染防治法. 北京：法律出版社.

法律出版社法规中心. 2008.《中华人民共和国环境保护法》注释本. 北京：法律出版社.

国家环境保护局计划司. 1994. 环境规划指南. 北京：清华大学出版社.

国家环境保护总局. 2007. 各省、自治区、直辖市贯彻《国务院关于落实科学发展观加强环境保护的决定》文件汇编. 北京：中国环境科学出版社.

国务院办公厅. 2006-04-18. 温家宝在第六次全国环境保护工作会议上的讲话. 中央政府门户网站. www. gov. cn.

黄建国，杨朝飞. 2008.《中华人民共和国水污染防治法》条文解读. 北京：中国环境科学出版社.

姜晓萍，陈昌岑. 2000. 环境社会学. 成都：四川人民出版社.

金鉴明. 1991. 环境科学大辞典. 北京：环境科学出版社.

金瑞林. 2001. 环境与资源保护法学. 北京：北京大学出版社.

李昕. 2003. 排污费征收管理条例释义. 北京：中国档案出版社.

马凯. 2006.《中华人民共和国国民经济和社会发展第十一个五年规划纲要》辅导读本. 北京：北京科学技术出版社.

潘岳. 2007-09-09. 七项环境经济政策当先行. 环境生态网. http://www. eedu. org. cn/Article/epedu/florilegiums/panyue/200709/16000. html.

王庆玉. 2006-11-20. 新时期我国环境保护形势与对策——王玉庆在中国环境科学学会 2006 年学术年会上的讲话. 环境生态网. http://www. eedu. org. cn/Article/es/envir/edevelopment/200611/10804. html.

叶文虎. 2002. 环境管理学. 北京：高等教育出版社.

章玲，邓南圣. 2003. ISO14000：通向国际市场的"绿色通行证". 广州：广东人民出版社.

中国法制研究出版社编委会. 2009. 中华人民共和国规划环境影响评价条例宣贯实施手册. 北京：中国法制研究出版社.

中国民主法制出版社编委会. 2002. 中华人民共和国环境影响评价法. 北京：中国民主法制出版社.

周强，章玲. 2002. 环境管理学. 长春：吉林人民出版社.

第七章 环境理念与伦理观

环境问题的产生虽然是多种因素综合作用的结果,但人类对环境的基本认识是其中的一个重要因素,它决定了人类对环境的态度,并制约着人类在生产和生活中的行为。环境问题的产生与发展与人类的环境理念与伦理观紧密相关。

第一节 人类的环境观

人类在长期与环境的共存和相互作用中逐渐认识了环境。人类对其赖以生存的地球环境及人类与环境相互关系的基本认识就是人类的环境观,在一些相邻学科中则称之为自然观或人地关系论。人类的环境观是建立在自然科学和社会科学的综合知识基础上的,随着社会与科学的发展而改变。人类社会在某一历史时期的环境观指导和制约着人类社会的行为(生产和生活)。人类的社会行为作用于环境而导致环境的变化,而环境的变化又反过来影响和制约着人类社会的发展。

一、人类对环境的认识及其发展

人类对环境的认识随着社会生产力的发展和科学技术的进步而不断变化和发展。迄今为止,人类对环境的认识大致经历了三个历史阶段和三种观念形态。

(一) 人类畏惧自然与崇拜自然阶段

在古代,由于社会生产力水平低下,科学技术不发达,人类对自然的认识还处于蒙昧阶段。人们对自然力存在着畏惧心理和盲目崇拜的观念。这种崇拜主要表现在两个方面:一是对动物的崇拜;二是对天象的崇拜。把人看做自然的奴隶,要求人对自然的绝对服从。

(二) 人类无视自然与主宰自然阶段

在近代,随着生产力的不断发展和科学技术的进步,人们对自然的认识和态度也发生了转变,即由畏惧、崇拜自然转为无视和主宰自然。在此时期,人类一方面为战胜自然的辉煌胜利而感到自豪;另一方面又由于对自然的盲目征服,遭到自然的严重报复而感到震惊。人类在这种由自己造成的恶果面前又盲目地转变为无视自然的观念。

（三）人类重视自然与自然和睦相处及协调发展阶段

进入现代，社会生产力水平的进一步提高和新科技革命的兴起，为我们正确认识人类与自然的关系提供了科学的方法论和必要的技术手段，使人们抛弃了盲目崇拜自然和完全无视自然的陈旧观念，确立了重视自然、与自然协调发展的思想。这是人类环境价值观念的一次具有历史意义的转变。其标志是1972年人类环境会议的《斯德哥尔摩宣言》。

事实上，人类对自然的认识经历了一个由肯定自然（或崇拜自然）到否定自然（无视自然），再到新的肯定自然（重视自然）的否定之否定过程，是人类环境观由不科学到科学的发展过程。考察人类环境观的发展史可以发现：人类社会存在两种不同的环境价值观，即无视自然的环境观和重视自然的环境观。由于这两种环境观分别代表了人类社会发展的不同时期对环境价值的认识，以及人类社会发展的不同要求，所以将其称为传统环境观和现代环境观。

二、传统环境观

人类传统的环境观是一种功利主义的价值观，它以人类中心主义为价值取向，以人类统治自然为指导思想，这种思想表现在社会经济发展的所有领域。它以反自然为主要特征，构筑了人类社会的发展模式，在传统的环境观下，自然资源是无限的，取之不尽，用之不竭，因而可以不受限制和无偿地使用；自然界消化废物的能力是无限的，可以随意把废物排向环境。在这种功利主义的环境价值观下，只要是对集团或个人有利的，便可以为所欲为，可以无限制地作用于自然和改变自然，拼命地向自然索取，不断加剧人与自然的冲突和对立，直至出现全球性的生态危机。全球环境问题的出现，是传统环境观按照其价值取向发展所必然产生的和不可避免的直接后果。传统环境观具体表现为以下几个方面。

（一）天命论的自然观

在远古时代，生产力水平低下，人类对自然界处于一种依附或顺应的关系。科学技术的发展限于直觉地和表面地观察和记述自然现象，对自然规律尚无正确认识。对林火、洪水、火山、地震等自然力的恐惧产生了原始宗教——从图腾、自然神、祖先神到人格神，都反映了人类对自然的屈服；另外，征服自然的幻想与欲望产生了美丽的神话——大禹治水、夸父逐日、精卫填海、女娲补天，以及西方神话中的巨人安泰等，均属征服自然幻想的体现。

古希腊哲学家也有类似的观点，柏拉图认为地球上一切可以观察到的事物不过是理念的拙劣的摹象。泰勒斯则认为神用水创造出万物。这些神创造论者认为自然界是上帝创造的，主观唯心论者则认为自然界是人类精神的产物，都否认自然界固有的客观规律和人类对自然界的影响。

（二）地理环境决定论

在天命论占统治地位的远古时代，地理环境决定论（determinism，简称决定论）早已埋下了种子，这就是恩格斯在其《自然辩证法》中所说的“在希腊哲学的多种多样的形式中，差不多可以找到以后各种观点的胚胎、萌芽”。环境决定论把自然环境看做社会发展的决定因素。例如，希波克拉底（Hippokrates，公元前约460年至公元前377年）在其著作《论空气、水和地方》里这样论述人类与环境的关系：“（居住在酷热气候里的）人们比北方人活泼和健壮，声音较清明、性格较温和、智慧较敏锐。”我国古代哲学家老子提出：“人法地、地法天、天法道、道法自然”也同样具有环境决定论的思想。

欧洲文艺复兴运动以后，环境决定论又进一步发展。法国哲学家孟德斯鸠（Montesquieu，1689—1755）在其1748年出版的名著《论法的精神》中，强调了地区特征特别是气候对种族生理和心理的影响。英国历史学家巴克尔（Henry Thomas Buckle，1821—1862）在其1857年出版的《英国文明史》一书中，专门论述了环境对社会组织和个人气质的影响，并把个人和民族特征归之于自然环境的效果。该书认为“高大的山脉和广阔的平原（如在印度）使人产生过度的幻想和迷信”、“当自然形态较小而变化较多时（如在希腊），就使人早期发展了理智”、“生活在极北纬度的人从来不曾有过温带地区居民那样卓著的稳定的事业”。他还论证了气候不仅能激励人或使人衰弱，也对人的工作与能力的坚定性产生影响。他的历史学体系的基本框架是地理环境、气候条件影响人的生理，而生理差异导致人的不同精神和气质，因而形成不同的社会历史。

上述这些学者可看做环境决定论的先驱，而公认的环境决定论的倡导者乃是德国地理学家拉采尔（Friedrich Ratzel 1844—1904）。在他的主要著作中大量探讨自然环境对人类活动的影响。他在其1882～1892年出版的两卷本《人类地理学》中探讨了三个问题：① 地球表面居民的分布和集团；② 作为人类迁移结果的这些分布对自然环境的依赖性；③ 自然环境对个人和社会所产生的影响，如气候对民族特性的影响等。他在该书中把人说成是环境的产物，认为人和生物一样，其活动、发展和分布均受环境的严格限制，环境“以盲目的残酷性统治着人类的命运”。拉采尔还通过一种不恰当的生物学类比，把国家看成是“附着在地球上的一种有机体”，认为国家是地球表面上具有确定组织和生命分布的人类集团。因此，“每一个国家都是人类的一部分和地球的一部分”。并从这一观念中产生了“生存空间”的概念，认为作为空间有机体的国家总是想要达到它的自然界限。如果没有强大的邻国给以有效的反对，它就要越过这些界限；他认为随着人口的增加，人类集团和社会总是不可避免地要向外扩张，直到碰上自然的或人为的障碍为止。其后，美国地理学者亨丁顿(Ellsworth Huntington，1876—1947)在其1915年出版的《气候与文明》一书中，特别强调了气候对人类文明的决定性作用。他认为人类文化只能在具有刺激性气候的地区才能有所发展，而热带气候单调，居民生活将永远陷于相对贫困。

总之，环境决定论是生产力比较低下、科学不甚发达的条件下的环境观或自然观，反映了人类对大自然的畏惧和顺从的态度，与天命论的自然观一脉相承。

（三）征服论的自然观

人类必将征服自然的思想古而有之，即使在天命论占主导地位的原始社会就已产生了征服自然的幻想和神话。战国时代孟子(公元前约372年至公元前289年)主张"天时不如地利，地利不如人和"(《孟子·公孙丑下》)，即具有人定胜天的思想。荀子(公元前约313年至公元前238年)进一步发挥这一思想，主张"制天命而用之"。这些伟大的思想有力地抨击了无所作为的天命论，为人类认识自然环境及其发展规律减少了思想障碍，鼓舞人们更好地认识、利用和改造自然。然而，征服论的进一步发展并付诸行动还有待社会生产力的发展与科学技术的进步。18世纪的工业革命带来了契机，以蒸汽机为代表的机械革命大大解放了社会生产力，人类进一步征服了海洋，开采了更多的矿产，砍伐森林、耕垦草原、拦河筑坝、移山填海……人类似乎真正征服了自然，成了自然的主人。俄国的米丘林提倡"我们不能等待大自然的恩赐，向大自然索取是我们的任务"。我国则有过"人有多大胆，地有多高产"的口号，更把征服论发挥到极致，陷入唯意志论的境地。其他国家在其经济发展史上几乎也都经历过征服论盛行的阶段，不顾自然规律，掠夺式地开发自然资源，忽视生态环境保护，从而引起生态环境恶化，人类最终自食恶果。正如恩格斯的著名论断："我们不要过分陶醉于我们对自然界的胜利，对于每一次这样的胜利，自然界都报复了我们。每一次胜利，在第一步都确实取得了我们预期的结果，但是在第二步和第三步却有了完全不同的、出乎预料的影响，常常把第一个结果又取消了。""美索不达米亚、希腊、小亚细亚以及其他各地的居民，为了想得到耕地，把森林都砍光了，但是他们梦想不到，这些地方今天竟因此成为荒芜的不毛之地，因为他们使这些地方失去了森林，也失去了积聚和储存水分的中心。阿尔卑斯山的意大利人在山南坡砍光了在北坡被十分细心地保护的松林，他们没有预料到，这样一来他们把他们区域里的高山畜牧业的基础给摧毁了；他们更没有预料到，他们这样做竟使山泉在一年中的大部分时间内枯竭了，而在雨季又使更加凶猛的洪水倾泻到平原上。"

三、现代环境观

第二次世界大战以后，人类的自然观或环境观有了新的发展。因为一方面以资源耗竭和环境恶化为中心的环境问题，促使人们不得不更为冷静地思考人类与环境的关系；另一方面当代科学正在走向整体化和综合化，突出表现在系统论的建立，人们开始从系统的角度研究事物的结构、关系和整体，而不是部分地和零碎地观察世界。在系统论里，事物之间的关系不再是简单的因果链的两端，而是一个相互交叉影响的网络。就人类与环境的关系而言，人类社会是一个大系统，可以分为若干子系统；环境更是一个大系统，也可以分为许多子系统；人类与环境的关系，当然是一个巨大的复杂系统，地理学家称之为人-地关系系统，生态学家称之为社会-经济-自然复合生态系统（social-economic-natural complex ecosystem，SENCE）。上述两个方面的进展，使一种全新的协调论（或和谐论）的环境观应运而生。它既摒弃了“天定胜人”的天命论和决定论的环境观，也摒弃了“人定胜天”的征服论的环境观。前者认为自然界是主人，人类必须畏惧和服从自然；后者则认为人类是主人，而自然界是被“改造”和“征服”的对象。新的环境观则认为人类是自然的“儿子”而不是主人，人类只有保持与自然界（环境）的平衡与协调才能生存和发展。“人”与“天”的关系不再是谁战胜谁，而应是“人天共存”或“人地归一”。有人形象地把人与环境的关系比作不再是“我同它”，而应该是“我同您”的关系，并称之为“人地归一”的世界观。恩格斯早就从哲学的高度指出了人类应与自然界相协调：“我们统治自然界，绝不像征服者统治异民族一样，绝不像站在自然界以外的人一样。相反的，我们连同我们的肉、血和头脑都是属于自然界、存在于自然界的；我们对自然界的统治是在于我们比其他一切动物强，能够认识和正确运用自然规律。事实上，我们一天天地学会更正确地理解自然规律，学会认识我们对自然界的惯常行程的干涉所引起的比较近或比较远的影响。但这种事情发生得越多，人们越会重新地不仅感觉到，而且也认识到自身和自然界的一致，而那种把精神和物质、人类和自然、灵魂和肉体对立起来的荒谬的、反自然的观点，也就越不可能存在了。”

人类现代环境观是建立在对自然环境与人类关系的科学认识基础之上的，认为地球资源和环境容量都是有限的，其价值取向是人与自然的和谐发展。在这种尊重自然和自然规律的思想下，要求人类转变环境观念，转换社会经济发展模式，由人类中心主义转向人与自然和谐发展，由以牺牲环境为代价的社会经济发展模式转换到人与自然和谐发展、经济增长与环境保护协调发展、经济建设与环境建设同步发展的社会经济发展模式，保证人类和社会发展的持续性。在现代环境观下，人类必须在研究地球资源再生能力和环境自净能力的基础上，使人类与自然协调发展；人类对自己赖以生存、发展的自然条件，必须在遵循自然规律的前提下，行使利用这些条件的权利，承担保护这些条件的义务；人类在利用这些自然条件的时候，必须以前辈的责任感为子孙后代留下一份宝贵的环境遗产。这种环境观，不仅是人类社会经济发展模式转换的基础，也是环境法产生的基础。

环境科学技术日益受到重视，以环境道德为核心的新的文化观念正在迅速传播。正如世界环境发展委员会所指出的:法律、行政和经济手段并不能解决所有问题。在环境保护领域,必须形成一种与现代工业科技社会相适应的新的环境伦理观,这种新的可持续发展的伦理道德的核心是尊重自然,真正把人类看做是自然的一部分,把人类从对自然的胜利所产生的飘飘然中解脱出来。我们必须认识到“只有一个地球”和“明天与今天一样重要”,我们需要在深层意识上调整人与自然、人与人之间的关系,当代人和后代人之间机会应该平等。应该承认人类是自然界的普通成员,承认自然界变化发展的客观规律,从而建立起一种既符合人类持续发展的主观需要又符合生态环境自然客观规律要求的、现代化的人与自然的新型关系。

综观历史上环境观(自然观)的演变,从“天定胜人”到“人定胜天”,最后发展为“人天共存”或“人地归一”,走过了“正—反—合”的曲折道路。当然,目前的认识并不等于发现了终极真理,随着人类文明的发展,人类的环境观(自然观)还将继续发展。

第二节　环境伦理观

环境伦理观是对人类环境伦理道德的建立,将人类的善恶、正义、平等、责任等传统的用于人与人关系的道德观念扩大到人与自然的关系上,它不仅表现人类行为中人与人之间的利益关系,而且表现人与自然的利益关系,认为破坏环境、危害其他物种的生存权利也是不道德的。

一、环境伦理观的概念

由环境问题所引起的一个深刻变化问题就是道德观念的变化。随着人们环境意识的加强,环境与道德的关系问题也越来越被人们所重视,环境伦理观的产生就是这种关注的成果。

环境伦理观是关于人与自然关系的伦理信念、道德态度和行为规范的理论体系,根据现代科学所揭示的人与自然相互作用的规律性,以道德为手段,从整体上协调人与自然的关系。

现代环境伦理观产生于20世纪40年代,是与工业革命以后的世界范围内经济的高速增长和社会的快速发展所带来的日益严重的环境问题分不开的。环境伦理正是基于对全球环境问题的关注,基于对人类生存危机的关注和对濒临失衡的地球的关注而形成的一种伦理道德关系。20世纪环境危机的出现使人们开始重新认识和反思人类与自然的伦理关系。环境伦理学家通过对环境危机的伦理学反思,从人类与自然伦理关系的研究中看到了“环境危机的实质是文化和价值问题,而非技术和经济问题”。因为归根结底,环境问题是人的问题,是人类与环境关系不协调的结果。而这种不协调正是由于人类长期以来不承认自然的价值、不承认人与自然的伦理道德关系所造成的。如果人类把其他生物和生态环境的存在，仅仅看做是为人类服务的工具，那么人类就会无所顾忌地去掠夺它们，就不会考虑到它们自身存在的价值，就谈不上对它们的尊重与关心。所以从深层次上看，环境问题的实质是环境伦理问题，是人的价值取向和伦理道德问题，是人类对自己生活方式的选择问题。《环境伦理汉城宣言》指出："我们必须认识到：现在的全球环境危机，是由于我们的贪婪、过度的利己主义，以及认为科学技术可以解决一切的盲目自满造成的。换句话说，是我们的价值体系导致了这一场危机。如果我们再不对我们的价值观和信仰进行反思，其结果将是环境质量的进一步恶化，甚至最终导致全球生命支持系统的崩溃。"

二、环境伦理学

（一）环境伦理学的概念

环境伦理学又称生态伦理学或环境哲学，是从道德的角度研究人与自然关系的学说。环境伦理学产生于人类生态危机深重的时代，是一门在 20 世纪 40 年代末至 50 年代初兴起，而定位于 70 年代的新兴学科。

（二）环境伦理学的产生

20 世纪 50 年代以前，人类与自然环境与生态系统的不协调还没有以尖锐的形式表现和暴露出来，人们与生态环境之间的关系也没有像今天这样紧张，因而以往的伦理学都只注意研究人与人之间的关系，忽视了人与自然的关系。而人与自然的关系是全人类在社会进步与经济发展过程中所面临的共同问题。在人类社会发展的新的历史时期，传统的思维模式已不能有效地解决人与自然的关系问题。在传统思维模式中，人类以自己为中心，以人类的价值理想为依托，一味地利用自然、改造自然，与自然处于一种对立状态。在这种对立关系中，经济发展的必然结果是在人造环境有巨大进步的同时，自然环境却遭到了巨大破坏，人们赖以生存的自然条件日益恶化。人类只有适应自然环境，与自然环境协调发展，社会和经济才能持续发展。在全球性环境污染和生态失调已威胁人类生存与幸福的今天，以往传统的伦理学不重视环境伦理问题的研究，不注意调整人与生态环境之间的关系是极大的缺陷。众所周知，伦理学的使命和目的就在于使人过上真正幸福的生活，但这必须以人的存在、人与生态环境的和谐为前提；没有人的存在，没有适宜于人生存的生态环境，人的幸福、人与人之间关系的调整就无从谈起，伦理学本身存在的根据也就不复存在。

环境伦理学是由法国哲学家、诺贝尔和平奖获得者施韦兹和英国哲学家莱昂波德初创的。施韦兹早在其 1923 年出版的《文化哲学》一书中就提出了建立环境伦理学的构想。他指出："对生物进行等级高低的划分并认为人处在最高等的位置纯属主观臆断,大自然中所有的生物都是平等的。"他还指出:"传统伦理学中善的观念过于狭隘,应加以扩展。凡是维护生命,完善生命和发展生命的行为都是善的。人和生物的关系应该是一种特别紧密的,互相感激的关系,现代技术经济实践的破坏性后果达到了十分惊人的程度,必须禁止一些做法、限制一些做法、提倡一些做法。而要实现这些,除在科学、法律等领域寻找措施外,还应到道德领域中寻找措施。"莱昂波德于1949年出版的《大地伦理学》是第一部系统的环境伦理学专著,它标志着环境伦理学作为一门学科的正式形成,莱昂波德在其书中提出了几个重要的环境伦理学观点:

1) 必须重新确定人类在自然界中的地位。人类并非是自然界的主人、统治者,而是自然界中极普通的一员。

2) 仅考虑人类的经济功利需要而不关心生态平衡是远远不够的。人类只有从自然的整体出发,而不是从自己的局部出发才能正确认识自己与自然交往行为的正当与否。凡是有助于维护生物群落的完整性、稳定性的行为就是正当的,否则就是错误的。

3) 要把权利这一概念从人类延伸到自然界的一切实体与过程中。所有花草树木、飞禽走兽都有自己生存繁殖的权利,人类并无权利去践踏它们。

施韦兹和莱昂波德的观点为环境伦理学的建立奠定了基础,他们的某些观点,如人类的幸福取决于自然界的生态平衡、要维护生物群落的完整性和稳定性等是正确而有意义的,但有些观点是不科学的。我们所说的"尊重生命"、"爱护生命",不是说人类不能利用生物资源,而是要有一个限度,这个限度就是环境伦理学的道德标准,这就是人类对生物的行为以维护物种的存在为标准,人类对待生态系统的行为以维护基本生态过程和完善生命维持系统为标准。制定环境伦理学的道德规范体系就是规范人们有关生态的行为,不以局部利益而损害全局,不能只考虑眼前利益而不考虑后代的利益,从而达到保护生命和自然界的目的,而这最终是为人类利益服务的。所以说,环境伦理学最终所处理的仍是人与人之间的关系问题。

在施韦兹、莱昂波德之后,"罗马俱乐部"又推进了环境伦理学的研究。"罗马俱乐部"意识到了环境危机的严重,对造成环境危机的原因进行了伦理的分析,并提出了解决环境危机的伦理方案。1972年,"罗马俱乐部"发表了第一份报告——《增长的极限》。该报告描述了自然资源在经济和人口统计"工作照常进行"的情况下枯竭了的后果。麻省理工学院斯龙(Sloan)管理学院的研究人员给他们的成果增补了新的内容。虽然许多人认为"罗马俱乐部"的报告消极地预告了大灾难(至今尚未发生),但其核心内容从根本上说是建设性的,如果我们有能力把改变经济增长和物质幸福观当作是压倒一切前提的态度,建构一个环境与经济相互平衡的局面是有可能的。

"罗马俱乐部"从文化上把环境危机的原因归结为人口膨胀、消费爆炸、科技失控、社会对抗、自然强权以及片面追求经济增长等，并指出，这一切都说明了随着时代的变革，人类需要进行文化价值观念的全方位变革，需要培植“新人道主义”。这种人道主义有三大特征，即全球意识、社会公平和对暴力的厌恶，其核心是从人的总体性和最终性来看待人类，从人的生活的连续性来看待人类。应该用尊重自然的态度取代占有自然的观念，用爱护自然的活动取代征服自然的行为，用人类对自然的自觉调节取代自然本身的自发运动；坚持用自然统一的情感取代瓜分自然的劣径；用对自然的权利观和义务感取代对自然的统治与掠夺；用适度消费取代无度消费；用节制生育取代放任生育；用经济的有机增长取代经济的盲目增长。总之，尽管“罗马俱乐部”没有使用环境伦理学的字眼，但其环境伦理学主张的观点对整个社会的价值体系造成了强大的冲击，使人类开始注重利用道德手段去缓解自己与自然的冲突。但需要指出的是，“罗马俱乐部”不适当地夸大了道德手段在缓解人类与自然冲突中的作用，并有贬低科学技术的倾向。

（三）环境伦理学的主要任务

环境伦理学的主要任务是确立与制订人类与自然交往的道德原则与道德规范。环境伦理学研究的是人类与自然的关系，而不是人类社会的内部关系，这使它有别于传统的伦理学。“自然”一词有多种含义，我们可以从性质上把“自然”划分为：①原初自然（在人之外存在的且非人所创造的自然，包括高山、大海、湖泊、野生动物、植物等）；②人化自然（经过人类加工，虽然基本保持其既有状态，但面貌已大为改观的自然，包括农田、园林、水渠、牲畜、瓜果蔬菜等）；③人造自然（人类依照自然规律，利用自然条件创造出来的，原初自然中本不存在的东西，包括车船、飞机、房屋、桥梁等）。

环境伦理学所论述的“自然”主要指原初自然和人化自然。此外，我们还可以从层次上把“自然”划分为区域自然、地球自然和宇宙自然。环境伦理学所论述的“自然”主要是指包含区域自然在内的、作为宇宙自然部分的地球自然，把地球看成是一个整体，而把区域自然视作地球自然的构成要素，把宇宙自然视作地球自然的外部环境。由此可见，环境伦理学研究的是人类与自然的道德关系，而不是所有的关系，这使其有别于一般的自然哲学。人类与自然的道德关系包含两个相互联结的方面，即自然对于人类的和人类对于自然的权利与义务。

环境伦理学实现了道德关系的扩大，把道德关系从人与人之间扩大到人与自然之间。这种扩大的现实根据在于人不但是社会存在物，而且还是自然存在物，人不但要管社会生活，而且要管自然生活。从种系演化的角度来看，组成社会，不过是人在自然中谋取自我生存的一种手段，包括道德现象在内的整个文化现象，实则是“人-社会-自然”的三维结构，而不是“人-社会”的二维结构；是人与社会、人与自然以及人与社会和人与自然三对矛盾错综运动的表达。离开了人与社会的矛盾，就无法说明人与自然的矛盾。同样，离开了人与自然的矛盾，也就无法说明人与社会的矛盾、社会的和谐与自然的和谐是互为前提、互为因果的，随着文明的发展，人类从自然中分化出来的程度越高，它对自然的依赖也就越大。人际道德和自然道德作为两种道德，其实并非彼此分离、彼此孤立，它们在实质上同一，在内容上渗透，在功能上互补，而从根本上来讲还是人际道德问题。

环境伦理学的基本功能，在于通过重新认识人类在自然中所应扮演的角色和所应发挥的作用，为判定人类改造自然的实践活动的正当性制定出一套评价标准。凡是人类的实践活动都是现实的，但现实的实践性并非是合理的实践。实践的合理性一方面是指它的正确性，另一方面则是指它的正当性，并非任何正确的实践都是正当的实践。判定一个实践是否正确，看其是否以真理为指导、是否达到预期效果。判定一个实践是否正当，则看其所达到的结果是否符合某一评价标准。与那种把自然中的一切均视为绝对不可触动和改变的圣物，主张对自然消极无为的唯生态主义不同，我们并不反对对自然的改造，因为只有通过对自然的改造，才能高扬人的主体性，催发人的主体意识，锻造人的主体意志，增强人的主体智慧，才能不断超越现实世界，创造理想世界，实现由必然王国向自由王国的飞跃。但是，我们反对人类对自然我行我素、为所欲为；反对对自然盲目索取、随意掠夺。人类改造自然的实践应当有一个道德限度，这个道德限度就是必须保持自然的多样性统一及其完整与稳定。能否保持自然的多样性统一及其完整与稳定，是环境伦理学用以判定人类改造自然实践活动正当性的最高标准。

应当从人类利益出发来讨论环境伦理学，并把人类的利益与自然的利益相统一。这里所讲的人类是作为复杂的自然生态系统中一个子系统的人类；而这里所讲的人类利益是指人类的整体长远利益，也即人类在自然中的持续存在与发展。人与自然的关系是以改造自然的实践为中介而建立起来的，由人类改造自然的实践所形成的人与自然的关系之所以具有道德意义，是因为这一关系最终会对人类产生影响，触及人类的利益。我们之所以把保持自然的多样性统一及其完整稳定作为人类改造自然实践活动的道德限度，是因为它是人类在自然中持续存在与发展的前提，涉及人类的千秋之功、万世之利。人类的根过去是、现在是、将来也永远是扎在自然之中的。如果自然失去了和谐，人类将遭灭顶之灾。

（四）环境伦理学的基本理念

人与自然的关系问题，是人类所面临且必须予以解决的最基本的基础性问题。随着人类所赖以生存的生态系统遭到严重破坏和环境危机的日益加深，人们已清楚地意识到，解决环境污染和生态失衡问题，不能仅依赖经济和法律手段，还必须同时诉诸伦理信念。只有以伦理信念为基础，环境保护运动才能从幼稚走向成熟，从肤浅走向深入。这种伦理信念就是环境伦理学的基本理念。当代的环境伦理学家为人们保护环境的行为提供了四种不同的伦理理念，即开明的人类中心主义、动物解放/权利论、生物平等主义和生态整体主义。

1. 开明的人类中心主义

环境问题不仅仅是一个技术问题，科学技术提供资源（或消除污染）的速度要慢于人类消费资源（或制造污染）的速度。技术问题只是环境危机的表面现象，其实质是价值取向问题。环境伦理学认为，狭隘的人类中心主义是导致当代环境问题的深层根源，它主要表现为集团利己主义、代际利己主义、人类主宰论、粗鄙的物质主义和庸俗的消费主义、科学万能论与盲目的乐观主义等。因此，人类要想使全球环境恶化的趋势得到有效遏制，就必须首先抛弃狭隘的人类中心主义，接受开明的人类中心主义。

开明的人类中心主义认为：地球环境是所有人（包括现代人和后代人）的共同财富；任何国家、地区或任何一代人都不可为了局部的小团体利益而置生态系统的稳定和平衡于不顾。人类需要在不同的国家和民族之间实现资源的公平分配，建立与环境保护相适应的更加合理的国际秩序，同时也要给我们的后代留下一个良好的生存空间；当代人不能为了满足其所有需要而透支后代的环境资源。地球的承载力是有限的，人类必须要节制其空前膨胀的物质欲望，批判并矫正发达国家那种消费主义的生活方式。为了维护地球的生态平衡，发展中国家有责任在保护环境与可持续发展之间保持某种平衡，发达国家则有义务减少其能源消耗总量，并支持和参与发展中国家的环境保护，帮助发展中国家走出环境保护与经济发展的两难困境。总之，人类必须要学会作为一个整体共同生活在地球上，必须要建立一个以所有国家的平等为基础的“地球村联邦”，在这个“联邦”中，霸权主义和专制独裁都能够得到来自内部与外部的有效控制，所有人的基本人权都能够得到有效的保证，所有人都能享有一种充满尊严的生活。

2. 动物解放/权利论

对于环境保护运动来说，开明的人类中心主义是必要的，但又是不够的，因为它不能为人们保护濒危动植物和荒野的行为提供充足的理由，也无法解释那些激进的环境主义运动。因此，伦理关怀的范围有必要扩展。环境伦理学为人们保护动物的行为提供了两个不同的伦理依据：

1）以辛格为代表的动物解放论从功利主义伦理学出发认为，应当把“平等地关心所有当事人的利益”这一伦理原则扩展应用到动物身上。在功利主义看来，凡能带来快乐的行为就是善的行为，凡带来痛苦的行为就是恶的行为。动物也能感受苦乐，因此，我们必须要把动物的苦乐也纳入到我们的“道德计算”中来。痛苦就是痛苦，不管它是发生在人身上还是发生在动物身上；带来痛苦的行为永远是不道德的行为，不管痛苦的承受者是人还是动物。因此，我们有义务停止我们那些给动物带来痛苦的行为。由于不同动物（包括人）的利益有时会发生冲突，因而动物解放论提出了协调不同动物的利益冲突的"种际正义原则"，即在解决动物物种之间的利益冲突时，必须要考虑两个因素，即发生冲突的各种利益的重要程度（是基本利益还是非基本利益）和其利益发生冲突的各方的心理复杂程度。种际正义原则的基本要求是一个动物的基本利益优先于另一动物的非基本利益，心理较为复杂的动物的利益优先于心理较为简单的动物的类似利益。

2）以雷根为代表的动物权利论从康德的道义论伦理学出发认为，之所以要保护动物，是由于动物和人一样，拥有不可侵犯的权利。权利的基础是"天赋价值"；而人之所以拥有天赋价值，是由于人是有生命、有意识的生命主体，拥有期望、偏好、感觉、记忆、认同感和实现自己的意愿的能力，拥有一种伴随着愉快和痛苦的生活，以及独立于他人的功用性的个体幸福状态。成为生命主体的这些特征，动物（至少是心理较为复杂的哺乳类动物）也应具有，因而动物也拥有值得我们予以尊重的"天赋价值"。这种价值赋予了它们一种道德权利，即获得尊重的权利。这种权利决定了我们不能把它们仅仅当作促进我们福利的工具来对待，就像我们不能以这种方式来对待其他人那样。动物的权利和人的权利虽然都不应被侵犯，但在特殊情况下，个体不应被伤害的权利也是可以被侵犯的，只要这种侵犯的目的是为了阻止对其他无辜个体的更大伤害。这一限制条件从质的方面限制了侵犯个体（动物或人）的权利的边界。但在现实的道德生活中，善善相伤、恶恶相权的情况也时有发生。为此，动物权利论者又提出了两个原则，即伤害少数原理和境况较差者优先原理。由于从伦理的角度看，动物与人完全是平等的，我们找不到奴役、压迫和利用其他动物的道德理由。因而，动物解放权利论认为，我们有道德义务废除那些给动物带来痛苦或遭受折磨的习惯做法。例如，把动物应用于科学研究、商业性的动物饲养业、商业性的和娱乐性的打猎和捕兽行为；同时，我们也应有义务做一名素食主义者。

动物解放/权利论无疑是对传统的道德观念和生活习惯的巨大挑战。雷根明确指出，动物权利运动是人权运动的一个部分。辛格也认为，动物的解放是解放事业的继续；动物解放运动比起任何其他的解放运动，都更需要人类发挥利他的精神。因为，动物自身没有能力要求自己的解放，没有能力用投票、示威或者抵制的手段反抗自己的处境。人类才有力量继续压迫其他物种。为此，我们每个人都应认真地考虑这个问题，并作出无愧于人的尊严的回答。

3. 生物平等主义

从关心人的福利到关心动物的福利，这是提升人的道德境界的有效途径；但是，许多环境伦理学家仍认为，动物解放/权利论的道德视野还不够宽阔，对动物之外的生命还缺乏必要的道德关怀，因而他们决心继续扩展伦理关怀的范围，使之容纳所有的生命。施韦泽的敬畏生命的伦理理念和泰勒的尊重大自然的伦理思想从两个不同的角度阐释了生物平等主义的基本精神。

敬畏生命的基本要求是像敬畏自己的生命意志那样敬畏所有的生命意志，满怀同情地对待生存于自己之外的所有生命意志。"善的本质是保持生命、促进生命，使可发展的生命实现其最高的价值；恶的本质则是毁灭生命、伤害生命，阻碍生命的发展。""一个人，只有当他把所有的生命都视为神圣的，把植物和动物视为他的同胞，并尽其所能去帮助所有需要帮助的生命的时候，他才是有道德的"。当然，人的生命也值得敬畏。为了维持人的生命，我们有时确实得杀死其他生命。但是，我们只有在不可避免的情况下，才可伤害或牺牲某些生命，而且要带着责任感和良知意识做出这种选择。敬畏生命的伦理可以帮助我们意识到这种选择所包含着的伦理意念和道德责任，它可以使我们避免随意地、粗心大意地、麻木不仁地伤害和毁灭其他生命。通过这种方式，敬畏生命的伦理能够引导我们过一种真正伦理的生活。

泰勒的尊重大自然的伦理学认为，人只是地球生物共同体的一个成员，他与其他生物是密不可分的；人类和其他物种一样，都是一个相互依赖的系统的有机构成要素；每一个有机体都是生命的目的中心；人并非天生就比其他生物优越。对人的优越性观念的抛弃，就是对物种平等观念的接受。因此，所有的物种都是平等的，都拥有同等的天赋价值；而一个有机体一旦被视为拥有天赋价值，那么，人们对它所采取的唯一合适的态度就只能是尊重。所谓尊重大自然，就是把所有的生命都视为拥有同等的天赋价值和相同的道德地位的实体，它们都有权获得同等的关心和照顾。为了使"尊重大自然"这一终极性的伦理态度具有可操作性，泰勒还提出了四条环境伦理规范以及与这四条规范相应的环境伦理美德：不作恶的原则——关照的美德、不干涉的原则——敬重和公正的美德、忠诚原则——诚信的美德、补偿正义原则——公平和平等的美德。我们有尊重其他生命的义务，也有尊重人的义务；人的福利与其他生命的福利常常发生冲突。为此，泰勒提出了五条化解这种义务冲突的伦理原则，即自卫原则、对称原则、最小错误原则、分配正义原则和补偿正义原则。

作为扩展人的道德关怀范围的一种尝试，生物平等主义对人的道德理性、道德胸怀和道德能力都提出了更高要求。随着越来越多的义务对象进入了道德关怀的范围，人们所要承担的道德责任也越来越多了。这首先需要改变我们内心的道德信念和责任意识。许多人正在用实际行动来改变他们的内在道德信念，用对生命的敬畏和爱护展现他们尊重大自然的态度。因此，对作为道德代理人的人来说，接受生物平等主义并不是不可能的。尽管这还需要作出巨大努力，但我们没有任何道德理由去阻拦人们对人与其他生命之间和谐关系的追求。

4. 生态整体主义

生物平等主义虽然关心个体,但却否认生物共同体的实在性,否认人对物种本身和生态系统负有直接的道德义务,这与现代生态学对生物之间的相互联系、相互依存,以及由生物和无生物组成的生态系统的重视及强调是不协调的。受现代生态学的启发,生态整体主义认为,一种恰当的环境伦理学必须从道德上关心无生命的生态系统、自然过程以及其他自然存在物。环境伦理学必须是整体主义的,既不仅要承认存在于自然客体之间的关系,而且要把物种和生态系统这类生态"整体"视为拥有直接的道德地位的道德顾客。据此,生态整体主义从三个角度(大地伦理学、深层生态学和自然价值论)阐释了保护生态系统的伦理理由。

大地伦理学的宗旨是要"扩展'道德'共同体的界线,使之包括土壤、水、植物和动物,或由它们组成的整体—大地",并把"人的角色从大地共同体的征服者改变成大地共同体的普通成员与普通公民。这就意味着人不仅要尊重共同体中的其他伙伴,而且要尊重共同体本身"。这是由于人不仅生活在社会共同体中,也生活在大地共同体中;而人只要生活在一个共同体中,他就有义务尊重共同体中的其他成员和共同体本身。这种义务的基础就是共同体成员之间因长期生活在一起而形成的情感和休戚与共的"命运意识"。因此,道德情感是大地伦理学的一个重要基础。利奥波德明确指出:我不能想象,在没有对大地的热爱、尊重和敬佩,以及高度评价它的价值的情况下,能够有一种对大地的伦理关系。当然,大地伦理学又不仅仅是一个情感问题。"大地伦理的进化不仅是一个感情发展过程,也是一个精神发展过程。当伦理的边界从个人推广到共同体时,它的精神内容也增加了。"大地伦理学的这个新的精神内容就是:"一件事情,当它有助于保护生命共同体的完整、稳定和美丽时,它就是正确的;反之,它就是错误的。"因此,大地伦理学把生物共同的完整、稳定和美丽视为最高的善,共同体本身的"好"才是确定其构成部分的相对价值的标准,是裁定各个部分的相互冲突的要求的尺度。

由内斯开创的深层生态学包括两个基本的伦理规范:① 每一种生命形式都拥有生存和发展的权利,若无充足理由,我们没有任何权利毁灭其他生命,即生物圈平等主义;② 随着人们的成熟,他们将能够与其他生命同甘共苦,即自我实现论。深层生态学的生物圈平等主义与生物平等主义的基本精神是大致相通的,其独特贡献是自我实现论。深层生态学所理解的"自我"是与大自然融为一体的"大我"(self),而不是狭隘的"自我"(self)或"本我"(ego)。自我实现的过程就是逐渐扩展自我认同的对象范围的过程。通过此过程,我们将体会并认识到:① 我们只是更大的整体的一部分,而不是与大自然分离的、不同的个体;② 我们作为人和人的本性,是由我们与他人及自然界中其他存在物的关系所决定的。因此,自我实现的过程就是把自我理解并扩展为大我的过程,缩小自我与其他存在物的疏离感的过程,是将其他存在物的利益看做自我的利益的过程。

以罗尔斯顿为代表的自然价值论(the value of nature)把人们对大自然所负有的道德义务建立在大自然所具有的客观价值的基础之上。在自然价值论看来,价值就是自然物身上所具有的那些创造性属性,这些属性使得自然物不仅极力通过对环境的主动适应来获取自身的生存和发展,且其彼此之间相互依赖、相互竞争的协同进化也使得大自然本身的复杂性和创造性得以增加,使得生命朝着多样化和精致化的方向进化。价值是进化的生态系统内在地具有的属性;大自然不仅创造出了各种各样的价值,而且创造出了具有评价能力的人。

罗尔斯顿强调指出,环境伦理是一个人的道德境界的新的试金石。一个人如果只捍卫其同类的利益,则其境界并未超出其他存在物,与其他存在物处于同一档次,仅仅依据自然选择的原理在行动。在与其他人打交道时,他是一个道德代理人,但在与大自然打交道时,他却没有成为道德代理人。他并不知道人的真正的完美性——对他者的无条件的关心。人应当是完美的道德监督者,他不应只把道德用作维护人这种生命形式的生存的工具,而应把它用来维护所有完美的生命形式。人的价值和优越性并不仅仅表现为人拥有表达自己、发挥自己潜力的能力,还包括我们观察其他存在物、理解这个世界的能力和自我超越的能力。在地球上,只有人才具有客观地(至少在某种程度上)评价非人类存在物的能力,人的这种能力应该得到实现。这既是一种殊荣,也是一种责任。

5. 整合与超越——走向一种开放的环境伦理学

从理论上看,人类中心主义、动物解放/权利论、生物平等主义和生态整体主义虽然存在着差异,但从环境保护运动的角度看,它们却是可以并行不悖的,因为它们都为保护环境的行为提供了各具特色的道德理由和伦理论证。在现实生活中,我们可以把开明的人类中心主义视为一种具有普遍性的社会伦理标准,要求所有的人都予以遵守,而把动物解放/权利论、生物平等主义和生态整体主义理解为具有终极关怀色彩的个人道德理想,鼓励人们积极地加以追求。就环境道德生活的实际而言,可将上述四种理论所追求的理想视为逐渐升高的四种境界,即人类中心境界、动物福利境界、生物平等境界和生态整体境界。这四种理论优势和合理性可以分别在这四个不同的境界中得到最佳的体现与说明。

人类中心境界是环境保护的最基本的、可以普遍化的境界,必须要用法律强制性地加以推行。动物权利境界、生物平等境界和生态整体境界则是环境保护的高级美德。一个人如果对动物残酷无情,那他对其他人的关心肯定也是有限的;一颗完美的心灵不可能由这样两个部分组成,即一部分是对他人的同情和关心,而另一部分则是对动物和其他生命的冷漠无情。完美的德性不仅应在人与人的关系中表现出来,还应在关心和爱护其他生命的行动中体现出来。在环境伦理修养方面,一个人当然首先要履行人类中心境界的义务，但这并不意味着环境伦理修养到此就止步了，也不意味着，人类中心境界就是环境道德的最高境界。人的道德修养是一个永无止境的过程，道德境界是无上限的。从这个角度看，动物权利境界、生物平等境界和生态整体境界把人的道德义务的范围扩展到非人类存在物身上的做法，又为人们的道德修养提供了新的可能性。

人应该有一种伟大的情怀，即对他人的关心、对动物的怜悯、对生命的爱护、对大自然的感激之情。他应当与某种永恒的东西“照面”，把生活的意义与某种比个人更宏大的过程联系起来。这种永恒的东西和伟大的过程就是生命（包括人的生命）的生生不息和绵延不绝就是大自然的完整、稳定和美丽，就是“生物成物”的大生和广生之德——这就是环境伦理学的基本理念。

第三节　环境伦理的基本原则和主要道德规范

环境伦理道德作为调整人与人、人与自然及其相互关系的社会规范，是由环境道德原则、环境道德规范和环境道德范畴以及环境道德行为选择与评价等道德要求所组成的完整体系。

一、环境伦理的基本原则

如何确立环境伦理最基本的道德原则，不同的环境伦理学派或者处于不同道德境界的人的认识是有差异的。例如，施韦泽“敬畏生命”的原则；泰勒的不伤害原则、不干涉原则、忠诚原则和补偿争议原则；利奥波德的道德原则——“一个事物，当它有助于保护生命共同体的和谐、稳定和美丽的时候，它就是正确的；反之就是错误的”等。可见，不同的环境伦理流派，其主张有很大的差异，因而各自认同的基本的道德原则也不尽相同。制定普遍适用的道德原则，关键是处理好自然界中各种实在的利益问题。

（一）环境道德基本原则的概念

环境道德基本原则是指人们在其社会活动中逐渐形成的，调整人与人、人与自然的相互关系所应遵循的基本行为准则。它是环境道德本质的集中概括，是人们在日常活动中必须认真履行的指导性原则，也是区别于不同类型的道德的重要标志。

一般的说，环境道德基本原则是对人们行为上的道德要求、命令和标准，不仅具有指导性，而且具有约束力，就是说也具有规范的意义。环境道德规范，从一定意义上说，也可以看做是具体的环境道德原则。但是，作为道德规范体系的基本原则，必须体现人与人及人与自然之间最重要、最基本的道德关系，具有最根本、最普遍的指导性和约束力，对于环境道德规范体系中的其他成分具有统帅作用和支配作用。

环境道德的基本原则集中体现了现时代人与人、人与自然关系的道德要求，是现时代的人们的社会经济生活条件的反映。因此，每个人都应自觉遵循环境道德基本原则。

（二）环境道德基本原则的内容

环境道德原则作为一种律令，在任何环境和任何条件下，都要求人类去执行、去遵守。它是人类环境道德行为所要遵循的基本纲领，指明了人类环境道德行为的总方向，是树立人与自然交往的行为标准和理想人格类型，形成善待自然、热爱自然，合理地开发和利用自然、保护环境等的社会道德风尚，提高人类精神文明的水准和环境道德境界的最高本质要求。环境道德的原则是环境伦理学的核心思想，它包括可持续发展原则、人与自然协同进化原则、环境平等原则等内容。

1. 可持续发展原则

可持续发展是一种崭新的发展观，它蕴含着丰富的伦理内涵和新的伦理观点，这就是可持续发展道德观。坚持可持续发展原则是环境伦理学首先要确立的核心思想。世界环境与发展委员会（WECD）指出：可持续发展是既满足当代人的需要，又不对后代人满足其需要的能力构成危害的发展。这就是说，今天的发展，不仅不应该损害未来发展所需要的条件，而且还必须为未来的发展提供良好的充分的条件，这才是真正的发展，换言之，可持续发展就是立足于现实、着眼于未来的发展，人类既要满足自己当前的需要，又不能危害子孙后代的生存利益，使他们失去满足生存和发展需要的条件。具体说，环境伦理的可持续发展原则主要包括：

1）公平性原则。主要指代内公平、代际公平和有限资源分配公平。

2）持续性原则。主要指人类发展对自然资源的耗竭应充分考虑资源的临界性，应以不损害支持地球生命的大气、水、土壤、生物等自然系统为前提。

3）共同性原则。主要是指要充分认识到任何环境危机、能源危机、发展危机都不是孤立存在的，要实现可持续发展的总目标，就必须采取全球共同的联合行动，维护人与自然之间关系的根本和谐。

可持续发展三原则在构建环境伦理学中处于统领的地位。

2. 人与自然协同进化原则

协同进化包括两个方面的含义：①物种之间与个体之间直接的相互受益；②为达到生态平衡而在不同生物种群之间的相互制约作用。

人与自然协同进化原则是人类仿效生物与自然协同进化规律概括出来的伟大

的生存智慧，指导人们正确定位人与自然的伦理关系。对于人类世界的生存与发展而言，非人类世界的可持续是根基；没有非人类世界稳态的生态关系就不可能有人类世界的可持续价值。在人类世界中，人类的生物属性和文化属性不可分割。人类的根是通过生物属性与非人类世界相融合的，破坏了非人类世界也就必然危及人类世界的生存。所以，发现人与自然关系的内在协同性，促进人与自然的相互依存和协同进化，是实现地球生物圈生态稳定的前提和基础。人与自然协同进化是环境伦理思想的基础、根据和最终目标。人与自然协同进化的环境伦理的标准，就是看是否有利于人类、是否有利于生态，也就是所谓的"双标尺度"。人与自然协同进化原则是构建科学环境伦理学的基础。

3. 环境平等原则

环境平等原则是人类道德领域的延伸和拓展。主要包括三个方面的内容：①在人与自然的关系上，要求确立人与自然的平等观，强调人与自然的和谐发展；②在人与人的关系上，强调确立人类的平等，实现人类利益平等、发展权利平等；③在人与动物（生物）的关系上，强调人的生存要依赖其他生物，从而主张动物（生物）的平等。确立环境平等原则是构建环境伦理学的前提条件。

二、环境道德的主要规范

在环境道德规范的体系中，环境道德规范不仅是基本成分和主要内容，且居于突出的地位。在一定意义上，环境道德主要是通过一系列道德规范来具体表达它的根本指导原则，直接评价与调整个人和社会以及人和自然之间相互关系。

（一）环境道德规范的概念与特征

道德规范是一定社会中人们所共同遵守的行为规范。它是通过各种形式的教育和社会舆论的力量，逐渐形成的一定信念、习惯、传统，是用来指导和约束人们的行为，调整人与人、人与社会、人与自然之间关系的。道德规范作为一种社会规范，是一定社会物质生活条件，即一定社会经济关系的产物，这是道德规范产生的客观条件。环境道德规范是一定社会道德规范中具有代表性的行为规范。环境道德规范是环境道德的主要表现形式之一，它是在环境道德原则指导下建立起来的，用来调整人们在环境社会活动中所形成的应当普遍遵守的行为善恶准则，是人们环境道德行为选择与评价的主要依据。环境道德规范具有以下几个特征。

1. 客观性

环境道德规范的产生和形成，有着深刻的社会经济根源，离不开一定社会物质生活条件和一定的社会关系。一定社会经济形态决定着人们的社会生活和精神生活，决定着人们的道德关系和道德面貌。环境道德规范不是以个人主观意志为转移的，不是人们按主观愿望随心所欲创造出来的，是通过亿万次社会生活、道德生活的长期实践，自然而然地形成并通过某种风俗习惯和传统方式固定下来的。

2. 普遍性

环境道德规范作为人们普遍遵循的评价和判断善恶的标准，不是对社会物质生活和社会关系的简单的、直观的、个别的反映，而是经一定社会的思想家对这种社会环境道德关系的本质及其必然联系的集中概括，是对于社会物质生活条件的能动的反映，且具有特定的内容，是具有普遍性的、社会性的行为标准，而不是某个抽象的个人行为准则。

3. 指令性

环境道德规范是一定社会在长期共同生活中相互交往而形成的以某种风俗、习惯、传统、内心信念固定下来的“应当”和“不应当”的关系，既体现着一定社会对实际存在的环境道德关系的认识，又是人们经过集中、概括、提炼形成的、普遍遵循的环境道德准则。因此，它对于人们的社会生活必然会发生外在的导向作用和命令作用，左右着社会环境道德舆论，约束着人们的道德行为。

4. 无阶级性

在阶级社会中，大多数主要的、基本的道德规范有较强的阶级性，但环境道德规范不同，它是社会成员必须共同遵守的生活准则，没有阶级性。

5. 相关性

环境道德是人们在环境活动中对其行为的客观要求，这种行为对人类和社会的生存与发展都有着重大影响。所以，如果人们违反环境道德，不仅会带来环境污染和环境危机，也会给他人、社会和自然造成损害。这不仅要受到道德上的谴责，而且也要受到法律的制裁。在通常情况下，违反环境道德与破坏环境是一致的，两者是紧密相连的。所以说，环境道德规范与环境活动具有密切的相关性。

（二）环境道德规范的主要内容

道德规范是行为善恶的准则，是人们在长期的共同生活和相互交往中形成的以某种风俗、习惯和传统等形式固定下来的“应当”与“不应当”的关系，作为一种自觉的行为准则，又是人们对这种实际关系的认识、概括和提炼。根据环境道德原则的基本精神，环境道德规范主要包括以下几点。

1. 保护环境

保护环境是人类的普适道德规范。具体说，就是要从传统的改造自然处于主导地位的观念中解放出来。以往的改造自然的含义是：人们普遍地认为是变革、统治、征服、克服、制服、控制、驾驭、干预、占有、支配、利用、抵御的意思。用这么多的相关概念来注解“改造自然”，唯独没有“保护”这一最重要的概念。自然界对人类上述行为的报复，应使人类猛醒。保护好地球适合于生命的生态学过程，维护生态系统的完整，保护好影响人类生存和发展的各种天然的和经过人工改造过的所有自然因素，合理地利用自然资源，防止环境污染和生态破坏，才能为人类社会发展创造一个良好的环境，引导地球生态系统朝着既有利于人类发展的目标，又有利于自然的健康、稳定、繁荣和美丽的方向变化，从而真正朝着人与自然互惠共生、协同进化的方向发展。

2. 生态公正

环境伦理学主张把公正范畴从人与人关系的领域扩大到人与自然关系领域，不仅要在人与人之间合理地分配环境利益和义务，还应考虑人对自然的公正。

3. 尊重生命

尊重生命是环境伦理学对于处理人与生物关系提出的道德要求。其基本含义包括：① 敬畏生命，反对无故伤害生命；② 保护地球的生命力和生物多样性；③ 保护拯救濒危野生动植物；④ 趋利避害要适度。

4. 善待自然

自然界是人类生命的源泉和价值的源泉，人类必须学会尊重自然、善待自然。对自然界整体性的爱惜和重视、对生态平衡的爱惜和重视、对各种生物的爱惜和重视、对地球上不可再生资源的爱惜和重视等都是善待自然伦理规范所要求的。

5. 适度消费、合理消费和绿色消费

要有效地解决摆在人类面前威胁人类前途的环境污染和生态失衡问题，必须使人们在消费道德观念上进行深刻的变革，不仅要把人的消费行为与家庭、国家相联系，还应当与自然环境相联系，与子孙后代的利益相联系，倡导一种环境和生态系统能够长期承受的、与环境友好的消费道德观念，通过消费尽可能少的自然资源来提高我们的生活质量。同时，要尽可能把我们的生活废弃物导入自然系统。倡导适度消费，反对无节制的高消费，抵制炫耀性消费；崇尚简约生活，反对奢侈浪费；参与绿色消费，抵制有害生态环境产品；倡导对环境友好的精神消费等。

三、环境道德范畴

环境道德范畴将人们对环境道德现象等一些本质方面的认识，用概念的形式确定下来，从而在一些重要的侧面和关节上，指导和影响人们的环境道德行为，调整人和自然之间的关系，实现着一定社会的环境道德要求。因此，不仅要研究环境道德范畴的产生情况、基本内容，而且还要把握环境道德范畴的含义以及一系列特定的环境道德范畴。

（一）环境道德范畴的含义

环境道德范畴是环境道德规范体系的组成部分，在环境道德规范体系中占有重要地位，起着重要作用。环境道德范畴有广义与狭义之分。从广义上说，是反映环境道德现象的基本概念。凡是反映和概括环境道德现象的特性、方面和关系的基本概念都是环境道德范畴。例如，在整个环境伦理学体系中，反映与概括环境道德基本体系的概念（如环境道德的本质、环境道德的结构、环境道德的社会作用、环境道德的发展规律等）、反映与概括环境道德规范体系的基本概念（如环境道德基本原则、环境道德规范、环境道德范畴等），以及反映与概括环境道德活动形式的基本概念（如环境道德评价、环境道德教育、环境道德修养等），都是环境道德范畴。整个环境伦理学就是由不同层次的一系列环境道德范畴体系构成的。从狭义上说，环境道德范畴是反映人与自然之间的本质的、普遍的环境道德关系的概念（如环境义务、环境良心、环境正义等概念），这些环境道德范畴是环境道德规范体系的组成部分。

根据以上界定，将善恶、义务、良心、责任、公正等范畴看做是最基本的环境道德范畴，并赋予它们新的内容和科学的解释，不仅符合伦理学理论和人类道德实践的历史发展过程，且对于环境道德体系本身的发展也是十分必要的。

（二）环境道德义务

环境道德义务是指人们在现实的环境道德关系中，依据现时代的环境道德原则和规范的要求，认识到自己对社会、对自然负有一定的使命、职责或任务，因而采取应有的行为来履行这些使命、职责和任务。环境道德义务与政治、法律等领域中的义务概念相比有其自身特点：① 环境道德义务不以享有某种权利为前提；②履行环境道德义务是一种自觉自愿的行为。

（三）环境道德良心

环境道德良心是人们在履行对社会、对自然的义务过程中所形成的一种环境道德责任感和自我评价能力，是一定的环境道德观念、环境道德情感、环境道德意志和环境道德信念在个人意识中的统一。环境道德良心最大的特点是它的内在性。环境道德良心是人的行为的最隐蔽的个性调节器，是人的内心深处的发自“肺腑”的精神力量。由于人们所处的环境的多样性和复杂性，不可能事先确定在任何情况下每一个具体行动的环境道德选择方案，因而环境道德良心就成了人们在各种场合和处境下的自我行为的环境道德调节者。环境道德良心的内在性并不否认它所产生的客观性。环境道德良心的实质就在于它是反映个人对社会、对自然的义务关系的意识。环境道德良心和法律是一致的。环境道德良心的培养和环境教育是一致的，环境保护原则越强，其环境道德良心也就越高尚、越完善。

（四）环境道德责任

环境道德责任是指人们对自己的环境道德行为的善或恶所应当承担的责任。一方面是指人们在履行某种环境道德义务以及相应行为的过程中应尽的职责，在此意义上，环境道德责任常被看做是环境道德评价的尺度；另一方面是指行为当事人的自尊、自爱、知耻等自觉性的心理形式，对自身的行为的过失的自我批判和内疚，以及所表达的责任感。在此意义上说，环境道德责任实际上体现着个人行为选择的自我道德评价能力，因此，它又常被看做是环境道德良心的社会价值的尺度。

（五）环境道德公正

一般的说，道德公正包括人际公正、社会公正、国际公正三种类型，但这仍未超出规范人和人的关系范围。由于环境道德的对象更进一步扩大到一切有感觉的动物，甚至是存在物，因此，公正范畴同样适用于人与自然的关系领域。在生态环境意义上的公正，就是指自然中的任何物种都有相等的权利和义务，它要求在人与自然的关系上尊重自然的权利，以此作为评价人的行为的道德标准。

四、环境道德行为评价与教育

（一）环境道德行为评价

由于道德对象的范围已由人与人之间扩大到人与自然之间，而人们对生态的行为也具有道德价值。因此，环境道德评价也就成为人类环境道德行为中一项重要活动。在社会成员中，广泛形成这种环境道德行为评价的自觉态度和这种善恶判断的能力，有助于整个自然界的和谐发展，也有助于个人道德水平的提高。环境道德评价是环境道德活动形式的重要组成部分，是根据一定的标准、通过一定的形式，判断某种社会环境道德以及人的某种行为的环境道德价值的一种环境道德活动，在人们的环境道德生活中具有重要的意义，起着重要的作用。环境道德评价有两个方面的含义：① 对某种环境道德的社会意义的判断；② 根据现时代的环境道德原则和规范对人的某种行为的环境道德判断。

（二）环境道德评价的标准

环境道德评价的标准，就是环境道德评价的尺度，它是环境伦理学中最重要的问题之一。环境道德评价既包括对一定社会环境道德的评价，又包括对人的行为的环境道德评价。

1. 对一定社会的环境道德评价标准

环境道德作为社会意识形态之一，是社会存在的反映。因此，环境道德的标准便存在于社会之中，存在于人与自然的关系之中。社会和自然发展的规律性是环境道德评价的客观标准。考察环境道德，判断它的好与坏，就是要以它反映社会和自然发展的规律性的状况及其对社会和自然发展所起作用的状况为标准。

2. 对人的行为的环境道德评价标准

对人的行为进行环境道德评价，以善与恶作为评价的最一般的概念。也就是说，对人的行为进行环境道德评价，就是要运用善与恶对人的某种行为作出判断，从而指出哪些行为是善、哪些行为是恶。而善与恶是人与社会、人与自然之间的环境道德关系的反映，有着鲜明的时代性和现实性。对人的环境道德行为评价标准一般分为三个层次：①现时代的环境道德原则是人们行为环境道德评价的直接标准；②人类的整体利益是人们环境道德行为评价的基本标准；③对社会和自然发展与进步的利害关系是评价人们环境道德行为的客观标准。

3. 环境道德评价行为善恶的根据

要正确评价人们的环境道德行为，不仅要确定评价行为善恶的标准，而且要确定评价行为善恶的根据。动机和效果的问题是历史上关于道德评价的根据问题争论的焦点所在。在评价环境道德行为善恶的根据问题上，应当坚持动机和效果的辩证统一。把动机和效果的统一作为评价环境道德行为善恶的根据。动机和效果是相互联系、不可分割的；动机是行为的起点，效果是行为的终点；动机和效果在一定条件下可以相互转化。总之，在评价人类的环境道德行为时，既要看动机，又要看效果，做到动机与效果的统一。这就是环境道德行为善恶的评价根据。

4. 环境道德行为评价的形式和力量

环境道德行为的评价主要依靠社会舆论、传统习惯、内心信念的形式和力量进行。

（三）环境道德行为选择

1. 环境道德行为的概念

行为是人们日常全活中最常见的一种社会现象，是人类特有的生存方式，是人类在对客观世界的认识和改造过程中表现出来的能动的自觉的活动。社会生活是丰富多彩的，人们的行为也是多种多样的。从环境道德的角度考察人们的行为，大体可以分为两大类：

1）凡是在现时代的环境道德意识支配下表现出来的有利或有害于他人和社会的行为，都具有环境道德意义，都可以称为环境道德行为或伦理行为，都可以对其进行善恶评价。

2）凡是不受环境道德意识支配的行为和不涉及他人或社会、自然利益的行为，不具备环境道德方面的意义，一般则称之为非环境道德行为，不能对其进行善恶评价。

环境道德行为具有三个基本特征：① 自知和自觉；② 自愿和自择；③ 与他人及社会和自然的利益相联系。

2. 环境道德行为选择的实现

人们的环境道德行为选择反映了人与人、人与自然之间的一定的利益关系，是为了达到某种利益的特殊手段。人们的行为选择具有客观性。一方面环境行为选择受到自然的、社会的客观条件的限制；另一方面环境行为选择的尺度和标准也是客观的。此外，人们的环境行为选择，还要受到人们自身主观能力的制约。环境道德行为选择不仅是感情的、理智的，而且要有意志的参与。

3. 环境道德行为选择的过程

一个人的环境道德行为选择过程，一般表现为环境道德动机选择、环境道德目的选择和环境道德手段选择等过程。

动机是行为主体在环境道德行为过程中自觉追求一定目的的愿望和意图，是直接推动人们通过行动达到既定目标的内在动力。人们的行为一般都是先有动机后有行为，动机就是行为的开端。当人们面临着几种行为方案可供选择时，首先确定符合环境道德原则的行为动机，便成为选择环境道德行为的关键。人们的环境道德行为动机大体分为三类：

1）有利于他人、有利于社会、有利于自然界的环境道德的动机，即善的动机。

2）伤害环境而利己肥私的环境道德的动机，即恶的动机。

3）既不利于人与环境，又不损害人与环境，介乎两者之间的动机，其善恶评价要根据具体情况进行科学的分析。

人们在实践活动中进行环境道德行为选择是有多种方案和多种选择的。必须力争确立善的动机，首先考虑对社会与自然的责任和利益，而不能相反。人的环境道德行为选择实际上是个人思想斗争的痛苦抉择过程。

（四）环境道德教育

环境道德教育是客观的环境道德原则、规范转化为人们个人环境道德品质的必要前提，是培养人们良好环境道德素质不可缺少的环境道德实践活动。加强环境道德教育，培养具有高尚道德品质和理想人格的各种环保人才，是环境道德建设的重要任务。

1. 环境道德教育的概念

环境道德教育是指一定社会的组织机构为使人们接受和遵循其道德规范体系的要求，塑造人的环境道德品行，有计划、有组织地对人们施加系统的环境道德影响的活动。可以说，如果没有环境道德教育，环境道德要深入人们的社会生活，在社会生活中发挥作用，是不可能的。正因为如此，我们必须重视环境道德教育。

2. 环境道德教育的任务

1）向人们灌输现时代环境道德原则、规范和范畴，为人们环境道德品质的培养和提高，奠定深厚的思想基础。

2）批判各种不利于人和自然和谐发展的错误思想，揭露其实质和危害，消除其影响，增强人们保护环境、热爱自然的思想觉悟。

3）造成良好环境道德风尚，促进良好社会风气的形成。

3. 环境道德教育的内容

（1）提高环境道德认识

环境道德认识是环境道德品质的先导。没有正确高尚的环境道德认识，就不会有相应的高尚的环境道德行为，也就不可能形成高尚的环境道德品质。提高环境道德认识就是对受教育的人们进行环境道德的灌输，为其环境道德成长打下一定的环境道德的知识基础。

（2）陶冶环境道德情感

环境道德情感是人们依据一定的环境道德观念，在处理环境道德关系、评价环境道德行为时所产生的一种好恶、爱憎的感情。陶冶环境道德情感就是把所传授和灌输的较为抽象、外在的环境道德知识变为个人内在的心理要求，这是环境道德信念树立、环境道德品质形成的必要因素。

(3) 锻炼环境道德意志

环境道德意志是指一个人坚持环境道德原则、进行环境道德修养时,自觉克服困难、排除干扰的毅力和能力。环境道德意志是一个合格的公民必备的环境道德素质。一个人的意志是否坚定,在困难的环境中能否经得起考验,是其环境道德水平高低的重要标志之一。

(4) 确立环境道德信念

环境道德信念是指人们在环境实践活动中表现出来的一种乐于履行、锲而不舍、一往无前的环境道德认识和态度。其特点是环境道德认识上的明确性,履行环境道德义务的自觉性,追求环境道德理想的坚定性。环境道德信念是人们在环境道德情感的陶冶和环境道德意志的锻炼中,经过理论训练和实践检验,使已有的环境道德知识深化和升华,固定为个人内在坚定不移的自觉的环境道德追求。

(5) 养成环境道德习惯

环境道德习惯是一个人内在环境道德要求自然的、无意识的流露和表现,它是衡量一个人环境道德水平高低、环境道德品质好坏和环境道德修养深浅的客观标志。

以上五个方面可以概括为晓之以理、动之以情、导之以行、持之以恒、习之以常,它们彼此联系、相辅相成。环境道德认识是环境道德情感、环境道德意志、环境道德信念、环境道德习惯的起点;环境道德情感是环境道德认识、环境道德意志、环境道德信念和环境道德习惯的心理根据;环境道德意志是环境道德认识、环境道德情感、环境道德信念和环境道德习惯的精神保证;环境道德信念是环境道德认识和环境道德情感的深化和提高,又是环境道德意志的源泉和环境道德习惯的动力;环境道德习惯是环境道德认识、环境道德情感、环境道德意志和环境道德信念的有机融合、统一和外在表现。它们共同铸造着人们的环境道德品质。环境道德教育的过程,就是环境道德品质基本要素的灌输、内化、形成和完善的过程。

4. 环境道德教育的特点

(1) 实践性

人的环境道德形成和完善的过程本质上是一个社会实践过程。社会实践是环境道德教育的基础并贯穿在环境道德教育过程的始终。社会实践的需要是环境道德教育的根据和出发点;社会实践的发展是人们环境道德成长的动力;社会实践的结果是衡量环境道德教育成效的标准;社会实践是巩固和发展环境道德教育成果的根本保证。

(2) 综合性

环境道德教育作为社会教育中的一种与政治教育、文化知识教育、审美教育以及自然科学等教育互相渗透、互为手段,构成统一的社会教育体系。这就要求我们必须把环境道德教育与其他社会教育有机地结合起来。孤立的环境道德教育不可能获得预期效果。

(3) 反复性

环境道德教育不可能一蹴而就。人们环境道德品质的形成和提高包含着许多矛盾,它不仅仅是认识的提高,更重要的是习惯的培养,这就使教育过程具有反复性。另外环境实践是不断发展变化的,这也决定了环境道德教育要不断反复地进行才能完善和提高。

5. 环境道德教育的方法

进行环境道德教育主要有 3 种基本方法:①系统地、准确地普及环境道德知识;②榜样引导和典型案例剖析相结合;③适当的奖励或惩罚相结合。此外,还有其他多种进行环境道德教育的方法,但无论使用什么方法,在方法的选择和使用上都要恰当,而且要服从环境道德价值的实现这一根本任务。

第四节　环境伦理观的实践

人与自然协同进化的环境伦理,既是一种新的环境道德理念,更是一种指导人类实践活动的行为规范,它广泛渗透,并应用于决策、管理、经济、科学技术和工程、人口、生态环境保护、可持续发展、环境法制和环境教育等社会领域之中。

一、决策和管理中的环境伦理

生态环境是公共财富,生态环境利益是公共利益。面对经济发展与生态环境保护的大量冲突,政府和企业的决策和管理至关重要。决策和管理的科学与否,对环境保护影响极大。环境问题的产生有着各种各样的因素,其中一个重要的原因,就是在涉及经济和社会发展重大问题的决策过程中,由于环境意识的缺失,未充分考虑环境的影响,忽视了环境的承受能力,最终导致经济发展产生的环境压力与环境实际承受能力失去平衡和协调,导致大量决策和管理上的失误。

(一) 决策和管理失误导致灾难性的生态破坏

我国历史上,因决策和管理失误导致灾难性生态破坏的教训是十分惨痛的。例如,我国在相当长的一段时期所实行的"以粮为纲"的单一农业生产方针,使全国很多地区出现了盲目、过度地毁林垦荒、围湖造田、湿地开垦、草地农垦以及在宜林、宜牧的丘陵坡地开垦种植和乱采乱挖、滥捕滥猎等行为,导致很多地方生态平衡严重失调,至今我们还在深受其生态破坏后果的危害。时至今日,仍有许多开发与建设项目由于决策者和管理者的生态保护意识薄弱,缺乏制度保障;决策前期无生态保护评估和咨询;决策和管理过程中无生态保护参与;决策和管理的实施无生态保护监督;实施后无生态保护审计或回顾性评价制度等。在社会生产力布局上,由于缺乏科学的环境与发展的综合决策,未考虑区域和流域生态环境容量和承载能力,未采取必要的生态保护措施。一些能源基地、干旱与半干旱地区的棉花基地和商品粮基地的建设过程中产生了一边开发建设,一边破坏生态的严重后果,反过来又制约了这些基地特别是下游地区的进一步发展。与此同时,一些大型的自然资源开发建设项目由于未能严格执行环境保护法,未开展切实有效的生态环境影响评价,未明确资源开发的生态保护任务与措施,往往以个人决策取代综合决策,结果项目一实施就给环境造成了严重的破坏,或给当地带来经济效益的同时却造成了当地的生态环境破坏。

目前,一些森林采伐、农业综合开发、水利过程建设和旅游开发等,由于环境管理薄弱,没有对开发可能造成的区域和流域的生态平衡破坏进行分析与评价,未采取必要的生态保护措施,由此给生态环境造成的负面影响十分严重。这些生态环境损害一经发生,要想恢复和逆转则必须付出更为高昂的代价,有时还不得不投巨资以偿还历史欠账。

如果说宏观经济决策上的和管理上的失误导致全局性生态环境上的损失,微观上忽视生态环境因素的错误决策和管理同样会导致一个地区惨重的环境代价。例如,三门峡水库是我国水利史上建造的第一座高坝水库,而今由于库内泥沙大量淤积,抬高了黄河上游水位,致使西渭河下游在2003年发生的5年一遇的小洪水,却造成了50年不遇的大洪灾,这一水利工程变成了水害工程,教训是极为深刻的。

(二) 决策和管理中环境伦理观念的缺失与偏离

国内外大量决策事实表明,经济发展的重大决策与管理对环境保护具有重要影响。决策和管理的失误造成环境破坏有多方面的原因,如对生态规律的认识不足、宏观决策制度不健全,以及缺少法律保障等。但总的来说,人为因素的作用,特别是错误价值观念的影响是造成决策和管理失误的基本原因。环境伦理规范要求决策和管理能够确保人与地球环境之间的最大限度的和谐,公正地对待动物、植物及生态系统,同时还要考虑后代人的利益。但大量错误决策和管理往往严重偏离环境伦理要求,这些问题突出表现在以下几个方面。

1. 决策管理急功近利

一些决策者和管理者忽视生态环境保护在民族和国家可持续发展中的重要地位,不顾子孙后代的长远需要,考虑的只是自己的“政绩”和局部地区和企业的眼前利益,往往做出短期行为选择。

2. 盲目追求“高速度”的发展

在决策和管理时，只求数量，不求质量，盲目追求经济发展的高速度，制造了大量破坏生态环境的“开发区热”、“采矿热”、“房地产热”、“开垦热”等。

3. 忽视生态环境的承载力

自然环境具有一定的承载能力阈值，超过这一限度，生态环境就会退化，甚至恶化。很多决策者和管理者无视客观规律，使大开发变成生态的大破坏。

4. 牺牲资源环境求发展

一些地方、部门、单位和个人在经济利益驱动下，在决策和管理时重资源开发，忽视生态环境的保护，把“先破坏后整治”、“先污染后治理”作为资本原始积累的正常途径。这些决策和管理的后果必然导致在发展生产的同时，造成土地退化、生态失衡、生物多样性破坏等一系列生态环境恶化的后果。

（三）环境伦理应当为决策和管理提供价值定向

以上分析说明，确立环境伦理在当今社会经济发展各项决策和管理中的地位，是实现科学化决策和管理的必要措施，也是减少和避免决策和管理失误导致生态破坏的一个基本环节。

1. 科学认识生态环境的价值是决策和管理的基础

决策和管理是一种价值选择过程。在选择的过程中，每一种伦理准则所提供的似乎都是“正确”的建议，但这些建议经常是相互矛盾的。假设有两个项目可供选择：一个项目有环境污染问题，短期投资少，长期会对生态环境造成不良影响；另一个项目则有绿色环保效益，短期投资较大，长期具有环保作用。如果两个项目都有一定的盈利，项目投资者从经济价值、企业目的、实用可行的角度，根据功利伦理的原则，大多数人都会选前一个项目，而如果按照环境伦理的要求，从环境正义的角度考虑，应该选取后一个项目。显而易见，决策的难点不在于根据同一种伦理准则，作出“对与错”的极容易判断的简单选择，而是要从按不同伦理准则衡量都是对的众多方案中作出选择。所作出的决策希望同时符合所有的伦理准则既不可能也不现实。考虑到人的伦理价值观对于决策和管理的影响，要使决策和管理绿色化，首先要使决策者和管理者认识到环境利益是公共利益，对公共利益的决策是与改变人的世界观、价值追求、从生态意识和道德的角度重新探讨人与自然关系等问题密切相关的。要全面认识自然环境的生命支撑、经济、娱乐、科学、审美、基因多样性、历史、文化象征、性格塑造、多样化与统一性相结合、自发性与稳定性相统一、辩证、生命与宗教等多方面的价值，要了解这些价值的个人维度与社会维度、人类维度与非人类维度、个体维度与系统维度，建立环境政策的价值论模型，使互不冲突的价值得到最大限度的实现，最大限度地促进大自然的稳定性，不对未来的环境打折扣，不要不负责任地作出决策，不能以不可恢复的方式或消费性方式来使用现有的荒野地以满足社会中少数人的需要。

2. 决策和管理要体现人与自然协同发展的价值原则

人类社会的发展和自然界本身的发展既是两个不同的系统，又是两个相互影响的系统，这两个系统之间应保持协调与和谐。人与自然协同发展的环境道德原则要求在人们活动与自然的活动之间、在技术圈与生物圈之间、在发展经济与保护环境之间、在社会进步与生态优化之间保持协调。人类应在追求健康而富有的生活的同时，不应凭借手中的技术和资金，采取耗竭资源、破坏生态、污染环境的方式以求发展，应倡导的是把生态效益、社会效益和经济效益的统一作为至上的道德价值目标。传统的见物不见人、单纯追求经济增长的发展模式已不适应当今的发展，尤其是未来发展的需要。从这种道德标准和价值要求出发，所有的决策和管理只能合理地利用自然资源，保护自然资源和生态平衡，绝不能把自然当做“奴隶”、“被征服者”，否则便是不道德的行为。如果不把合理使用资源、保护环境等内容包括在决策和管理目标之内，任何经济增长都不会持续，生态恶化将最终制约经济增长。

3. 决策者和管理者应对决策和管理承担环境道德及其相关责任

实施绿色决策和管理要将环境保护纳入各级决策和管理之中。环境伦理要求决策者和管理者应对其决策和管理对环境所造成的影响承担道德责任。若决策和管理失误，造成了环境破坏和资源浪费，即使促进了经济增长，也要追究决策者和管理者的道德责任，甚至法律责任。要尽可能避免这一情况的发生，就要从管理上将环境保护纳入各级管理之中，实施综合决策和管理。

环境是人类社会赖以建立的最根本的资源，它影响到社会活动的各个方面，任何改变环境的行为都会产生广泛的影响。要使环境与发展成为决策和管理的中心，必须根据各国的具体条件调整其决策和管理方式，切实把环境、经济和社会等因素综合考虑，建立整体的决策和管理机构，以使在制定经济、社会、财政、能源、农业、交通、贸易和其他政策时，能够将环境因素纳入各项政策的制定当中，及时评估各项政策可能产生的环境影响，防患于未然。联合国《21 世纪议程》提出，必须将环境与发展问题同时纳入决策和管理过程，并提供了实行绿色决策和管理的多个方案，以期真正将环境与发展问题纳入政策、规划和管理的各级进程，通过制定有效的法律和条例架构，有效的经济工具以及市场和其他奖励措施，建立综合环境和经济的会计制度，使绿色决策予以保证。

4. 借助经济和法律手段引导和保障绿色决策和管理

环境伦理的要求在决策和管理中要想得到真正的落实，必须借助经济和法律的手段。在社会决策和管理过程中，各种各样的经济因素，如价格、市场以及政府财政、经济政策等，在保障经济、社会和环境协调发展上起着举足轻重的作用，而且在引导公众对环境的态度和行为、促进绿色决策和管理方面发挥着极其重要的互补性作用。

人们作出经济决策，都是以市场信号为指导的，但市场往往不能反映生态学的原则而自发地认同环境伦理的要求。由于未能将各种经济活动的环境成本体现出来，人们经常会低估产品和服务的价格。如在采用风力发电还是采用燃烧发电时，我们可以将两者作比较，风力发电的成本包括涡轮机的制造、安装和维修以及向用户的电力输送；燃烧煤炭发电的成本包括建造发电厂、开采煤炭、运输煤炭、电厂发电和向用户输送电力，这里并未包括燃烧煤炭所排放的 CO_2 对气候破坏的成本，也未包括酸雨对淡水湖和森林的破坏成本，或由于空气污染引起呼吸系统疾病的医疗费用成本。因此，在燃煤电厂所发电的价格中大大低估了其实际成本。如果由环境科学家和经济学家共同计算气候破坏、酸雨和空气污染的成本，然后作为燃煤发电的一种税负到现行的价格中，这意味着所有的经济决策者——政府、企业家和个人消费者都将得到必要的信息，从而作出更加明智的对生态环境负责的决定。

通过建立绿色法律框架来保证绿色决策和管理的实施是同样重要的，这一点已为国内外的环境保护实践所证明。法律和条例是促使环境和发展政策转化为行动的最重要工具，不但通过“命令和管制”的办法，而且作为经济规划和市场机制的构架性准则，强迫社会各个方面必须优先考虑环境因素。

二、经济活动中的环境伦理

人类的经济活动及其发展必须与环境保护相协调。人类自身生存和进步离不开经济发展，同时，经济发展也是保护和改善地球环境的物质保证。世界各国的经济发展不能脱离地球环境的承受能力，应该实行保持生态系统良性循环的经济发展战略，实现经济建设和环境保护的协调发展。环境的改善既可提高生活质量，又有利于生产力的提高，牺牲一点经济增长速度来改善环境质量是值得的。现代的经济发展绝不只是单纯的经济增长，而应是包括环境净化和优化在内的综合协调的经济发展。因此，走经济与环境协调的可持续发展道路，在经济活动领域里提倡环境道德原则和规范是环境伦理的现实要求。

(一) 传统经济发展的伦理观

传统经济发展的伦理观是指工业文明以来由发达国家先行、发展中国家效仿的,以经济增长为主要目标的经济社会发展思路、发展模式和发展战略。传统经济发展将经济增长(人均国民生产总值的增长)作为经济发展的首要的,甚至是唯一的目标。这种发展是非科学的,是一种病态的发展。传统的经济发展具有以下几个特点。

1. 发展即经济增长的发展观

传统经济发展把工业增长作为衡量发展的唯一尺度,把一个国家的工业化进程看做是现代文明的重要特点。这种观点割断了经济增长与文化价值的联系,把财富的数量和财富增长的速度当做衡量发展的基本尺度。社会发展被看做是经济现象,被看做是通过国民生产总值和人均国民生产总值的增长提供更多物化消费品和劳务消费品的过程。经济发展是评价社会发展的尺度。这种发展观不关心价值要求的合理与否,直接把功利当成唯一的价值。

2. 没有增长的发展

传统经济发展是以资源可以无限制供应的假设为基础的,不考虑经济增长对环境和生态系统的破坏性影响。这种发展体现在经济活动中,是投入多产出少、经济效益持续低落,往往造成资源和能源的大量消耗,甚至浪费。按照传统经济的发展模式,必然会对环境造成严重的污染,对生态环境的破坏抵消了发展带来的效益,即“高增长,低发展”或者“有增长,无发展”的现象,使经济发展成为没有增长的发展。

3. 损害环境和自然的发展

传统经济发展忽视环境、资源、生态等自然系统方面的承载力,把大自然看做是取之不尽、用之不竭的原料库,掠夺性地索取和开采;同时将养育人类的自然界视为填不满的垃圾场,任意排放越来越多的废弃物。地球是有限的星球,它所蕴藏的自然资源也是有限的,过度地开采、放牧、砍伐,必将导致自然资源枯竭。在传统经济发展时代,人类总是以自然界的主宰者或者主人自居,肆意掠夺和摧残自然界,损害了环境、损害了大自然的自我调节和自我修复能力,从而也降低了人类生存的质量。

4. 未考虑自然成本的发展

传统经济发展倾向于经济增长和追求经济利润,并未考虑人们“征服自然”、

“改造自然”所付出的资源环境成本，其经济核算体系容易给人们造成“资源无价、环境无限、消费无虑”的错误思想。以这种思想为指导，在实践上必然会走一条“高投入、高消耗、高污染”的粗放式发展道路，最终会给经济发展和环境保护带来灾难性的后果。

5. 没有整体协调意识的发展

传统经济发展总是将注意力集中在可以量化的各种各样的经济指标上，诸如人均年收入、人均电话部数、国民生产总值、进出口贸易总额等，而对于文化、科技、教育、环境保护、社会公正、全球协调等许多重大问题则漠不关心，甚至不闻不问。这种只顾经济增长而不顾社会综合治理与发展的经济行为，不仅导致社会的畸形发展，使人异化为工具和物质的奴隶，而且引发了大量的短期行为，如毁坏耕地、浪费矿物资源、大量使用各种化学原料与农药、无限度地开发，使生态环境不断退化。

传统经济发展决定了传统发展伦理观的特点，即具有功利性、实用性和短视性。从伦理学角度看，功利性、实用性和短视性的观念是导致经济活动负效应产生的根源。传统经济发展的伦理观与可持续发展是矛盾的，必然导致人类盲目的经济活动而引起经济的衰退。

（二）环境伦理对经济发展的约束机制

环境伦理是矫正传统经济发展伦理观所导致的畸形发展以及人与自然关系扭曲的根本路径之一。要彻底纠正传统经济发展伦理观所带来的环境问题和生态危机，就必须确立环境伦理对经济发展的约束机制，就是要在厘清经济发展与环境之间关系的基础上，构建经济发展和环境保护、生态平衡之间的基本伦理原则或伦理规范，并把这种环境伦理观融合到经济主体的价值观、道德观、自然观、发展观、生产观和消费观中，形成有效的良性互动关系。这种约束机制主要包括以下几个基本特征。

1. 公正性

环境伦理的公正与传统伦理的公正有本质区别。以往的经济理论的公正也是建立在传统伦理学意义上的，主要是指同代人之间的人与人、人与社会之间的平等和公平。而环境伦理学的公正理念或原则的视阈要宽泛得多，既包括同代人之间的人与人、人与社会之间的伦理关系，还包括人与自然环境、生态系统之间的伦理关系，以及不同世代人们之间的纵向关系。这里可以简单以代内公正和代际公正为例略加说明。从代内公正来看，地球资源是有限的，任何一个国家或地区的资源也是有限的，公正地分配和利用这些有限资源就成为不同利益主体面临的共同问题。只占世界人口 1/4 的工业化国家长期消耗着世界 3/4 以上的自然资源，并进而将高消耗、高污染的企业以援助的名义向发展中国家逐步转移就是极端的不公正。从代际公正来看，许多发展中国家为了追求高速经济增长，不惜掠夺性开采利用自然资源、不惜牺牲和破坏生态平衡就是当代人对后代人的极端不公正，由于后代人的缺席，这种不公正往往在各种美丽语言掩盖下变本加厉地扩张。作为发展中的大国，我国的经济发展尤其需要公正性的伦理约束，既要争取尽可能公正的国际环境，又要维持不同利益主体之间的公正和公平的竞争，更重要的是要向我们的子孙后代负责。如果只有高速增长而没有基本的公正性，肯定是不可持续的发展。

2. 可持续性

传统经济发展伦理观假定环境对经济发展的支持力是无限度的，其结果必然导致人与人之间、人与自然之间内在关系的紧张。环境伦理发展观强调发展的可持续性应当坚持三个基本维度。

(1) 发展度

一个国家或地区的发展进程，不能脱离自然资源的支持，为了保护资源而否定适度向自然界索取就等于停止发展，否定数量的发展也就无所谓可持续性，所以可持续性内在包含着一个数量扩张的发展度。

(2) 协调度

在同一尺度下维持环境与发展之间的平衡，维持效率和公平之间的平衡，维持当代人与后代人之间的利益分配上的平衡性。没有协调度，可持续发展也是一句空话。

(3) 持续度

一个国家或地区在发展上必须是长期的、合理的，短暂的平衡或发展都不具有可持续性。

依据这三个基本维度，可以从根本上缓解人与人之间、人与自然之间的矛盾，但要成为美好的现实，还需要相当长的过程。

3. 整体性

环境伦理学立论的一个基本依据是自然不仅具有工具价值，而且还具有内在价值。因此，在人与自然之间、人与社会之间、人-社会-自然三者之间就形成了一个相互依赖、彼此制约的生态系统整体。经济规律、社会规律、自然规律都是人的活动不能违背而必须尊重的客观规律。也就是说，发展是一个表征社会-自然关系函数的概念，具有整体的、内生的、综合的含义。所以，经济发展作为生态系统的一个组成部分、作为社会系统的一个组成部分，必须与生态、环境、社会协调一致，在维持整体性的前提下才是有意义的。

4. 适度性

从广义的消费理念来看，生产也是一种消费生产资料的消费。从环境伦理学的视角来看，应当倡导适度消费、合理消费、绿色消费。经济发展不仅需要遵循经济规律，还要与社会规律特别是自然生态规律相符合。经济增长、经济结构调整、生产和消费观念的变化演进，都需要有一种崭新的环境伦理约束，失去了这种约束，经济社会发展必定是不可持续的，确立了经济发展的环境伦理约束机制，资源节约型、环境友好型的和谐社会建设就会逐步变成美好现实。

（三）生产行为中的环境伦理

企业在现代市场经济中极其重要，企业行为对环境有着巨大影响。一方面与自然界中的生物必须消耗和开发环境并获取价值一样，企业活动是遵循自然界生存规律的，即人类必须为满足衣食住行的需要而劳动；另一方面每一种生物体都必须整合到支撑生命的整个生态系统中去，所以人类的经营和企业的行为大规模地改变了自然。然而，对自然环境的适应与否是人类能否存在的基本条件。对企业生产的环境伦理，我们可以从人本主义的立场和自然主义的立场分别加以考察。

1. 从人本主义立场看生产行为中的环境伦理

从人本主义的立场看，人必须为自己和同胞的利益而工作。人类从事工作的性质及其方式是有所限制的，即要考虑对工作者本人及其他人的利益与代价。因此，在环境问题上，只有不降低环境品质、不破坏扩延性及适应能力的工作种类被容许。而任何有损或降低人类对自然系统的适应性的企业活动，从长期看，必将危及人类的生存。因此，从人本主义的角度来看，企业对环境问题应该是很敏感的。但从实践层面来看，企业伦理的一个核心问题是在具体经营活动中如何协调个别利益与公共利益的关系问题。企业是要营利的，但是营利不能作为企业唯一的目的或目标。任何企业的活动和行为，都要接受伦理道德的约束和限制，而对环境的道德责任和义务则更为重要。从根本上讲，企业接受环境伦理的约束是有利可图的，同心合力地珍惜环境品质不会花费企业太大的成本。一种把企业利益和环境责任相结合的伦理，要求企业必须像重视生产、销售、金融一样对待和重视环境。

2. 从自然主义立场看生产行为中的环境伦理

(1) 视生态系统为有效率的经济系统而加以尊重

自然演化的历史证明，生态系统是一个经济系统，其中许多成分因为能有效率地适应自然而被自然保留下来。所以，企业在与生态系统打交道的时候应当谨慎行事，以免造成不良后果。这些后果对于人类以及整个生态系统，可能都是不可弥补的，如当企业因为生产纸浆或木材的需要而砍伐大片热带雨林时，所导致的严重后果则是全球气候变化。

(2) 谨慎对待罕见和脆弱的环境

自然在演化过程中给地球留下了多种多样的地形、地貌与结构，其中有的是很罕见的。这些罕见的环境从自然生态的角度来看可能并不十分重要，没有它们也不会给生态造成太大的影响，但它们却增加和丰富了生态系统的多样性与选择性。人类在开发和利用自然资源时不应当使这些罕见的生态环境遭受破坏。自然界中有些生态系统是异常脆弱的，企业在面对这些异常脆弱的环境时，任何野蛮的、不顾及后果的开发行为都是不道德的。

(3) 尊重生命

越是有感觉的生物，越应给予尊重。个体感受生活品质的能力，是与中央神经系统的复杂性平行发生的；随着生物在种系发生谱系地位的上升，其快感与痛感也越来越强烈。虽然从人本主义的角度来考虑，有时因有限的动物受苦后带给人类一些好处而被认为是正当的，但自然主义伦理要求我们尽可能减少动物的痛苦，尤其是不应该不必要地增加动物的痛苦。例如，在药品的生化试验中，在能达到同样目的时，应该选用最无知觉能力的动物来做试验与研究。同样的道理，制造和使用除害剂的企业，应尽量研究和发展使有害生物绝育，而非残忍地杀死他们的产品。此外，若一种除害剂的使用还会杀死许多无辜的生物时则应控制这种除害剂的生产和使用。

(4) 尊重物种

有机体个体有其内在的价值，应该受到尊重。一般而言，丧失的个体可以得到补充，而整个物种一旦消失则无法挽回。这种物种的灭绝使生物多样性以及基因资源遭受损失，而其损害远远超过人类资源的损失。因此，企业不能从经济利益的考虑或以其他任何借口从事有可能导致物种减少的活动；对濒危物种的保护是所有人，包括企业在内应当承担的一项义务。

(5) 尊重自然

生态系统是错综复杂的群落，其中出于自营自利的各种活动，其存在不仅适当，而且这些活动是由“自然之手”不刻意地监督着，从而形成互相依赖的整体。当人们以有道德观念生物的身份进入自然系统并评价自然景象时，必须确认遵循生物互相依赖的原则，才能顺利行事。我们虽有权利将自然当作资源，但我们也有责任尊重所有的生命群落。

(6) 爱地球如爱自己

任何企业的生产和经营活动都有赖于它周围的环境，周围环境连同其中的一切是我们的社区。随着科技的广泛利用以及经营活动范围的扩展，我们所属的社区变得更大了，而且社区中的一切密切相依。人类最终的社区便是哺育我们的地球。地球产生了人类，并且是人类赖以生存的生命支柱。它不仅是我们应当关心的对象，也是我们所爱的对象。因此，企业活动应当树立保护地球生态环境的意识，任何企业的经营活动和业绩增长，都不应当以降低地球生态环境质量作为其代价。

事实上，环境问题所引起的道德责任，就像企业所面临的其他任何责任一样，是既复杂又新奇的；应该权衡科技、金钱、社会、道德等的判断和决策，要考虑长远而且要面对未知事物。环境伦理学的一般原则或戒律之所以有价值，就在于我们虽无法从这些行为准则中推出所有的具体解决办法，但却为我们提供了解决问题的背景，根据此背景就可以探索并估量我们的实际决策。

（四）消费行为中的环境伦理

1. 传统经济发展观背景下的环境伦理消费观

消费是人类生存和发展的基本条件之一，也是体现人与自然环境关系的基本领域，在保护生态环境中占有特殊的地位。然而，在传统经济发展观背景下，以经济增长为目标和核心，单纯追求经济增长的数量和速度必然导致环境伦理消费观的严重扭曲，并反过来制约经济和社会的发展，具体表现在以下几个方面。

（1）无节制的高消费或过度消费

传统经济发展观背景下的环境伦理消费观是脱离现实生态环境条件与合理需求的消费模式，这种消费模式以享乐、挥霍为基本特征，是一种对经济社会发展破坏性极大的不可持续的消费方式。第二次世界大战以后，西方工业化国家逐步进入了所谓的消费社会，消费社会的理念导致了一种错误的消费价值观，即超过人的基本需要的高消费或过度消费，这种消费价值观存在的主要根据在于高消费或过量消费被看做是成功和幸福的主要标志；第二次世界大战后，西方国家经济复兴，引导、怂恿和鼓励消费以刺激经济增长成为政府的政策主张，因而高消费或过度消费不仅不是不道德的，而且是应当受到肯定的道德行为；在传统的生产和消费活动中，多生产、快增长、高消费被认为是工业社会的基本特征，根本无须考虑资源、环境等问题。高消费或过度消费的危害后果令人震惊。

（2）奢靡消费导致人性扭曲和大量社会财富的浪费

在科技和生产力高度发展的今天，人们创造物质财富的能力大为提高，产品日益丰富，这就构成一种假象，似乎财富是取之不尽、用之不竭的，一些人把消费当做是一种身份和面子的象征。挥金如土、挥霍无度、物欲横流、纸醉金迷的生活方式被一些人视为“荣誉”。其实质是扭曲了的价值观、消费伦理观在物质刺激下的大暴露，既败坏了社会风气，又造成大量社会财富的浪费。这种现象在发展中国家富裕起来的一部分人当中表现得尤其突出。

(3) 有害消费的负面作用不容忽视

一般来说,消费包括生产性消费和生活性消费。有害消费既表现在生产中也表现在生活中。生产中的有害消费是指生产的原材料、能源不符合国家环保标准,在生产过程、包装、销售等环节存在环境污染,或损害消费者身心健康和利益等。生活中的有害消费是指消费者购买、使用或缺乏环保意识而在客观上破坏环境的各种消费行为。有害消费看上去是一个企业或者个人的行为,但却给经济社会发展带来巨大的破坏作用,既表现在对环境的污染、资源的浪费上,也表现在对社会文明和进步的消解上,最终必然导致整个社会生产和生活的病态运行。

2. 科学发展观指导下的环境伦理消费观

1992 年,联合国环境与发展大会通过的《21 世纪议程》明确指出:地球所面临的最严重的问题之一,就是不适当的消费和生产模式,导致环境恶化,贫困加剧和各国发展失衡。1994 年,UNEP 提出“可持续消费”,即提供服务以及相关产品以满足人类基本需求,提高生活质量,同时使自然资源和有害材料的使用量减少,使服务或产品的生命周期中所产生的废物和污染最少,从而不危及后代的需求。我们可以从可持续发展观指导当代中国现代化建设的科学发展观角度来界定现代环境伦理消费观的内涵。

(1) 适度消费

过度消费和缺量消费(目前世界上大约有 10 多亿人口过着绝对贫困的生活,约有 8 亿人口挨饿)对于经济社会发展都是有害的,科学发展观倡导建设资源节约型、环境友好型社会,并不是单纯反对过量消费和提倡缺量消费,而是倡导一种确保内在质量不断提高的、健康的、可持续的消费,即适度消费。适度消费不是低消费,而是与生产力水平、经济发展阶段、生态环境相适应的消费方式,适度消费意味着既要满足人类物质生活需要所必需,同时又有利于人类的持续生存与发展。这是当今经济社会发展的必然要求。适度消费克服了过度消费的不正当性,保证了人的生存和发展的基本需求。应当确立一种科学消费文化,这种文化的基调是“更多并不意味着更好”,知足常乐。艾伦·杜宁指出:“通过道德的接纳来降低消费者社会的消费水平、减少其他方面的物质欲望是一个理想主义的结论。尽管它与几百年的潮流相抵触,但它可能又是唯一的选择。”

经济社会发展的目的,是要人民群众过上幸福美好的生活,物质上的富足当然十分重要,主要包括人们享受的物质资料和劳务数量的不断增加、质量不断提高,自由支配时间不断增多等。但在人的生活质量中,精神文化生活所占的比例随着经济社会发展会越来越大,而且人的精神境界的不断提升是一个永无止境的过程,当人们能够充分意识到环境伦理消费观所倡导的适度消费符合科学发展观、有利于经济社会可持续发展的时候,人们就会自觉地通过环境道德自律来约束自己的行为，这正是我们倡导既要重视物质生活的同时，更要注重精神文明建设的意义所在。

适度消费有利于充分利用自然资源，杜绝浪费和对生态环境的破坏。要实现可持续消费，人类物质生活消费应更少地依赖地球上有限的资源，更多地与地球上的承载能力达到协调，要根据资源保护、环境恢复和重建生态平衡的实际需要，确定各种基本物质必需品的人均许可量，考虑物质产品消费后有利于在自然界中分解还原，能够加入生态系统的正常演化和良性循环。应实行低度消耗资源，节约使用能源，有利于生态环境和生产持续发展的物质生活消费。

(2) 简约生活

简约生活是中国传统文化的精华之一。但在科学发展观背景下的简约生活，不同于中国古代生产力水平极端低下情况下的禁欲生活，而是与经济社会发展水平和阶段相适应的一种克服了物欲引诱、目标明确、积极向上的一种消费态度和消费方式。只有这样，才能达到科学发展观所倡导的人与自然的和谐、人与人、人与社会的和谐相处。

(3) 绿色消费

绿色消费是当代人类消费道德的新境界，它要求在消费过程中自觉抵制对环境有负面影响的物质产品和消费行为，购买在生产和使用中对环境友好以及对健康无害的绿色产品。绿色消费是经济可持续发展的重要保障。绿色消费是一种以简朴、方便和健康为特征的新的生活方式，既有益于人类自我和社会的健康发展，又有利于自然生态保护。这是可持续发展战略具体到个人、家庭的实践，是关心环保、爱护地球的具体行动。绿色消费还增加了企业保护环境的责任和压力。很多企业越来越意识到，在消费者日益重视环境问题的情况下，环境保护不但功在社会，而且与企业的命运直接相关，因为只有“绿色”产品才能真正拥有绿色消费品市场。

三、社会发展中的环境伦理

（一）人口增长的环境伦理

当今人类面临的各种生态环境问题中，最大的挑战来自人类自身，即人类的种群数量不断增长的问题。威胁人类改善生活条件的粮食不足、资源短缺和环境恶化等全球性问题，无不与人口迅速增长有着十分密切的关系，人口问题是当代最基本的生态环境问题。

从人类历史的发展进程，可以清楚地勾画出人类自身数量高速增长的轨迹。1804 年，世界人口总数为 10 亿。这 10 亿人口，从地球上出现古人类算起，经过了 300 多万年时间。此后，人口增长速度越来越快，每增加 10 亿人口的时间间隔分别为 123 年、33 年、14 年；至 1974 年，世界人口达到 40 亿；1987 年，世界人口突破

50 亿;世界人口增加的第 5 个 10 亿,仅花了 13 年时间;1999 年 10 月 12 日,世界人口达到 60 亿。尽管近几十年来,世界上的多数国家越来越重视人口增长问题,从而使世界人口的增长速度有所下降,但由于总人口基数大,每年增长人口的绝对数量仍然很大。联合国人口基金为此向国际社会敲响警钟:如不立即采取坚决行动控制人口,保持消费与发展的平衡,世界人口在 21 世纪中叶将达到 125 亿。

人口的增长不是孤立的现象,它在客观上受到物质资料生产和自然条件等各种因素的制约,反过来又给这些因素以一定的影响。如果人口增长不能与社会生产和生态环境相适应,不仅会造成社会关系的失调,影响人类群体的生存,同时也会使地球生态系统失衡,影响地球其他生物的生存,人口问题也因此而具有深刻的环境伦理意义。

人口增长的一个显著特点是人口增长具有惯性及滞后效应,当前人类生育行为在影响现实社会经济生活的同时,其主要作用是向未来延伸的。人口变动存在着代际的外部性,使人口增长成为关系到当前和未来人类社会发展与社会福利的伦理问题。

人类生育行为的基本目的是为了人类自身的繁衍,而且这种行为本身含有代际延续和群体生存的意义,因此,人类必须对人口增长进行自觉的调节,在人口控制方案的选择中充分考虑未来世代的利益,不仅要关注当代人的利益,还要为未来的人们着想,不能把人口增长中的不确定性和风险不负责任地推给未来世代。我国 20 世纪 50 年代由于生育决策的失误,造成人口失控,由此产生的巨大人口数量给当今社会造成了沉重的社会负担,充分说明了人口适度调节对于后代的重要性。从世界范围来看,自第二次世界大战结束以来,人口对生态环境的威胁和对自然资源的压力主要来自于人口的迅速增长。

人口增长对生态环境的影响是广泛的。一个最简单的事实是,每人每天需要约 2000cal[①] 热量的食物,这些食物的种植要对当地的自然生态系统产生影响;人类所需的每一种物质财富都需要以采矿、制造和能源工业作为基础,伴随着这些工业生产又会产生大量污染;每个人都需要起码的生活空间;人类的各种生活消费会产生废弃物;这些都对生态环境构成了重要的影响。人与自然协同进化原则要求人口增长不仅要考虑人类自身的利益,还要考虑对所有生态环境的构成要素(包括动植物)的存在和发展承担环境道德责任,使自身的生产活动不对地球生态系统造成破坏。

人口的过快增长给生态环境造成了巨大的压力和冲击,并对经济社会发展产生了重大影响,人们开始反思传统的婚姻、生育、家庭观念,我国的人口道德问题随之也成为环境伦理关注的一个重要问题。人的生育行为,直接地说,是受人的生育

① cal 为非法定单位,1 cal=4.186J,下同。

观念和生育意愿支配的。因此,要解决人口问题,必须按照环境伦理确立的道德规范要求,转变传统的生育观念,用新的价值取向来调节人类自身的生产行为,确立与环境伦理相适应的现代生育伦理观,使人类的数量得以适度的发展,人口的素质不断得到提高。

(二)环境教育的环境伦理

对环境问题的反思,可以从多个角度给出结论,如科技不完善、人口过度增长、经济迅猛发展、市场和市场机制不健全、现代发展观不科学等。但这些分析都只能切中环境问题的某个要害点,根本问题还是人的精神世界、观念信仰出了问题。解决环境问题的手段包括科学手段、技术手段、经济手段、法律手段等,但更为重要的途径是环境教育,通过环境教育转变人们的自然观、价值观,这才是长久的治本之策。

环境伦理是环境教育的理论基础。这一论断除了可以从环境伦理学发展的理论脉络中找到根据之外,还可以从环境伦理与人际伦理之间的区别中看到依据。环境伦理学在自然观上,反对近代以来形成的牛顿-笛卡儿的机械论,主张生态整体论和生态有机论;在认识论上,它反对在人与自然之间人为划定的主-客二分界线,认为这容易把人与自然对立起来,割断人与自然的血肉联系,淡化人对自然的依赖性和受动性的认识。在价值观上,它要改变自然无限、无主、无价的观念,承认价值关系构成的普遍性,即不仅人与自然存在价值关系,且各种动植物与其环境也存在价值关系;承认价值实现方式的多样性,即自然不仅可以为人类提供实用价值,还可以提供信仰价值、认识价值、审美价值、实践价值等多重价值;承认价值满足性质的双重性,即自然对不同主体或同一主体既有肯定性也有否定性价值,二者并存;承认价值认识功能的唯一性,即只有人才具有价值自觉意识,但这只意味着人对自然负有爱护的责任而不具有超越自然、征服自然的趋向;承认价值形成机制的多维性,即人是价值的创造者,但不是唯一的创造者,自然的价值是自然自身被储存的成果。在道德理论上,它明确把自然作为道德对象,实现了道德领域的根本性突破——从局限于人扩展到人之外的生命和非生命主体,从而使人担负的责任由定向性走向无限性。在这种新的自然观、认识论、价值观指导之下建立起来的环境伦理学,构成了环境道德教育的坚实基础。如果滞留于传统的人际伦理,是不可能构建科学的环境教育理论体系的。

四、法制中的环境伦理

环境法制是当代法律制度的重要组成部分,它的一个显著特点就是用法律的形式规范了人们在环境事务方面的权利和义务。在环境问题日益突出的今天,环境法制还要体现人与自然之间的关系,而这种关系还要受自然规律和生态规律的制约和支配。这正是环境法制和环境伦理的结合点。环境法制是用法律条文来约束人们的环境行为,具有他律性;环境伦理是用道德规范来约束人们的环境行为,具有自律性。环境法制和环境伦理同样来源于人类的环境保护思想,环境伦理思想的不断发展和深化,有力地促进了环境法制的建设,而环境法律的实施则更加有利于环境保护和环境伦理的延伸与拓展。

我国的环境法律体系包括宪法、法律、行政法规、地方性行政法规、规章及我国缔结或参加的国际环境法等部分。我国《宪法》第 26 条规定:“国家保护和改善生活环境和生态环境,防止污染和其他公害。”第 9 条第 2 款规定:“国家保障自然资源的管理利用,保护珍贵的动物和植物。禁止任何组织和个人用任何手段侵占和破坏自然资源。”1989 年 12 月颁布的《环境保护法》是环境保护的基本法,共有 6 章 47 条。第 1 章第 1 条规定了环境法的基本任务:“为保护和改善生活环境与生态环境,防止污染和其他公害,保障人体健康,促进社会主义现代化建设的发展,制定本法。”这里将生活环境和生态环境分开,强调了不仅要保护与人生活紧密相关的生活环境,也要保护生态环境。从环境伦理学的角度可以理解为把人的道德关怀扩展到生态环境。一般环境法体现的环境伦理原则包括以下几个方面。

(1) 维护人、自然界和其他生命的价值和权利

维护人的价值和权利,体现在环境法关于尊重环境权的论述中;维护自然界和其他生命的价值和权利,体现在环境法所保护的全部客体中。无论是国内环境法,还是国际环境法,特别是关于保护自然环境、生物多样性、野生动植物等法律,都明确规定了人类对自然和其他生命的义务与权利。目前,虽然环境伦理学界关于自然的内在价值,人在自然中的位置还有争议,但一些基本环境伦理原则在法律层面上的反映是人类起码应该做到的。

(2) 维护地球的整体性

维护地球的整体性是一般国内环境法和国际环境法的基本任务和主要内容,如保护地球大气环境、海洋环境的公约,保护地球资源和陆地生物资源、海洋生物资源公约等。环境法特别是国际环境法的主要目的是为了解决全球环境问题,保护全球环境资源,协调世界各国的共同行动,维护地球的整体性和完好性。对地球环境与资源的保护是为了给全人类和世界各国提供物质基础,创造公平的机会,体现了环境伦理所主张的国际公正原则。许多环境伦理学家都曾呼吁,地球是唯一适合人类栖息的星球,人类的命运和地球的命运已相互交织在一起,对人类的爱和对地球的爱是密不可分的。

(3) 维护经济与社会的协调发展

环境法制所维护的协调发展是指环境保护与经济建设和社会发展相协调,将经济建设、城乡建设、环境建设同步规划、同步实施、同步发展,达到经济效益、社会效益、环境效益的统一。科学发展观提出的统筹城乡发展、统筹区域发展、统筹经

济社会发展、统筹人与自然和谐发展、统筹国内发展和对外开放的要求，其中就强调了人与自然的和谐发展，这是对协调发展的最新的理论概括。从环境伦理角度来说，这种协调发展的目的是为了给全体社会成员提供一个满足其需求的物质条件、社会福祉和优美环境，即解决区域公平和代内公平问题。

(4) 维护环境和资源的永续利用

环境法立法的主要原则就是维护环境与资源的永续利用，当代人不能竭泽而渔。在这一点上，环境法原则与环境伦理原则达到了高度一致。此外，在专门法中也从多个角度体现和反映出了环境伦理的要求。

五、科学发展观中的环境伦理

现代环境伦理理念作为一种新的伦理价值观和社会价值观，与科学发展观的构建和谐社会，建设资源节约型、环境友好型社会在价值和目标上是一致的，体现了鲜明的中国特色和时代价值。具体表现在以下几个方面。

(1) 环境伦理彰显了科学发展观的核心

"以人为本"的人本主义精神是科学发展观的核心。环境伦理的基本出发点就是为了充分实现人类自身的全面、持久、健康的发展。人类应该充分尊重自然内在的价值规律，维护人与自然环境的和谐共生。一切不能单纯的以人为中心，一切服从、服务于人，而要遵循以道德规范和可持续发展观为基础的伦理价值观，对自然应尽人的道德责任，充分从道德角度考虑问题和进行实践活动，统筹人与自然的和谐发展。科学发展的人本精神就在于它突出了实现人的全面发展这一马克思主义的根本价值取向，凸显了作为人类普适价值的人文关怀，从而在新的理论高度和理论内涵上继承和坚持了一切为了人民、一切依靠人民的根本宗旨。这是对以往发展中缺失人文关怀的、以物为本发展的理论的批判和矫正。

(2) 环境伦理与科学发展观的价值取向相一致

环境伦理要求经济增长和社会发展必须与自然承载力相协调，强调在追求发展的同时，有效地保护和改善生态环境，保证以可持续的方式利用自然资源，使整个人类的发展在生态平衡的范围之内，体现出了科学发展观与环境伦理价值上的一致性。科学发展观提出统筹人与自然和谐发展、可持续发展，反对把经济发展看成一个孤立的过程，主张经济、社会与自然生态的和谐与可持续发展。从这个角度而言，科学发展观是从环境伦理的视角看到了经济发展与环境保护的一种新的结合点，是环境伦理价值观与中国实践相结合的科学阐释，鲜明地体现了环境伦理的价值观。

(3) 环境伦理与科学发展观的目标相一致。

当前，我们在贯彻落实科学发展观的过程中，要加快建设资源节约型、环境友好型社会，大力发展循环经济、低碳经济，加大环境保护力度，切实保护好自然生态环境。资源节约型、环境友好型社会作为一种人与自然和谐共生的社会形态，也是一种新的环境伦理观和社会价值观，强调通过人与自然的和谐来促进人与自然环境、人与人、人与社会的和谐。其核心内涵是人类的生产和消费活动与自然生态系统协调可持续发展，要求在全社会形成有利于生态环境的生产方式、生活方式和消费方式，建立人与自然的良性互动关系，构建经济-社会-环境协调发展的社会体系。可见，处理好人与自然的关系、统筹人与自然和谐发展，既是建设和谐社会及资源节约型、环境友好型社会的必然要求，也是环境伦理的核心内容，其目标是高度一致的。

思　考　题

1. 什么是人类环境观？人类传统环境观与现代环境观有什么不同？
2. 简述环境伦理观的概念及意义。
3. 什么是环境道德的基本原则？它包括哪些内容？
4. 环境道德规范是什么？有哪些具体内容？
5. 如何正确认识和理解环境道德的行为评价与选择？
6. 简述环境伦理对经济发展的约束机制。
7. 传统发展伦理观与新型发展伦理观的联系和区别是什么？
8. 为什么说生态环境危机既是科技危机也是科技价值危机？
9. 有利于人类与环境协调发展的生活方式有哪些？
10. 阐述科学发展观与环境伦理观的关系。

主要参考文献

段水雯.2008.论科学发展观和环境伦理.改革与发展,9(6):50,51.
恩格斯.1971.自然辩证法.北京:人民出版社.
高中华.2004.环境问题抉择论.北京:社会科学文献出版社.
国家环境保护总局国际合作司.2004.联合国环境与可持续发展系列大会重要文件选编.中国环境.北京:科学出版社.
何怀宏.2002.生态伦理——精神资源与哲学基础.保定:河北大学出版社.
雷毅.2000.生态伦理学.西安:陕西人民教育出版社.
蕾切尔·卡逊.1997.寂静的春天.吕瑞兰,李长生译.长春:吉林人民出版社.
李明华.2003.人在原野——当代生态文明观.广州:广东人民出版社.
李培超.2001.自然的伦理尊严.南昌:江西人民出版社.
林娅.1998.未来与选择——关于可持续发展的哲学思考.北京:中国环境科学出版社.
林娅.2000.环境哲学概论.北京:中国政法大学出版社.
卢风.2004.应用伦理学——现代生活方式的哲学反思.北京:中央编译出版社.
纳什.1999.大自然的权利.杨通进译.青岛:青岛出版社.
裴广川.2002.环境伦理学.北京:高等教育出版社.

盛国军.2007.环境伦理与经济社会发展关系研究.中国海洋大学博士学位论文.
世界环境与发展委员会.1997.我们共同的未来.王之佳,柯金良译.长春:吉林人民出版社.
田文富.2006.科学发展观维度下的环境伦理及其价值观创新.理论月刊,10:122-124.
王正平.2004.环境哲学.上海:上海人民出版社.
徐嵩龄.1999.环境伦理学进展——评论与阐释.北京:中国社会科学出版社.
叶平.2006.环境的哲学与伦理.北京:中国社会科学出版社.
余谋昌.1997.创造美好的生态环境.北京:中国环境科学出版社.

第八章　生态文明建设与可持续发展

第一节　生态系统受损与退化

一、生态系统的脆弱性

当前，科学家越来越关注并一致认为地球上的物种正以前所未有的速度消失，生境也以相同的速度改变。越来越多的生物种类、群落和生态系统由于人类活动而面临威胁。含有这些受威胁的生物种类、群落和生态系统的区域被认为是脆弱的(fragile)，或定义为受害的(damaged)、敏感的(sensitive)、易损的(vulnerable)、受威胁的(threatened)。

生态系统的脆弱性从性质上可分为自然脆弱性和由于外部的尤其是人类活动所引起的脆弱性两种。虽然在性质上有所区别，但两者并不矛盾，因为一个由自然和内部因素引起的脆弱生态系统同样也易受到外部因素的干扰。生态系统的脆弱性具有以下特点：

1) 脆弱性是生态系统固有的特征，其存在并不取决于是否暴露于干扰之下。

2) 脆弱性是多方面的综合体现，但不具有量化的特征，而且只有在人为的或自然干扰的情况下才显露出来。

3) 脆弱性与稳定性相似，与种的丰富和种类组成的变化有关，种类更换率高和种群波动或变迁频繁是脆弱生态系统的明显特征。

当生态系统的脆弱性在某些诱因的作用下显露出来时，生态系统平衡随即遭到破坏，脆弱性最终表现为生态系统的退化。

二、胁迫反应

胁迫是引起生态系统发生变化、产生反应或功能失调的外力、外因或外部刺激。一般可分为正向胁迫(eustress)和逆向胁迫(dysstress)。正向胁迫并不影响生态系统的生存力和可持续力。在更为一般的意义上，胁迫通常指给生态系统造成负面效应的逆向胁迫。

(一) 受胁迫生态系统的症状

人们以多种方式干扰着自然界，但其影响结果却是相同或相似的，如物种多样性降低、生产力降低、营养循环受阻等。

(1) 营养循环的变化

在受到干扰的水域和陆地生态系统中,营养循环会发生变化。大气污染物能降低森林中营养物质的有效性。土壤中渗漏的养分最终将积累于临近的水域生态系统中。

(2) 初级生产力的变化

营养物质有效性的改变使初级生产力发生改变。超出正常范围的生产力升高或降低都是生态系统功能失调的表现。

(3) 物种多样性的变化

物种多样性的减少是受胁迫的生态系统的一个显著反应。比较柔和的胁迫有时能增加物种多样性。

(4) 优势种群个体大小的变化

胁迫往往会使优势种群的平均个体降低(至少是暂时的),在陆地和水生生态系统中均是如此。

(5) 逆行演替

胁迫作用下的生态系统,物种组成也会发生变化,对新的苛刻环境条件适应性更强的物种将取得优势地位。生态系统的成熟度降低,明显地朝向演替的早期阶段变化。

(6) 发病率的变化和种群数量的波动

胁迫可造成生命体的发病率发生变化,进而使生物种群数量产生波动。

(二) 受胁迫生态系统的阶段性适应反应

尽管生态系统与个体有机体之间存在很多不同特性。但生态系统具有控制论的特征以及缓冲外界胁迫的能力,在一定意义上生态系统可视为有机体。生态系统在胁迫下的反应也可对应于以下三个阶段。

(1) 胁迫的初始作用(预警阶段)

生态系统对胁迫的早期反应,常表现为敏感种群的异常波动、繁殖受阻或分布改变,有时生态系统水平的反应先于物种或种群水平的变化而出现。

(2) 生态系统利用反馈机制缓冲胁迫的影响(抗衡阶段)

生态系统具有控制论机制,能够与胁迫影响相抗衡,至少是在一定程度上发生作用。这种抵消胁迫的机制可能是化学反应,也可能是生物学反应。

(3) 生态系统失常、转化或崩溃(耗竭阶段)

处于平衡状态的系统,如果胁迫的持续时间长或强度足够大,平衡就会被打破,重复地暴露于同一胁迫之下会导致系统"胁迫疲劳",进而造成系统崩溃。

三、生态系统退化

生态系统退化(ecosystem degradation)是指在一定的时空背景下,因自然因素、人为因素或两者的共同干扰，引起生态要素和生态系统整体发生不利于生物和人类生存的量变与质变，导致生态系统的结构和功能发生与原有的平衡状态或者进化方向发生相反的位移。具体表现为生态系统的基本结构和固有功能的破坏与丧失、生物多样性的下降、稳定性和抗逆能力的减弱、系统的生产能力降低等。这类生态系统称为“退化生态系统或受损（受害）生态系统”(degraded ecosystem)。

生态系统退化是系统内组分及其相互作用过程发生的不良变化的结果。凡是干扰系统内各组成成分及其生态学过程的因素都可能引起系统的退化，其干扰因素可归纳为自然因素和人为因素两大类。

（一）自然干扰

自然干扰因素主要包括一些天文因素变异而引起的全球变化，以及地球自身的地质地貌过程（如火山爆发、地震、滑坡、泥石流等自然灾害）和区域气候变化。

（二）人为干扰

人为干扰因素主要包括人类社会中所发生的一系列社会、经济、文化活动或过程（如工农业生产活动、旅游、战争等）。

人为干扰往往叠加在自然干扰之上，共同加速生态系统的退化。干扰的类型、强度和频度在很大程度上决定着生态系统退化的方向与强度。自然干扰总是使生态系统返回到生态演替的早期状态，但一些剧变或突变性的自然干扰往往导致生态系统的彻底破坏。人为干扰可直接或间接地加速、减缓和改变生态系统退化的方向和过程。在某些地区，人为干扰对生态系统的退化起着主要作用，尤其是持续、高强度的人为干扰，常造成生态系统的逆向演替，以及不可逆变化和不可预料的生态后果，如土地荒漠化、生物多样性丧失和全球气候变化等。

生态系统的退化正如生态系统正向演替一样，是一个连续变化的过程。但由于所承受的干扰体的差异，有研究者将生态系统的退化归纳为突变退化、渐变退化、跃变退化、间断不连续退化及其复合退化等五种类型，前四种类型如图 8－1 所示。

在突变过程中，驱动系统的干扰力远大于系统自身的抵抗力，退化的时间短，速度快，退化程度极为严重，退化后系统的恢复能力弱，系统靠自身自然恢复极慢。典型例子有：大型采矿导致生态系统迅速转变为废坑地的过程；泥石流、火山爆发导致的植被退化过程等。

在跃变退化过程中，干扰是持续的，作用时间较长，退化速度前期慢或未退化，而后期则突然加快，系统自身抵抗力逐渐丧失。退化后系统靠自身可以自然恢复，但恢复所需的时间长短不一，如大气污染胁迫下的湖泊水生生态系统的退化、草地持续超载放牧导致的草地生态系统的退化等。

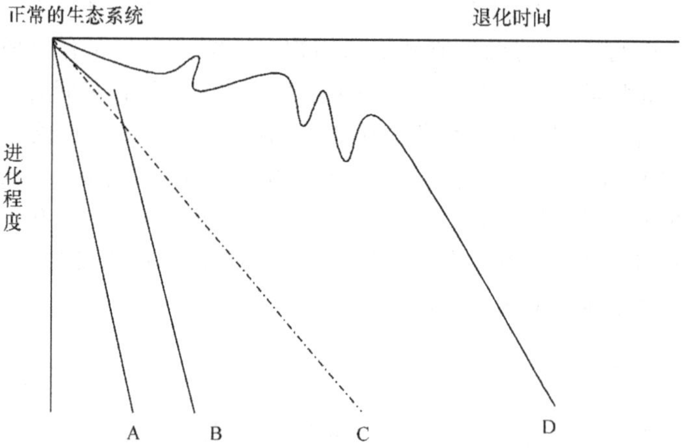

图 8-1　生态系统退化过程类型示意图(包维楷和陈庆恒,1999)
A. 突变退化;B. 跃变退化;C. 渐变退化;D. 间断不连续退化

在渐变退化过程中,生态系统表现出退化速度较一致,且退化程度逐渐加重的特点,如陡坡开垦耕地连续种植作物使土壤生态系统逐渐退化过程等。

在间断不连续退化过程中,干扰存在时,系统在退化,而在两次干扰的间隙(无干扰),生态系统有一定程度的恢复,如热带雨林的轮歇、刀耕火种下的土壤退化过程等。

除上述四种类型的退化过程,也有表现为上述几种类型的组合变化,即复合退化过程。例如,我国西南亚高山暗针叶林大面积皆伐的过程为突变过程,其后若得不到及时更新,就进一步退化为红百刺灌丛或箭竹灌丛(若得到及时更新,就能逐渐恢复),此过程就是渐变退化过程。生态系统的退化过程可简单示于图 8-2。

生态系统从一个稳定状态演替到脆弱的不稳定的退化状态,在系统组成、结构、能量和物质总量与效率、生物多样性等方面均会发生质的变化。由表 8-1 可见,与成熟生态系统相比较,退化生态系统表现出如下特征:

1) 在生态系统结构方面,退化生态系统的物种多样性、生化物质的多样性、结构多样性和空间异质性低。

2) 在能量学方面,退化生态系统的生产量低,系统储存的能量低,食物链多为直线状。

3) 在物质循环方面,退化生态系统中总有机质存储少,矿质元素较为开放,无机营养物质多储存在环境库中,而较少地储存于生物库中。

4) 在稳定性方面,由于退化生态系统的组成和结构单一,生态联系和生态学过程简化,退化生态系统对外界干扰显得较为脆弱和敏感,系统的抗逆能力和自我恢复能力较低。

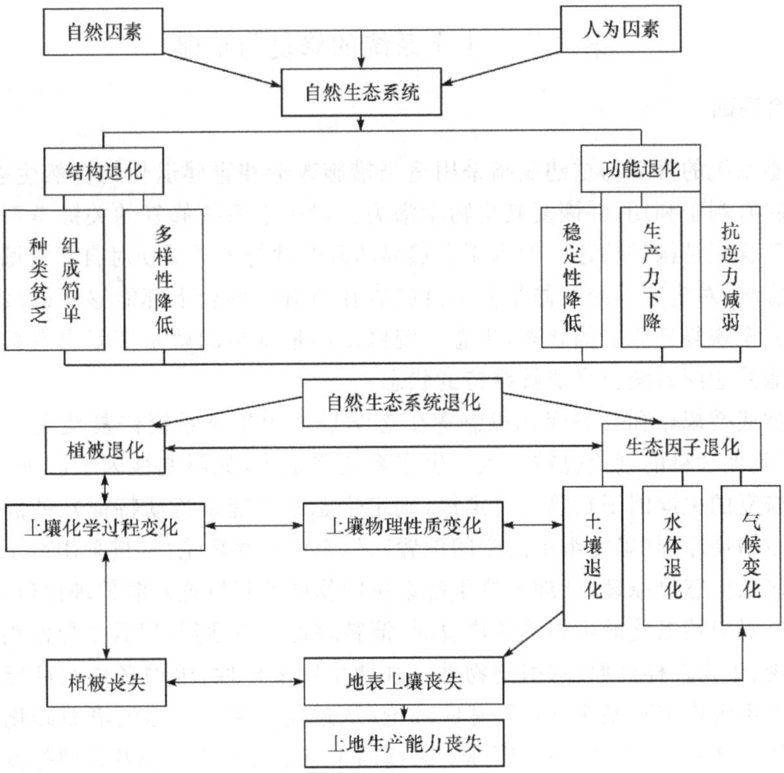

图 8-2　生态系统退化过程示意图

表 8-1　退化生态系统与成熟生态系统特征比较

生态系统特征	退化生态系统	成熟生态系统
总生产量/总呼吸量(P/R)	<1	=1
生物量/单位能流	低	高
食物链	直线化、简化	网状，以碎食链为主
矿质营养物质	开放或封闭	封闭
生态联系	单一	复杂
敏感性和脆弱性	高	低
抗逆能力	弱	强
信息量	低	高
熵值	高	低
多样性(包括生态系统物种、基因和生化物质的多样性)	低	高
景观异质性	低	高

第二节　生态系统的修复与重建

一、理论基础

生态系统的修复与重建是指采用适当措施改造和重建退化的自然生态系统，使其重新有利于利用，并恢复其生物学潜力。对生态系统修复的关键是系统功能的恢复和合理结构的构建。但由于自然界的复杂性与人类活动对自然资源利用的不同和影响，对生态系统的修复并不意味着在所有的场合下都能够使被破坏的生态系统完全恢复到原来的状态，生态系统修复的根本目的就是恢复生态系统的必要的功能并达到系统自身能够维持的状态。

植被演替规律和动态变化机制等生态学理论为生态系统修复奠定了理论基础，许多其他学科的理论也被引入了生态系统修复中，如限制性因子原理（寻找生态系统恢复的关键因子）、热力学定律（确定生态系统能量流动特征）、种群密度制约及分布格局原理（确定组中的空间配置）、生态适应性理论（尽量采用乡土种进行生态修复）、生态位原理（合理安排生态系统中物种及其位置）、演替理论（可缩短修复时间。对极端退化的生态系统修复时，演替理论并不适用，但具指导作用）、植被入侵理论、生物多样性原理（引进物种时强调生物多样性，生物多样性可能导致修复的生态系统稳定）、缀块-廊道-基底理论（从景观层次上考虑生境破碎化和整体土地利用方式）等。此外，当前国际上兴起的生态系统健康学说及自然控制理论在生态系统修复与重建中的应用也有广泛的研究。

二、基本原则

生态系统的修复与重建要求在遵循自然规律的基础上通过人类的作用，根据技术上适当、经济上可行、社会能够接受的原则，使受害或退化生态系统重新获得健康，并有益于人类生存与生活上的生态系统重构或再生过程。生态系统修复与重建的原则一般包括自然法则、社会经济技术原则、美学原则等三个方面。其中，自然法则是生态系统修复与重建的基本原则。也就是说，只有遵循自然规律重建才是真正意义上的修复与重建，否则只能是背道而驰，事倍功半；社会经济技术条件是生态系统修复与重建的后盾和支柱，在一定尺度上制约着生态系统修复与重建的可能性、水平与深度；美学原则则要求退化生态系统的修复与重建应给人以美的享受。

三、工程技术

在不同类型退化生态系统的修复过程中，其修复目标、侧重点及其选用的配套关键技术往往会有所不同。尽管如此，对于一般退化生态系统而言，大致需要或涉及几类基本的修复技术体系，即非生物和环境要素的修复技术，生物因素的修复技术，以及生态系统的总体规划、设计与组装技术等。对于不同类型（如森林、草地、农田、湿地、湖泊、海洋、河流等）、不同程度的退化生态系统，其修复方法不同。在生态系统修复实践中，同一修复项目可能会应用上述多种技术。总之，在生态系统修复中最重要的还是综合考虑实际情况，充分利用各种技术，通过研究与实践，尽快修复生态系统的结构，进而恢复其功能，实现生态、经济、社会和美学效益的统一。

四、一般过程

生态系统修复与重建是生态退化的逆转过程。在此过程中不是靠纯粹的自然恢复，还需加入一定的人为手段。因而，最终修复的不仅仅是自然生态系统，还有许多是人工建立的新的生态系统。其修复与重建的一般过程如图 8－3 所示。

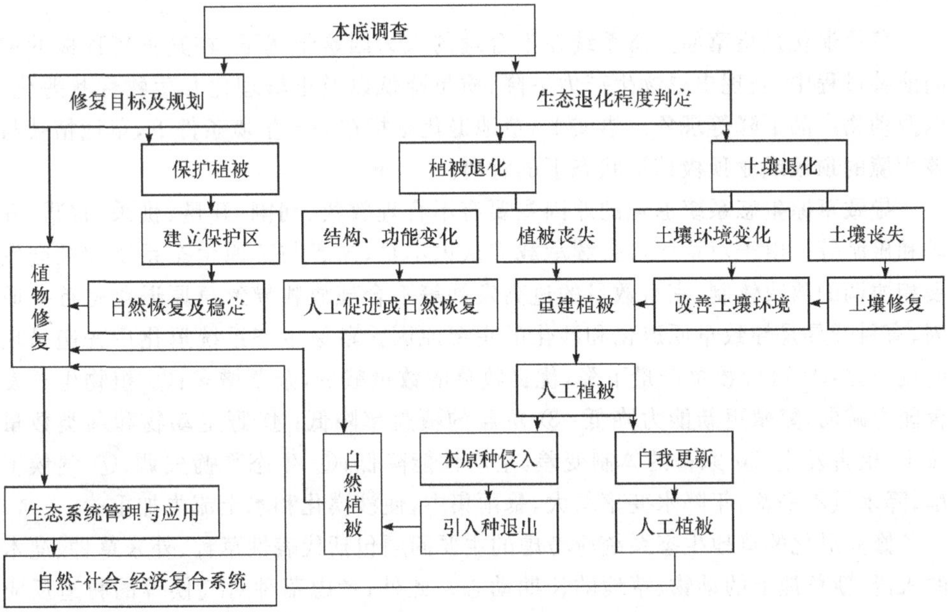

图 8－3　生态修复流程图

五、各类生态系统的修复

（一）森林生态系统修复

森林破坏是导致森林生态系统退化的主要原因。病虫害、干旱、洪涝、地震等自然灾害会导致森林的退化。我国南部的贵州、云南、广西、广东等地的喀斯特森林出现大面积的石化现象，其主要原因就是人类活动频繁，皆伐、火烧、毁林开荒、樵采严重所致。

退化的森林生态系统一般生产力降低，生物多样性减少，调节气候作用减弱，调节和涵养水分的作用减弱，储存生态系统营养元素的能力减弱。一般讲，森林退化的过程与森林生态系统的逆行演替相似，若干扰较轻，会从顶级逐步退化，若干扰较重，会直接退化到裸地或灌丛阶段。

在森林生态系统修复过程中，需要综合考虑群落发育过程中的主要因素，包括种子传播、竞争、捕食和随机事件、环境变化和胁迫、遗传资源的退化、外来种的入侵等。森林生态系统的修复是一个漫长且复杂的过程，仅通过人工是不可能完全恢复地带性植被的，只能通过长期封山育林，通过演替来恢复到相似的顶级阶段。此外，退化林地的修复不仅是优势种或关键种的恢复，还要注意互惠共生种的恢复。

（二）草地生态系统修复

草原退化是指草原生态系统在不合理的人为因素干扰下，在其背离顶极的逆向演替过程中，表现出植物生产力下降、质量降低以及土壤理化和生物性状恶化，以及动物产品下降等现象。事实上，草地退化是指在一定生境条件下，草地植被与该生境的顶极或亚顶极植被状态下的背离。

导致草原生态系统退化的原因主要有不合理放牧、刈割、开垦、樵采、狩猎、开矿和旅游等。由于对草原可持续承载力认识不足，缺乏与草原生态系统和社会发展相协调的放牧体制，家畜数量的过高发展等不合理放牧导致草原退化是首要原因，盲目开垦是导致草原退化和沙化的主要原因。草原生态系统退化后普遍呈现的现象为：① 可食牧草产量下降，优良牧草的数量减少，杂草增多；② 植物生长发育能力减弱，繁殖更新能力降低；③ 草层的覆盖率降低；④ 野生动物和鸟类数量减少，鼠害发生；⑤ 家畜的体制变差，生产性能降低；⑥ 生态平衡失调；⑦ 气候干旱，降水量不平衡，年降水变率增大，暴雨集中，使沙漠化和水土流失加重。

修复退化的草地生态系统应考虑的主要问题包括代表性草种、外来草种、灌木的入侵、新草地上的动物、草地的长期动态。此外，考虑草种对气候等的胁迫反应不一，最好引进遗传多样性高的草种，综合考虑野火在维持草原动态平衡中所具有的重要作用。在热带、亚热带区域可大量种植香根草等。

（三）农田生态系统修复

农田生态系统退化主要是指其土壤理化结构的变化，导致土壤生态系统和作物系统功能的退化。正常的农田生态系统处于一种动态的平衡状态，系统的结构和功能是协调的，通过系统中能量的流动和物质的循环、水分和养分的平衡来维持生物群落的生产力。但若农田生态系统的结构和功能发生变化，其结果打破了原有生态系统的平衡状态，使系统的结构和功能发生变化和障碍，形成破坏性波动或恶性循环，使土壤肥力不断下降，所承载的生产力也会下降。农田生态系统退化的类型主要有侵蚀化、沙化、石质化、土壤贫瘠化(肥力减退)、污染化等。表土的损失是造成农地功能退化的主要原因。退化农田生态系统修复的一般过程为：① 研究当地土地历史，乡土作物，人类活动，土壤特征，以及农用动物、植物、微生物关系，并分析退化原因；② 针对退化症状进行样方试验；③ 进行土壤改良和作物品种改良；④ 控制污染并合理用水；⑤ 修复后评估及改进。

(四) 海岛生态系统的修复

与大陆不同，海岛生态系统有其独特的特点。海岛一般由低地和海洋性气候带来的附加影响。由于与物种丰富的大陆相隔离和受大气环流影响大，海岛形成了其特有的生物适应及营养循环机制，同时也形成了海岛修复的限制性因子。缺乏淡水和土壤、生物资源缺乏、严重的风害和暴雨等使海岛生态系统在干扰下极易退化且不易恢复。影响海岛退化的干扰大致可分为毁林、引种不当和自然干扰。一般而言，海岛生态系统修复过程为：① 了解海岛退化前的物理、生物、气候、古植物、文化、经济背景；② 将海岛进行功能分类；③ 确定修复目标；④ 理解海岛修复的过程；⑤ 开发适于海岛修复技术；⑥ 制定海岛修复计划并实施；⑦ 改进生境并引入适宜的乡土种；⑧ 海岛修复后的管理。

在修复被外来种占据的海岛的乡土种时，对该种的生活史特征研究非常重要。此外，关键是要选择好适生的关键种。

(五) 海地生态系统修复

海地生态系统退化形成的沿海侵蚀裸地一般是人类过度利用土地，通过烧荒、过度采伐、过度农垦所造成的季雨林地破坏而形成的，也有台风、海浪冲沙、降水冲饰等自然过程与人为作用相互叠加而形成的裸地。此类极度退化的海地生态系统，其特点是土地极度贫瘠，理化结构差，伴随严重的水土流失，土壤侵蚀逐年增加，生境恶化加剧，无法在自然条件下进行植被修复。因而在修复时，第一步是控制水土流失，工程措施与生物措施相结合。具体实施过程为：① 对生态退化原因及生态修复的主要限制因子进行分析；② 编制修复规划和重建先锋群落；③ 配置多层多阔叶林混交林；④ 人工重建次生林的自然演替及发展经济作物和果树。

(六) 矿区生态系统修复

在人类采矿活动的干扰下，矿区生态系统通常会遭到极大的破坏，有的甚至是毁灭性的。目前，对已采完矿的土地修复通常采用土地复垦的途径。Hossmer 在其《露天矿的复垦》一书中指出："复垦的主要目标是重建永久稳定的景观地貌，这种地貌在美学上和环境上与未被破坏的土地相协调，而且采后土地的用途能最有效地促进其所在的生态系统的稳定和生产能力的提高。”土地复垦被定义为三个目的类型：①复原（修复破坏前所存在的状态）；②修复（将破坏区修复到近似破坏前的状态）；③重建（根据破坏前制定的规划，将破坏恢复到稳定的和永久的用途，这种用途和破坏前一样，也可以在更高程度上用于农业，或改作游泳休闲地或野生动物栖息地）。

我国自20世纪50年代个别矿区开始进行自发的土地复垦工作，但真正开始土地复垦工作是从80年代开始的，特别是国务院颁布《土地复垦规定》之后，我国的土地复垦工作取得了较大的成绩。

第三节　生态系统健康

一、基本概念

生态系统健康既可理解为生态系统的一种状态，也可理解为一门科学。不同的学者对生态系统健康的状态与生态系统健康学科体系有不同的看法，Costanza认为：“如果生态系统是稳定和可持续的，即踏实活跃的，并且随时间的推移能够维持其自身，对外力胁迫具有抵抗力，这样的系统就是健康的”。Mageau根据活力组织和弹韧力提出了生态系统健康的可操作的定义。总的来说，对于生态系统健康和生态系统健康学的定义可概括为：生态系统健康是指生态系统没有病痛反应，稳定且可持续发展，即生态系统随着时间的进程有活力，并且能够维持其组织及自主性，在外界胁迫下容易恢复。生态系统健康学是一门研究人类活动、社会组织、自然系统即人类健康的整体性科学。生态系统健康包括从短期到长期的时间尺度，从地方到区域空间尺度的社会系统、经济系统和自然系统的功能，从区域到全球胁迫下的地球环境与生命过程，其目标是保护和增强区域甚至地球环境容量及恢复力，维持其生产力并保持地球环境为人类服务的功能。生态系统健康是衡量生态系统功能特征的隐喻标准，是评价生态系统状态的一种方式。

生态系统健康概念的提出只有10余年的历史，但是把生态系统或整个地球看做是一个大的完整的有机体的观念最早可以追溯到1788年苏格兰物理学家和地质学家Hutfon寄给爱丁堡皇家协会一篇关于地球是一个大的能够自身维持的有机体的论文。近代把生态系统比作有机体的观点是Clements的理论，他曾用生命循环来描述生态演替。20世纪40年代，著名的自然科学家Leopold发展了“土地健康”的概念。在他的许多著作中，土地被完全看成是生态系统——有机体之间和周围环境的关系网。Leopold将测定那些在人类占有之后仍无功能障碍的土地的生态参数作为土地健康(land health)研究的目标。70年代末至80年代初，Rapport等继续发展了这一理论，并在1979年提出了“生态系统医学“的名词来描述此领域研究的进展。后来,这些都被应用到了生态系统健康的概念和规范中。1988年,Schaeffer 等首次探讨了有关生态系统健康度量的问题,但未明确定义生态系统健康。1989 年,Rapport 论述了生态系统健康的内涵,他系统研究了生态系统的行为,并在随后提出了不能把生态系统作为一个生物对待,在逆境下的反应不具自主性。1990 年 10 月,来自学术界、政府、商业和私人组织的代表,就生态系统健康的定义问题,在美国召开了专题讨论会。1991 年 2 月,在美国科学促进联合会年会上,国际环境伦理学会召开了"从科学、经济学和伦理学定义生态系统健康"讨论会。1994 年"第一届国际生态系统健康与医学研讨会"在加拿大首都渥太华召开。这次大会集中在评价生态系统健康、检验人与生态系统相互作用、提出基于生态系统健康的政策等三个方面,并希望组织区域、国家和全球水平的管理、评价和恢复生态系统健康的研究。在此次大会上同时宣告"国际生态系统健康学会"(International Society for Ecosystem Health,ISEH)成立。

二、生态系统健康标准

生态系统健康标准包括活力、恢复力、组织、生态系统功能的维持、管理选择、外部输入减少、对临近生态系统的影响及人类健康影响等八个方面,涵盖了生物物理、社会经济、人类健康及一定的时间、空间等范畴,作为生态系统健康的标准,最重要的是活力、恢复力、组织等三个方面:

1) 活力。在一定范围内生态系统的能量输入越多,物质循环就越快,活力就越高,但这并不意味着能量输入高和物质循环快生态系统就更健康,如对于水生生态系统来说,高输入可导致富营养化效应。

2) 恢复力。一般认为受胁迫生态系统比不受胁迫生态系统的恢复力小。

3) 组织。一般而言,生态系统的组织越复杂就越健康。

三、生态系统健康评价

生态系统健康评价主要有两种方法。

(一) 指示物种法

指示物种法主要依据生态系统的关键物种,特有物种、指示物种、濒危物种、长寿命物种和环境敏感物种的数量、生物量、生产力、结构指标、功能指标及其一些生理生态指标描述生态系统的健康状况。此类方法较适用于一些自然生态系统的健康评价,以水生生态系统为例列于表 8-2。

表 8-2　水生生态系统健康评价的指示物种

指示物种	度量因子
浮游生物	水表层的小生物群落(包括病毒、细菌、自养浮游生物)、纤毛原生生物、微生物环等
底栖无脊椎动物	底栖群落的结构动态了解有机污染程度的方法、多样性指标、生物指标、确定一系列环境状态的参照群落、生态系统健康的功能、长期的毒理和胁迫效应等。
营养顶级的鱼类	重要指标包括平均年龄、产卵能力和条件因素(对化学污染比其他种群更加敏感,综合反映了其生物的变化)。最简便的方法是跟踪鱼类种群对环境退化的响应
生物的综合运用	亚细胞、细胞、生物个体、群落、种群和生态系统的相关信息,生物个体对化学污染的初级和次级响应,(包括底泥毒性化学分析、组织化学分析、病理分析和群落结构综合研究等)

(二) 结构功能指标评价法

结构功能指标评价法是从生态系统的结构、功能演替过程,生态服务和产品服务的角度来度量生态系统健康;强调生态系统为人类服务,强调生态系统与区域环境的演变关系,同时也反映生态系统的健康负荷能力及其受胁迫后的健康恢复能力;反映了生态系统的不同尺度的健康评价转换。此类方法适用于任何类型的生态系统,以水生生态系统为例列于表 8-3。

表 8-3　水生生态系统健康评价的结构与功能评价法

功能指标体系	评价指标
生态毒理学方法	污染物的特性指标;污染物的反应指标;污染物的毒性监测;水生生物对污染物的病态反应;微生物食物网;营养状态指标;多样性指数;浮游植物缓冲能力;浮游动物群落指标;浮游动物和浮游植物的生物量比例等
流行病学方法	重要的生态过程指标,如分解、补充、捕食者与食物关系等;人类流行病与环境的关系指标;动物流行病与环境的关系指标;兽医学方法评价河流水质指标等
生态系统医学	受损生态系统症状;生态系统胁迫程度;生态系统的生物量和生产力;多样性指数;水生生物数量;水质指标;水质成分等
自然-社会经济指标结合	生物地球化学指标;社会指标;经济指标;环境健康指标;生态系统管理指标;环境适宜性;环境因子动态变化;环境退化预警指标;人类活动强度;环境监测指标;价值评价指标
不同尺度信息的综合评价	个体水平健康评价指标;群落水平健康评价指标;生态系统水平健康评价指标;景观及区域水平健康评价指标;自然生态系统评价指标;区域社会经济健康评价指标;自然信息、社会信息、经济信息等;多尺度的化学、毒理学、群落学结构功能指标检测

第四节　生态产业与生态文化

一、生态工业

（一）工业生态学

工业生态学是生态工业的理论基础，属于应用生态学的一个分支，以生态学的理论观点考察工业代谢过程，即从取自环境到返回环境的物质转化过程，研究工业活动与生态环境的相互关系，研究出调整现有的生态链结构的原则和方法，建立新的物质闭路循环，构建自然生态链和人工生态链结合的生态系统。

1989 年 9 月，美国通用公司研究部副总裁 Robert Frosch 和负责发动机研制的 Nicolas Gallopoulos 在《科学美国人》杂志上发表题为“可持续工业发展战略”的文章，正式提出了工业生态学的概念。工业生态学是将整个工业系统作为一个生态系统来看待，认为工业系统中的物质、能源和信息的流动与储存不是孤立的简单叠加关系，而是可以像在自然生态系统中那样循环运行，它们之间相互依赖、相互作用、相互影响，形成复杂的、相互连接的网络系统。工业生态学是一门研究社会生产活动中自然资源从源、流到汇的全代谢过程，组织管理体制以及生产、消费、调控行为的动力学机制与控制论方法及其与生命支持系统相互关系的系统科学。

关于工业生态学的定义有许多不同说法，Frosch 认为工业生态学是一个相对于生物生态学的类似概念，用生物有机体代谢的一些理论来理解和分析工业活动的能流、物流及信息流等，而且很难用确切的文字加以描述和限定。尽管对工业生态学的定义尚未形成定论，作者们至少认同了工业生态学的三个基本要素：① 关于工业体系的所有组成部分及其与生物圈的关系问题的全面的、一体化的分析视角；② 运用非物质化的价值单位（或称功能经济）来考虑经济效益；③ 科技的动力有利于把现有的工业体系转换为可持续发展的体系。

工业生态学的重点是使不可避免地产生的废物循环利用，特别是在不同的公司之间进行利用。工业生态学是以自然生态系统的直接类推为基础的，在此情况下，含有可供利用的能源和有用的材料等都不会失去。自然系统倾向于使废物的产生最小化，物质和能源不断地循环和转化，在不同的行动者之间既允许合作也允许竞争。工业生态学按照自然系统来构造工业系统。在自然系统中，一种生物的产品成为另一种生物的投入，并使每个过程的效益最大化。这样，可以把若干个相互作用的公司和工业视为工业生态系统。Allenby 提出，一个理想的工业生态系统应该包括资源开采者、处理者（制造商）、消费者和废料处理者。由于集约再循环，各个系统内不同行为者之间的物质流远大于出入生态系统的物质流（图 8－4）。

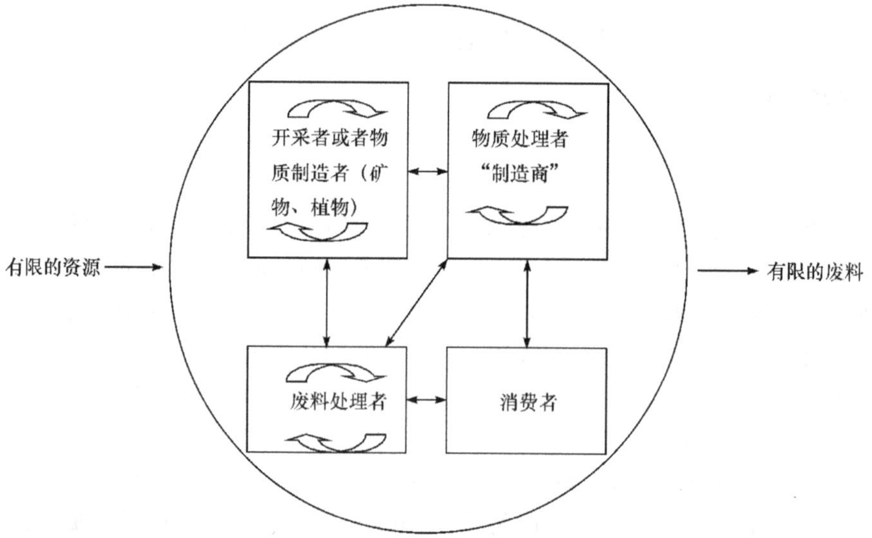

图 8－4　理想工业生态系统示意图

（二）生态工业园区

生态工业园区是依据经济理论和工业生产原理而设计成的一种新型工业组织形态，是生态工业的聚集场所。与一般的工业园区相比，生态工业园区内企业之间的关系更为复杂，并且生态工业园区的建设要比一般的工业园区困难得多。在生态工业园区中，由于一个企业产生的“废物”或“副产品”是另一个企业的“营养物”，园区内彼此靠近的工业企业或公司就可以形成一个相互依存、类似于自然生态食物链过程的“工业生态系统”。作为第三代工业园区建设模式（第一代为经济技术开发区，第二代为高新技术产业区），我国现阶段推行生态工业园区建设遵循以下四项基本原则。

（1）资源实施的原则

生态工业园区建设是在市场机制条件下的资源选择，管理部门通过建立和完善市场机制下的激励、管理和服务等一整套运作模式，依靠园区自身利益来驱动发展。

（2）较高的起点

生态工业园区的整体规划水平、技术水平和管理思想，从一开始就应本着与国际接轨的意识，采用先进的高新技术，增强园区的竞争力。

（3）考虑我国的国情

我国地区之间的差别较大，因此不同地区或不同主体行业在发展生态工业园区时，应分析不同区域的产业特点，充分利用当地的自然优势，提出不同的推进策略和具有针对性的要求，从而形成各具特色的生态园区。

(4) 树立“绿色园区”的新形象

生态工业园区建设要体现出经济和环境的协调发展以及环境促进经济发展的思想，要把结构性污染治理和产业结构调整结合起来，把削减粗放型生产模式产生的大量污染和促进企业采用高新技术改造传统行业结合起来，把控制小规模企业产生的大量污染和推动企业资产重组结合起来，要把园区生态建设与拉动经济增长，并通过增长质量结合起来，最终增强园区的国际竞争力。

目前我国生态工业还处于新兴阶段，这就决定了国家对优质产业采取相应的措施予以保护，提高其供给能力，保证给予其相应的国内市场，促使其国际竞争力的提升。为此需要加大对生态工业的有效组织与政策扶持力度。具体实施策略如下：

(1) 加强绿色市场管理

市场经济条件下，政府基本职能之一是维护市场秩序，规范市场运行。生态工业的成长与健康运行，需要政府加强对绿色市场的管理，提供有效服务。具体包括：①建立生态工业管理组织；②在工商注册上对生态工业企业予以照顾，并赋予一些规模较大的生态工业企业以出口经营自主权；③严厉打击假冒伪劣绿色产品的企业行为，保护绿色品牌和标志；④加强环境审计等。

(2) 发行“绿化”彩票

我国生态工业的发展是一项公益事业，受益的应是整个国家和国民。实现我国工业的生态化发展，需要大量的资金投入。为此，利用我国新兴的彩票市场，通过每年发行一定额度的彩票市场(可以称为“绿化”彩票)筹集生态工业的发展资金。

(3) 建立生态工业发展基金

为促进其优质产业的成长，国外政府大都设立专门的基金予以支持。建立生态工业发展基金，其基金来源于政府财政划拨、企业排污收费，包括“绿化”彩票的发行以及其他有效手段。筹集到的资金用来对生态工业企业的绿色产品开发进行直接投资，或用投资控股的方式，对那些与生态环境问题密切相关的企业进行积极渗入，调控其生产经营方式，促使其走科技进步(采用绿色技术)、保护生态环境与合理开发自然资源的可持续发展道路。

(4) 制定生态工业倾斜政策

扶持政策主要是在一定时期内，对生态工业企业可以减征或免征增值税，对企业新开发的绿色产品也可以缓征所得税；要通过财政补贴，对生态工业在成长初期，特别是因新产品的研发而出现的暂时亏损，或新产品为打入国际市场而出现的暂时亏损予以财政补贴；通过特别折旧方法，对生态工业的技术装备实行加速折旧，促使其现代化技术水平的不断提高。金融货币政策扶持生态工业的主要方式为:①通过商业银行和专业投资银行,为生态工业的有关发展项目进行融资,对其贷款实行政策担保、贴息、延期还款等优惠政策;②鼓励生态工业企业通过资本市场,发行股票或债券直接融资,包括在境外上市融资;③通过吸收外资,促进以出口为主的工业企业的发展,并为其外向型发展提供有力的金融支持。

(5) 实施生态工程

生态工业的生产需要相应的环境条件予以支持,因此需要采取相应的政策措施,实施生态工程:①要在生态工业园区及周边区域实施综合治理,做到"源头控制、流域治理、小区优化",关、停、并、转一些污染企业;②按照"谁污染,谁负责"的原则,栽树种草,增大植被的覆盖率,为绿色产品的生产、加工、储运创造一个良好的环境条件。

(6) 金融鼓励绿色消费

生态工业发展的最终拉动力在于绿色消费。要提倡绿色消费,尤其是金融业更应该鼓励绿色消费。银行在信贷政策的制定上,除对"绿色产品"消费予以积极支持以外,对污染项目和妨碍公众健康和安全的有害产品消费,采取抑制性的信贷政策。

(7) 实施符合国际标准的绿色认证制度

促进我国生态工业的发展,除了需要国内市场的支撑外,还需要依靠国际市场的拉动。要使我国绿色产品顺利进入国际市场,则需要实施符合国际标准的绿色认证制度和取得绿色标志。

二、生态农业

(一) 可持续农业

20 世纪西方发达国家经历的"石油农业"和发展中国家经历的"绿色革命"使人类开始重新审视现代农业发展模式,并引发了全球农业可持续性发展的思考。《21 世纪议程》将农业和农村的可持续发展作为可持续发展的根本保证与优先领域写入第 14 章。自此,可持续农业作为一种农业发展的新思潮已达成全球的共识。

可持续农业的思想虽在世界范围内得以传播,但由于各国国情不同,对其理解有异。发达国家由于生产力水平相对较高,其农业功能已扩展到了环境美化,食物生产以质量目标为主,并重视食品安全与营养,更强调资源环境保护,这是一种农业现代化后的思路。而对于大多数发展中国家而言,农业投入水平低,经营粗放,农产品从数量上还满足不了消费需求,因而注意力更多地集中于数量的增长,希望通过发展,以求解决温饱,所追求的是以发展为主要目标,同时兼顾环境保护的策略。发达国家和发展中国家所追求的共同点是合理开发资源和保护环境,促使农业可持续发展。

我国作为发展中国家,在 20 世纪 80 年代初就提出了自己的可持续农业发展的模式，即生态农业的发展模式。一般来说，生态农业是指以系统论思想出发，以生态学原理、经济学原理为依据，应用现代科学技术成果，以现代管理手段，吸收传统农业的成功经验建立起来的，以期获得较高的经济效益、生态效益、社会效益的现代化、科学化的农业综合体。生态农业同时也是遵循生态学原理和经济学原理进行经营管理的集约化农业体系，是一个“社会-经济-自然”的复合生态系统。

一般来说，生态农业应具备以下条件：

1）生态农业必须是自我维持，并包括能量自我维持的体系。

2）为了增强农业生态系统的稳定性与获得最大的生物量，必须实行多种经营。

3）生态农业的规模应小一点，容易经营，可以获得高产，利于投资。

4）生态农业单位面积净产量必须是较高的。

5）生态农业在经济上必须是可行的。

6）生态农业应大量加工农副产品。

7）保持优美环境与关心禽兽健康成长。

我国的生态农业思想与西方的生态农业不同，西方的“生态农业”从一开始就强调低投入，倡导宁可牺牲农业生产力，也要追求回归自然。我国的生态农业强调追求高的土地生产力，为达目的，绝不排斥必要的物质和能量的投入。更重要的区别是西方的生态农业一般只针对单个的农场或小农场进行某种农业生产的生态设计，而中国的生态农业则强调从生态经济原则指导农、林、牧、副、渔各业，并对整个农业乃至农村系统进行合理布局和设计。与当前国际流行的可持续农业相比，我国的生态农业具有自身的特点(表 8－4)。

表 8－4　我国生态农业与国际可持续农业的比较

内　容	我国生态农业	国际可持续农业
起因 (时代背景)	20 世纪 70 年代末对不按自然、经济规律办事的反思，以及探索具有中国特色的现代农业途径的推动	自 1962 年起，特别是 20 世纪 70 年代初人口、资源、粮食、能源危机后对高投入、常规现代化农业的反思
指导思想	“整体、协调、循环、再生”	生态学，生态道德观，资源和环境经济学，人与自然关系由征服、索取转为和谐共昌
理论基础	农业生态学、生态经济学	生态学、伦理学、经济学(资源经济学、区域经济学、环境经济学)、人类生态学、社会学等的交叉
基本目标	生态、经济、社会效益的优化和统一	在不损害后代人使用自然资源和享有良好环境的前提下，争取和保持当代人的较高生产率水平和生活质量
侧重面	用生态学的原理指导农业的经济再生产过程	社会的公正性，脱贫，农村发展

续表

内　容	我国生态农业	国际可持续农业
运用者	自下而上的自发活动与自上而下的政府行为(制定推行国家级与省级“生态农业试点县”计划)相结合	“自下而上”的方法论,即强调农民(尤其是妇女)的参与及首创精神
保证支撑体系	农业生态工程及农业生态技术,各级农业生态建设网络	强调观念的更新、机制和体制的变革,激励制约政策的配套和技术上的突破
特色	吸收中国传统农业的精华,融汇中国传统思想文化的精髓——“天人合一”观	从可持续发展观派生而成,继而成为西方各种对常规现代农业进行反思形成的各种学派都接受的一个具共识性提法
实施方法	生态系统分析及区域(村、乡、县)生态农业规划,生态工程;当前主要通过试点、示范、推广成功经验以及各个层次的培训,生态农业设计等	研究人员与农民一起(以后者为主)在实践中探索可持续农业生产技术,并通过影响立法,使农业政策转向可持续农业的方向;生态设计与景观生态设计,计算机信息系统,决策支持系统及专家系统

(二) 生态农业发展的基础—绿色食品

1989 年,在可持续发展思想的影响下,我国提出了发展绿色食品的设想,并确立了绿色食品概念的基本内涵,即绿色食品是遵循可持续发展的原则,按照特定的生产方式,经专门机构认定允许使用绿色食品商标的无污染的安全、优质、营养类食品。在我国,发展绿色食品有三个预期目的:① 保护农业生态环境,探索和推广新的可持续食物生产方式,推动可持续农业的发展;② 满足城乡居民在生活水准提高的基础上对高质量食物日益增长的需求和国际市场的需求;③ 密切农业与食品制造业、生产者与消费者之间的联系,为增加农民收入,提高食品生产企业经济效益创造新的机会和途径。

绿色食品是生态农业持续发展的载体与经济、生态、社会效益的具体体现,而生态农业的建设发展是绿色食品开发的基础与质量保障。

绿色食品生产是一项复杂的系统工程,涉及许多生产部门、生产环节和技术手段。从农产品和原材料的生产环境、生产过程到生产加工、储运等环节,要求全过程质量控制、监督和检测。由于绿色食品的环境资源、生产基地、加工企业、市场营销的区域性差异及特点,必须要加强组织、规划与合理布局,才能促进绿色食品的开发,形成较大的开发和生产规模。

（三）生态农业系统

生态农业系统是以生态学理论为主导，运用系统工程方法，以合理利用农业自然资源和保护良好的生态环境为前提，因地制宜地规划、组织和进行农业生产的一种农业系统。是20世纪60年代末期作为“石油农业”的对立面而出现的概念，被认为是继“石油农业”之后世界农业发展的一个重要阶段。主要是通过提高太阳能的固定率和利用率、生物能的转化率、废物的再循环利用率等，促进物质在农业生态系统内部的循环利用和多次重复利用，以尽可能少的投入，求得尽可能多的产出，并获得生产发展、能源再利用、生态环境保护、经济效益等相统一的综合性效果，使农业生产处于良性循环中。生态农业不同于一般农业，它避免了“石油农业”的弊端，并发挥其优越性，通过适量施用化肥和低毒高效农药等，突破传统农业的局限性，但又保持其精耕细作、施用有机肥、间作套种等优良传统。它既是有机农业与无机农业相结合的综合体，又是一个庞大的综合系统工程和高效的、复杂的人工生态系统以及先进的农业生产体系。

生态农业系统是以生态经济系统原理为指导建立起来的资源、环境、效率、效益兼顾的综合性农业生产体系。我国的生态农业包括农、林、牧、副、渔和某些乡镇企业在内的多成分、多层次、多部门相结合的复合农业系统。20世纪70年代主要措施是实行粮、豆轮作，混种牧草，混合放牧，增施有机肥，采用生物防治，实行少免耕，减少化肥、农药、机械的投入等；80年代创造了许多具有明显增产增收效益的生态农业模式，如稻田养鱼、养萍，林粮、林果、林药间作的主体农业模式，农、林、牧结合，粮、桑、渔结合，种、养、加结合等复合生态系统模式，以及鸡粪喂猪、猪粪喂鱼等有机废物多级综合利用的模式。生态农业的生产以资源的永续利用和生态环境保护为重要前提，根据生物与环境相协调适应、物种优化组合、能量物质高效率运转、输入输出平衡等原理，运用系统工程方法，依靠现代科学技术和社会经济信息的输入组织生产。通过食物链网络化、农业废弃物资源化，充分发挥资源潜力和物种多样性优势，建立良性物质循环体系，促进农业持续稳定地发展，实现经济、社会、生态效益的统一。因此，生态农业是一种知识密集型的现代农业体系，是农业发展的新型模式。

生态农业系统的基本内涵是按照生态学原理和生态经济规律，因地制宜地设计、组装、调整和管理农业生产与农村经济的系统工程体系。它要求把发展粮食与多种经济作物生产，发展大田种植与林、牧、副、渔业，发展大农业与第二、三产业结合起来，利用传统农业精华和现代科技成果，通过人工设计生态工程，协调发展与环境之间、资源利用与保护之间的矛盾，形成生态上与经济上两个良性循环，以及经济、生态、社会三大效益的统一。生态农业系统具有以下几个特点。

1. 整体性

以大农业为出发点，按“整体、协调、循环、再生”的原则，全面规划，调整和优化农业结构，使农、林、牧、副、渔各业和农村第一、二、三产业综合发展，并使各业之间互相支持，相得益彰，提高综合生产能力。

2. 多样性

针对我国地域辽阔，各地自然条件、资源基础、经济与社会发展水平差异较大的情况，充分吸收我国传统农业精华，结合现代科学技术，以多种生态模式、生态工程和丰富多彩的技术类型装备农业生产，使各区域都能扬长避短，充分发挥地区优势，各产业都根据社会需要与当地实际协调发展。

3. 高效性

通过物质循环和能量多层次综合利用和系列化深加工，实现经济增值，实行废物资源化利用，降低农业成本，提高效益，为农村大量剩余劳动力创造农业内部就业机会，保护农民从事农业的积极性。

4. 持续性

发展生态农业能够保护和改善生态环境，防治污染，维护生态平衡，提高农产品的安全性，使农业和农村经济的常规发展转变为持续发展，把环境建设同经济发展紧密结合起来，在最大限度地满足人们对农产品日益增长的需求的同时，提高生态系统的稳定性和持续性，增强农业发展后劲。

建立良好的生态农业系统要从以下几个方面入手：① 合理利用自然资源；② 改造旧系统，建设新系统；③ 确立合理的生产结构；④ 正确认识农业生态平衡；⑤ 对农业生态平衡要有发展和全局的观念；⑥ 必须坚持生产和生态同时兼顾的原则。

三、生态文化

罗马俱乐部创始人 A. 佩切伊指出：“人类创造了技术圈，并入侵生物圈，进行过多的榨取，从而破坏了人类自己明天的生活。”结论是：“如果我们想自救的话，只有进行文化性质的革命，即提高对站在地球上特殊地位所产生的内在的挑战和责任，以及对策略和手段的理解，进行符合时代要求的那种文化革命。”这种“文化转向”或“文化性质的革命”必然形成一种新的形式的文化，即“生态文化”。因为这是人与自然关系的发展所提出的或者是关于文化与生态关系的问题。也就是说，文化的发展改变了生态，生态的发展推动文化的进化。

（一）生态文化发展现状

当前，生态环境问题作为全球性问题，成为当今世界的主题，引起社会文化的各个领域的巨大变化，推动社会文化的进步，并引起人们对生态文化的极大关注。

1. 政治领域

环境问题已进入政治结构，政治已不仅需要处理人与人的社会关系，而且要处理人与自然的生态关系。

2. 经济领域

经济学与生态学结合已经成为不可抗拒的潮流，国外学者把这种现象称为传统经济学的"绿化"。这种转变的主要特点是经济学不仅以经济增长为目标，而且必须有改善环境质量和保护自然资源的目标，从而产生一系列新的经济学原则，即生态经济学原则。

3. 科学和教育领域

当前已经形成从保护环境和改善环境质量为任务的科学技术研究体系与环境教育体系。例如，环境科学研究所、环境保护科学研究所以及有关环境保护的某一专门化的研究所或研究室等，从科学理论和技术方面研究环境污染机理，环境保护规律，寻找协调人与环境的基本途径与方法，形成环境保护的科学理论和技术体系。同时，环境教育也正在成为全民教育。

4. 新的宗教改革

1979 年，世界教会理事会召开会议，会议上讨论最广泛的一个提案就是需要建立一个"生态神学"，以便对生态问题进行神学探讨，研究宗教对自然生态和环境保护的态度，建立新的信仰与科学的体系，这种关系承认创造的统一性，即自然，人与上帝的统一性。

5. 生态伦理学的兴起

扩大了伦理学的领域，关于人们对地球上的动物、植物、微生物和自然界的其他实体与过程的道德态度及道德行为规范的研究，把伦理学研究从人与人关系的领域扩大到人与自然关系的领域，这是道德对象的扩大和道德共同体的扩大。

6. 生态哲学的产生

生态哲学的产生促进了传统哲学的变革，恢复了马克思实践唯物主义的本性。

（二）生态文化建设策略

21世纪的世界已经进入环境时代，生态文化也成了一种时代文化。而生态文化建设的关键就是要使广大决策者、管理者和群众从只重视经济效益、物质消费的“经济人”变成“生态人”。这是人类自身的发展史上的一个及其重大的进步。当然，根治生态环境问题，还需要采取法律、行政和经济方面的手段。但实践表明，这些手段的制订、实施和监督者必须具备较高的环境意识和自觉性，否则手段的作用有限，甚至形同虚设。

1. 认清生态文化建设的阻力

生态文化的调查研究工作对于企业和其他社会组织与个人没有直接的经济利益，且往往还会导致企业、组织和个人损失自身暂时的利益，也就是说，生态文化建设不带有功利目的。这样一来，学术界和企业界对于生态文化的调查研究，当然还包括对企业生态文化的建设缺乏动力和积极性。正因为如此，尽管学术界有人曾经提及生态文化，但未能引起人们应有的关注。生态文化研究与建设的阻力和不利因素还来自“唯科学主义”与“经济万能论”，它们与生态文化完全对立，是一些片面的、极端主义的错误观点。

2. 认识和把握生态文化建设的重点

生态文化建设的重点之一是企业生态文化。生态文化是企业文化体系的重要组成部分。而在环境时代，生态文化在企业文化体系中应居于首位，并起主导作用，之所以要把企业生态文化作为环境时代生态文化建设的重点，是因为企业的“三废污染”，是造成我们国家生态状况日益恶化的主要原因。

生态文化建设的另一个重点是校园生态文化。目前，校园生态文化已成为校园文化的一个重要组成部分。广大青少年在教育者的带动下，或者自觉地组织起来进行校园生态文化建设，以实际行动加入校内外的环境保护、治理队伍的行列。校园生态文化成为整个生态文化建设体系的一个重点，这不仅由于中小学生和高等学校的在校师生在我国人口总数中占有较大比率，还有更为重要的原因，即人们的环境意识和有利于保护环境的生活习惯，也就是绿色消费的生活观念和方式在青少年时代易于养成。

3. 重视环保知识的普及教育

生态环境保护有助于维护广大人民群众的根本利益，并与每个社会成员的切身利益有关。同时，每个人既可以是生态环境的保护者，也可能成为破坏者。因此，要维护和治理好环境，要求每个社会成员都要自觉地积极参与，从自身做起，从大至生产、小至生活的每一件小事做起。这就需要每一个人都有较高的环境意识和良好的环保习惯，成为环境时代所需的“生态人”。要达到此要求，就必须像开展普法教育一样，在社会上开展普及环保知识教育。这也是生态文化建设的一项重要工作。

除了主要在大中小学开设新的环境教育课之外，还要在城市、农村举办各种形式的培训班，对各级干部和企业管理者进行轮训并要进行考试，颁发“环保知识合格证书”，在工矿企业和乡村开办环保夜校，并通过电视、报刊、宣传栏等媒体宣传环保知识；还要开展创建“绿色单位”活动等。采取上述建设策略，将建设起符合环境时代要求的现代生态文化体系，有效地改善目前不良的生态状况。

第五节　生态文明及其建设

一、生态文明的由来

以先秦儒家为开端形成的中国传统生态伦理思想，为当前我国生态文明建设提供了丰富的思想资源和理论基础。

先秦儒家生态伦理思想的关注对象是人与自然的关系，主张人与自然应当和谐相处，追求“天人合一”的境界。由于文明的转型首先是人对自然的认识、理解和态度发生重要变化的结果，因此，先秦儒家生态伦理思想的关注对象，即人与自然的关系问题，可以成为现代生态文明的基础。

世界上最早用生态史观研究人类文明史的是日本学者梅绰忠夫。1957 年，他以生态学方法探讨世界文明史的规律，并发表《文明的生态史观序说》，他提出的生态史观十分重视自然环境和生态条件对文明史进程的重要作用。

20 世纪 80 年代末，我国学者刘思华提出了“现代文明”是“物质文明、精神文明、生态文明的内在统一”的观点。1988 年，刘宗超等在《地球表层系统的信息增殖》中提出要确立“全球生态意识和全球生态文明观”；1996 年，国家社会科学基金委员会将“生态文明与生态伦理的信息增殖基础”正式列为国家哲学社会科学“九五”规划重点项目，首开中国系统研究生态文明理论的先河；1997 年，刘宗超在《生态文明观与中国可持续发展走向》中对生态文明观的理论框架和实践模式进行了全面论述，并提出“21 世纪是生态文明时代，生态文明是继农业文明、工业文明之后的一种先进的社会文明形态”。至此，我国学者基本完成了生态文明观作为哲学、世界观、方法论的建构，标志着中国生态文明学派的诞生。2002 年，刘宗超发表“生态文明——21 世纪人类的选择”一文，并发起筹办全球首家生态文明专门研究机构——北京生态文明工程研究院（经国家批准于 2003 年正式成立），该院的成立从机构建制、专家队伍、理论研究、政策研究、上书建言、国内外宣传等方面有效地促进了生态文明观的形成与发展。多年来，他们在一系列实践模式上为生态文明建设和生态产业的发展发挥出了引领与示范作用。

中国共产党十七大报告在提出全面建设小康社会的目标时，除经济、政治、文化和社会建设外首次提出要“建设生态文明，基本形成节约能源资源和保护生态环境的产业结构，增长方式，消费模式”。还强调要使“生态文明观念在全社会牢固树立”。并要求到2020年全面建设小康社会目标实现之时，使我国成为生态环境良好的国家。

二、生态文明的哲学基础

生态文明是指人类遵循人、自然、社会和谐发展这一客观规律而取得的物质与精神成果的总和。创建生态文明，不仅需要形成一种新的关于自然的意识，也不只是树立人类在自然中的地位。转变态度是必要的，但对于改变人类的集体行为来说并不是充分条件。减少人类对自然世界的破坏，需要用新的思维方式来思考人类的制度及这些制度起作用的方式。因而被理解为更广阔地发展建设性后现代思想中的一部分。

人首先是自然存在物，自然界的优先地位并不会因人同时需要靠实践生存而改变；人与自然关系的恶化是由于人类对“自然-人-社会”复合生态系统的认识不正确、生产力不完善、生产实践不够合理等原因造成的；只有从维护“自然-人-社会”复合生态系统正常运转出发，发展生态生产力，使生产实践更加合理化，才能建设社会文明、自然文明，以及实现人与自然的和谐发展，即围绕生态文明这个中心来发展社会生产。

每一种文明都有自己的哲学基础，生态文明是人类发展的崭新阶段，是以当代科技和社会经济文化进步背景下产生的生态整体论。生态价值论和生态道德论作为其主要哲学基础的。要建设生态文明，必须首先认识生态整体论、生态价值论和生态道德论的合理性，转变思想观念，大力宣传和牢固树立科学的生态世界观、生态价值观和生态道德观。

三、生态文明的内涵

在人类社会发展历程中，200多年来的工业文明以人类征服自然为主要特征，世界工业化的发展使征服自然的文化达到极致，一系列全球性生态危机说明地球已没有能力支持工业文明的继续发展。需要开创一个新的文明形态来延续人类的生存，这就是生态文明。如果说农业文明是“黄色文明”，工业文明是“黑色文明”，则生态文明就是“绿色文明”。

生态文明的内涵相当广泛，涵盖了人与自然关系的物质、制度、精神等不同层面。包括以尊重自然和保护生态环境，人与自然、人与人平等公正、协调发展的行为价值取向和道德伦理规范；在节约能源资源和生态系统可持续发展条件下的生产方式、科学技术与工业标准体系;自觉自律地将满足自身需要与保护生态环境有机结合的生活和消费方式,以及生态化的社会组织系统、政治决策模式、法律规章制度等内容。

"生态"原本是一个生物学的概念,其含义是生物与其环境关系的状态,生态学则是生物学的一个分支,是研究生物与其环境关系的科学,由于没有哪一个生物体能够独立于其他生物体而生存,生态学研究实际上包括生物内部关系和生物与非生物环境关系两个方面。生态学思想移植到社会学领域,形成社会学的一个分支——人类(社会)生态学,其主要的研究对象是人类的群体与物理(质)环境和社会环境的关系。因此,生态的概念获得了社会学的意义,其含义是人类群体与物质环境和社会环境关系的状态。

"文明"是反映人类社会发展水平的概念,反映人类社会政治、经济、文化的发展水平与整体面貌,包括物质文明、精神文明和政治文明三个方面,其主要标志是人类的物质资料生产方式与生活方式。其中物质文明是指物质资料生产发展的程度和水平;精神文明是指精神文化发展的程度和水平;政治文明是指社会制度发展的程度与水平。自然生态有着自在自为的发展规律。人类社会改变了这种规律,把自然生态纳入到人类可以改造的范围之内,这就形成了生态文明。

生态文明是人类社会继原始文明、农业文明、工业文明后的新型文明形态。当今世界,生态环境问题已成为全球普遍关注的问题,人类文明处于从工业文明向生态文明过渡的阶段。作为一种新型的文明形态,生态文明是对工业文明进行反思的结果,是比工业文明更进步、更高级的人类文明形态。它以人与自然协调发展作为行为准则,建立健康有序的生态机制,实现经济、社会、自然环境的可持续发展。一般而言,生态文明是指人们在改造客观物质世界的同时,不断克服改造过程中的负面效应,积极改善和优化人与自然的关系,建设有序的生态运行机制和良好的生态环境所取得的物质、精神、制度方面成果的总和。生态文明具有非常丰富的内容,其内涵主要包括生态意识文明、生态制度文明和生态行为文明三个方面:

1) 生态意识文明是人们正确对待生态环境的一种进步的观念形态,包括生态意识、生态心理、生态道德以及体现人与自然平等、和谐的价值取向等。

2) 生态制度文明是人们正确对待生态环境的一种进步的制度形态,包括生态制度、法律和规范。强调健全和完善与生态文明建设相关的法制体系,重点突出强制性生态技术法制的地位和作用。

3) 生态行为文明是在一定的生态文明观和生态文明意识指导下,人们在生产生活实践中推动生态文明进步发展的活动,包括清洁生产、循环经济、环保产业、绿化建设以及一切具有生态文明意义的参与和管理活动,同时还包括人们的生态意识和行为能力的培育等。

四、生态文明建设

建设生态文明，不同于以往传统意义上的污染控制和生态恢复，而是克服工业文明弊端，探索资源节约型、环境友好型发展道路的过程。生态文明建设不仅包括人类对待生态环境的积极进步的思想观念建设，而且包括生态意识在经济社会各个领域的延伸及其物化的建设。生态文明建设应包括以下几个层面。

（一）政治层面

积极重视生态环境建设，把解决生态环境问题、建设生态文明作为贯彻落实科学发展观、构建和谐社会的重要内容。包括树立正确的发展观和生态观，加强生态法制建设，重视生态行政建设，并积极推进生态民主建设。

（二）经济层面

人类社会所有的经济活动都要符合人与自然和谐的要求，主要包括第一、二、三产业和其他经济活动的绿色化、无害化以及生态环境保护的产业化。大力发展循环经济，实施清洁生产，在积极发展环保产业基础上，进一步通过广泛开展生态环境宣传教育，不断提高环保产业单位和从业人员的生态职业责任意识。

（三）社会层面

重视和加强社会事业建设，推动人们生活方式的变革。建立法制化、民主化和安定团结的秩序以及高效率的社会管理体系，形成以生态文化意识为主导的社会潮流，树立以文明、健康、科学、和谐生活方式为主导的社会风气。同时，优化“人居”生活环境，控制人口增长，提高人口素质。此外，积极倡导消费方式的生态化，逐步形成有利于人类可持续发展的适度消费、绿色消费的生活方式。

（四）文化层面

社会文化活动包括指导人们进行生态环境建设的思想、方法、组织、规划等意识和行为都必须符合生态文明建设的要求。积极树立生态文化意识，注重生态道德教育，大力加强生态文化建设。

生态文明是与物质文明、精神文明和政治文明相并列的现实文明形式之一，着重强调人类在处理与自然关系时所达到的文明程度。一方面，生态文明在人与自然关系方面所创造的生态环境为物质文明、精神文明、政治文明提供必不可少的生态基础，以其他三个文明为前提，又反过来有利于促进三个文明建设；而三个文明则是在生态基础上创造出来的物质、精神和制度成果；四种文明共同构成生态文明建设体系。另一方面，作为人类文明的最高形态，生态文明体现了三种文明建设的升华，是后者的落脚点。物质文明建设主要是处理人与自然的关系；精神文明是指改造人的主观世界，提高人的自身素质；而生态文明不仅改造人与自然的关系，消除社会不公，使人与人的关系协调发展，同时还把许多新观念、新内容引进精神文明建设领域，全面推进人类文明的发展和进步。因此，生态文明这一崭新的文明形态完全可以与三个文明相提并论，并形成新的"四位一体"建设。总而言之，生态文明建设是一个包括五个子系统建设的复杂巨系统(图 8－5)。

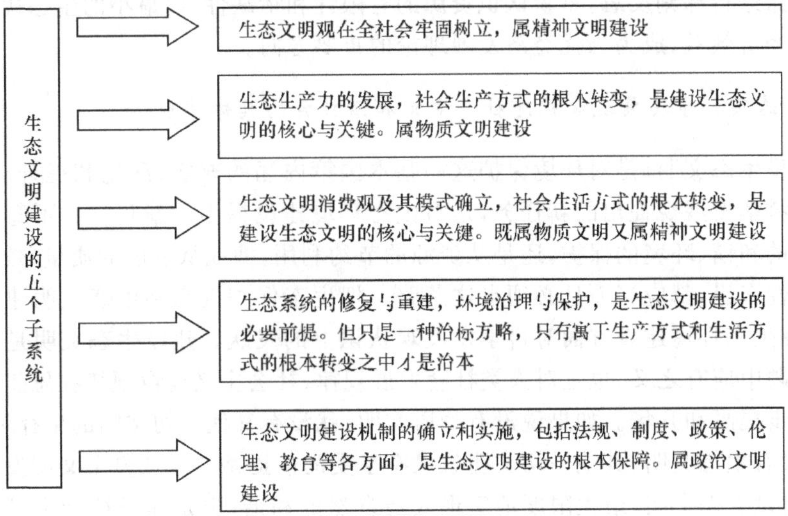

图 8－5　生态文明建设的五个子系统

人类的发展应该是人与社会、人与环境、当代人与后代人的协调发展。人类的发展不仅要考虑代内的公平，还要考虑代际的公平，即不能以当代人的利益为中心，甚至为了当代人的利益而不惜牺牲后代人的利益。必须提倡生态文明，牢固树立起可持续发展的生态文明观。严酷的现实告诉我们，人与自然都是生态系统中不可或缺的重要组成部分，人与自然不存在统治与被统治、征服与被征服的关系，而是相互依存、和谐共处、共同促进的关系。建设生态文明的意义包括以下几个方面。

1. 转变经济发展方式和优化经济发展模式的有效途径

早已实现了工业化、现代化的西方发达资本主义国家都经历过高消耗、高污染、高浪费的发展阶段，造成了严重的环境污染和生态危机。世界著名的"八大公害事件"都发生在这些国家。人们对传统的增长模式、发展道路、发展理论进行了反思，并提出了质疑。此外，战争、危险化学品运输泄露、石油泄露等也对环境造成严重危害。改革开放以来，我国经济持续高速增长，为人们提供了丰富的物质文化生活产品，但环境污染、生态破坏、资源短缺等问题也日益严重。一些地方将经济发展等同于GDP增长，单纯依靠大规模生产要素投入获取经济增长速度。资源消耗惊人，环境污染严重。不文明的消费模式也对环境和资源造成很大压力。这种高耗能、高污染、高浪费、低效益的发展模式是竭泽而渔式的发展，对生态破坏极大。从大量消耗能源、资源到节约资源和能源、保护生态环境，不仅是对经济增长方式、发展模式、发展道路的深刻变革，而且是对经济发展理论的深刻变革。对工业化道路进行深刻反思，重新认识资源的有限性和稀缺性，以最小的生态代价获取最大的经济效益，成为当代经济发展理论的重要方向。

2. 落实科学发展观和构建社会主义和谐社会的具体体现

建设生态文明，是对环境保护这一基本国策内涵的充实、深化和提升，是对贯彻落实科学发展观提出的新任务，是对生态环境建设提出的新目标。不管是从人与自然的和谐、环境的保护，还是从资源的节约利用，抑或从发展的质量、效益以及可持续性来讲，都应当而且必须走这条路。把生态保护提高到生态文明建设的高度，是在生态环境建设方面对科学发展观认识上的飞跃。建设生态文明是科学发展观的题中应有之义，也是对人类社会发展规律、社会主义建设规律在思想认识上的进一步提高和升华。如果说没有物质文明，就没有其他一切文明的生存和发展；那么，没有生态文明，其他一切文明就没有享受的前提条件。从整个文明发展的角度看，建设生态文明，最大限度地实现人与自然的和谐，也是建设社会主义和谐社会的题中应有之义。生态文明是对人类文明认识上的深化和提高。

3. 促进经济社会的全面发展

生态文明应成为社会主义文明体系的基础。社会主义的物质文明、政治文明和精神文明离不开生态文明，没有良好的生态条件，人不可能有高度的物质享受、政治享受和精神享受。没有生态安全，人类自身就会陷入不可逆转的生存危机。资本主义使人们摆脱封建枷锁和宗教禁锢的同时，却带来新的剥削和压迫，这使社会主义应运而生。社会主义只有超越资本主义工业文明模式，追求生态文明，才能有效应对资本主义全球化所带来的全新挑战。

4. 尊重自然界的客观规律和发挥主观能动性紧密结合的体现

人与自然关系是人类生存与发展的基础关系，一部人类社会发展史也是人与自然的关系史。一方面人是自然界的一员，人与自然共处在地球生物圈之中，人类的繁衍与社会的发展离不开大自然，必须以大自然为依托，利用自然，包括从自然界索取资源和空间，享受生态系统提供的服务功能等。这是自然为人类提供的物质基础，人类应该尊重自然规律，与赖以生存的自然环境保持一种相互依存、共生共荣的和谐关系。另一方面人类又必须改造自然,让大自然造福于人类,服务于人类。人与自然和谐共生,实现经济、社会、环境的共赢,关键在于人的主动性。建设生态文明,就是要统筹好人与自然的关系,消除经济活动对大自然自身稳定与和谐构成的威胁,逐步形成与生态相协调的生产、生活与消费方式。生态文明强调人的自觉与自律,强调人与自然环境的相互依存、相互促进,倡导人际关系和谐,承认社会分工而强调人格的平等,培植团结、互助、和睦、友好的人际关系。

5. 有利于维护社会稳定

生态文明为社会提供了资源保障。资源是经济发展的保障,生态资源失去平衡,社会发展和资源供应矛盾突出,没有自然资源保障,经济发展就无从谈起,没有经济发展,社会稳定发展就失去推动力。生态文明建设的主要任务,就是通过保护、节约、科学利用自然资源,维护生态平衡和社会稳定。

6. 有利于促进社会又好又快发展

生态文明要解决的基本问题是人与自然的关系问题。没有自然,就没有人类,人类生存和发展必须依附一定的自然生态环境。无论人类科学技术发展到多么先进的水平,也离不开他所处的自然环境。没有人与自然的和谐,就没有人与社会的和谐,也就谈不上人与人的和谐,从而使和谐社会建设因缺乏最基础的物质保障而变得不可能。所以,生态良好、生态平衡,是建设和谐社会的基石,是构建和谐社会的必然选择。近年来,我国经济社会发展的要求,也从"又快又好"转变为"又好又快"。这不是简单地调换一下"好"与"快"的顺序,而是包含着发展观念的深刻改变。生态文明建设能极大地促进社会又好又快地发展。

第六节 可持续发展

人与自然环境相互作用,出现了严重的自然环境恶化问题,同时导致了一系列新的环境与人类社会发展的复杂关系。人类在对自然进行巨大改造的同时,也给自然带来了巨大破坏。人类在自身得到极大发展的同时,也使全球濒临灾难的边缘。全球性的人口危机、资源危机、环境危机,使人类处于困难的境地,为了实现人类社会的可持续发展,有必要认真分析环境与发展的关系问题。

一、人类发展与自然的关系

生存与发展是人类社会的两大主题,自原始人类开始,人类社会发展进程中无不充满人类对自身更好的生存和发展的追求。马克思主义哲学认为,人类社会发展是由人类社会的生产力水平决定的。伴随生产力水平的不断提高,人类社会发展到不同的阶段。在人类社会发展进程中，人类发展与自然的关系已经历了三个不同的变化阶段。

（一）依附和崇拜自然阶段

距今35 000～10 000年前，人类主要依靠自己的肌肉力量与环境抗争，应用简单的工具进行狩猎和采集活动，获得自然界现成的产品。此时的生产基本上只有人的生产和环境的生产，几乎没有物质的生产。人类对环境的影响极小，远未超出自然界的恢复能力，人几乎像其他生物一样把自己消融于大自然之中。那时，对自然来说，自然是自然的自然，人和自然是自然的统一、原始的协调、低层次的和谐。但是对人类来说，由于人类对自然界的认识只是表层的，知其然，而不知其所以然，因而只能盲目地、动物式地适应自然、屈服于自然，受自然的主宰。

（二）利用和加强自然阶段

狩猎者是依赖自然界现成的产品来维持生活，则农业文明中的人类是直接以自然界为对象进行生产活动，如栽培植物、驯化野生动物，直接从大自然获得资源，完成了第一次产业革命。这一次革命的意义是重大的，是人类理性的体现。由于在农业文明阶段，生产是利用动植物的生物特性，所使用的能源是可再生的能源（如风力、水力、畜力等），所使用的工具是金属犁，这种生产主要还是“生物型”生产，对环境的影响不大。而且那时的环境容量大，人与自然的矛盾并没有激化，人和自然的关系是和谐的。

（三）控制和支配自然阶段

自18世纪开始，人类进入到新纪元。伴随着人类的思想解放，人类也从自然的束缚中解放出来。科技革命的兴起、资本主义自由竞争的刺激，使人类对自然的认识和改造能力得到极大提高，人对自然的主动地位得到极大体现，以致人类在与自然界发生关系时，将人作为自然的主人和统治者。

人类对自然界具有高度的依赖性，无权任意支配、统治、处置自然；自然界中的一切并非只是为人类而存在，人类无权以自己的利益和需要作为尺度去衡量自然物的存在价值。因而，人类必须善待自然和保护环境。人类的不同文明发展形式与环境的关系如表8-5所示。

表8-5 人类发展与自然的关系

文明类型	采猎文明	农业文明	工业文明	后工业文明
时段	公元前200万年 至公元前1万年	公元前1万年 至公元18世纪	公元18世纪 至今天	今天及未来

续表

文明类型	采猎文明	农业文明	工业文明	后工业文明
对自然的态度	依赖自然	改造自然	征服自然	善待自然
环境问题	未显现	森林砍伐、地力下降、水土流失	从地区性公害到全球性灾难	全球性灾难待解决
人类对策	听天由命	牧童经济	环境保护	可持续发展

二、可持续发展理论

（一）历史背景

人类通过工业革命成为大自然的主宰，但随之而来的环境问题击破了人们单纯追求经济增长的美好神话。历史把人类推到了必须从工业文明走向现代新文明的发展阶段。可持续发展的思想在环境与发展理念的不断更新中逐步形成。

1962年，美国海洋生物学家蕾切尔·卡逊发表了环境保护科普著作《寂静的春天》。作者通过对污染物富集、迁移、转化的描述，阐明了人类与大气、海洋、河流、土壤、动植物之间的密切关系，初步揭示了污染对生态系统的影响。《寂静的春天》在世界范围内较早地引发了对人类自身的传统行为和观念进行比较系统与深入的反思。

在环境与发展的关系问题上，世界上曾出现过两种错误的观点和做法：一种是先发展，后治理。只讲生产，不顾环境，以牺牲环境来谋求发展。当污染已形成公害，引起人民的强烈反对并影响到发展时，才被迫去治理。另一种则认为，为了保护环境，主张实行经济发展停止的方针，即“零增长”。更有甚者则主张人类重新回到大自然中去，回到18世纪以前的农牧时代去，认为这样才能“拯救世界免遭灾难和毁灭”。这两种主张将环境与发展对立起来。在环境与发展的矛盾中，我们应该注重发展，只有发展才能创造出包括适宜环境在内的高度的物质文明和精神文明。同时更应该在发展中保护环境。我们应该坚信人类的认识是无限的，由发展所带来的环境问题，总会通过科技进步、生产方式的改变和生态文明的建设等被人类不断地解决。

1. “宇宙飞船”理论

20世纪60年代末，美国经济学家提出了所谓“宇宙飞船经济”的观点。简单地说就是人类唯一赖以生存的最大生态系统是地球，而地球不过是茫茫无垠的太空中一艘小小的太空船（宇宙飞船），人口和经济不断增长，终将用完这个小飞船内有限的资源，人类生产和消费所排出的废物最后会污染飞船舱内的一切，届时整个人类社会将会崩溃。因此，人类必须改变过去那种“增长型”经济，而采用“储备型”

经济;改变传统的"消耗型"经济,而代之以"休养生息"的经济;要实行"福利量"的经济,而不能像过去那样,只着重于"生产量"的经济;要建立既不会使资源枯竭,又不会造成环境污染,能循环使用各种物质的"循环式经济"体系代替过去的"单程式"经济。

2. 动态平衡发展理论

美国经济学家福雷斯特是动态平衡发展理论的创始人。他的主要观点是:必须有目的地在全世界范围内,或在某些国家范围内,暂时停止物质资料的生产和人口增长,以保持一种动态平衡的经济。他对西方世界长期忽视和低估的后工业化社会出现的生态与环境问题给予了揭示,认为现代社会根深蒂固的、使经济发展失去动态平衡的最大祸患乃是"追求增长"。追求增长和发展绝不是通向未来的道路,必须尽力压缩增长。福雷斯特对环境与发展问题的解释是悲观的,未涉及科学技术和社会进步在世界变革中的作用。按照他的逻辑,既然人类可利用的矿物和能源一直在减少,即使人类的数量固定不变,人均占有量也在减少,人类必定面临"资源饥荒"。加之环境污染问题无法从根本上得以解决,工业生产"零增长"时,污染也要不断地涌向外部环境,且越积越多,永远无法实现动态平衡的经济目标。福雷斯特的学说对研究未来的悲观主义的国际组织——"罗马俱乐部"的研究工作有很大影响。

3. 增长的极限理论

20 世纪 60 年代末以来,悲观的发展学派对人类社会的发展进行了大量系统的研究。1972 年发表的学术报告《增长的极限》是这类观念的代表。《增长的极限》的基本结论认为:如果人类社会按目前的趋势继续发展下去,这个社会的将来会比现在的生活更不安定、人口更拥挤、污染更严重、生态更不平衡。如果不立即采取全球性的措施制止或减缓人口和经济的增长速度,则在 100 年内的某一时刻,人类社会的增长就会达到极限,此后便是社会的不可逆转的瓦解,人口和经济发展都将大幅度下降。虽然由于各种因素的限制,《增长的极限》的结论和观点存在十分明显的缺陷,但报告所表现出的对人类前途的"严肃忧虑",以及唤起人类自身的觉醒,其积极意义却毋庸置疑。

4. 稳态发展理论

美国经济学家弗雷尔根据生态学原理,从经济学理论出发,提出了一种理想化的环境经济思想。他将传统经济称为"增长经济",而根据生态学建立的经济与传统经济则是相反的,称为"稳态经济"。稳态经济是指在必要时,应该不惜放弃短时期内的经济增长和资源消耗,以此来维持整个社会的长期发展和稳定的一种经济理论。传统的增长经济观一直认为资源是取之不尽、用之不竭的，即使资源一时短缺，也相信技术的力量是可以长远地解决资源短缺问题。稳态经济学的内涵主要有以下四点：

1）稳态的经济能够为全社会提供无限期保持下去的较高的生活水平，并且能够有效地使全体社会成员公平合理地享受这一较高的生活水平。

2）理想的生态经济能够把环境道德的观念纳入社会福利的范畴，但又不使经济体系受到重大损失，它可以增加环境的舒适、悠闲生活和社会关心来补偿物质商品生产的减少。

3）理想的生态经济可以唤起、促进人们的人道主义精神，使人们意识到人类的需要除了物质的需要外，还包括许多社会和道德方面的需要。

4）理想的生态经济可以摆脱某些经济原理对人们的束缚，同时对经济方面的一些概念给予新的解释。

5. 国家调节理论

国家调节理论的代表人物有法国经济学家巴尔和英国经济学家戴奇。他们认为"增长的限度主要不是由某种客观的自然因素所制约，而更多地是由现代社会的政治制度和人与人之间的相互关系联系在一起"。因此"市场机制不总是能够预测到不良的社会后果"。市场机制也不是保证向人们提供社会保险、教育、保健、必要的环境质量的手段。因此，他们主张在环境保护和资源利用方面，应以各种形式的国家调节作为市场机制的补充。在国家调节的手段和方法上，有两种观点：一是部分控制模式派，他们认为，在解决环境危机方面仍可以发挥"自由市场机制"的作用，并认为环境危机的主要根源正是在于没有把某些过程和现象包括到市场机制中去。在环境保护中利用价格进行调节是这一派提出的基础性建议，最主要的手段是"影子价格"(影子价格是根据所使用的自然财富确定)。二是制度管理派，他们认为，简易的环境管理模式，是以行政管制、奖励、刺激和强制遵守自然保护法规等相结合为基础的。他们主张应用标准、法规等行政管制手段来克服私人经济发展与公共环境质量之间的不断增长的矛盾。当环境状况使人们严重不安并要求尽快改善时，这种管理模式具有特别重要的意义。

6. 可持续发展理论

可持续发展理论由来已久。1972 年，在斯德哥尔摩召开的联合国人类环境会议是探讨保护全球环境战略的第一次国际会议正式吹响了人类共同向环境问题挑战的进军号。1987 年，以挪威首相布伦特兰夫人（G. H. Brandtland）为首的 WCED 向联合国大会提交了《我们共同的未来》的研究报告。报告将注意力集中于人口、粮食、物种和遗传资源、能源、工业和人类居住等方面。在系统探讨了人类面临的一系列重大经济、社会和环境问题之后，提出了“可持续发展”的概念，这些鲜明的、创新的科学观点，把人们从单纯考虑环境保护引导到环境保护与人类发展相结合，实现了人类有关环境与发展思想的重要飞跃。1992 年 6 月，联合国环境与发展大会在巴西里约热内卢召开，会议通过《里约环境与发展宣言》(又名《地球宪章》)和《21 世纪议程》两个纲领性文件，这两个文件为可持续发展在全球范围内具体实现提供了原则支持和行动计划，以此次大会为标志，人类对环境与发展的认识提高到了一个崭新阶段。可持续发展思想真正开始深入人心。

7. *科学发展观*

胡锦涛同志在中国共产党十七大报告中提出，在新的发展阶段继续全面建设小康社会、发展中国特色社会主义，必须坚持以邓小平理论和“三个代表”重要思想为指导，深入贯彻落实科学发展观。科学发展观是对中国共产党的三代中央领导集体关于发展的重要思想的继承和发展，是马克思主义关于发展的世界观和方法论的集中体现，是与马克思列宁主义、毛泽东思想、邓小平理论和“三个代表”重要思想既一脉相承又与时俱进的科学理论，是我国经济社会发展的重要指导方针，是发展中国特色社会主义必须坚持和贯彻的重大战略思想。科学发展观的第一要务是发展，核心是以人为本，基本要求是全面协调可持续发展，根本方法是统筹兼顾。

胡锦涛同志进一步指出：“科学发展观，是用来指导发展的，不能离开发展这个主题，离开了发展这个主题就没有意义了。”中国的出路在于发展，全面建设小康社会的关键在于发展，中华民族的命运和社会主义的兴衰成败皆系于发展。科学发展观不是不要发展，而是要克服过去在某些方面存在的重经济指标、轻社会进步，重物质财富、轻精神财富，重当前利益、轻长远利益的偏差；是强调经济、政治、文化和社会建设的各个环节、各个方面，必须统筹兼顾、相互促进；强调必须注重发展进程的持久性、连续性，保证永续发展。2008 年 11 月 1 日，温家宝总理在《求是》杂志发表题为“论当前发展若干重大问题”的署名文章指出：“科学发展观的第一要义是发展。发展，对于全面建设小康社会、加快推进社会主义现代化具有决定性意义，始终是我党执政兴国的第一要务，是解决中国一切问题的关键。科学发展观要求的发展，是好中求快、又好又快的发展，是速度与结构、质量、效益相统一的发展，是长期、稳定、可持续的发展。”科学发展观的具体内容包括四个方面：① 以人为本的发展观；② 全面发展观；③ 协调发展观；④ 可持续发展观。从科学发展观的本质出发可以看出，其理论体系具有三个明显的特征。

(1) 衡量一个国家或区域的“发展度”

“发展度”强调了生产力提高和社会进步的动力特征，即判别一个国家或区域是否是真正地发展、健康地发展、理性地发展，以及是否是保证生活质量和生存空间的前提下的可持续发展。

（2）衡量一个国家或区域的“协调度”

“协调度”强调了内在的效率和质量的概念，即强调合理地优化调控财富的来源、积聚、分配以及财富在满足全人类需求中的行为规范，即能否维持环境与发展之间的平衡、效率与公正之间的平衡、市场发育与政府调控之间的平衡、当代与后代之间利益分配的平衡。

（3）衡量一个国家或区域的“持续度”

判断一个国家或区域在发展进程中的长期合理性。“持续度”则更加注重从“时间维”上去把握“发展度”和“协调度”。

建立科学发展观理论体系所表明的三大特征，即数量维（“发展度”）、质量维（“协调度”）和时间维（“持续度”）这三个维度从根本上表达了对于人类社会发展的完满追求。

（二）理论内涵

可持续发展战略作为一个全新的理论体系正在逐步形成和完善，其理论内涵也引起了全球范围的广泛关注和探讨。各学科从各自角度对可持续发展进行了不同阐述，分别强调了生态、社会、经济和技术等方面。虽至今尚未形成较一致的定义和公认的理论模式，但其基本含义和思想内涵却是一致的。其中，WCED的定义是最基本的定义。该定义指出“既满足当代人的需要，又不损害子孙后代满足其需要的能力的发展”。其中包含了两个重要的概念：一是“需要”的概念，尤其是世界上贫困人民的基本需要，应将此概念放在特别优先的地位来考虑；二是“限制”的概念，包括技术状况和社会组织对环境满足眼前和将来需要的能力所施加的限制。同时体现了三个基本原则：① 公平性原则，强调代内公平，代际公平和公平分配有效资源；② 持续性原则，强调人类经济和社会发展不能超越资源和环境的承载能力；③ 共同性原则，强调因地球的整体性和相互依存性，某个国家不可能独立实现其本国的可持续发展，可持续发展应是全球发展的总体目标。

（三）行动纲领

1992年6月，在巴西里约热内卢召开的环境与发展大会上通过并签署的《21世纪议程》是关于可持续发展观念付诸实施的最重要的行动纲领。《21世纪议程》综合考虑到政治、社会、经济、人口、资源、环境，提出了公平兼顾当代和后代的福利的可持续发展实施方案。其核心含义是“需要全人类改变现行的经济活动”。其基本思想是“人类正处于历史抉择的关头。我们继续实施现行的政策，保持国家之间的经济差距，将在全世界各地增加贫困、饥饿、疾病和文盲，继续使人类赖以维持生存的地球生态系统恶化。否则，我们必须改变现行的政策，改善所有人的生活水平，更好的保护和管理生态系统，争取一个更安全、更繁荣的未来”。

1. 全球《21世纪议程》

(1) 全球《21世纪议程》的基本思想

全球《21世纪议程》深刻指出，人类正处在一个历史的关键时刻，世界面对国家之间和各国内部长期存在的经济悬殊现象，贫困、饥荒、疾病和文盲有增无减，赖以维持生命的地球生态系统继续恶化。如果人类不想进入这种不可持续的绝境，就必须改变现行的政策，综合处理环境与发展的问题，提高所有人特别是穷人的生活水平，在全球范围内更好地保护和管理生态系统。要争取一个更安全、更繁荣、更平等的未来，任何一个国家不可能仅依靠自己取得成功，必须联合起来，建立可持续发展的全球伙伴关系，只有这样才能实现可持续发展的长远目标。

《21世纪议程》的目的是为了使全世界为下一个世纪的挑战作准备。它强调圆满实施议程是各国政府必须首先负起的责任。为了实现议程的目标，各国的战略、计划、政策和程序至关重要，国际合作需要相互支持和各国的努力。同时，要特别注重转型经济阶段许多国家所面临的特殊情况和挑战。《21世纪议程》还指出，议程是一个能动的方案，应该根据各国和各地区的不同情况、能力和优先次序来实施，并视其需要和情况的改变不断调整。

(2) 全球《21世纪议程》的主要内容

《21世纪议程》涉及人类可持续发展的所有领域，提供了21世纪如何使经济、社会与环境协调发展的行动纲领和行动蓝图，其主要内容分为四个部分：

1) 经济与社会的持续发展。加速发展中国家可持续发展的国际合作和有关的国内政策，消除贫困、改变消费方式、人口动态可持续能力；保护和促进人类健康；促进人类住区的可持续发展；将环境与发展问题纳入决策进程。

2) 资源保护与管理。包括：保护大气层；统筹规划和管理陆地资源的方式；禁止砍伐森林；脆弱生态系统的管理和山区发展；促进可持续农业和农村的发展；生物多样性保护；对生物技术的环境无害化管理；保护海洋、封闭和半封闭的沿海区域，保护、合理开发利用其生物资源；保护淡水资源的质量和供应(即对水资源的开发、管理和利用)；有毒化学品的环境无害化管理、防止在国际上非法贩运有毒废料、危险废料的环境无害化管理以及对放射性废料实行安全和环境无害化处置管理。

3) 加强主要群体的作用。包括：采取全球性行动促进妇女的发展；青年和儿童参与可持续发展；确认和加强土著人及其社区的作用；加强非政府组织作为可持续发展合作者的作用；支持全球《21世纪议程》的地方当局的倡议；加强工人和工会的作用；加强工商界的作用；加强科学和技术界的作用；加强农民的作用。

4) 实施手段。包括财政资源及其机制；环境无害化(和安全化)技术的转让；促进教育、公众意识和培训；促进发展中国家的能力建设、国际体制安排；完善国际法律文件及机制。

2. 中国《21 世纪议程》

(1) 中国《21 世纪议程》的基本思想

制定和实施《中国 21 世纪议程》，走可持续发展之路，是我国在 21 世纪发展的需要和必然选择。中国是发展中国家，要提高社会生产力、增强综合国力和不断提高人民生活水平，必须毫不动摇地把发展国民经济放在第一位，各项工作都要围绕经济建设这个中心来开展。中国是在人口基数大、人均资源少、经济和科技水平都比较落后的条件下实现经济快速发展的，这使本来已经短缺的资源和脆弱的环境面临更大压力。在此形势下，中国政府认识到，只有遵循可持续发展的战略思想，从国家整体的高度协调和组织各部门、各地方、各社会阶层和全体人民的行动，才能顺利完成预期的经济发展目标，才能保护好自然资源和改善生态环境，实现国家长期稳定的发展。

(2) 中国《21 世纪议程》的主要内容

《中国 21 世纪议程》的主要内容分为四个部分：

1) 可持续发展总体战略与政策。论述了实施中国可持续发展战略的背景和必要性；提出了中国可持续发展战略目标、战略重点和重大行动；建立了中国可持续发展法律体系；制定了促进可持续发展的经济技术政策，将资源和环境因素纳入经济核算体系；阐明了参与国际环境与发展合作的意义、原则立场和主要行动领域，其中特别强调了可持续发展能力建设，包括建立健全可持续发展管理体系、费用与资金机制，加强教育，发展科学技术，建立可持续发展信息系统，促使妇女、青少年、少数民族、工人和科学界人士及团体参与可持续发展。

2) 社会可持续发展。包括人口、居民消费与社会服务，消除贫困，卫生与健康，人类住区可持续发展和防灾减灾等。其中最重要的是实行计划生育、控制人口数量、提高人口素质，包括引导建立适度和健康消费的生活体系。强调尽快消除贫困，提高人民的卫生和健康水平。通过正确引导城市化，加强城镇用地规划和管理，合理使用土地，加快城镇基础设施建设，促进建筑业发展，向所有的人提供住房，改善住区环境，完善住区功能。建立与社会主义经济发展相适应的自然灾害防治体系。

3) 经济可持续发展。把促进经济快速增长作为消除贫困、提高人民生活水平、增强综合国力的必要条件，其中包括可持续发展的经济政策，农业与农村经济的可持续发展，工业与交通、通信业的可持续发展，可持续能源和生产消费等方面。着重强调利用市场机制和经济手段推动可持续发展，提供新的就业机会，在工业活动中积极推广清洁生产，尽快发展环保产业，提高能源效率与节能，开发新能源和可再生能源。

4）资源的合理利用与环境保护。包括水、土等自然资源保护与可持续利用、生物多样性保护、防治土地荒漠化、防灾减灾、保护大气层（如控制大气污染和防治酸雨）、固体废物无害化管理等。着重强调在自然资源管理决策中推行可持续发展影响评价制度，对重点区域和流域进行综合开发整治，完善生物多样性保护法规体系，建立和扩大国家自然保护网络，建立全国土地荒漠化的监测和信息系统，开发消耗臭氧层物质的替代品和替代技术，大面积造林，建立有害废物处理，以及利用新的法规和技术标准等。

三、可持续发展的支撑与保证

（一）经济保证

1. 创建可持续发展的经济体制

（1）中国特色的市场经济体制的创建为可持续发展提供了体制保证

经济体制就是一定经济制度所采取的具体组织形式和管理制度，是生产关系的具体实现形式。经济体制的形成有一定的合理性和必然性。我国经济体制改革的目标是建立社会主义市场经济体制，其核心是要使市场在资源配置中起基础性作用，通过市场可以更好地实现资源的优化配置。我国现在要创建的社会主义市场经济体制不同于资本主义国家传统的市场经济体制，我国创建的社会主义市场经济体制属于现代市场经济体制。以传统的市场经济体制代替社会主义国家传统的计划经济体制，并不能满足建立可持续发展经济体制的要求。

（2）依靠经济手段和市场机制促进可持续发展

利用排污收费、税收和财政补助等经济手段间接促进环境保护。由于经济手段具有一定的灵活性和经济有效性，从而能够使管理系统以最小的经济代价来获得所要求的环境效果。

1）有偿使用。实现环境资源的有偿使用，把环境资源商品化，可以促进合理开发和利用资源，保护环境和实现生态平衡。通过价值规律等经济手段达到资源的最优分配和使用。

2）排污收费。排污收费促使排污者自动治理污染，把排放量降低到使排放单位污染物收费值等于其边际处理费的水平，从而降低污染，改善环境质量。通过加强排污收费的管理和监督，促使污染者治理污染。

3）补贴措施。政府对企业治理污染或其他保护环境的活动给予一定的资金补贴，如对植树造林进行补贴、对污染防治进行补贴等，以此加强环境的治理。

4）“三废”利用。开展“三废”综合利用是当前我国的一项重要的环境经济政策。“三废”综合利用能够带来极为明显的环境效益和经济效益，对消除和减轻环境污染及生态破坏能够起到重要的作用，应加大提倡力度。

(3) 制定和实施相应的经济政策

经济政策要有利于经济的可持续发展。其主要作用是激励政策对象采取保证可持续发展的经济行为和发展方式。主要包含以下几个方面：

1) 产业政策。加强污染防治技术研究，各级政府要正确引导和大力支持环保产业的发展，把环保产业列入优先发展的领域，开发和推广先进的环保设备。

2) 投资政策。制定合理的投资政策，优化投资结构，实行生态环境投资的参数化措施，保证生态环境投资与生产建设投资按比例协调发展。

3) 技术开发政策。开展和推广节约资源能源、减少废物排放的生产技术与工艺，用新技术取代传统技术，开展应用有利于资源开发利用或促进增殖的技术。

4) 财政税收政策。贯彻《环境保护法》，对超出国家标准的排污，要按照排放污染物的数量和浓度，根据规定收取排污费。

5) 资金信贷政策。在条件成熟时，成立政策性银行，实施可持续发展项目信贷优惠政策。

6) 价格政策。积极推进价格改革，对环境资源进行计价，使产品价格反映出产品在生产过程中产生的直接成本和间接外部环境成本，通过相应提高对生态环境影响较大的产品的价格，使环境损失在产品价格中得以补偿，充分发挥价格机制在生态环境开发利用中的调节作用。

2. 建立经济与环境核算体系

虽然可持续发展已成为各国政府认同的发展模式，但是仍然非常有必要确立一个指标体系来体现可持续发展，并通过这些指标来评估当前的发展是否具有可持续性。指标是反映社会现象的发展趋势方面的信息。因此，指标不仅要提供事物变化的定量化信息，而且要能够反映公共政策的作用和后果。从人类社会经济活动与环境的相互作用关系的角度来制定经济可持续发展指标，必须反映自然资源的存量和环境的承载能力；必须实现当代和后代的利益，并实现公平。为此，既要有衡量经济状况的指标，还要有评价社会发展、自然资源承载力和环境状况的指标。

传统的国民经济体系只考虑物质资料的生产和流通，基本不考虑环境与自然资源的变化，同时也不能科学地反映环境预防费用和环境退化的损失费用，是不可持续的国民经济核算体系。改革现行的国民经济核算体系就是要建立自然资源与环境的核算体系，对自然资源和环境进行实物核算与价值核算。实物核算包括：① 由于人类开采利用从而导致自然资源存量的减少或环境受到损害；② 由于自然增长或再生或植树造林，自然资源存量增加或环境得到改善。

价值核算就是将环境和自然资源进行价值确定。环境和自然资源的价值确定以后，在新的国民经济核算体系中就必须包括环境和自然资源的存量核算与流量核算，这一核算体现在三个层面：① 在对环境和自然资源进行实物核算基础上进行价值核算；② 对环境和自然资源进行综合核算，反映其总量的增减变化；③ 将环境和自然资源核算纳入国民经济核算体系。从而全面反映国民财富的增减变化、资本规模以及国民生产总值和国民生产净值的实际情况。

3. 建立金融机制和融资渠道

实施可持续发展战略就要求在开发和利用自然资源的同时，减少环境污染并对已污染的环境进行保护和修复。因此，保护自然和环境，实现生态平衡就需要大量资金的投入。政府除了在制定各项政策中体现可持续发展的思想外，还必须制定并实施有利于可持续发展目标的资金，保证机制和财政税收政策，推动金融界开拓融资渠道。

以前，我国财政实行的是在中央统一领导下分级管理的方针，但这种财政体制使地方处于被动地位，地方的自主性和创造性得不到充分的发挥，地方和企业缺乏经营管理的自主权。因此，根据建立社会主义市场经济体制的要求，我国进行了投资融资体制的改革，将投资额划分为竞争性项目投资、基础性项目投资和公益性项目投资，并以此使得投资来源和投资主体多元化。

对于可持续发展所需要的大量资金，可以通过利用外资来解决部分问题。实践证明，利用外资的积极作用是很明显的，除了补充国内建设资金的不足，还可以通过利用外资引进国外先进技术和先进的管理经验，并扩大商品出口，从而有利于加快我国社会主义现代化建设的步伐。

（二）科技支撑

科学技术的发展已经在很大程度上改变了世界的面貌。时至今日，科学技术的发展还必须适应人类社会可持续发展的需要。科学技术要成为推动可持续发展的主导力量，本身必须有一个转化过程，即发展科学→转化科技成果→发展生产力。在这个过程中可以看出，科学技术是实现可持续发展的决定因素。首先，生产力水平取决于劳动者对先进科学技术的把握程度；其次，劳动资料本身的发展变化充分体现出科技进步革故鼎新的作用；最后，科技进步促进了劳动对象的开发利用和保护，更加有效地控制加工劳动对象过程。然而，科学技术的进步对可持续发展的决定性作用不仅仅体现在变革和提高生产力三要素的性能上，而且还表现在促进经济增长方式的转变上。从经济增长方式来考察，扩大再生产的途径主要有两条，即内涵扩大和外延扩大。依靠科技进步和结构调整能够促进内涵的扩大，节约和保护资源，促进经济发展的良性循环。

在保护生态环境的过程中，科学技术具有先导作用。过去我们以落后的科技方式向大自然索取，使生态环境越来越脆弱，甚至成为过去生态环境恶化的主要原因。如难降解的、高毒、高残留农药的大量使用以及化肥的滥用等都造成了环境的恶化。随着科技的进步与发展，出现了“绿色技术”。“绿色技术”在保护环境和保持社会与自然平衡发展方面具有两个重要的作用：① 认知作用，提高了人们对自然规律的认识深度、对生存与环境关系的认识深度；② 建设和治理作用，“绿色技术”促进了绿色工程的建设和日益恶化的生态环境的治理。

由于科学技术在可持续发展中有着巨大的作用，必须建立与可持续发展战略相关学科的微观结构和宏观结构，建立可以推动可持续发展的科学技术体系。

1. 建立推动可持续发展的科学体系

以研究生命系统内部发展的生命学科群为脉络，以研究支持生命系统的外部环境与关注人和自然关系的环境地球科学群为经络，以调整人与自然、人和社会关系适应可持续发展需要相关的社会人文学科群为交叉点，构成一个完整的推动可持续发展的科学体系。

(1) 生命学科群

从可持续发展目标出发，以人类生命存在条件、生命诸现象之间关系、生命有机体与自然环境的相互制约作用作为框架来构建生命学科群。

(2) 环境地球学科群

环境地球学科群包括地球科学和环境科学。研究地球及环境发生的变化，针对地震、火山活动、温室效应、臭氧层破坏和酸雨等灾害问题的综合研究，不断加深对可持续发展的认识。

(3) 社会人文学科群

在推动可持续发展战略的科学体系中，由经济学、管理学、法学和伦理学组成的社会人文学科群是不可缺少的部分。该学科群以经济学为核心，以生态经济活动规律以及生态经济活动中人际关系为主要研究对象，其主要任务是揭示生态经济活动和其他人类活动的有机联系。

2. 建立推动可持续发展的技术体系

科学研究是为了寻找和发明新的技术，推动可持续发展就必须在建立科学体系的基础上，建立推动可持续发展战略的技术体系。当前技术体系发展的趋势大致为：① 专家点拨，公众参与；② 发达国家正在向发展中国家寻求和索取新的工艺和资源；③探索高新技术与可持续发展措施之间的相互作用。新建立的技术体系应当具备以下特征：① 有利于人类健康和促进人类文明进步；② 优化环境或防止环境进一步恶化；③ 更新换代，体现科学技术本质；④ 节能减排降耗。鉴于以上这些特征，当前可持续发展战略技术体系中的几类主要技术包括环境无害化技术、转基因技术、监控技术、数字地球技术、防灾技术、可持续性农业技术、资源综合利用技术、节能减排技术等。

我国在科技支撑可持续发展方面取得了较大的成效，但从有效控制我国环境污染与生态破坏加剧的趋势和改变经济增长方式的要求来看，还存在以下薄弱环节：① 运用绿色科技成果防灾减灾的能力较弱；② 绿色科技专业队伍缺乏整体优势；③ 缺乏传播绿色科技信息的主渠道；④ 绿色科技创新能力较弱。

鉴于我国在科技支撑可持续发展方面的现状，今后应开展以下几个方面的工作：① 引导公众深刻理解"绿色科技"的本质；② 进一步寻找和增强科技支撑的支点与力度；③ 建立与可持续发展战略匹配的科研组织和基地；④ 培育市场、生产、科研结合的新体系；⑤ 健全绿色科技政策等。

（三）教育支撑

《中国21世纪议程》指出："可持续发展以人为本"，应"加强对受教育者的可持续发展思想的灌输"。由此可见，可持续发展离不开教育，教育是实施可持续发展的基本保证。然而，目前我国的人才状况基本还停留在传统的工业经济时代的水平上。在向市场经济转化的过程中，随着国民经济的持续高速增长，人口素质尽管有所提高，但与现代生态文明社会的发展目标还有很大距离。可持续发展的实现，必须依靠受过足够教育、具有较高文化水平的社会群体，呼唤具有以下几个方面品质的人才：① 具备可持续发展观念，以该观念为核心的价值取向；② 具备既对当代人又对后代人负责的社会责任感；③ 具有创新精神和创造能力；④ 具备全方位的道德伦理观。

教育在确立和传播可持续发展观念中具有重要的地位。例如，优生优育、公众参与、立法强制、教育引导等都体现了教育在确立和传播可持续发展观念中所起到的独特的作用，即具有超前引导和知识再生作用。因此，可持续发展的观念必须借助教育才能完成，而环境教育、人口教育、国际理解教育等是确立可持续发展观念所必不可少的。

可持续发展战略的实施离不开教育，而教育自身也需要可持续发展。因此，要确保可持续发展战略的实施，就必须加大力度保证教育的持续发展。要摒弃应试教育，全面推进素质教育；调整教育结构层次，各类教育与时俱进；及时改革教育体制；提高教育手段，推进开放型教育。教育的可持续发展，必须从教育思想、教育结构、教育体制到教育方法进行全面改革和创新。

（四）法制建设

随着人们对可持续发展认识的逐步提高，相关的法律制度建设日益受到重视。这些法律法规实施后，在社会实践中发挥了巨大的作用，有力地保证了可持续发展目标的实现。

人类大规模以立法手段来保护环境始于20世纪中叶。人类环境会议于1972年6月在斯德哥尔摩召开，从提案到召开的这段时间里，环境保护事业有所发展。这时期，世界许多国家也开始制定环境资源基本法。这个时期最大的发展就是确立了环境也要保护的思想。随后，随着人类环境意识的觉醒，环境资源立法发生了变化，过去的立法大部分针对自然资源的分配和利用，小部分针对重要环境退化事件，是被动性立法；现在的立法则以防治污染、保护环境和资源为目标，主动性和控制能力都有所增强。此时，世界环境资源立法呈现新的趋势，朝向系统化、国际化和应用经济手段保护环境和资源的趋势发展。

我国环境资源立法虽然初步形成体系，但还不够完备，还需从以下几个方面加大力度：

1）急需制定各种污染防治法、资源综合利用法、自然资源保护法等必需的法律法规，以弥补环境资源法体系的空白。

2）制定各法律配套的法规，使其具体化，增加可操作性。

3）及时修改/修订某些法规。

4）根据各地的实际情况制定相应的环境资源法。

5）将与环境资源相关的法律渗透到社会生活的各方面，以保证从多方面保护环境。

6）积极参与国际环境立法，把国际环境资源法与国内环境资源法结合起来。

（五）国际合作

生态环境的保护问题影响到世界上每个国家、每个民族和每个人，因此，要解决环境问题、保护生态安全，靠个人、一个国家的努力是不够的，必须全球协作、共同努力。因此，地球上的每个人都应当坚持在发展经济的同时，高度重视对生态环境的保护和正确认识环境保护及自然资源的开发与利用之间的关系，并以强烈的历史责任感，为谋求全人类可持续发展的国际合作而作出不懈的努力。

1. 可持续发展国际化合作的必要性

生态环境问题本身是一个全球性问题，有的从局部可以蔓延到整个地区，有的从一个地区可以影响到其他几个地区，以致形成国际性的污染，因此可以认为，当今某些重大的环境污染问题是无国界的，是全球性的，也就应当由全人类共同努力维护生态环境的持续发展，具体表现在两个方面：

1）当今世界重大环境污染事件时有发生，并且有继续恶化的趋势。如全球气候变化、森林破坏、草原退化、土壤沙化、物种濒临灭绝、酸雨等问题直接影响到全球环境、经济、健康、社会等方面，其治理范围不只是工业的污染、环境的污染，还涉及其他方面。必须把整个区域、流域视为复合大系统，进行统一规划，整体解决。

对于这些全球性的、综合性的、高智能性的污染问题，一个国家、地区去治理，或用一种方法去治理都是无济于事的，必须与有关的国家、地区乃至国际合作来完成，综合整治方能见成效。

2）各种生态环境危机的影响和解决途径具有全球性。生态环境危机的解决途径在空间上涉及的范围很广，任何国家、地区和个人都不能幸免于外；在时间上，不仅涉及当代人的利益，而且也涉及子孙后代的命运。因此，可持续发展是一个全球性的战略。而不只是一个国家的战略。地球属于全人类，地球的环境治理问题也理所当然地由全人类来承担。

2. 可持续发展国际化合作的自然基础和社会条件

当前，全球生态环境可持续发展国际合作具有极为有利的自然基础和社会条件。

（1）自然基础

地球本身就是一个大的生态系统，这个生态系统内部各部分之间是相互制约、相互联系的。地球上各环境要素是相互依存、相互联系的，地球各组成部分依然如此。

（2）社会条件

经济全球化的发展对生态环境可持续发展全球化合作有较大的影响；国际环保会议的召开，环保意识的宣贯，民间组织、环保团体的成立等都有力地推动了生态环境可持续发展全球化的合作；各国政府的大力支持、合作，人们的积极配合、积极行动也促进了环境的可持续发展。

3. 中国在可持续发展国际化合作中的基本立场

我国作为人口最多的国家，也是受环境污染威胁、危害最严重的国家之一。长期以来，我国政府一直将环境保护作为一项基本国策。《中国 21 世纪议程》指出：“可持续发展是国际社会共同关注的问题。需要各国超越文化和意识形态等方面的差异，采取协调、合作的行动。”“推进可持续发展的国际合作是中国改革开放的重要组成部分，并有效地促进中国改革开放的深入。”我国在国际环境与发展领域合作的基本立场为：① 经济发展必须与环境保护相协调；② 保护环境是全人类的共同任务，经济发达国家负有重大责任；③ 加强国际环境发展领域的合作必须以尊重国家主权为基础；④ 保护环境与发展离不开世界和平与稳定，战争和动乱不仅造成生命、财产的重大损失，对于生态环境也必然会带来严重破坏；⑤ 处理环境问题应当兼顾各国的现实利益和世界的长远利益。

我国作为最大、最具影响力的发展中国家，对推进国际环境合作负有重要责任。因此，我国将从本国实际出发，不遗余力地对全球可持续发展发挥尽可能大的作用。

思　考　题

1. 如何判断生态系统退化？
2. 简述生态系统退化的原因及常见的退化类型。
3. 试述退化农田生态系统的修复过程及其注意事项。
4. 生态系统健康评价标准有哪些？
5. 以水生生态系统为例，阐述生态系统健康评估与预测的两种方法。
6. 在我国现阶段推行生态工业园区建设应遵循哪些基本原则？
7. 试比较我国生态农业与国际流行的可持续发展农业的异同。
8. 生态农业系统具有哪些特点？
9. 什么是生态文明的内涵？
10. 结合我国实际谈谈如何开展生态文明建设。
11. 结合实际阐述建设生态文明的意义。
12. 人类发展与自然的关系经历了几个阶段？各有什么特点？
13. 如何定义可持续发展？其中体现哪些基本原则？
14. 科学发展观包括哪些具体内容？有什么特征？
15. 我国可持续发展的支撑与保证包括哪些方面？

主要参考文献

包维楷，陈庆恒．1999．生态系统退化的过程及其特点．生物学杂志，18(2)：36-42．

陈传宏，田保国．2001．21世纪初期中国环境保护与生态建设科技发展战略研究．北京：中国环境科学出版社．

陈怀顺，赵晓英．2000．西北地区生态恢复对策．科技导报，8：42-44．

陈寿朋．2008-01-08．略论生态文明建设．人民日报，第7版．

陈湘舸．2002．论生态文化．社会科学战线，6：250，251．

程序．2002．再论可持续农业思想的发展及其与中国生态农业的关系．中国生态学报，12(4)：1-5．

戈峰．2008．现代生态学．北京：科学出版社．

关胜侠，高冠新．2009．生态文明的三个关键问题．科学发展观研究，(6)：31-34．

胡洪彬．2009．社会资本视角下的生态文明建设路径．北京工业大学学报(社会科学版)，(4)：38-43．

柯金虎．2002．工业生态学与生态工业园论析．科技导报，12：33-35．

孔正红，张新时，周广胜．2002．可持续农业及其指示因子研究进展．生态学报，(4)：577-585．

李谨，安树青，程小莉，等．2001．生态系统健康评价研究进展．植物生态学报，25(6)：641-647．

刘力，于爱敏．2001．世界可持续农业发展模式比较研究．世界地理研究，(3)：41-45．

刘梦娟，唐志敏．2009．在科学发展观指引下建设生态文明．经济与社会发展，(1)：37-39．

刘思华．2009．中国特色社会主义生态文明发展道路初探．马克思主义研究，(3)：69-72．

刘喜凤，罗宏，张征．2003．21世纪的工业理念：生态工业．北京林业大学学报(社会科学版)，(3)：

51-55.
刘宗超.1997.生态文明观与中国可持续发展走向.北京:中国科学技术出版社.
钱易,唐孝炎.2000.环境保护与可持续发展.北京:高等教育出版社.
任海,彭少麟.2001.恢复生态学导论.北京:科学出版社.
任宪友.2001.生态文化与可持续发展.生态经济,(4):54,55.
沈国明.2001.21世纪的选择——中国生态经济的可持续发展.成都:四川人民出版社.
孙红梅,赵景柱,马克明,等.2002.生态系统健康评价方法初探.应用生态学报,13(4):486-490.
孙楠,李卫忠,吉文丽,等.2002.退化生态系统恢复与重建的探讨.西北农林科技大学学报,30(5):136-139.
孙铁珩,周启星,李培军.2001.污染生态学.北京:科学出版社.
王旭.2009.关于生态文明建设的几点思考.法制与社会,(1):231,232.
延军平,黄春长,陈瑛.1999.跨世纪全球环境问题及行为对策.北京:科学出版社.
杨京平,卢剑波.2002.生态恢复工程技术.北京:化学工业出版社.
余谋昌.2001.生态文化.石家庄:河北教育出版社.
章家恩,徐琪.1999.退化生态系统的诊断特征及其评价指标体系.长江流域资源与环境,8(2):215-220.
赵平,彭少麟,张经炜.1998.生态系统的脆弱性与退化生态系统.热带亚热带植物学报,6(3):179-186.
赵晓英,陈怀顺,孙成权.2001.恢复生态学.北京:中国环境科学出版社.
郑国龙.2002.绿色食品经济与可持续农业初探.中国农垦经济,(7):40,41.